国际时尚设计丛书·服装

英国经典男装样板设计

［英］葛瑞·克肖　著

郭新梅　译

中国纺织出版社

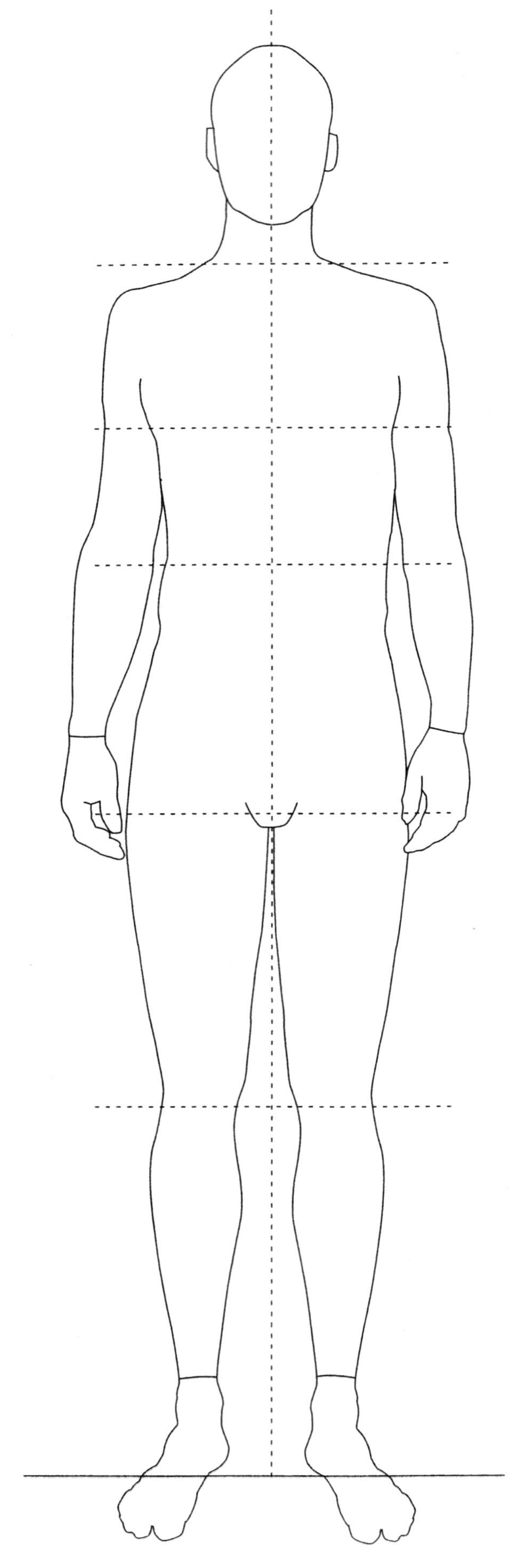

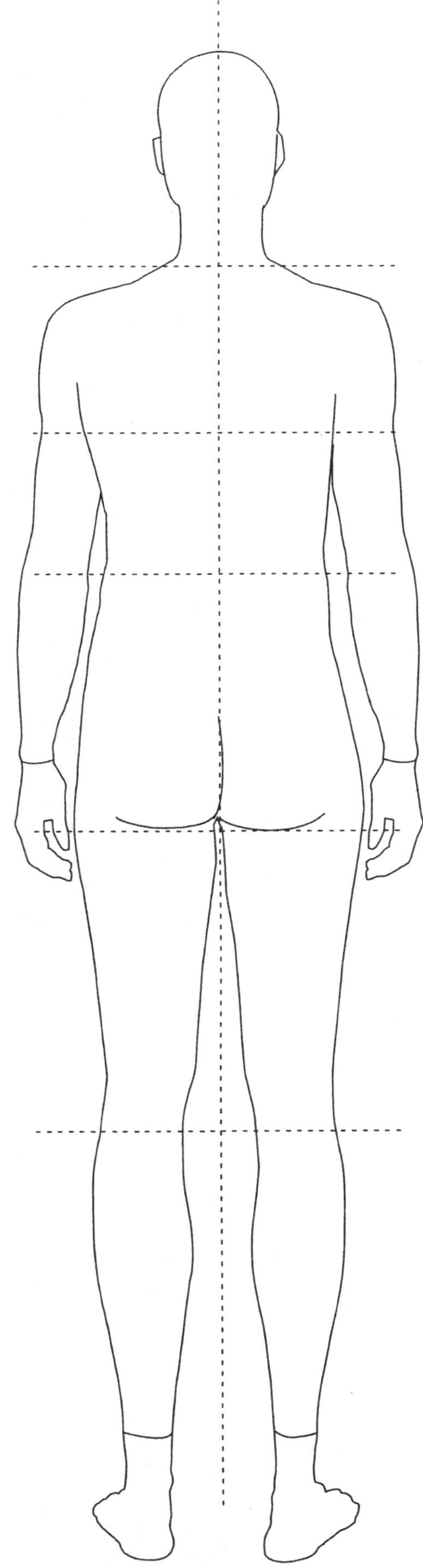

利用这些人体图形进行设计。将其复制下来直接在上面作设计，研究图形上的分割线与服装比例之间的关系。

前　言

现代男装是从传统男装的款式造型演变而来。在社会经济和文化思潮的影响下，男装逐渐形成了各种不同的形式，以体现男人不同的社会角色，如正装、工作装、休闲装、运动装等。近年由于流行趋势变化非常迅速，如同季节交替般频繁，不同风格服装之间的界限，也不如以前那样区分严格了。对于一些经典款式和造型的服装，时装界则一次又一次地对其进行重新演绎。

服装纸样设计在整个服装生产过程中，是一项技术性很强的工作。它是理论与实践之间的一座桥梁，将服装设计者的理念——以二维效果图的形式表现，与服装的三维造型联系了起来——表现为制板、裁剪、制作等具体造型过程。从事服装纸样设计的工作人员，一部分来自服装设计专业，另一部分来自其他专业或行业。从整个服装行业来说，越来越需要知识结构面宽且有经验的人才，至于服装生产制作环节更需要这样的人才。作为一名设计师或者服装从业人员，应该具备：有提出设计理念、进行纸样设计、明确目标客户、熟悉制作工艺、了解市场行情、推广销售产品这样的综合素质。因此，要想在当今服装界站稳脚跟，广博的知识背景和技能是必需的。

本书选取常见的经典男装款式，讲解服装企业中常用的制板方法和原理。每个案例不仅包括了具体的打板方法和设计技巧提示，还涉及到了相关的缝制工艺技术。通过对各章节的学习，可以掌握男装的基本打板方法，有助于提高对各种男式服装的制板和设计能力。

多数设计师在设计服装时，主要针对某类人群的体型数据，或者是基于服装规格表进行设计。还有一些设计师借助于特定的试衣模特、一定规格的人台或模型来完成服装设计工作。本书第二章讨论了测量方法，通过人体测量来创建自己的规格表，以及如何使用服装工业标准提供的规格表。第二章中重点说明了采用测量基准点进行测量的方法和测量项目，这一步决定着服装的合体性。第二章还概括说明了服装工作室的相关知识，以及计算机辅助设计（CAD）的发展和应用。

第三章讲述了基本原型样板的绘制方法，各种款式服装的纸样设计均可通过基本原型样板来完成，这种制板方法方便且效率高。将基本原型拓下来，在基本原型上画出所有的设计思想，形成设计图。设计图是后续纸样制作的蓝图。在绘制设计图时采用半身制图，因为人体通常被看作是比例均衡的左右对称体。这样做尽可能地减少了由于复制时产生的误差所导致的纸样不平衡现象。即使在设计不对称的款式时，也要先设计好半身，再复制或设计另半身，这样绘制样板效率会更高。

不同款式的服装纸样也有可能按一定比例保存在一起。需要显示细节和进行文字说明，本书内容不包括这种情况。

前图　一款经典服装的现代诠释，Woolrich Woolen Mills设计的巴尔玛肯风格的风衣。采用了沃尔里奇（Woo rich）生产的原生态高支府绸面料，重点强调了外套的功能和细节。

目　录

第一章

当代男装纸样

本书所收集的男装纸样都是当代流行的经典款式。通过对这些服装款式的学习，能够了解这些经典款式，掌握服装纸样设计的基本原则，有利于进行更深入的探索和创作。书中提供的技术和工艺方法，将有利于解决设计中遇到的一些问题并用于开发新产品。

为了领会服装纸样的研究进展，我们需要了解服装纸样研究的起源。从本质上说，现代纸样设计是与时尚的发展交织在一起的。我们都知道，纸样最初的概念出现在 15 世纪的西方，是指男士服装的造型。后来又基于许多社会组织的需求而重新定义，如军事组织、宫廷贵族、宗教机构等。从最初的起源开始最终形成了两种男装构成形式：一种是立体裁剪技术，一种是平面造型技术。两者均可量身定做，经过不断地发展，量身定做成为最流行的一种服装制作技术，同时也变得很昂贵。在 16 世纪到 18 世纪的西欧，为了满足社会上的精英名流客户的需要，由服装行业协会为代表的服装产业，以及服装行业的顶尖技术在这一时期逐渐发展形成。正如任何手艺和技术一样，实践是最好的老师。要成为服装大师，必须针对各种体型的客户，进行大量的制板、裁剪、假缝、调节等实际操作，反复实践和积累，才能掌握所必需的关键知识和技术。

男装中裁剪和造型最复杂的是外套和紧身上衣，紧身上衣后来演变成袖口开衩的合体夹克，与马裤配套穿着。这些款式的服装在早期的服装纸样书中有简单的纸样记录，如胡安・德・阿尔塞加（Juan de Alcega）所著的服装纸样一书 *Libro de Geometría Práctica y Traca*（马德里，1589 年）。从 17 世纪英格兰和法国的战争开始，男装的发展演变经历了三个重要时期，主要体现在裁剪、结构和工艺等技术的不断革新上。首先服装反映了动荡时期的历史环境：战争时期服装面料的风格从柔软转向硬挺，当时流行粗纺呢绒面料制成的粗犷风格的服装，正是军装风格和户外生活的反映。到 18 世纪初期，服装开始反映稳定的社会经济环境，当时有代表性的服装款式是由欧洲贵族所穿着的教士长袍：该服装裁剪简单、长度及膝、前后各两片、七分袖。这一款式后来还有领子和开衩，多采用丝绸面料制作，带有华丽的细节装饰，让人联想到一种柔美的女性形象。这些都是我们今天所了解到的服装造型的实例。

随着服装行业的发展，德・加尔索（M. de Garsault）写了第一本严格意义上的服装手册 *L Art du Tailleur*，该书详细记录了服装纸样裁剪与制作的相关知识，由法国皇家科学院出版，被列为工艺美术类百科全书（法国，1769 年）。作者从尺寸测量方法开始，详细描述了外套从量体到制作完成的全过程。书中用文字和图片的形式，描述了对人体身高和围度等相关数据的获取方法，并且用图示详细说明了缝制过程。1796 年，英国出版了一本服装专业书：*The Taylor's Complete Guide*，或者称 *a Comprehensive Analysis of Beauty and Elegance in Dress*，这本书从一种新视角来看待服装艺术，与现代的看法不太一样。它用一系列图示说明了如何用测量数据直接在面料上绘图。这些出版物使更多的人受益，同时也加深了服装工作者与客户之间的沟通和联系。

图 1-1　2012 年秋季发布会，三宅一生（Issey Miyake）对斗篷式多层男装设计理念的诠释。设计理念来自日本宅女“KASANE”——日常生活简单化。

图 1-1

图 1-2

图 1-3

现代服装纸样技术是随着社会的机械化和工业化进程而快速发展起来的。工业革命的开始，奠定了服装工业的发展方式。当时的服装手工业者发明了各种机器设备以代替人工操作，大大提高了生产力。随着世界经济文化一体化趋势的加速发展，对标准化服装的需求也急剧增加，标准化服装供不应求。为了提高效率，人们开始复制各种样板，采用样板进行大规模的成衣生产。但最初尝试的结果并不是很理想，服装的合体度较差。通过使用新设计出来的以英寸为单位的软尺和进行大量的实践，终于得出了被认可和接受的服装规格系统。采用英寸为单位，使得裁缝们在计测人体尺寸时有了统一的规范。由于长期的实践和总结，在几何学和人体解剖学等知识的基础上，逐渐建立了纸样的数学绘图方法。

在 19 世纪上半叶，出版了许多技术性较强的服装纸样方面的书籍，如：1829 年杰克逊（J.Jacksons）编写出版的 *The Improved Tailor's Art*；1839 年，沃克（W. Walker）编写出版的 *Science Completed in the Art of Cutting*；库茨（J. Coutts）编写出版的 *A Practical Guide for the Tailor's Cutting-Room*。在这一时期，服装裁剪技术相关培训机构开始陆续建立起来，特别是在法国。埃莉萨·莱莫尼（Elisa Lemonnier）在巴黎开办的服装技术培训学校，是其中早期的一所，主要教授裁剪和缝纫方面的课程。随着对廉价服装需求的不断增加，在 1860 年，第一份可以邮购的时装纸样杂志出版发行了。当时在欧洲和美国的中产阶级以及普通大众消费者，都可以购买到新流行的服装，越来越多的人群能够穿上便宜且时尚的服装，这其实是现代成衣业的雏型。

20 世纪初期，裁缝技术开始细化，分成了设计、纸样和缝纫等方面，这种模式一直延续至今，世界各地的工作室以及工厂大都以这样的方式作业。大规模的生产使服装规格的标准化得到了发展和进步，但在 20 世纪的前半叶，服装的合体性仍是要解决的关键问题。服装虽然已由工厂生产完成，但挑剔的绅士们还要让自己的裁缝将其改造一下，通常对分割线或比例稍做改动，使服装造型得到微妙的改变。

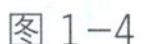

图 1-4

图 1-5

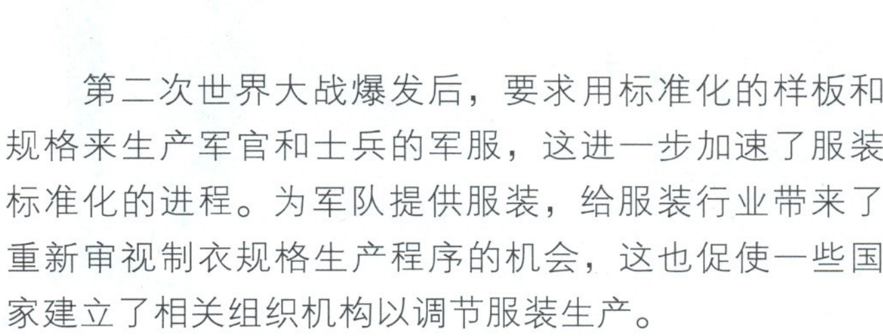

第二次世界大战爆发后，要求用标准化的样板和规格来生产军官和士兵的军服，这进一步加速了服装标准化的进程。为军队提供服装，给服装行业带来了重新审视制衣规格生产程序的机会，这也促使一些国家建立了相关组织机构以调节服装生产。

在远离战争状况的上层阶级中，绅士们仍然要求衣橱中有丰富多样的服装，随着新时代的来临，战前的性别角色区分正在消失，现代思潮正在被人们接受。在 20 世纪 50 年代，年轻一代打破了旧传统的束缚，开创了男装新的着装方式。随着美国青年文化运动的影响越来越大，人们逐渐对造型僵硬的传统正式服装失去了兴趣，新型的非正式或休闲服装在欧洲和美国的大街小巷风靡流行。针对这一时期不断壮大的消费者人群和新的流行趋势，男装生产商也引入了一些与当时的音乐、电影、休闲活动等相协调的许多国外风格的服装元素，如：意大利的裁剪、美国的校服元素、德国的运动服元素等。轻松休闲的新生活理念以及纺织技术的进步，合成材料的应用等，都使男装朝穿着便捷性和功能性的新方向发展。

图 1-2　巴黎 2008—2009 年时装周，山本耀司（Yohji Yamamoto）用大回转的神秘手法来表现男子的阳刚之气。

图 1-3　米兰 2010 年秋 / 冬时装周，C. P. Company 将技术与意大利的感性思维相结合创作出的合体休闲装。

图 1-4　2012 年秋 / 冬男装展，性别偏移大师桑姆·布郎尼（Thom Browne）表现了有问题的性别取向及其在社会中的角色。

图 1-5　2010 年春季挑战正统男装的发布会，沃尔特·凡·贝兰多克（Walter Van Breirendock），用身材魁梧的自行车选手模特挑战了我们对阳刚之气的理解。

图 1-6　2011 年春 / 夏巴黎男装展，桑姆·布郎尼（Thom Browne）的典型美学。模特穿着裁剪合体的制服款式外套，搭配两粒扣休闲西装、百慕大短裤和及膝袜。

图1-6

年轻人在不断地试图摆脱祖辈们那种受约束的、程式化的服装形式，寻求以表现自我和个性为主的着装形式，在20世纪60年代和70年代，以往的着装理念被推翻重塑。通过引入原生态的生活方式以及对运动的重视、健康理念的加强，运动类男装在男装市场上占有了举足轻重的地位。正装、休闲装、运动装、工作装、制服以及商务装等各种风格的服装，当今都被不拘一格地整合在了一起，大有重新定义服装时尚理念的趋势。现代男人的衣橱中通常包括各种不同风格的服装，它们由不同的造型、不同的织物纹理面料、不同的颜色构成。现代男装不再拘泥于老一辈刻板的着装模式。1980年以后，现代男装成衣以崭新的面貌呈现出来，以“个人主义”为核心的新时尚观点在全球范围流行，而且打破了男女着装上的性别限制。男人时尚期刊和杂志的流行，如：*The Face*、*I-D*、*Esquire*、*GQ*、*Uomo Vogue* 等，为男装打开了新的渠道。人们不再坚守旧时礼服的严格规范。广告和媒体已经打破了社会的旧模式，对男人如何着装给出了新的定义，不用再担心社会对新理念的接受程度，往往对新理念的争议也能成为鼓舞和促进的一种力量。

现代男装的纸样设计不再仅仅是紧随男装时尚的脚步，而是不断的重新定义和革新男装时尚的理念和趋势。现今的工艺与几十年前相比，区别不在于具体操作和理论方法，而是被现代时尚界所认可的设计理念和方法，引导着样板师和设计师的思想和实践。人的形体始终保持相对不变，人的外在形象变化是通过服装造型表现了出来。

在20世纪八九十年代，西方的设计师和样板师摆脱了以往对人体塑型的痴迷和传统的着装模式，转向新的设计方向。一批有影响力的日本著名设计师如：三宅一生（Issey Miyake）、高田贤三（Kenzo Takada）、山本耀司（Yohji Yamamoto）、川久保玲（Rei Kawakubo）等，他们的设计理念给服装造型引入了解构和不对称的方法。他们设计的服装以及纸样极具简约风格，缺少公认的人性化特征。这种新的审美观念彻底改变了欧美设计师建立的可感知的设计过程和设计方法。这种审美观已经成为时装界的文化遗产，它重新定义了现代男子的阳刚之气和男装的着装理念。

摆脱了以往的思维模式，新时代的设计师采用服装造型的方法来塑造人体。马丁·马吉拉（Martin Margiela）、瑞克·欧文斯（Rick Owens）、沃尔特·凡·贝兰多克（Walter Van Beirendonck）、埃托尔·斯隆普（Aitor Throup）、卡罗尔·克里斯汀·鲍韦尔（Carol Christian Poell）、克里斯托弗·里博（Christopher Raeburn）等设计师，通过纸样设计对传统服装技术有了全面地理解，将服装的功能性和设计风格结合起来，重新缔造了混合流派。当代男装的发展趋向不仅仅表现在追随潮流上，也有意识地关注着装者的个体特征。服装纸样设计成为新的设计思想和实际服装制作之间的一座桥梁。服装样板的边缘需要留出一定的缝份，以便对裁片进行缝纫。人体以往是隐藏在服装中的，现在暴露了出来。服装与人体之间有着抽象而重要的联系，如袖子制成了宽松的筒形；夹克折叠成了袋子形；外套让人们能够适应环境的变化。在服装设计的发展过程中，技术起的作用也越来越大：如计算机辅助制板、三维造型技术、虚拟仿真技术以及人工智能纺织品等，均在服装设计中得以应用。对我们个性的探寻也将表现在对现代男装设计的不断追求中。一些众所周知的服装设计创意中心，如米兰、巴黎、安特卫普、伦敦、纽约、东京等，这些地方像磁场一样吸引着富有创意的从业者，它们影响并主导着男装的发展趋势，对全球千变万化的消费需求做出及时地响应。

未来样板师的挑战是在继承传统文化的基础上，运用新时代的文化知识，设计出更具有创意的新产品。随着计算机技术在纸样设计和裁剪中的不断发展，它逐渐取代了传统的手工操作。现代设计师和样板师在面对日益强大的市场压力时，一定要能够保持住创作的诚实性。通过对经典服装基本造型的理解与把握，设计师们要成为传统服装文化和技术的继承人。

图1-7 Engineered Garments已经成为美国运动服装复苏后的主要品牌之一。该品牌的设计师铃木大器（Daiki Suzuki）对设计、研发、面料和生产技术都有独特的理念和审美观。

图 1-7

第二章

纸样设计基础

制板工具

在开始服装制板学习之前，要购买一套合适的制板工具，并学习工具的使用方法。与其他行业一样，服装行业也有其专业工具，这些工具能够帮助完成制图和测量工作。下面对常用工具进行介绍，可作为你选购的依据。在工作或学习之初，这些工具可能不会全部都用到，但随着对本书学习的不断深入，大部分工具都会接触到（图 2–1）。

• 软尺——用于测量人体的围度和长度。通常软尺的一面标有厘米刻度，另一面标有英寸刻度。常用以下三种规格的软尺：第一，150cm 长，玻璃纤维涂层的聚氯乙烯软尺，该尺子不会随温度的变化而伸缩；第二，300cm 长，材料与第一种相同，多用于裁剪特别长的面料，或者是用于斜裁；第三种，150cm 长，玻璃纤维软尺，软尺的一端用金属材料固定，多用于人体测量。

• 米尺——米尺的长度大于一般人体身高的一半，主要用于制板开始时绘制较长的基础线。大多由铝或不锈钢材料制成。

• 直角尺——常用规格为 60cm×35cm 的直角尺。由塑料、铝或不锈钢材料制成。

• 方格定规尺——常用规格为 50cm 长，尺子上带有 0.5cm 方格。该尺用于推板和在纸样上加放缝份。多由透明塑料制成。

• 45° 三角板——较大的三角板有利于绘制各种有角度的线条，如肩线、省道等。购买的三角板上最好带有量角器。多由透明塑料制成。

• 6 字形弧线尺和曲直线尺——可选择的弧线尺多种多样。曲度较大的小型曲线板，主要用于绘制颈围、袖窿、腰部、侧缝等曲线。在服装工具专卖店有售。这类尺子可由透明塑料、铝或不锈钢材料制成。

• 长曲线尺——主要用于模拟人体下肢的曲线。用于绘制裤子和裙子的侧缝线以及下摆等曲度变化不大的长曲线。通常由透明塑料、铝或不锈钢材料制成。

• 牙口剪——也叫记号剪，用于在纸样边缘打刀眼，作为缝纫和纸样校正的对位标志，如绱袖、装拉链时所打的对位点。通常由铸造金属材料制成。

• 点线轮——也叫描线器，通过齿轮沿线迹滚动，在纸上或面料上复制样板。有塑料手柄和木制手柄两种。

• 圆规——最好选择长度可伸缩的圆规，以便画出各种半径的圆弧。

• 裁纸剪刀——用于裁剪纸或者纸板，由较重的铸造金属制成。裁纸剪刀在工作中使用非常频繁，建议选购一把锋利、耐用、质量较好的。

• 裁缝剪刀——裁布剪刀的刀刃较长，有各种大小不同的型号。注意不要用裁布剪刀去剪纸，会很容易使剪刀变钝。

• 美工刀——用于切割裁剪纸样。

• 纸样钻孔器——有各种不同型号的钻孔器，用于在纸样上打定位小圆孔。有的只能打一个尺寸的圆孔，有的带不同尺寸的钻头，可以打多种尺寸的圆孔。多用于定位省尖、扣位、袋位等。

• 锥子——用于在纸样上或面料上打孔。

• 打孔器——用于在纸样上打较大的圆孔，通过此孔用纸样钩将纸样悬挂起来。

• 纸样钩——有各种不同尺寸的钩子，用于将一整套纸样串起来悬挂保存。

• 按钉——制图时将纸固定起来以防纸移动。

• 大头针——用于立体裁剪时将面料固定在人台上，或者缝纫时临时固定缝头，购买时选择较长的、工业级质量的大头针较好用。

• 制图铅笔——准备 0.5、0.7、0.9mm 三种不同规格 2H 铅芯的自动铅笔（2H 铅笔），以画不同粗细的线条。

• 压料铁——也叫镇铁，由一小块长方形的铁材料制成，用于作图或裁剪时压住纸样或面料的边缘，便于工作。

• 马尼拉纸——纯色或带点状、条纹图案的均可，用于制作和复制最终修正好的样板。

• 切割垫
• 胶棒
• 蓝、黑、绿、红等颜色的钢笔和圆珠笔
• 荧光笔
• 各种型号的胶带
• 拆线器
• 铅笔刀
• 橡皮
• 划粉和划粉盒

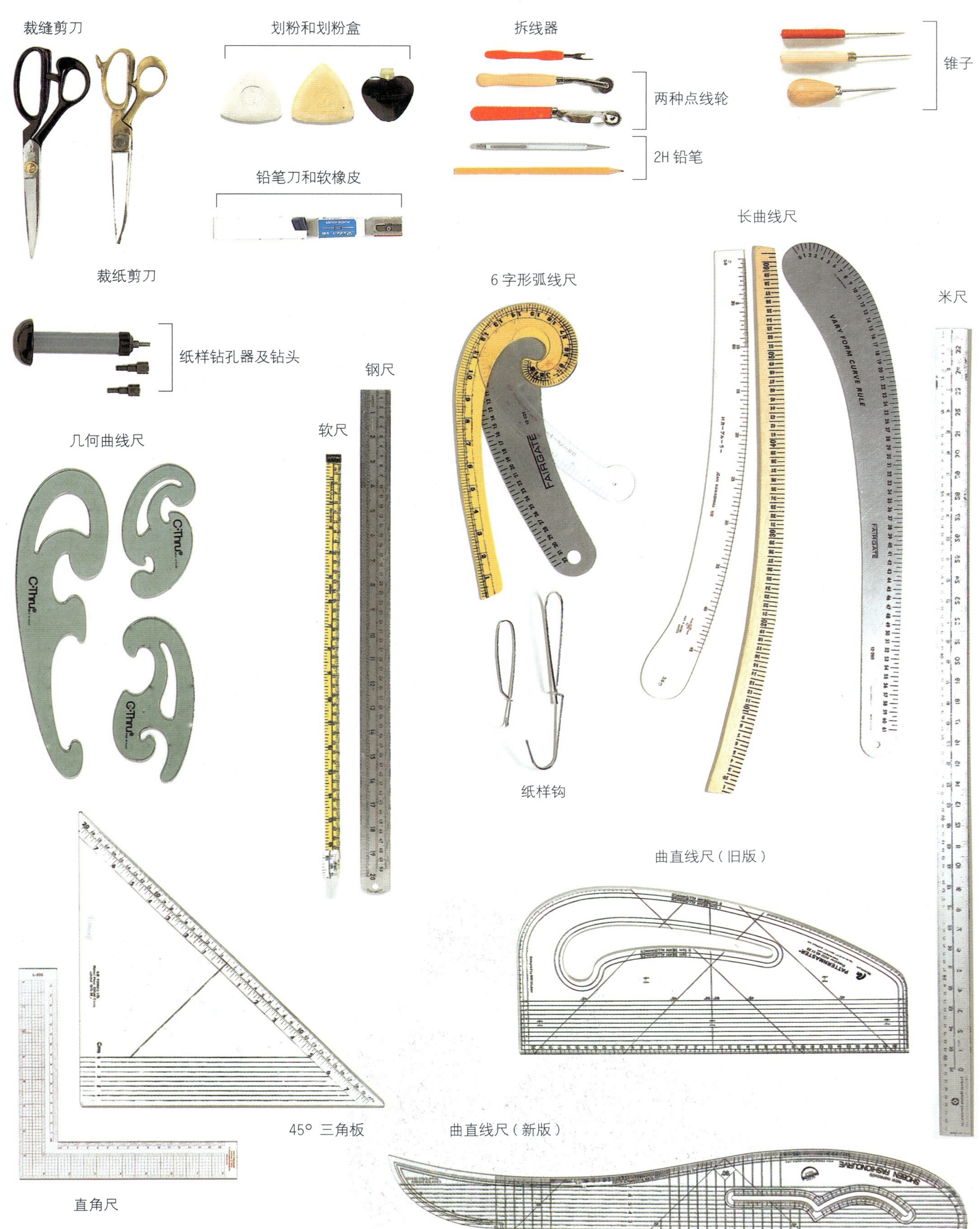
裁缝剪刀
划粉和划粉盒
拆线器
锥子
两种点线轮
2H 铅笔
铅笔刀和软橡皮
长曲线尺
裁纸剪刀
6 字形弧线尺
米尺
纸样钻孔器及钻头
钢尺
软尺
几何曲线尺
纸样钩
曲直线尺（旧版）
45° 三角板
曲直线尺（新版）
直角尺

图 2-1

工作室实践

在服装行业中有两种纸样制作方法，分别是平面裁剪和立体裁剪。两种方法各有其特点，对于服装造型都是行之有效的。平面裁剪相对较静态，倾向于数学计算；而立体裁剪是动态的，相对较直观。在纸样的设计和制作中，两种方法都能做出富有创造性的作品。

平面裁剪是运用数学公式和人体尺寸表，直接在纸上绘制出代表人体部位（如胸部、手臂、腿等）形状的平面基本纸样，这些基本纸样不带有任何款式因素，称为基本纸样（见第 36 页）。在基本纸样的基础上进行造型和款式的设计，可以创作出各种款式风格的样板。

立体裁剪也称为服装立体造型，操作者是将面料直接披挂在人台（或模型架）上，来完成造型设计，并用大头针固定造型，立体裁剪多用于高级时装设计。立体裁剪主要取决于操作者的技术和其对人体的理解。最大的特点是直观性强，由于直接在人体模型上操作，可以立刻感觉到服装的各要素是否得当，如比例、衣片、口袋、纽扣以及省道的位置等。

由于平面裁剪比较经济实用，从服装的最初设计到成衣，采用平面裁剪所用的周期较短，所以，很多服装企业主要采用平面裁剪的方式。然而，在奢侈品牌或者高级时装店中，有经验的设计师或者样板师常常将平面裁剪和立体裁剪两种方式结合在一起应用。立体裁剪有助于理解平面面料是如何转换成三维的服装造型，所以也常常应用在教学中。

虽然，纸样设计可视为是一项独立的技能，但它是现代服装工业生产过程中的一个组成部分。多数时装公司都是雇用几个样板师，在工作室中与公司内部的设计师、营销人员、样衣工等携手工作，将最初的服装设计思想转化成最终的产品。这种团队合作形式是企业运作的传统模式，保证了整个生产链的连续性。

对于很多受资金和企业规模限制的时装公司，也常常采用外包的商业模式，将很多业务外包给其他公司来完成。这类公司主要依靠自由从业者和服装制造商来完成他们的纸样设计和样衣生产。

两种工作模式的关键点都是要处理好现代服装企业越来越长的生产线中各环节之间的联系，特别是对于其中一个或多个环节不在公司内部完成，甚至可能在世界各地完成的情况。

下面列出了企业中常见的单件定制和成衣生产两类产品的生产流程。

图 2–2　设计师和样板师在工作室进行工作。

定制和半定制生产流程

定制，也就是量身定做，即根据每个客户的体型单独为其设计定做服装。因此单件定制的每件服装的样板都是独一无二的。半定制，是指根据标准号型设计样板，将服装加工到半成品阶段，最后再根据具体客户的体型将半成品修正制作完成（表 2–1）。

表 2–1

定制产品生产流程	说明
设计款式造型	与客户讨论造型设计、风格、面料等细节
测量人体数据	当造型设计确定下来，面料已选购好，开始测量客户尺寸
根据数据绘制纸样	根据测量数据绘制客户的基本原型，并在基本原型的基础上绘制所设计的款式
裁剪坯布和制作样衣	样衣的裁剪和缝纫，可以用坯布，也可以用实际面料
修正样衣和调整样板	基于样衣试穿结果，调整和修改纸样，可能需要重新裁剪和制作样衣，修正到满意为止
实际面料裁剪、假缝和试衣	实际面料的裁剪、假缝、试衣，检查服装的比例是否协调，调整试衣中出现的问题
实际缝纫	根据面料的特性，选择合适的机缝或手缝方式完成缝纫工作
完成	锁扣眼、钉商标、交货

图 2–3　高级裁缝正在工作室中裁剪。

成衣生产流程（表 2-2）

成衣是指按照号型规格表批量生产，以满足大多数人的体型和合体度要求的服装。成衣生产所用的规格表可以来自服装行业标准和企业自身标准，也可以来自企业销售人员或其他行业的研究人员所提供的某些特定目标人群的数据表。成衣生产方式是现代服装生产的主流模式，与定制和半定制相比，很大程度地降低了生产成本，使产品经济实惠。

表 2-2

批量生产流程	说明
流行趋势调研	参考一些预测流行趋势的网站以确定流行趋势，如 Prostyle 和 WGSN；总结往年销售业绩，整理目标客户各方面的数据资料
产品定位和计划	确定产品的季节性、外观、颜色、造型、面料、价格等各因素
设计研发	绘制服装效果图、研究技术难点、参加相关的展销会、调研先进技术、收集面料和装饰物等素材
完成设计和产品技术说明书	设计师和技术人员共同拟定产品技术说明书，包括产品生产过程所需的所有信息。定购样品面料和装饰物
纸样设计	纸样设计可以外包或者由本公司的样板师完成。样板可以在往年同类产品的基础上进行修改调整，以适合样衣的尺寸要求
样衣的生产和修正	样衣通常采用实际面料制作，根据产品技术说明书裁剪缝制。印花和特殊整理通常由外包完成。进行样衣的试穿和修正
销售预定	通过走秀和订销会的形式推广产品，收集买方信息，多邀请销售代理人员参会
开始批量生产	确定所有订单的尺寸、款式、交货期等信息，定购所需面料和装饰辅料等
推板	以中间尺寸的大生产样板为基准，用手工或者计算机进行放大或缩小，产生一系列规格的纸样，以适应不同消费者和不同地区人群的需求
分派裁剪缝纫任务	将面料、装饰材料、纸样、样衣以及技术说明书等各项任务分派给具体的人或部门完成
排料和裁剪	裁剪前进行排料图设计，在排料图上画出所有裁片样板的排列位置，以尽可能减少面料的浪费。有条件的公司可采用计算机辅助设计排料，以控制费料率。所有零部件均批量裁好后备用

图 2-4　在中国上海郊区的工厂中一位男子正在缝制夹克。

批量生产流程	说明
准备缝纫	有些款式的服装在缝制前需要烫衬。因此，需将服装裁片按不同的工艺要求分类送往各车间
缝纫	将裁片送到车间流水线上进行作业。一般一个缝纫工不会从头到尾做完一件衣服，而是组成工作小组，每组完成一部分，如领子、口袋等，形成生产流水线依次完成整件服装
整理和熨烫	后整理工作主要完成修剪线头、钉扣等其他细节工作
质检和发货	质检是生产流水线中最后一关，即服装质量控制，在这一关对成品服装进行测量和检验，以确保其各方面的质量能够达标，从而将退货率降到最小。合格的成品按尺码和颜色，或者按款式分类打包发送给订货商

男体测量

要保证服装穿着合体舒适，绘制样板之前要正确的量体，获得能够准确反映人体体型的一系列关键数据。要做到这一点，首先要对人体体型以及人台和试衣模特有较深入的理解。

人体的体型特征可以通过人体测量获得。通过基本原型的方法产生基本纸样，可以将人体测量数据表现出来。因为基本纸样缝合以后，可以反映人体的体型特征。另外，人体表面是光滑连续的，不像服装有人为设定的分界线。因此，为了更好地理解服装纸样的构成原理，首先对人体体表各部分进行区分，将人体表面划分成不同的区域。无论人体的体形是高低胖瘦，这些分界线始终保持在稳定的位置上。理解这些分界线也有利于把握人体各部分的比例关系（图 2–5）。

矢状面

将人体沿前后中线方向纵向切，分为左右两部分的断面为矢状面。

冠状面

与矢状面正交，将人体沿左右方向纵向切为前后两部分的断面为冠状面。

水平面

与矢状面和冠状面都正交，将人体沿横向切为上下两部分的断面为水平面。胸围水平面过胸腔最大围度处。腰围水平面过腰围最细处。臀围水平面过人体下肢最大围度处。

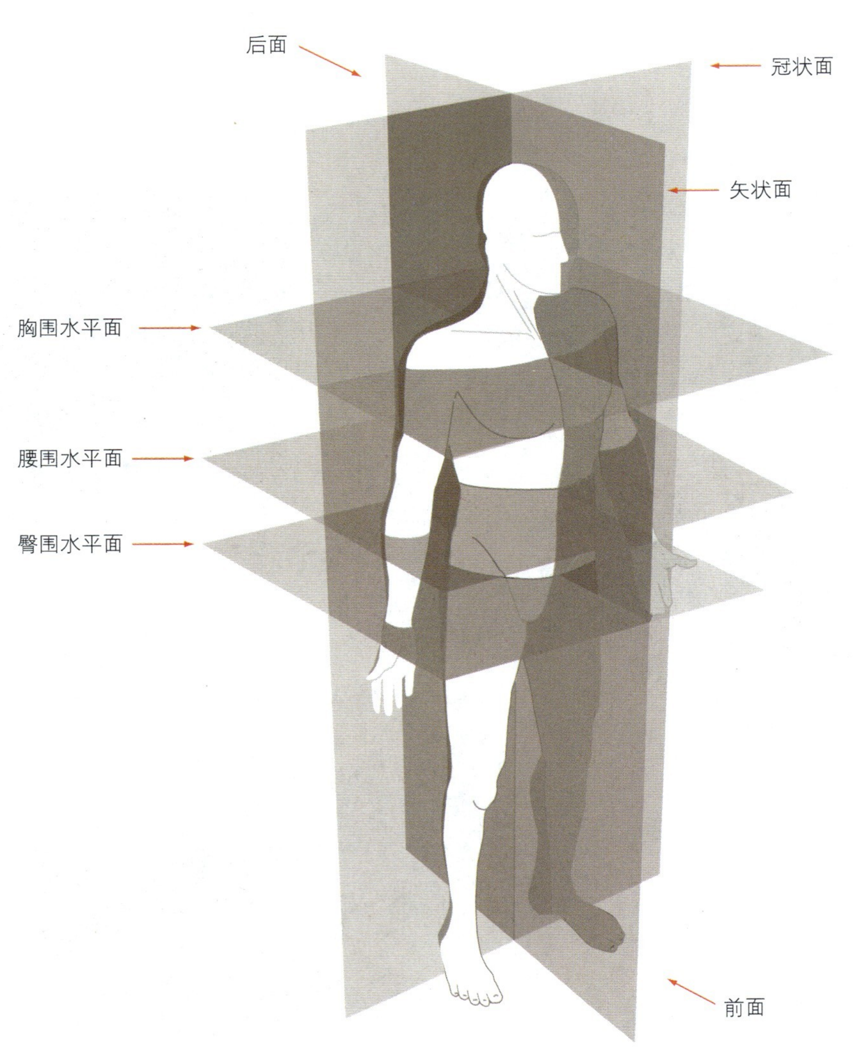

图 2–5

计测点

在进行测量时首先要在人体上确定各部位标记点以便于测量。这些标记点是在对人体各区域划分的基础上的进一步延伸，有助于说明服装纸样各部分之间的关系。

头顶点——人体身高最高点。

后颈椎点——第七颈椎突点。

侧颈点——斜方肌突起的位置。

前颈点——胸骨与左右锁骨相连接的凹陷处。

肩点——肩峰外侧最突出点。

腋窝点——胳膊与躯干相连接的腋下点。

胸点——乳头中点。

肘点——肱骨、桡骨和尺骨相连的关节处最突出点。

腕点——腕骨与桡骨和尺骨相连的关节突点处。

臀突点——臀部后面最突出点。

膝点——髌骨中点。

在人体骨骼结构图上从头到脚认识熟悉以上介绍的各测量位置点。在后面学习测量知识时，有助于在模特或人台上准确找到各个测量点（图 2-6）。

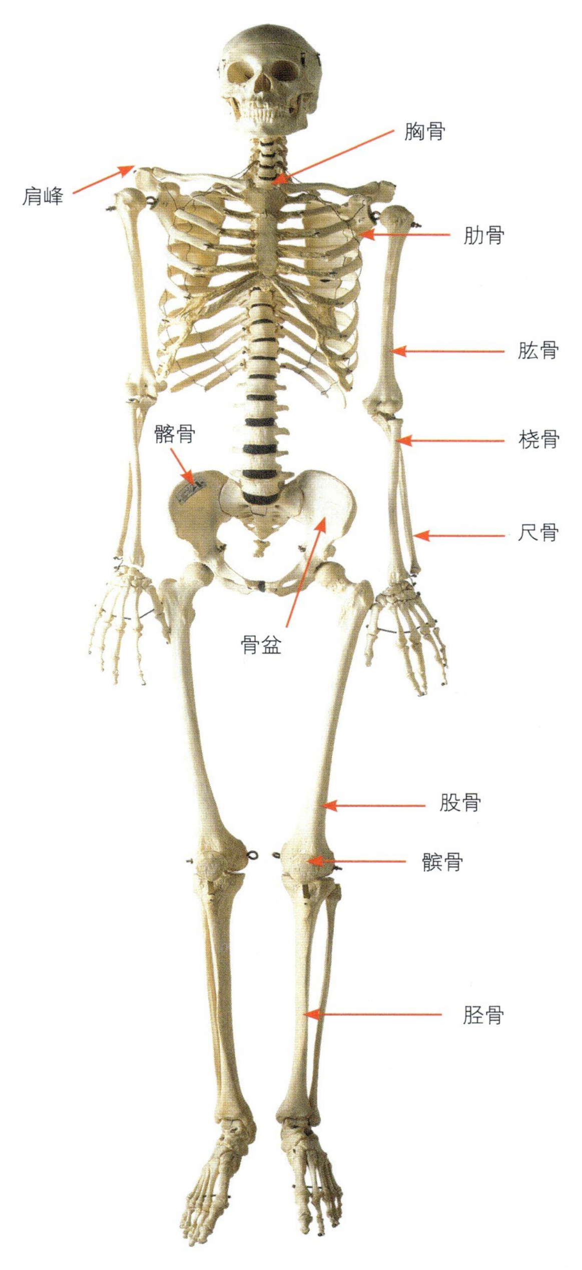

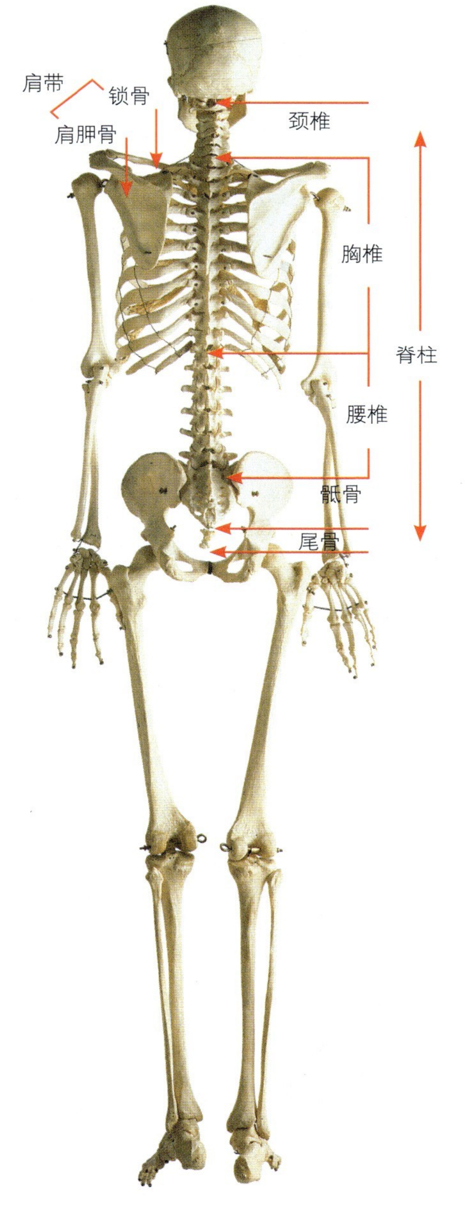

图 2-6

测量项目

下面所介绍在绘制男装基本纸样时，最少需要测量项目。

测量工具

- 高度测量仪。
- 一条新布软尺或纤维软尺（由于布软尺在应用中会拉伸变形，所以需要新的）。
- 米尺。
- 一套三角板。
- 笔记本、铅笔、划粉。

测量注意事项

- 为了使测量准确，被测者只穿短裤，其他衣服均不穿，所穿短裤要松紧合适，太紧时会使腰腹部位尺寸误差较大。被测者自然站立、两眼平视、目视前方（保证头部不俯不仰）、肩部放松、手臂自然下垂、掌心向内。

测量部位

①胸围（图 2-7、图 2-8）

将软尺在胸部最大处水平围绕一周所测量出的围度尺寸，此位置通过胸点。测量时要确保软尺在腋下、后背等处水平。

②自然腰围（图 2-7、图 2-8）

将软尺在人体躯干腰部最细处水平围绕一周所测量出的围度尺寸。

③低腰围（图 2-7、图 2-8）

将软尺在自然腰围下 5cm 处（腹部）水平围绕一周所测量出的围度尺寸。这个尺寸主要用于制作休闲裤的纸样。

④臀围（图 2-7、图 2-8）

软尺过臀突点水平测量一周的围度尺寸。

⑤背长（图 2-8）

软尺沿后背中线从第七颈椎点到自然腰围线之间的长度尺寸。

⑥前中长（图 2-7）

软尺沿前中线从前颈点到自然腰围线之间的长度尺寸。

⑦后颈点到前腰线长度（图 2-7、图 2-8）

从后颈点（第七颈椎点）开始，沿后颈围线量到侧颈点，再从侧颈点直线量到前中线与自然腰围线的交点处。

⑧颈根围（图 2-7、图 2-8）

过后颈点（第七颈椎点）、侧颈点、前颈点，测量颈根部一周的围度尺寸。

⑨头围（图 2-7、图 2-8）

过前额和后枕骨在头部最大围度处水平测量一周的尺寸。

⑩头长（图 2-7）

测量从头顶到下颏之间的竖直距离尺寸。

⑪背宽（图 2-8）

两个后腋点之间的水平距离尺寸，在纸样上正好是后袖窿上的对位点。

⑫胸宽（图 2-7）

两个前腋点之间的水平距离，此处也正是皮肤或者服装的皱褶形成的位置。在纸样上正好是前袖窿上的对位点。

⑬小肩宽（图 2-7）

从侧颈点到肩端点之间的长度尺寸。

⑭臂长（图 2-7）

手臂自然下垂，从肩端点量到肘点，再从肘点量到腕点所得的长度尺寸。也可测量手臂内侧长度，即从腋下 2cm 开始量到腕点的长度尺寸。

⑮腕围和掌围（图 2-7、图 2-8）

在腕处过桡骨关节突点测量一周的长度为腕围（⑮a），此尺寸是袖口的最小值。掌围是包括拇指在内的手掌最大围度处围量一周的尺寸（⑮b）。

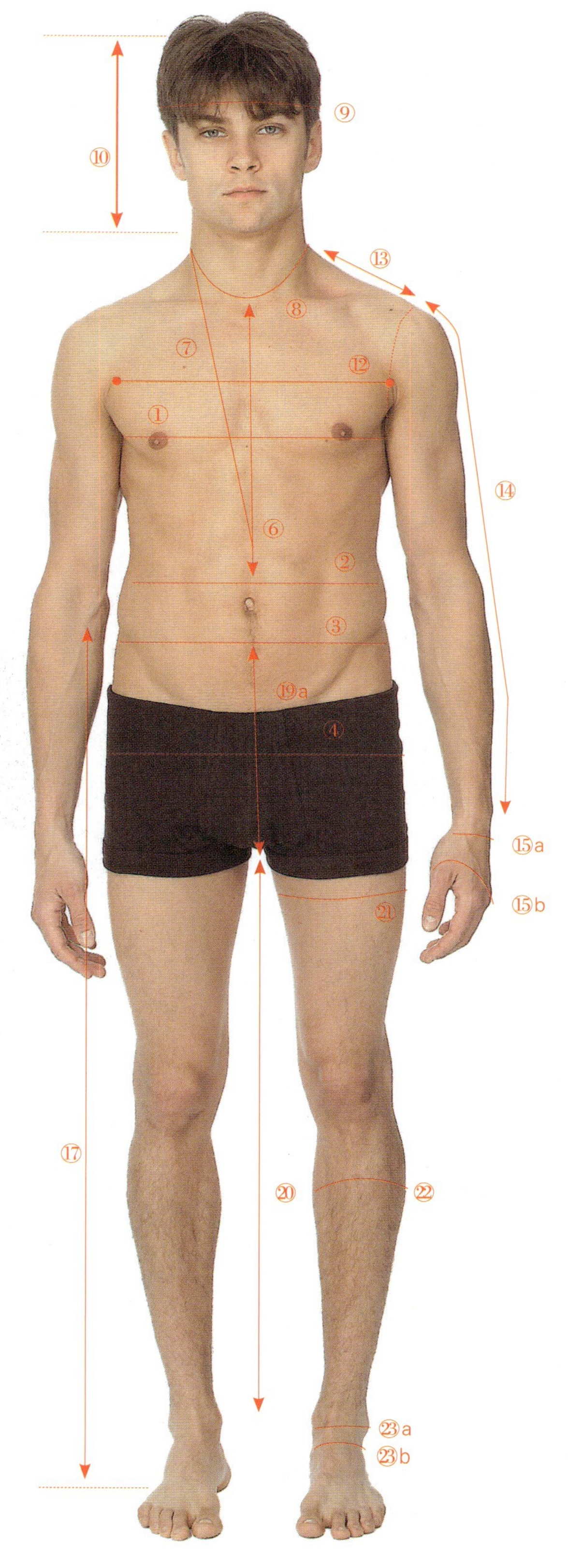

图 2-7

⑯身高（颈椎点高）（图 2-8）

颈椎点高可以用于衡量人体其他部位的长度值，也可用于评价服装的廓型。

人体高度尺寸通常用测高仪测量。被测者两脚并拢、自然站立，两臂自然下垂于身体两侧，眼耳水平、头部端正。

将测高仪的测量杆与颈椎点对齐后记录高度数据。如果没有测高仪，也可用 2m 长的直杆或者木板垂直放置来代替测高仪，如果用到软尺，一定要是新的。

⑰腰高（图 2-7）

用软尺从低腰线位置垂直测量到地面的长度尺寸。

⑱腰长（图 2-8）

在体侧，用软尺从自然腰围线竖直向下测量到臀围线的体表长度尺寸。

⑲裆长（图 2-7、图 2-8）

包括前裆和后裆的总裆长。从低腰围线与前中线的交点处开始，向下过裆部最低点，再从两腿中间向上量到低腰围线与后中线交点处的长度尺寸。也可以分别量取前裆长（⑲ a）和后裆长（⑲ b）。

⑳下裆长（图 2-7）

从耻骨点最下端，即裆底，沿腿内侧测量到脚踝的长度尺寸，也就是腿内侧长。

㉑大腿围（图 2-7、图 2-8）

在大腿的最粗处，用软尺水平测量一周的围度尺寸（从裆底向下 5cm 处）。

㉒小腿围（图 2-7、图 2-8）

软尺过小腿肚最突点处水平测量一周的围度尺寸。

㉓脚踝围及脚围（图 2-7~ 图 2-9）

脚踝围，用软尺过踝关节水平测量脚踝最细处一周的围度尺寸（㉓ a）。

脚围，用软尺过足跟，沿足部最大围度处测量一周（㉓ b），此位置约与水平面呈 45° 角。

㉔股上长（图 2-9）

要求被测者坐正，保持身体与大腿呈直角，用软尺在身体侧面，沿体表测量从低腰围线到凳子表面的距离。

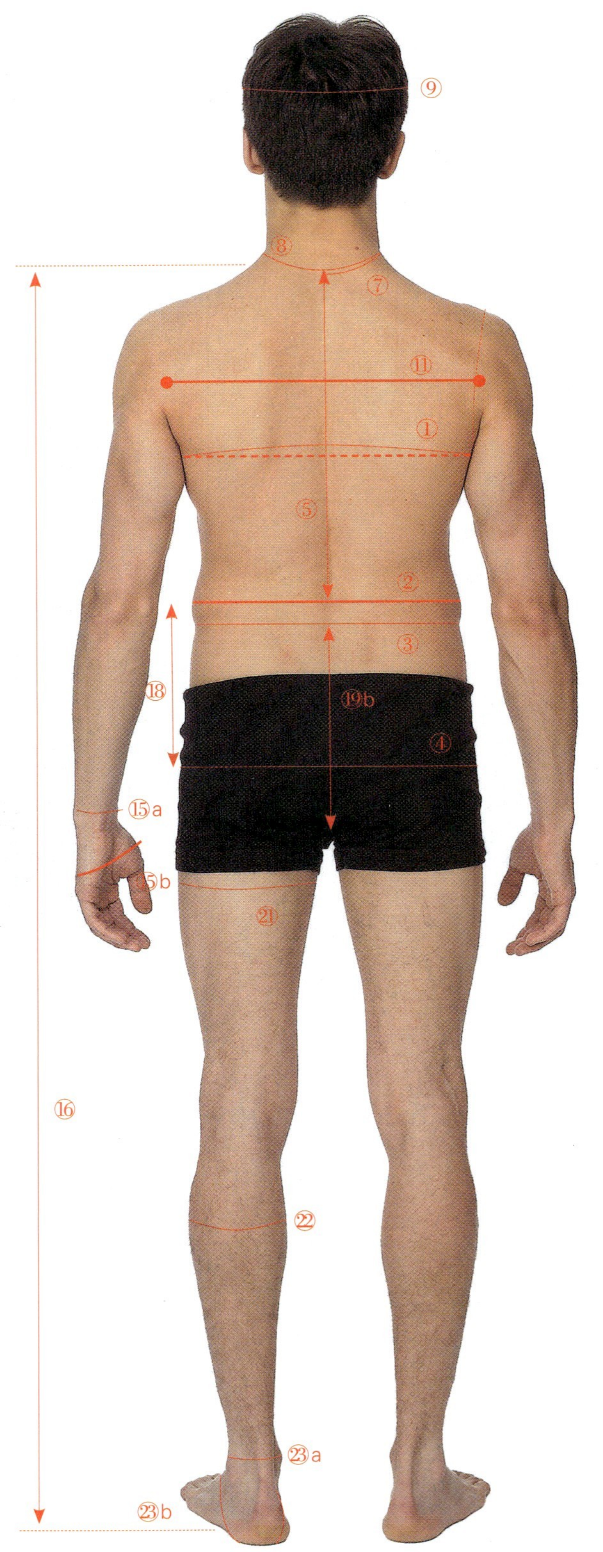

图 2-8

如图 2-7~ 图 2-9 所示的测量者，是时装企业中的专业模特。选择他的原因是他具有公认的标准体型（胸围 96cm），表 2-3 列出了由 TC2 型三维人体扫描仪测量出的该模特的人体数据。

参考下表的数据，与自己模特的测量数据相对比一下。

图 2-9

表 2-3

①胸围	96cm
②自然腰围	84cm
③低腰围	85cm
④臀围	95cm
⑤背长	45cm
⑥前中长	40cm
⑦后颈点到前腰线长度	56.5cm
⑧颈根围	39.5cm
⑨头围	58cm
⑩头长	24cm
⑪背宽	39cm
⑫胸宽	36cm
⑬小肩宽	15.5cm
⑭臂长	63cm
⑮ a 腕围	17cm
⑮ b 掌围	25cm
⑯身高（颈椎点高）	153.5cm
⑰腰高	103.4cm
⑱腰长	21cm
⑲ a 前裆长（自然腰围）	36.5cm
⑲ b 后裆长（自然腰围）	37.5cm
⑳下裆长	73.5cm
㉑大腿围	55.5cm
㉒小腿围	36cm
㉓ a 脚踝围	24.8cm
㉓ b 脚围	32.5cm
㉔股上长	31.5cm

人台

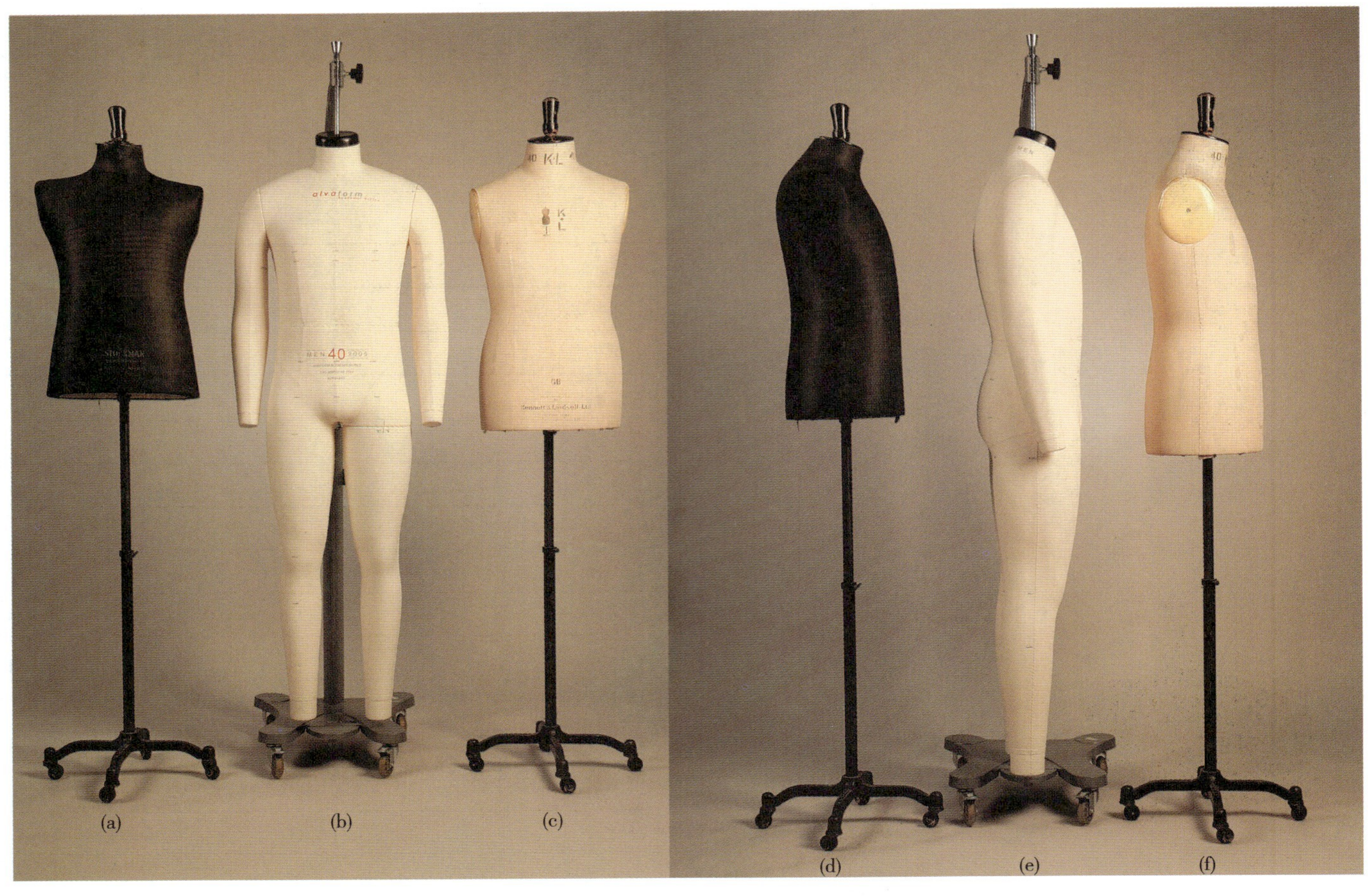

图 2-10

服装行业常使用人台、人体模型来研制纸样或者试衣、展示服装。选择一个合适的人台是建立合理尺寸规格的前提。人台是人体体型的模拟，通常由玻璃纤维制成内核，外表覆盖一层泡沫，再用亚麻布包裹外表面。市场上有各种尺寸和形式的人台可供选择（如 3/4 人台、全身人台、半身人台、带胳膊或不带胳膊人台等）。

标准的人台是到人体臀沟处的 3/4 人台。不带胳膊、带有可调节高度的金属支撑架，带轮子或者不带轮子的人台较为常见。工作室成立之初，起步工作就是要购置合适的人台，好的人台有助于调整纸样、试穿样衣以及审视造型等。常见的全身人台通常从上端用支撑架悬挂起来，胳膊和腿可拆卸，肩膀可伸缩。

近些年发展起来的三维人体扫描技术已经用于新型人台的研制，新型人台能够较真实地反应不同客户的体形特征。通过扫描技术研制的人台，准确度较高，具有可伸缩的肩部和臀部、可拆卸的胳膊和柔性的腹部，还具有测量标记线和调整架。

如果选择的人台没有标记线，在使用前首先要粘贴标记线。标记线能够帮助理解纸样不同组成部分所代表的人体不同区域，如前片、后片。标记线可以用有黏性的标记带贴在人台上，也可用无黏性的标记带缝在人台上。标记线主要包括：前后中线、颈根围线、胸围线、腰围线、臀围线、侧缝线、肩线和臂根线。用软尺在人台上测量相应的围度和长度值，进而确定出各标记线的具体位置。

图 2-10　来自三个制造商规格均为 40 的男子人台。从左到右分别为：1960 年，法国 Siegel & Stockman 的裁缝人台；2005 年，采用三维人体扫描技术研制的美国 Alvanon 全身人台；1980 年，代表英国人体的 Kennett&Lindsell 人台。

试衣模特

在选择试衣模特时，以及围绕试衣模特做一系列设计之前，首先要明确本品牌的目标客户群的体型特征或者正常体型的特征。这可以通过对竞争对手的客户群进行比较研究得出；也可以通过街拍、杂志图片或者具有街头风格的博客等途径收集信息，以确定本品牌的客户应具备的特征，从而选择适合本品牌的试衣模特。要明确T台上走秀的时装模特并不是真正的客户，他们只是树立品牌形象的市场营销工具和手段。

最好是有几个能够表现不同男子体型的试衣模特。一旦选定了试衣模特，首先要记录他的一些基本信息，比如形态、体重、饮食习惯、锻炼情况等。这能够帮助你在今后的工作中做出正确的判断，如果模特的体形发生了改变，可以避免对样衣和样板做不必要的修改和调整。

人的体型和胸腰差

体型和胸腰差在选择试衣模特时也是非常重要的因素，因为真实的人体不会像人台一样均衡匀称。

体型

体型是指由人体内部骨架表现出来的外在形态和轮廓。不协调的人体形态将影响样板的设计，从而导致大量不必要的调整工作。

传统男装成衣要满足较大范围人群的合体性，如高、中、低不同身高的人群均要涵盖。零售商们将男子的体型分为五类：

- 纤细型：背部平直、全身肌肉较少。
- 正常型：背部平直、胸腹平坦。
- 肌健型：背部平直、胸肌发达、全身肌肉较多。
- 粗壮型：圆肩、背部略弯曲、胸腹略凸起。
- 肥胖型：腹部肥胖、驼背、溜肩。

任何品牌的产品所面对的顾客体型都不止一种，明确区分这些体型间的微细差异，对于提升制板师的能力，将样板做到精确入微是至关重要的，这样就能满足更多的消费者对服装合体性的要求。

表2-4列出了一些影响服装平衡性的常见人体形态。

表 2-4

正常体：头颈部端正、不偏不斜；腹部平坦、无小肚子；胸部较腹部丰满而突起；手臂自然下垂时前臂向前倾
挺胸体：胸部向前突出、背部成弓形；后背长缩短、前衣长增加，主要增加的是从颈根部到胸突之间的长度
驼背体：头部向前下方偏移、肩部弯曲、背部隆起、含胸、胸宽减小、背宽增 大、背长增加
溜肩或平肩体：溜肩需要增加样板的肩斜，平肩需要减小肩斜

胸腰差

胸腰差是指胸围和腰围尺寸的差值。明确人体的胸腰差有利于更好地进行服装造型，例如：当腰围比胸围大时表现出人体呈三角造型；当腰围与胸围等大时意味着人体呈长方形造型。

图2-11　设计师山本耀司（Yohji Yamamoto）正在为2011年春季男装展做试衣准备。

规格表

采用表 2-5 至表 2-7 规格表所提供的数据，有助于绘制比例平衡的服装纸样，规格数据在实际应用中可根据顾客的具体情况做适当的调整。

表 2-5　中国人体规格尺寸表　　单位：cm

序号	测量部位											档差
1	胸围	72	76	80	84	88	92	96	100	104	108	4
2	自然腰围	62	66	70	74	78	82	86	90	94	98	4
3	低腰围	65	69	73	77	81	85	89	93	97	101	4
4	臀围	71	75	79	83	87	91	95	99	103	107	4
5	背长	42.2	42.5	42.8	43.1	43.4	43.7	44	44.3	44.6	44.9	0.3
6	前中长	39.2	39.5	39.8	40.1	40.4	40.7	41	41.3	41.6	41.9	0.3
7	后颈点到前腰线长度	56	57	58	59	60	61	62	63	64	65	1
8	颈根围	37	38	39	40	41	42	43	33	45	46	1
9	头围	56.2	56.5	56.8	57.1	57.4	57.7	58	58.3	58.6	58.9	0.3
10	头长	24	24.2	24.4	24.6	24.8	25	25.2	25.4	25.6	25.8	0.2
11	全背宽	36	37	38	39	40	41	42	43	44	45	1
12	全胸宽	32	33	34	35	36	37	38	39	40	41	1
13	小肩宽	13.2	13.5	13.8	14.1	14.4	14.7	15	15.3	15.6	15.9	0.3
14	袖长	58	58	58	58	58	58	58	58	58	58	0
15a	腕围	14.8	15	15.2	15.4	15.6	15.8	16	16.2	16.4	16.6	0.2
15b	掌围	20.8	21	21.2	21.4	21.6	21.8	22	22.2	22.4	22.6	0.2
16	身高（颈椎点高）	125.8	128.2	130.6	133	135.4	137.8	140.2	142.6	145	147.4	2.4
17	腰高	97.8	98	98.2	98.4	98.6	98.8	99	99.2	99.4	99.6	0.2
18	腰长	18	18	18	18	18	18	18	18	18	18	0
19a	前裆长	35.3	35.5	35.7	35.9	36.1	36.3	36.5	36.7	36.9	37.1	0.2
19b	后裆长	33.9	34.5	35.1	35.7	36.3	36.9	37.5	38.1	38.7	39.3	0.6
20	下裆长	69.4	70	70.6	71.2	71.8	72.4	73	73.6	74.2	74.8	0.6
21	大腿围	37.2	39	40.8	42.6	44.4	46.2	48	49.8	51.6	53.4	1.8
22	小腿围	31.6	32.5	33.4	34.3	35.2	36.1	37	37.9	38.8	39.7	0.9
23a	脚踝围	22.2	22.5	22.8	23.1	23.4	23.7	24	24.3	24.6	24.9	0.3
23b	脚围	30.2	30.5	30.8	31.1	31.4	31.7	32	32.3	32.6	32.9	0.3
24	股上长	31	31	31	31	31	31	31	31	31	31	0

表 2-6　美国人体规格尺寸表

单位：cm

序号	测量部位	34 "	36 "	38 "	40 "	42 "	44 "	档差
1	胸围	84.9	90.7	96.5	102.3	108.1	113.9	5.8
2	自然腰围	69.7	75.5	81.3	87.1	92.9	98.7	5.8
3	低腰围	72.2	78	83.8	89.6	95.4	101.2	5.8
4	臀围	84.9	90.7	96.5	102.3	108.1	113.9	5.8
5	背长	48.9	49.2	49.5	49.9	50.2	50.5	0.32
6	前中长	44.8	45.8	46.7	47.7	48.6	49.6	0.95
7	后颈点到前腰线长度	53.5	54.5	55.5	56.5	57.5	58.5	1
8	颈根围	35.6	36.9	38.1	39.4	40.7	42.0	1.27
9	头围	56.4	56.7	57.0	57.3	57.6	57.9	0.3
10	头长	25.1	25.3	25.5	25.7	25.9	26.1	0.2
11	全背宽	38.0	39.0	40.0	41.0	42.0	43.0	1
12	全胸宽	36.0	37.0	38.0	39.0	40.0	41.0	1
13	小肩宽	15.3	15.6	15.9	16.3	16.6	16.9	0.32
14	袖长	62.6	62.9	63.2	63.6	63.9	64.2	0.32
15a	腕围	16.5	17.1	17.8	18.4	19.1	19.7	0.64
15b	掌围	21.6	21.8	22.0	22.2	22.4	22.6	0.2
16	身高（颈椎点高）	160.5	160.7	160.9	161.1	161.3	161.5	0.2
17	腰高	105.8	106.1	106.4	106.8	107.1	107.4	0.32
18	腰长	20.0	20.0	20.0	20.0	20.0	20.0	0
19a	前裆长	32.5	33.4	34.3	35.2	36.1	37.0	0.9
19b	后裆长	34.6	35.5	36.4	37.3	38.2	39.1	0.9
20	下裆长	80.5	80.9	81.3	81.7	82.1	82.5	0.4
21	大腿围	53.4	55.9	58.4	61.0	63.5	66.0	2.52
22	小腿围	34.6	35.6	36.5	37.5	38.4	39.4	0.95
23a	脚踝围	21.3	22.1	22.9	23.7	24.5	25.3	0.79
23b	脚围	32.4	32.7	33.0	33.3	33.6	33.9	0.3
24	股上长	28.0	28.0	28.0	28.0	28.0	28.0	0

表 2-7　欧洲人体规格尺寸表

单位：cm

序号	测量部位	EU34	EU36	EU38	EU40	EU42	EU44	档差
1	胸围	88.0	92.0	96.0	100.0	104.0	108.0	4
2	自然腰围	72.0	76.0	80.0	84.0	88.0	92.0	4
3	低腰围	76.0	80.0	84.0	88.0	92.0	96.0	4
4	臀围	90.0	94.0	98.0	102.0	106.0	110.0	4
5	背长	44.1	44.4	44.7	45.0	45.3	45.6	0.3
6	前中长	39.9	40.2	40.5	40.8	41.1	41.4	0.3
7	后颈点到前腰线长度	55.1	56.1	57.1	58.1	59.1	60.1	1
8	颈根围	38.0	39.0	40.0	41.0	42.0	43.0	1
9	头围	56.7	57.0	57.3	57.6	57.9	58.2	0.3
10	头长	24.8	25.0	25.2	25.4	25.6	25.8	0.2
11	全背宽	37.0	38.0	39.0	40.0	41.0	42.0	1
12	全胸宽	32.0	33.0	34.0	35.0	36.0	37.0	1
13	小肩宽	13.7	14.0	14.3	14.6	14.9	15.2	0.3
14	袖长	64.0	64.0	64.0	64.0	64.0	64.0	0
15a	腕围	17.2	17.4	17.6	17.8	18.0	18.2	0.2
15b	掌围	21.6	21.8	22.0	22.2	22.4	22.6	0.2
16	身高（颈椎点高）	154.4	154.6	154.8	155.0	155.2	155.4	0.2
17	腰高	11.3	11.5	11.7	11.9	12.1	12.3	0.2
18	腰长	20.0	20.0	20.0	20.0	20.0	20.0	0
19a	前裆长	25.9	26.7	27.5	28.3	29.1	29.9	0.8
19b	后裆长	29.5	30.3	31.1	31.9	32.7	33.5	0.8
20	下裆长	83.4	83.8	84.2	84.6	85.0	85.4	0.4
21	大腿围	52.7	54.5	56.3	58.1	59.9	61.7	1.8
22	小腿围	35.1	36.0	36.9	37.8	38.7	39.6	0.9
23a	脚踝围	24.4	24.7	25.0	25.3	25.6	25.9	0.3
23b	脚围	32.4	32.7	33.0	33.3	33.6	33.9	0.3
24	股上长	30.0	30.0	30.0	30.0	30.0	30.0	0

第三章

纸样设计过程

纸样设计过程

完成一套样板的设计需要五个阶段：基本原型、总设计图、绘制纸样、样衣纸样、生产纸样。

纸样结构与人体体型

上衣的衣片、袖片，裤子的裤片基本原型纸样与人体各部分的关系如图3-1、图3-2所示。在设计不同风格和不同廓型的服装时，要使用这些基本纸样根据款式变化的比例关系进行服装纸样设计。

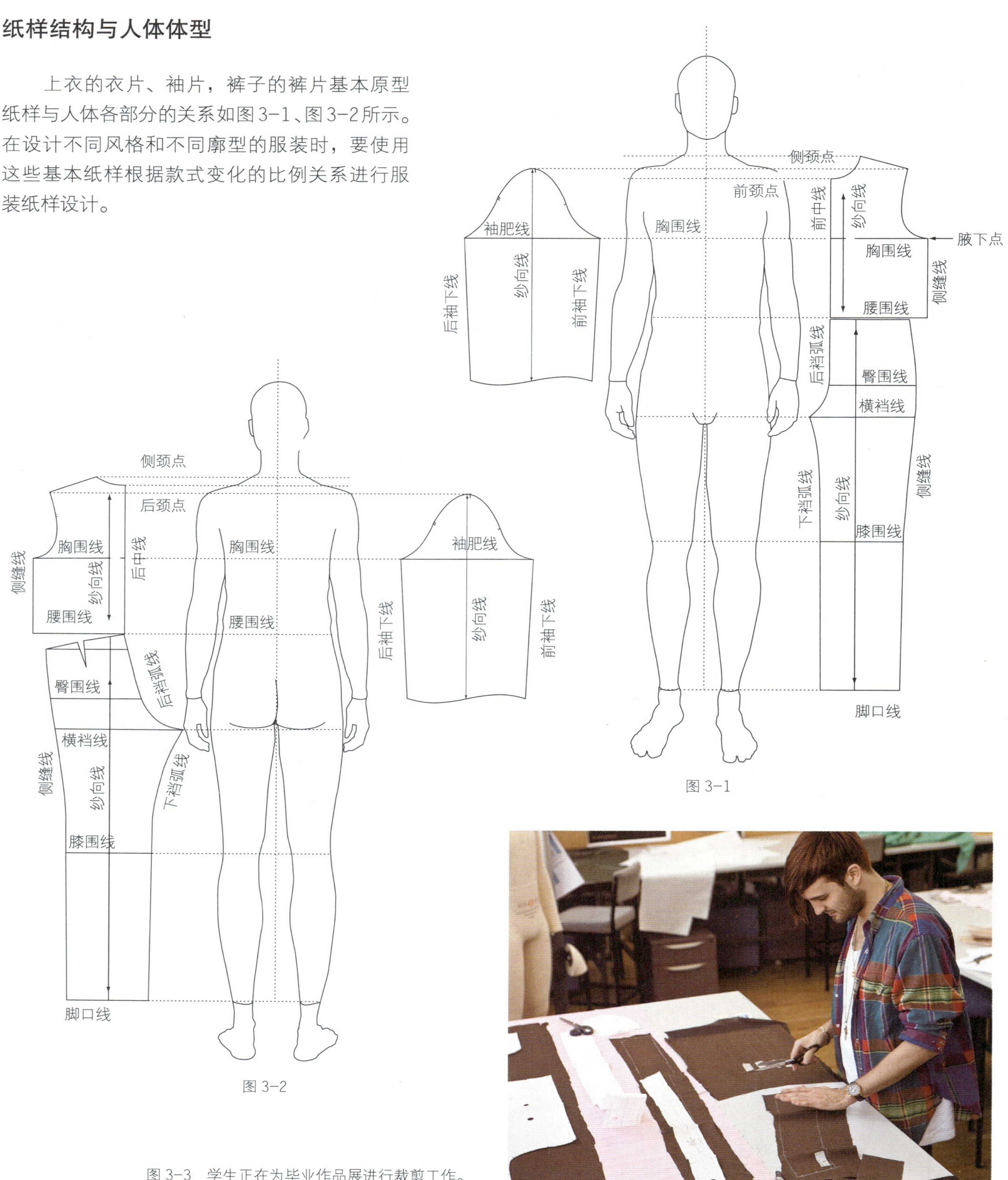

图3-1

图3-2

图3-3　学生正在为毕业作品展进行裁剪工作。

原型纸样

在绘制任何一款服装纸样之前，首先要绘制基本原型纸样。基本原型纸样不带任何款式变化，仅仅是对人体体型的反映。绘制原型所用的数据，可以基于本公司的试衣模特的体型，也可基于标准规格尺寸表。常用的男装基本原型包括：

- 上衣原型：前衣片和后衣片。
- 袖子原型：一片或者两片袖。
- 裤子原型，包括前片和后片两片。

本书中所有的纸样设计都是以这三种基本原型为基础进行的（见第 40~47 页）。原型纸样绘制完成后，要用坯布制作样衣，并试衣修正。将修正好的基本原型纸样拓在厚卡纸或者透明薄塑料板上，按净缝裁剪。

两片袖不基于原型制图，通常是直接制图裁剪（见第 244–245 页的堑壕外套）。

总设计图

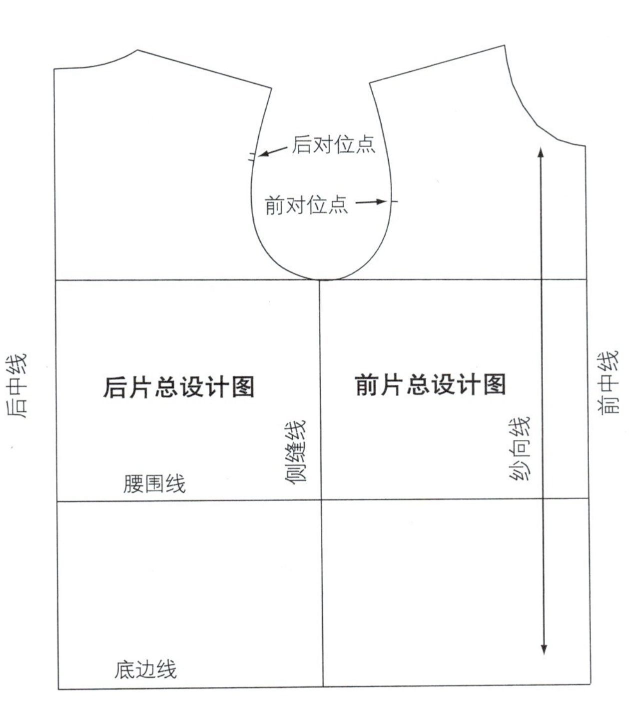

图 3–4

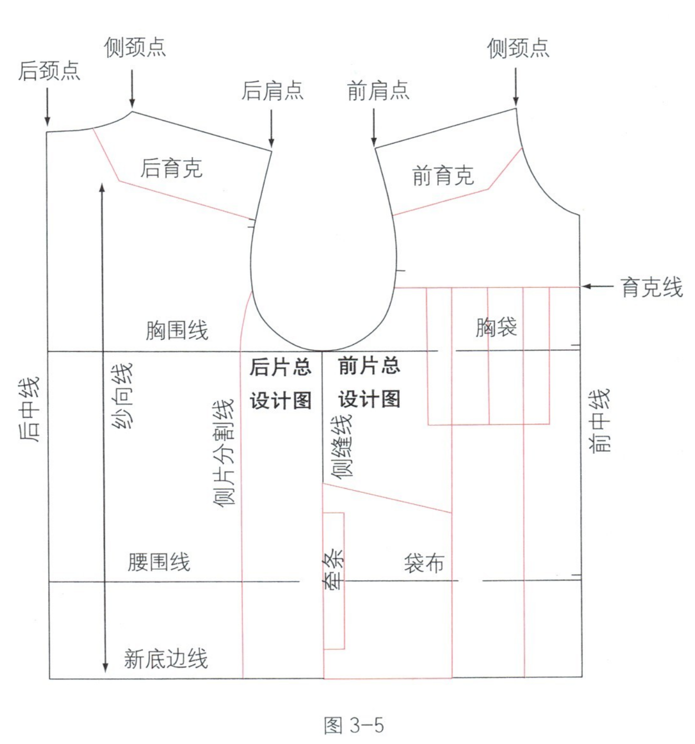

图 3–5

纸样的总设计图如同建筑上的总设计蓝图，是任何设计的起始点。总设计图在不带任何款式变化的基本原型上绘制。在调整基本原型之前，总设计图有利于直观的把握设计的全局，以及定位各个具体的细节等一系列工作。

在进行纸样设计之前，要选择合适的原型纸样作为总设计的基础。例如，设计一款夹克，要用到上衣原型和袖原型。

对纸样进行总设计时，首先按照第 48~49 页的方法，将原型纸样复制到打板纸上作为总设计图（图 3–4）。将款式的具体细节设计，如：育克、分割线、省道、口袋等，直接画在总设计图上（图 3–5）。

一般情况下，纸样总设计只在半身原型上进行，半身完成后，再镜像复制出另外半身（见第 50 页）。这样既能提高效率，也能减少复制纸样过程中产生的误差。人体基本上是左右对称的，因此只需要设计半身即可。即使对于左右不对称的款式，在进行整体设计之前，最好先设计好半身，再设计另一半或者全身，这种方法效率会更高些。

总设计图完成后，就可复制出具体用途的纸样。任何时候都不要裁剪总设计图，要一直完好的保存着，作为后续纸样制作的参考和蓝本。

绘制纸样

在绘制纸样之前，首先从总设计图上将纸样重新拷贝到另一张纸上，作为进一步设计与绘制纸样的基础。复杂的设计还需要进行切展处理（图 3–6），以加入宽松量或褶裥（见第 56 页），或者用切开旋转的方法，改变纸样的最终廓型（见第 56 页）。在拷贝纸样时，总设计图上的所有标记都需要复制到要绘制的纸样上，如剪口和缝份等（图 3–7）。当绘制完纸样的结构线后，需将其再复制到另一张纸上，用于后续样衣纸样的制作基础。

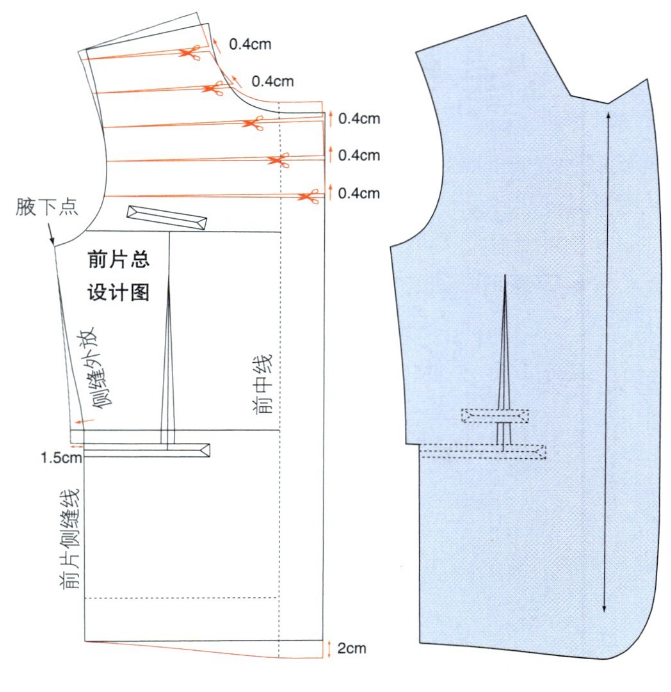

图 3–6

样衣纸样

样衣纸样可以通过两种方法获得，一是直接复制总设计图上的结构线，二是复制上一步所绘制的纸样。样衣纸样主要用于纸样在投入批量生产前的样衣制作以及合体性评价等。

到这一步服装的半身纸样已经设计完成，需要对称复制出另一半纸样。所有的标记都需补充完整，如纱向线、剪口、省尖钻眼以及缝份等（见第 50~51 页）。

本书中的样板蓝色表示面料纸样，粉红色表示里子纸样（图 3–8）。

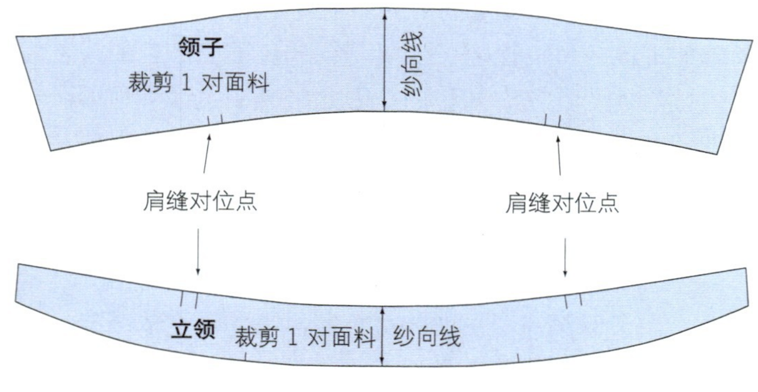

图 3–7

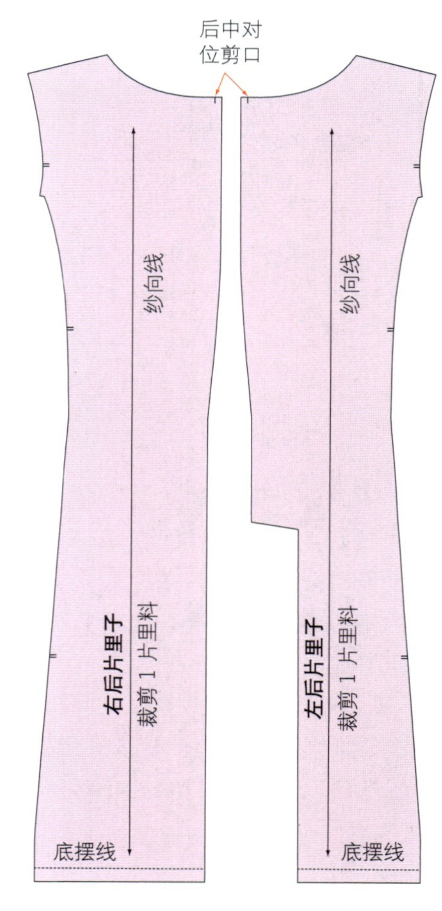

图 3–8

生产样板

一旦样衣评测合格，要基于样衣纸样复制出生产纸样。对生产纸样进行推板，以便批量生产全规格的服装(见第52~第53页)。用卡纸裁剪生产样板，并注明所有的标注。整件服装的每个部位都要有相对应的纸样(图3–9、图3–10)。

样板左右片问题

本书中，所有的总设计图以及绘制纸样都是以服装的右半身来制图的，即服装穿着时的右侧。纸样的标签也是位于右片，如果去查看一套纸样，纸样的右片总是放在上面，左片位于下面。

图3–9　生产纸样。

图3–10　用带式裁刀裁剪衣片。

上衣原型

男装上衣原型的绘制方法，男装上衣原型不带制图标注和缝份，所用的制图数据接近欧洲规格的 38 号（净胸围 96cm，加 12cm 的放松量，纸样胸围 108cm），这一规格是成衣生产的中间号型。原型纸样的前片与后片重叠在一起绘制，在后面章节中的实际应用时，要将原型纸样对称复制。上衣原型纸样是本书进行各种款式纸样设计的基础（除裤子外）。可以选择第 32~ 第 33 页规格尺寸表中的相关数据来绘制原型，也可以用自己的模特或人台的测量数据。

38 号规格（欧洲）原型所用数据：

胸围 =96cm

松量（全身胸围）=12cm

胸围 /2 =48cm

松量 /2 =6cm

胸围 /4 =24cm

松量 /4=3cm

袖窿深：

小 =21cm；中 =22cm；大 =23cm；特大 =24cm（档差 =1cm）。

绘图所用数据：

胸围 /4 =24cm

袖窿深 =22cm

背长 =45.5cm

腰长 =20cm

衣长 =65.5cm

背宽 /2=20cm

颈根围 =39cm

步骤 1

绘制基础线（图 3–11）

- 裁一张比衣长稍长一点的打板纸。
- 用米尺在打板纸的左边画一条竖直线，竖直线的顶点标点⓪。
- 从点⓪沿竖直线向下取 2cm 标点①，此为后颈点。
- 从点①沿竖直线向下取 22cm（袖窿深）标点②，这点可根据体型和臂围加以调整。
- 从点①沿竖直线向下取 45.5cm（背长）标点③。
- 从点①沿竖直线向下取 65.5cm（衣长）标点④，衣长可依据款式调整。这里是通过背长（45.5cm）加上腰长（20cm）而确定的。
- 从点②画水平线作为胸围线，取胸围 /4 加松量 /4，即 27cm，标点⑤。
- 从点⓪画水平线，长度为 27cm，标点⑥。
- 从点③画水平线作为腰围线，长度为 27cm，标点⑦。
- 从点④画水平线作为臀围线，长度为 27cm，标点⑧。
- 直线连接点⑤⑥⑦⑧，作为侧缝线。
- 从点①画水平线，长度为：颈根围 /5+0.7=8.5cm，标点⑨。
- 从点⑨向上作垂直线，长度 2cm，标点⑩，用弧线尺从点⑩到点①画出后领弧线。
- 从点①沿竖直线向下取点①到点②一半的长度（11cm），标点⑪。
- 从点⑪画水平线作为背宽线，长度为：全背宽 /2（20cm），标点⑫。根据胸围松量的大小，背宽可以加

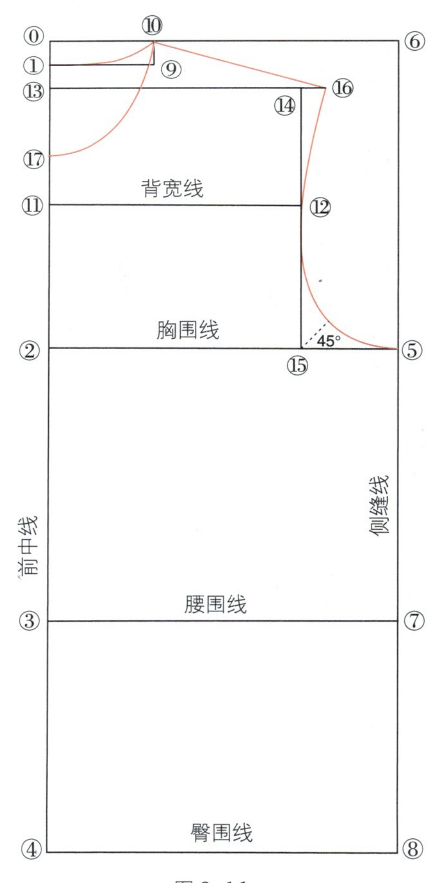

图 3–11

1~2cm 的松量。如果袖窿较深、较平直，可在背宽处加一定的松量，这将使袖窿宽减小、肩线增长。

• 从点①沿竖直线向下量取：袖窿深 /8-0.75=2cm，标点⑬。

• 从点⑬画水平线，长度等于点⑪到点⑫的距离，标为点⑭。

• 用直线连接点⑭和点⑫，并延长到与胸围线相交于点⑮，此为背宽线。

• 从点⑭水平向外延长 1.8cm，标点⑯，点⑯为前后肩端点。直线连接⑩和⑯两点，作为前后肩线。

• 从点⑮作角平分线，长度为 3cm。

• 用弧线尺从点⑯到点⑫，再过 3cm 的角平分线上的点，最后到点⑤，画出前后袖窿弧线（图 3-12）。

• 从点①沿竖直线向下量取：颈根围 /5-0.8=7cm，标点⑰，用弧线尺从点⑩到点⑰画出前领口弧线。

步骤 2

复制前后衣片

• 重新裁一张打板纸，纸的尺寸比上面所画的原型纸样稍长，宽度是其两倍。

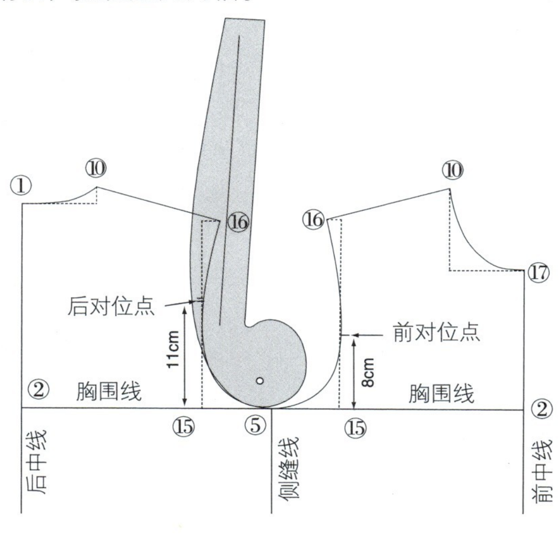

图 3-12

• 在打板纸的中心处画一条竖直线，比原型稍长，该线作为前后衣片的侧缝线。

• 将新打板纸放在原型上面，打板纸的竖直线与原型的侧缝线对齐，在侧缝线左边复制出后领口弧线及原型的其他线条。然后将打板纸翻到反面，仍旧侧缝线对齐。此时，所复制的后片在侧缝线的右边。

• 复制出前领口弧线及原型的其他线条。然后将打板纸翻到正面，再将前衣片的线条描一遍。这样前后衣片就拓在纸的同一面上了。

• 在后衣片袖窿上打对位标记，从后衣片⑮点竖直向上量取 11cm，与后袖窿弧线相交，打两条小短线作为后袖窿的对位点。

• 在前衣片袖窿上打对位标记，从前衣片⑮点竖直向上量取 8cm，与前袖窿弧线相交，打一条小短线作为前袖窿的对位点（图 3-13）。

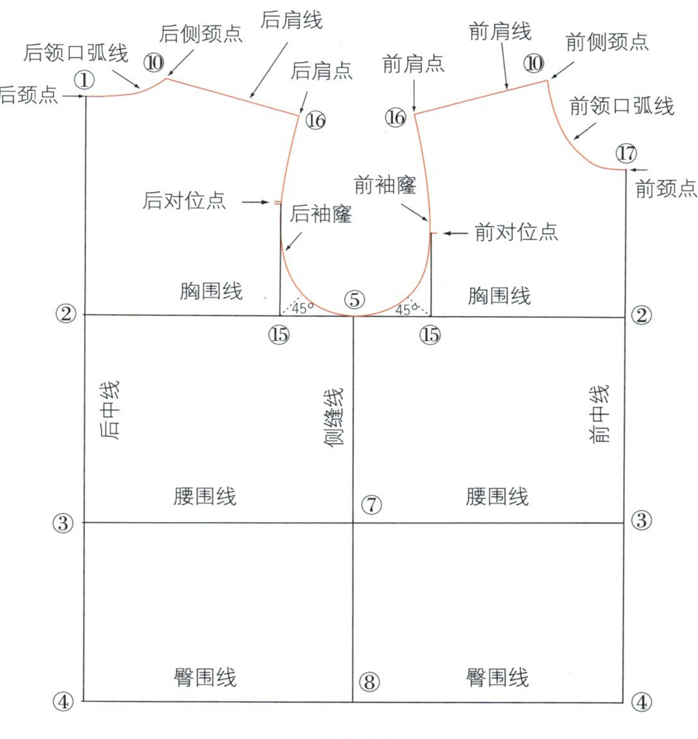

图 3-13

前领深与前领宽的确定

前领深与前领宽可通过测量侧颈点与前颈点间的横向和纵向的距离获得。根据前领深与前领宽就可画出前领口弧线。将直角尺一边对准模特或人台的侧颈点，另一边对准前颈点，对准前颈点的直角边要水平，这样就可以从直角尺上读出前领深和前领宽（图 3-14）。

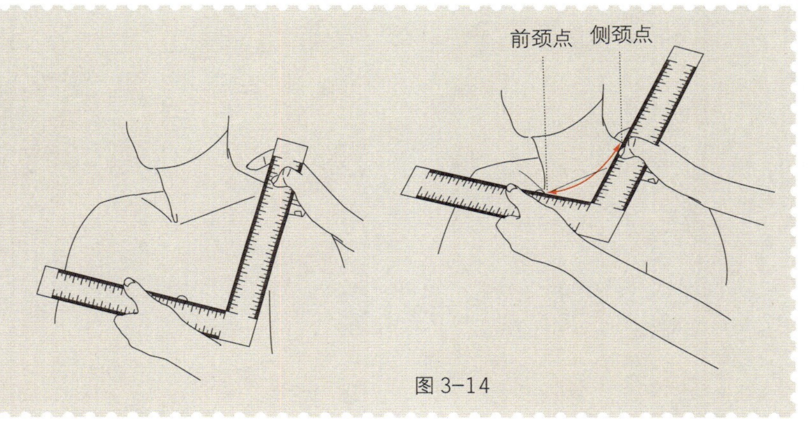

图 3-14

袖子原型

这里介绍袖子基本原型的绘制方法，不带标注和造型线。所用数据是欧洲规格的 38 号。这一原型是本书后续要学习的各种款式纸样的基础。绘制袖子原型时可以采用本书第 32~33 页规格表中的相关数据，也可以用自己的模特或人台的测量数据。

与 38 号上衣原型相对应的袖原型数据：

袖窿 =49cm+2.5cm 吃缝量 =51.5cm

从肩端点到腕关节的袖长 =70cm

从肩端点到肘线的长 =41cm

臂围 =35.5cm

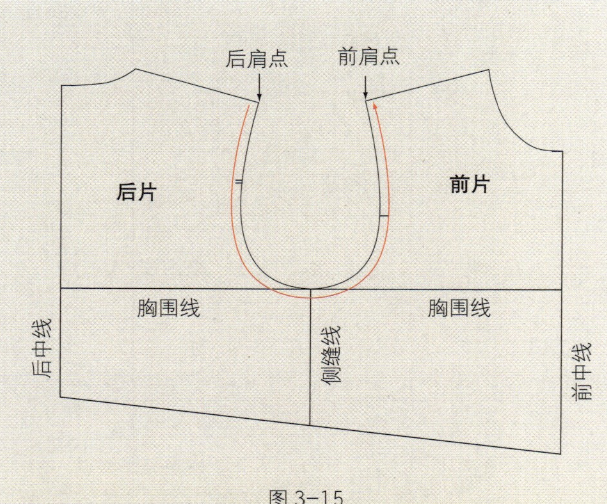

图 3-15

测量袖窿弧线长

绘制袖子原型之前需要从上衣原型上测量出袖窿弧线长。用软尺从后肩点沿袖窿弧线一直量到前肩点（图 3-15）。

如果是用自己的体型绘制的上衣原型，则将袖窿弧线长的数据替换成自己体型的测量数据。

步骤 1

绘制袖子基本原型纸样（图 3–16）

• 裁一张比袖长稍长的打板纸，或者比模特的臂长稍长一点。

• 用米尺在打板纸的左边画一条竖直线，顶点标为①，这条线是后袖缝线。

• 从点①作水平线，长度为 35.5cm（臂围），端点标为③。

• 从点①沿后袖缝线向下量取 70cm（袖长），标点②，从点②作水平线，从点③作竖直线，两线相交形成长方形。

• 将长方形的宽度四等分，形成四个小长方形，等分线从左到右分别命名为：后袖中线、袖中线、前袖中线。长方形最右边的竖直线为前袖缝线。袖中线的顶点标为点④。

• 从点①竖直向下取袖山高，为袖窿弧线长 /3= 17.1cm，标点⑤，也就是后腋下点。从点⑤作水平线与前袖缝线交于点⑥，点⑥即为前腋下点。所作水平线为袖肥线，袖肥线与前、后袖中线的交点为点⑧和点⑦。

• 从点⑦竖直向上取 10cm（袖窿弧线长 /6+ 1.5cm），作出对位标记Ⓐ，这是后袖山弧线上的对位点。

• 从点⑧向上量取 8.5cm（袖窿弧线长 /6），作出对位标记Ⓑ，这是前袖山弧线上的对位点。

袖窿的形状

前对位点低于后对位点，形成前袖窿弧线曲率较大的效果，这样正与袖子造型相吻合，也使胳膊便于向前活动。

- 绘制袖山弧线。
- 直线连接点⑤和点Ⓐ，在直线的中点垂直向下取0.5cm，过此点用下凹的弧线连接点⑤和点Ⓐ。
- 直线连接点Ⓐ和点④，在直线的中点垂直向上取1.5cm，过此点用上凸的弧线连接点Ⓐ和点④。
- 直线连接点④和点Ⓑ，在直线的中点垂直向上取2cm，过此点用上凸的弧线连接点④和点Ⓑ。
- 直线连接点Ⓑ和点⑥，在直线的中点垂直向下取1cm，过此点用下凹的弧线连接点Ⓑ和点⑥。
- 等分袖肥线到袖口线的距离（袖长去除袖山高的长度，70cm−17.1cm=52.9cm），将等分点上提2.5cm，作水平线即为袖肘线。
- 将点④沿袖山弧线向前偏移0.5cm，标记为袖山顶点。

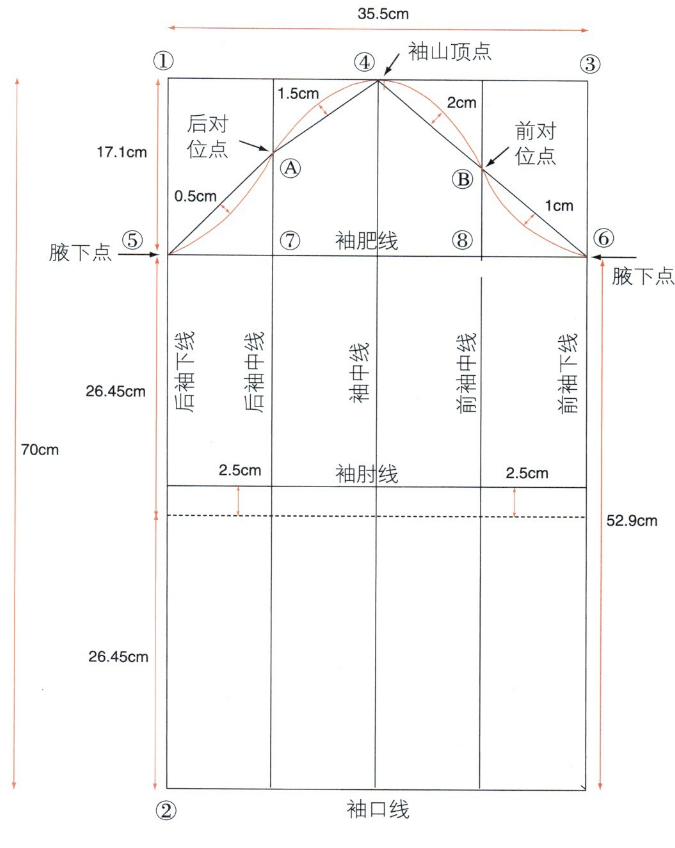

图3-16

测量袖山弧线和增加吃缝量

袖子绘制到这一步，应该测量一下袖山弧线长。袖山弧线应该比袖窿弧线长2.5cm左右。这个量用于绱袖时前、后对位点之间的吃缝量，以便做出袖山头饱满的造型。基于所设计袖子的造型和选用面料的不同，可以调节吃缝量的大小。

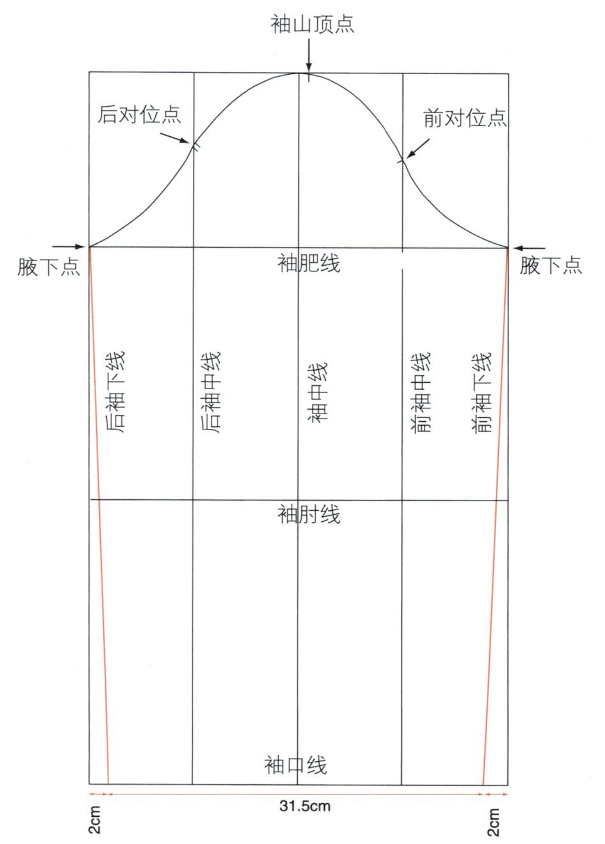

图3-17

步骤2

调整袖下缝

- 在袖口线上前、后袖缝线分别偏进2cm。
- 将前、后新袖口点分别与袖肥线上的前、后腋下点相连，形成锥形的袖筒（图3-17）。

步骤 3

调整袖口线

完善袖口弧线

重新画一条袖口线，该袖口线是在后袖口下凹、在前袖口向上凸的弧线。这样制图是为了人体胳膊前倾的形态以及胳膊的活动形式相一致。

- 在袖中线两侧，将上一步得到的新前、后袖口线平分，标记出等分点。
- 后袖口的等分点竖直向下 0.5cm，前袖口的等分点竖直向上 0.5cm。
- 从后袖口过 0.5cm 画曲线到袖口中点，然后从袖口中点过 0.5cm 点画一条曲线到前袖口点，画顺新袖口线（图 3-18）。

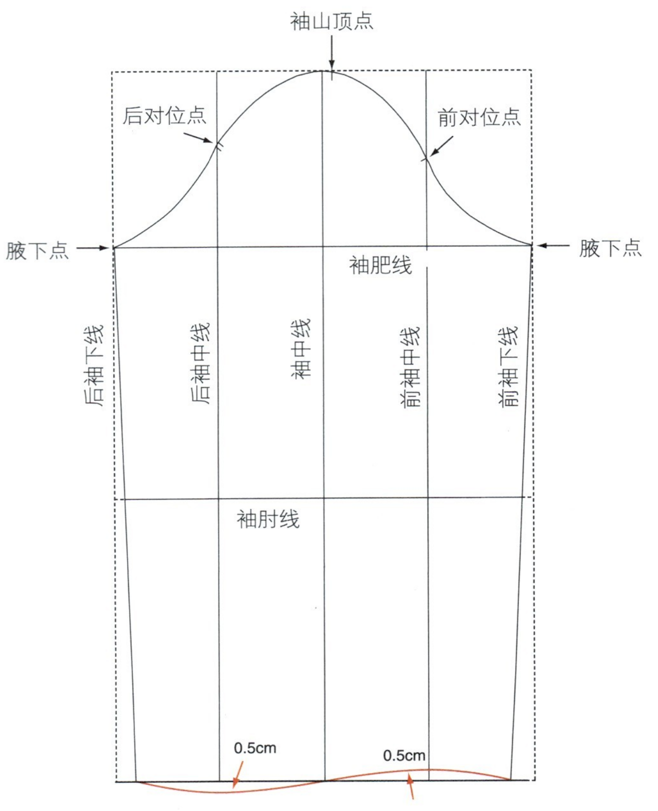

图3-18

裤子原型

这里介绍的裤子基本原型臀部有两个 2cm 的省道，前面有两个 4cm 的褶裥以增加活动量，裤子原型为直筒型，不带任何标注和款式变化。下面所给出的是规格为 32 号的裤子尺寸（腰围 81cm），与规格 38 号的胸围相对应（胸围 96.5cm）。该裤子原型是本书后面要学习的各种款式裤子纸样的基础。可以选择第第 32~33 页规格表中的相关数据来绘制裤子原型，也可以采用自己的模特或人台的测量数据。

32 号裤子（腰围 81cm）原型所用数据：

腰围 =81cm+3cm 松量 =84cm

臀围 =96cm+10cm 松量（每片各 2.5cm）=106cm

前臀围 =48cm

后臀围 =58cm

立裆深 =26cm

裤外侧缝长 =107cm

下裆长 =81cm

步骤 1

绘制基础线（图 3–19）

- 裁一张比裤长尺寸稍长的打板纸。
- 用米尺在打板纸的右侧画一条竖直线，线条的顶点标为①，这是裤外侧缝，即裤子侧缝线。从点①向左画水平线作为腰围线。
- 从点①沿竖直线向下取立裆深 26cm，标点②。
- 从点②沿竖直线向下量取下裆长 81cm，标点③，从点③向左画水平线作为脚口线。
- 从点①沿竖直线向下取 17cm，标点④。
- 从点④向左画水平线作为臀围线，长度为：臀围 /4−2.5cm=24cm，标点⑤。
- 从点②向左画水平线作为横裆线，长度为：臀围 /4−2.5cm=24cm，标点⑥。
- 从点⑥向上画竖直线与腰围线交于点⑦。
- 从点⑥向左画水平线作为前裆宽，长度等于点④到点⑤长度的 1/4 减 1cm（6cm−1cm=5cm），标点⑧。
- 从点⑧向下画竖直线与脚口线交于点⑨，这条竖直线就是下裆缝线。

现代人对时尚潮流的追逐常常表现在对裤装的选择上，如西裤、休闲裤、牛仔裤等。裤子的腰位从高腰到低腰，好像代表着不同的文化潮流。自然腰围线是人体腰部最细的位置。通常裤腰设计在自然腰围线和臀围线之间，根据不同的款式造型，一般位于自然腰围线下 5cm 处，设计在这里穿着和运动时最舒服。

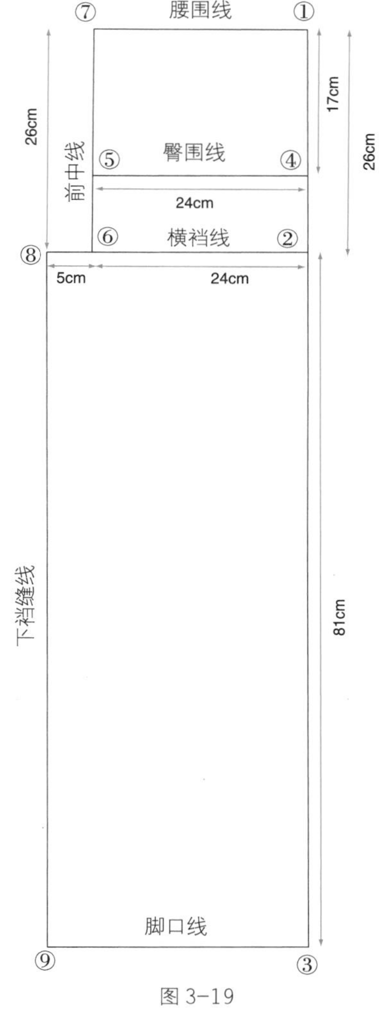

图 3–19

步骤 2

绘制裤子前片（图 3-20）

• 首先依据前臀围的大小来确定前片腰围的大小。从点⑦水平向右量取 9cm，标点Ⓐ，从点Ⓐ画竖直线到脚口线，作为纱向线；这也是裤子前褶裥的一条边所在位置。

• 从点Ⓐ水平向右量取前片褶裥量 4cm，标点Ⓑ，褶裥大小可依据合体度的要求调节。

• 从点Ⓑ继续向右量取前臀围的剩余量减 1.5cm（11cm−1.5cm=9.5cm），标点Ⓒ，从点Ⓒ到点④用弧线画顺。

• 从点⑥画长度 3cm 的角平分线，从点⑤过角平分线的端点再到点⑧画弧线，这条弧线即为小裆弯线。

• 纱向线与横裆线的交点标记为Ⓓ，与脚口线的交点标为Ⓔ。

• 取纱向线上点Ⓓ和点Ⓔ的中点（也就是下裆长的一半），并向上偏 8cm，标点Ⓕ，过点Ⓕ画水平线作为膝围线，从点Ⓕ分别向左取 11cm、向右取 12cm，为中裆尺寸。

• 在脚口线上，从点Ⓔ向左右各取 11cm，为脚口尺寸。

• 根据所取的脚口和中裆的尺寸，从脚口内侧点到点⑧画顺下裆线，再从脚口外侧点到点④画顺侧缝线。

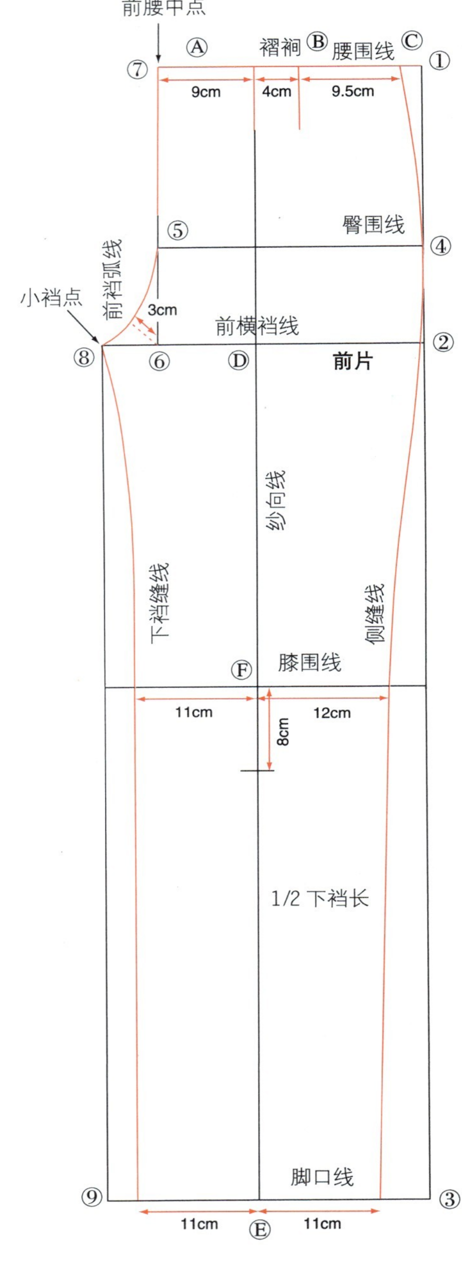

图 3-20

步骤 3

绘制裤子后片（图 3–21）

• 裤子后片纸样要在裤前片的基础上绘制，然后再将前后片分别复制在新的打板纸上。

• 从点⑦竖直向上 5cm，标点⑩，从点⑩向右作水平线与自点①向上的延长线相交。

• 从点①水平向右量取 5cm，标点Ⓙ，从点Ⓙ向上作竖直线与从点⑩向右的水平延长线相交。

• 分别从点⑧和点②向下 1.5cm，标点⑪和点⑬，连接点⑪和点⑬，作为后片的横裆线。

• 从点⑪向左画 9cm 的水平线，标点⑫，作为后裆大。

• 从点⑩水平向右取 4.5cm，标点Ⓖ，Ⓖ为后腰围中点。

• 从点Ⓖ到点Ⓙ画长度为 25.5cm 的斜线，这是包括 2cm 省量的后片腰围大。

• 从点Ⓖ在斜线上量取 14cm，标点Ⓗ，Ⓗ是后腰省的中点。

• 从点Ⓗ向下作斜线的垂直线，长度为 8.5cm，标点Ⓘ，直线ⒽⒾ为省中线。再从点Ⓗ向左右两边各取 1cm 的省大，连接到省尖Ⓘ画出省边。

• 将省口两边分别向上抬高 0.4cm，重新连到点Ⓖ和点Ⓙ，画顺腰线，这样修正是为了保证省道缝合后腰围线依旧水平。

• 将前中线从点⑥向下延长与后片横裆线交于点⑭，从点⑭画 6.5cm 长的角平分线，从点⑤竖直向上取 3cm，标点Ⓚ。从点⑫到点Ⓚ并过角平分线的端点Ⓚ画顺后裆弧线，点Ⓚ到点Ⓖ直线相连。

• 在膝围线上，从点Ⓕ分别向左右量取 13.5cm 和 13.8cm，为后片中裆大。

• 在脚口线上，从点Ⓔ分别向左右量取 12.5cm 和 13.5cm，为后片脚口大。

• 从后裆大点⑫过内侧中裆大再到脚口画顺下裆弧线。

• 从点⑬向右画 2cm 的水平线，标点Ⓛ。

• 从腰围线上的点Ⓙ到点Ⓛ、过中裆，再到脚口，用弧线画顺后片侧缝线。

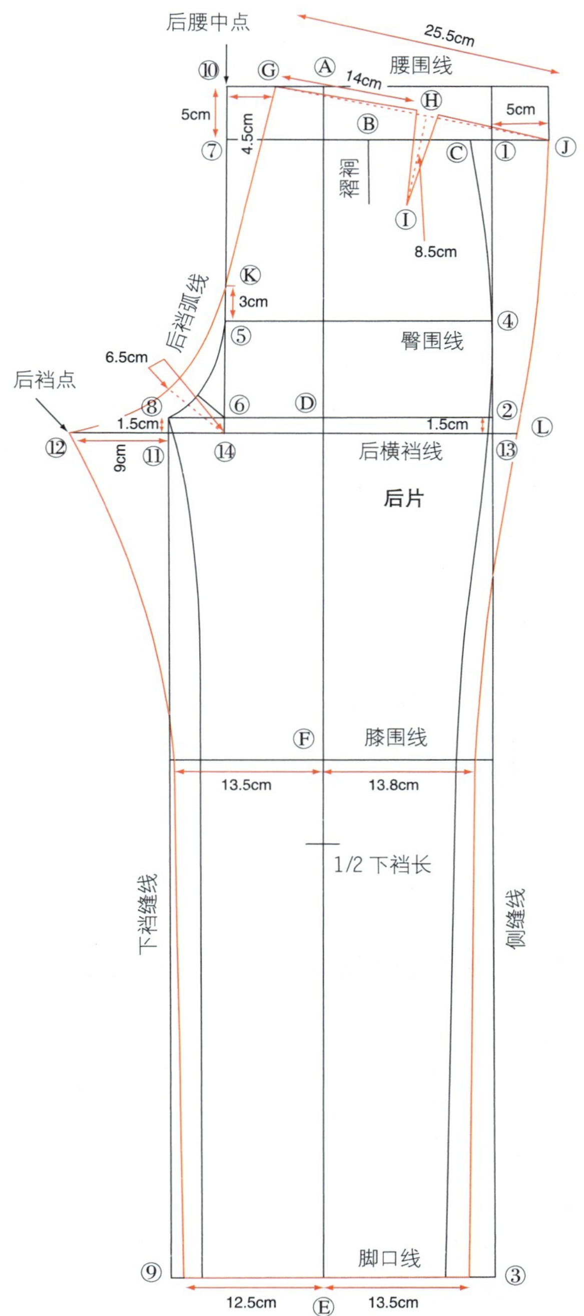

图 3–21

总设计图

任何一款服装的纸样设计都是从基本原型纸样开始，经过一系列的设计制作过程，获得最终的生产纸样。在这个过程中，起始一步是构思规划包括所有款式特点的总设计图。要确保总设计图的图纸足够大，以便于在图纸的边缘空白处绘制其他相关设计细节。

基于上衣原型规划总设计图（图 3-22）

- 裁一张比所设计服装的长度略长的打板纸。
- 用米尺在纸的中间画一条竖直线，并标明为侧缝线。
- 用直角尺在竖直线的中间位置做竖直线的垂直线，标为腰围线。
- 将前衣片原型放于竖直线的右侧，两者的侧缝线与腰围线对齐。
- 沿原型边缘拓下前衣片和所有的对位点。并在规划图上标出前中心线、纱向线以及写上“前片总设计图”的文字。
- 将后衣片原型放于竖直线的左侧，侧缝线和腰围线与打板纸上的侧缝线和腰围线对齐。
- 沿边缘拓下后衣片原型，并在规划图上标出后中心线以及“后片总设计图”的文字。
- 如果原型样板上有胸围线和臀围线，在总设计图上也需注明胸围线和臀围线。

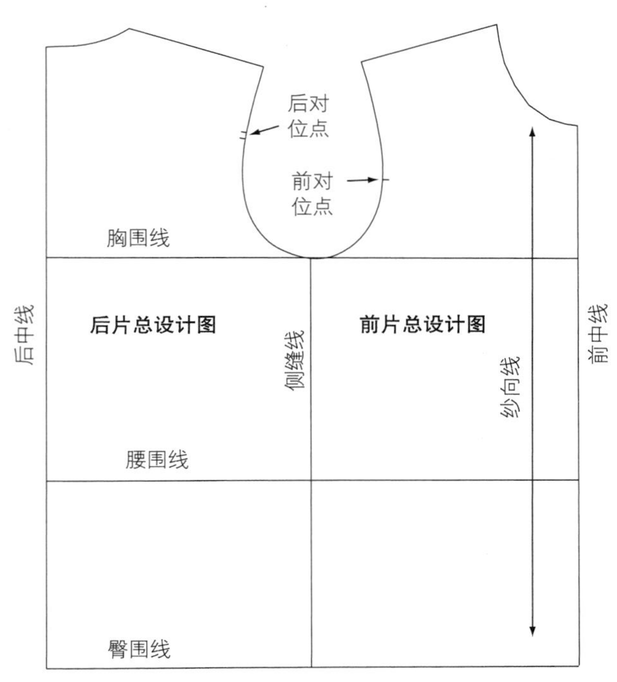

图 3-22

基于袖子原型规划总设计图（图 3-23）

- 裁一张比所设计服装的袖长略长的打板纸。
- 用米尺在打板纸的中间画一条比原型袖中线略长的竖直线，标明为袖中线。
- 用直角尺在竖直线的上 1/4 处画水平线，作为袖肥线。
- 将袖原型的袖中线和袖肥线与打板纸上标明的袖中线、袖肥线对齐放置。
- 拓下袖原型的轮廓线和相应的结构线（袖肘线、前后袖中线），并注明所有的标识，如前后对位点、袖山顶点等。

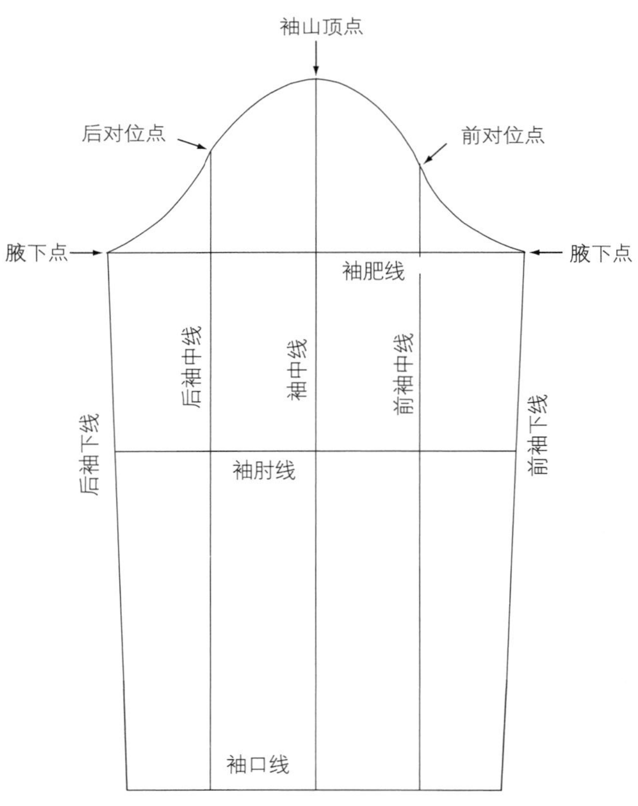

图 3-23

基于裤子原型规划总设计图（图 3–24）

- 裁一张比所设计裤长略长的打板纸。
- 画前、后裤片原型总设计图。
- 用米尺在打板纸的中间画一条竖直线，其长度比裤子原型略长，标明为纱向线。
- 用直角尺在竖直线的 1/4 处画水平线，标为横裆线。
- 将裤子原型放在打板纸上，纱向线和横裆线与打板纸上的纱向线、横裆线对齐。
- 沿边缘拓下裤子原型和相应的结构线，并注明所有的标志，如省道、臀围线等。
- 复制样板时要保证前、后裤片的水平线、结构线对齐。

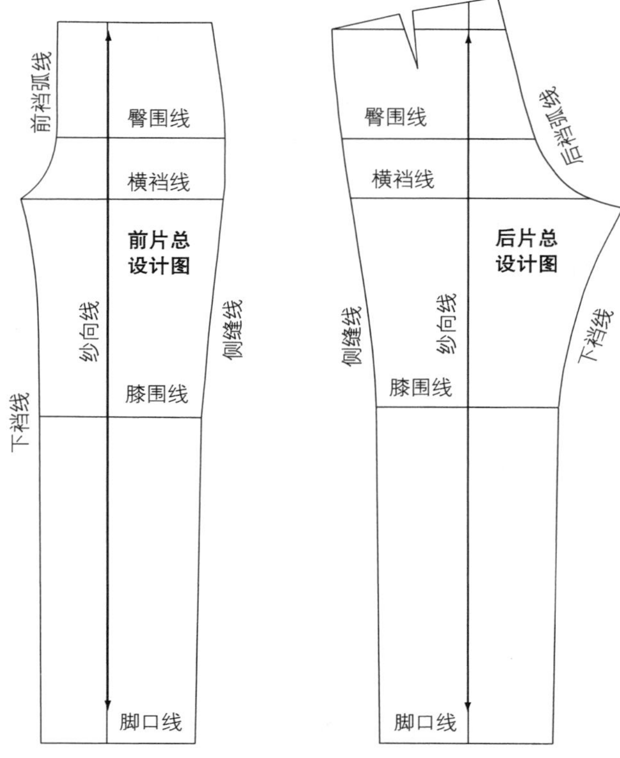

图 3-24

设计评价

在进行纸板设计之前，应该先用男装人台或试衣模特对设计进行评价。所用原型的衣长有可能与所设计服装的衣长不一致，对人台或模特进行实际测量来设计衣长，或者参考规格表设计，也可借鉴同行企业的同类产品来设计。

审视设计的各细节元素，如衬衫门襟、袖口搭扣等。斟酌服装的穿着形式以及合适的长度。例如，衬衫通常是掖在裤腰中穿着的，设计衬衫所用的上衣原型就应该适当增加长度。反复校核所用人台、样衣、图纸以及所收集的设计资料。又如，衬衫后背的育克线一般设计在后肩下面一点，可以先用细布带别在人台后背设计育克线的位置上，观察设计点比例是否协调。

纸样复制方法

从总设计图的半身纸样复制出完整纸样

领子、育克以及其他部位纸样在总设计时，只进行了右半身的样板设计。要得到完整纸样需要对其进行镜像复制。操作时通常选择纸样的前、后中心线作为对称轴。

- 将描图的硫酸纸放于要复制的总设计图上临摹线条，在对称轴的另一侧要留有充足的空白（图 3-25）。
- 总设计上的所有标注，如纱向线、剪口、打孔对位记号等，均需要复制。
- 基于工艺要求放出缝份（见第 60 页）。
- 沿前中线或后中线对折打板纸（图 3-26）。
- 将被复制的纸样翻过来，重新再描一遍（图 3-27），展开即可得到完整纸样。要在完整纸样上补齐所有的标注（图 3-28）。

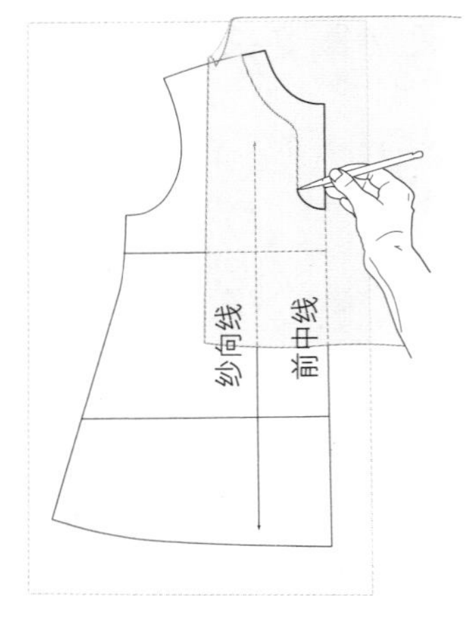

图 3-25　描图

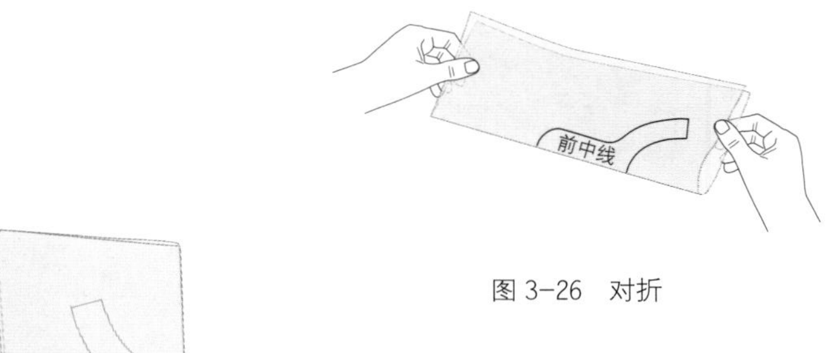

图 3-26　对折

只需要半身纸样的情况

有些细节的设计，如口袋，只在服装的右半身，不用镜像复制，直接采用即可；如果口袋只出现在服装的左边，则把其他纸样镜像复制完后，再将其补上即可。

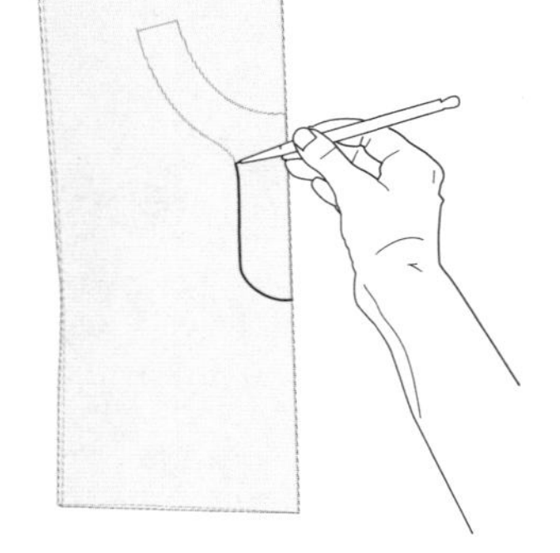
图 3-27　重新描图

从总设计图直接复制完整纸样

服装有些部位的纸样，如口袋、袖子等可以从总设计图或者绘制好的纸样上直接复制而来。

- 将硫酸纸放于要复制的总设计图或者绘制好的纸样上，直接临摹线条。
- 纸样上的所有标注，如纱向线、剪口、打孔对位点等，均需要复制。
- 基于工艺要求放出缝份（见第 60 页）。

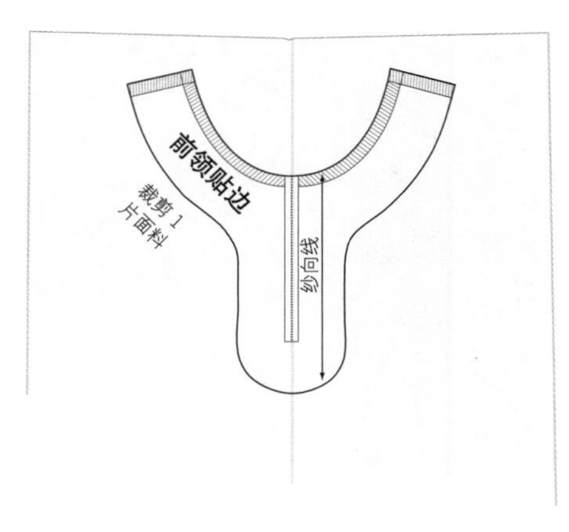

图 3-28　完整样板

标注

标注是写在纸样上的技术性的文字和符号，目的是将纸样和工艺要求传递给生产制造方。每片生产纸样的中间位置都应该有清晰的文字标注，或者是相关符号的标注。因为不同国家或企业单位所用的语言多种多样，用符号更便于交流。有些标注，如纱向线、剪口、打孔等，在总设计图上和绘制纸样时也常常使用。

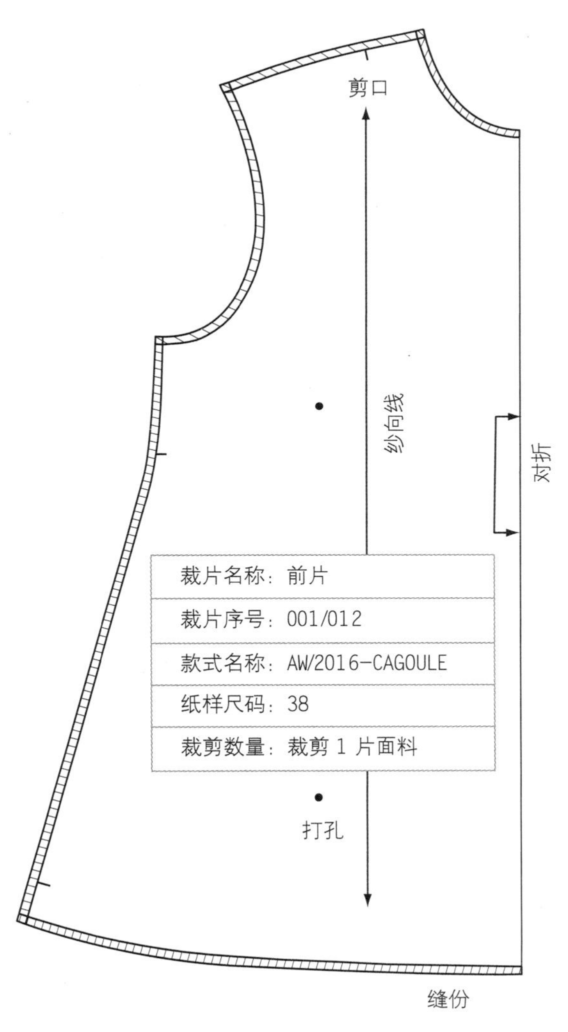

图 3-29　工厂中纸样上的基本标注方法

样板名称

给出各样板的名称，如袖子、右前片、右后片、口袋等

款式代码或名称

可以用缩写符号来表示款式，如 AW/001(表示秋冬服装展，第 1 款)。也可用服装展的主题来命名

样板序号

基本上每套纸样都不止一片样板，将每套纸样的各片标明序号，如 1/7，说明此套纸样包含 7 片纸样，这是第 1 片

纸样尺码

用于说明服装的规格尺寸，如 S (88cm，92cm)，M (96cm，100cm)，L (104cm，108cm)

样板裁剪数量

说明每个样板需要裁剪几片，常用以下缩写表示：

Self——用服装的主面料裁剪；

Cut 1 PR Self——用主面料裁剪一对；

Cut 1 Self——用主面料裁剪一片；

Cut 1 Mirrored——裁剪一片该纸样的对称片；

也可以加入黏合衬和里子的信息 (如：Cut 1 Self & 1 Fusing，表示分别裁剪一片面料和衬料)

不对称设计需要用缩写 “RSU” (right side up，表示右片朝上)，表明纸样与面料的朝向相同放置

折叠线或符号

表明纸样沿此线折叠

纱向线

表明纸样应以怎样的方向排列在布料上裁剪，大部分纸样均是沿经纱方向排列，即与布边平行放置

缝份

缝份可以在纸样上画出，也可以用剪口的形式标出，或者用文字写明，例如：2cm 缝份。如果没有缝份，可用缩写 “NSA” 标明

剪口和对位孔

剪口和对位孔主要是用来表明服装的缝制工艺要求

剪口打在纸样边缘常用于说明纸样的缝份、衣片的对位以及吃缝区域等

对位孔常用于说明口袋、纽扣的位置，或者是省长等，对位孔一般距离省尖或袋口 0.5~1.0cm，这样服装制作完成后就将对位孔掩盖住了

推板

当样板设计制作完成后，无论在工作室还是在工厂中，都要对基准样板进行推板，因此对推板技术要有较好的把握和应用能力，以确保样板在生产中能够得到准确应用。

推板

从基本概念上说，推板是拓展纸样号型的一项技术工作。它不是将纸样放大以适应某些特殊体型，这样的调整应该在原型纸样和样衣试穿阶段中完成。推板是一项系统工作，依据规格表按比例缩放纸样，以产生大小不同规格的服装，使服装能够尽量大的覆盖消费群体的体型。

服装推板工作最早出现在 19 世纪中期，当时推板工作比较简单，仅依据身高和围度，按比例进行缩放，产生大、中、小不同的尺码。直到 20 世纪 50 年代，随着成衣工业的快速发展，生产商才开始采用比例一致的规格系统来推板。现代推板是在基准样板的基础上，按档差推出其他规格的样板。档差是指两个相邻规格间某部位的尺寸差值。通过对大量人体数据相关性的分析，服装工业依据年龄和体型给出了档差值。推板可以手工完成，也可以通过电脑完成。

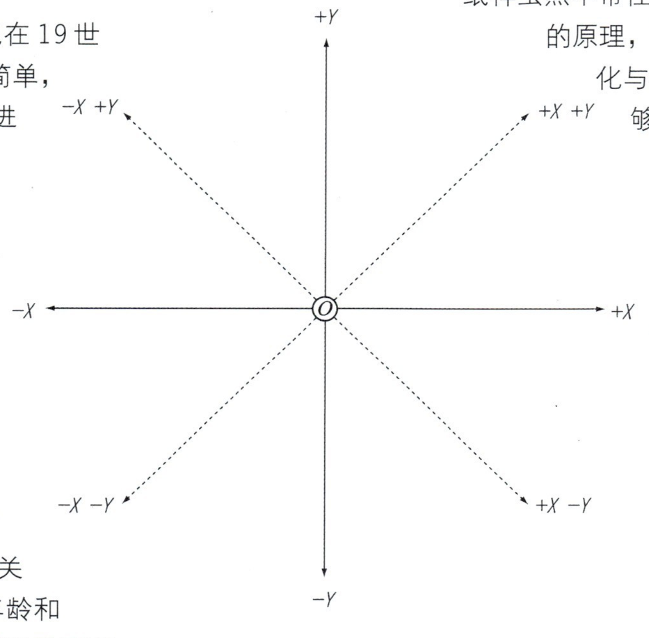

图 3-30

推板时首先要建立基准坐标，作为纸样横向和纵向尺寸增量的依据。*Y* 轴为纵坐标，记录纵向的增减。*X* 轴为横坐标，记录横向的增减。两个坐标轴垂直相交，交点记为 *O*。在 *X* 轴和 *Y* 轴之间的各点，其增减量由横轴和纵轴两个坐标轴的值（*X*,*Y*）确定（图 3-30）。

对某个尺寸推板时，从 O 点开始，先从水平方向取 *X* 值；再向竖直方向取 *Y* 值；连接 *Y* 与 *O* 点，就可产生推档线。

推档规格表中定义了各个尺寸的档差。推板的起始点，也就是开始推板时所用的基准样板，有可能不是最小号规格，这样就要向大小两个方向进行缩放。

这里以基本原型为例，阐述手工推板的方法。原型纸样虽然不带任何款式变化，但只要了解了推板的原理，以及男子体型不同部位的增长变化与档差的关系，针对具体款式就能够成功的加以应用（图 3-31）。对于衣身原型、袖原型和裤子原型，相邻规格的主要尺寸档差为 4cm，其他具体尺寸的档差值可参见第 32~33 页的规格表。

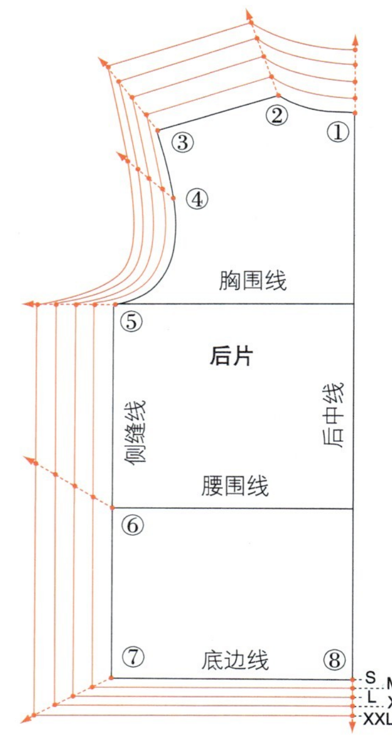

图 3-31　从 S 号到 XXL 号的上衣原型后片的推板

上衣原型后片推板（图 3–32）

点①：在后颈点，沿 Y 方向竖直向上量取 0.8cm。

点②：在侧颈点，沿 Y 方向竖直向上量取 0.8cm，再沿 X 方向水平向外量取 0.25cm。

点③：在肩端点，沿 Y 方向竖直向上量取 0.6cm，再沿 X 方向水平向外量取 0.5cm。

点④：在后袖窿对位点，沿 Y 方向竖直向上量取 0.3cm，再沿 X 方向水平向外量取 0.5cm。

点⑤：在腋下点，沿 X 方向水平向外量取 0.9cm。

点⑥：在腰围线与侧缝线的交点，沿 Y 方向竖直向上量取 0.4cm，再沿 X 方向水平向外量取 0.9cm。

点⑦：在底边线与侧缝线的交点，沿 X 方向水平向外量取 0.9cm，再沿 Y 方向竖直向下量取 0.4cm。

点⑧：在后中线与底边线的交点，沿 Y 方向竖直向下量取 0.4cm。

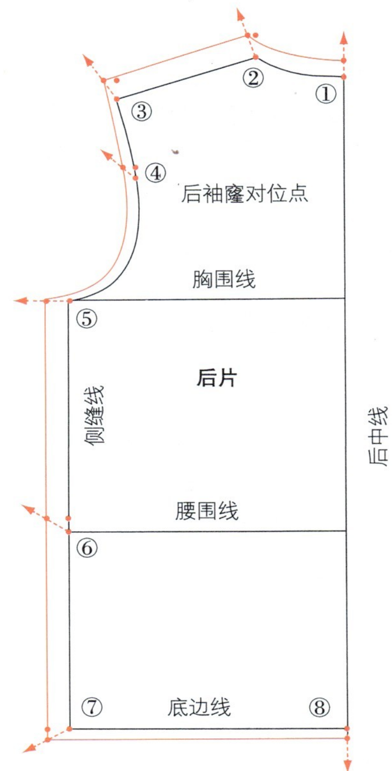

图 3–32

上衣原型前片推板（图 3–33）

点①：在前颈点，沿 Y 方向竖直向上量取 0.6cm。

点②：在侧颈点，沿 Y 方向竖直向上量取 0.8cm，再沿 X 方向水平向外量取 0.25cm。

点③：在肩端点，沿 Y 方向竖直向上量取 0.7cm，再沿（X）方向水平向外量取 0.5cm。

点④：在前袖窿对位点，沿 Y 方向竖直向上量取 0.35cm，再沿 X 方向水平向外量取 0.5cm。

点⑤：在腋下点，沿 X 方向水平向外量取 1.1cm。

点⑥：在腰围线与侧缝线的交点，沿 Y 方向竖直向上量取 0.4cm，再沿 X 方向水平向外量取 1.1cm。

点⑦：在底边线与侧缝线的交点，沿 X 方向水平向外量取 1.1cm，再沿 Y 方向竖直向下量取 0.4cm。

点⑧：在后中线与底边线的交点，沿 Y 方向竖直向下量取 0.4cm。

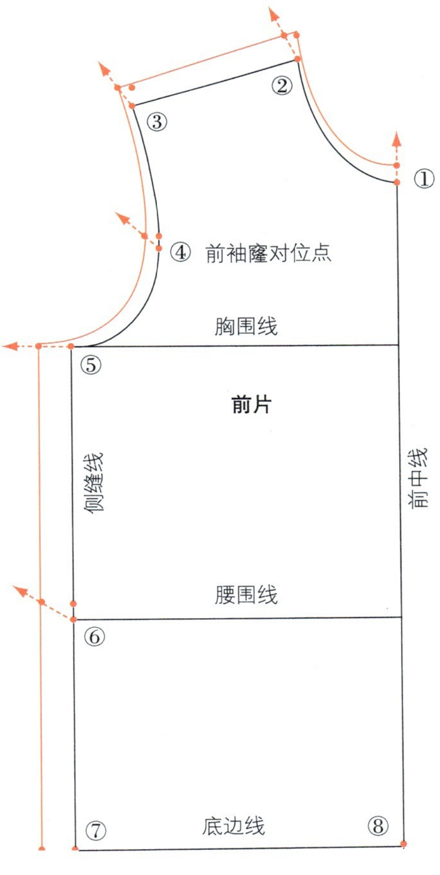

图 3–33

袖子原型推板（图 3-34）

点①：在后袖下线与袖口线的交点，沿 X 方向水平向外量取 0.6cm，再沿 Y 方向竖直向下量取 0.3cm。

点②：在前袖下线与袖口线的交点，沿 X 方向水平向外量取 0.6cm，再沿 Y 方向竖直向下量取 0.3cm。

点③：在袖肥线后端点，沿 X 方向水平向外量取 0.8cm。

点④：在袖肥线前端点，沿 X 方向水平向外量取 0.8cm。

点⑤：在袖窿弧线上的前对位点，沿 X 方向水平向外量取 0.4cm。

点⑥：在袖窿弧线上的后对位点，沿 Y 方向竖直向上量取 0.3cm，再沿 X 方向水平向外量取 0.2cm。

点⑦：在袖山顶点，沿 Y 方向竖直向上量取 0.6cm。

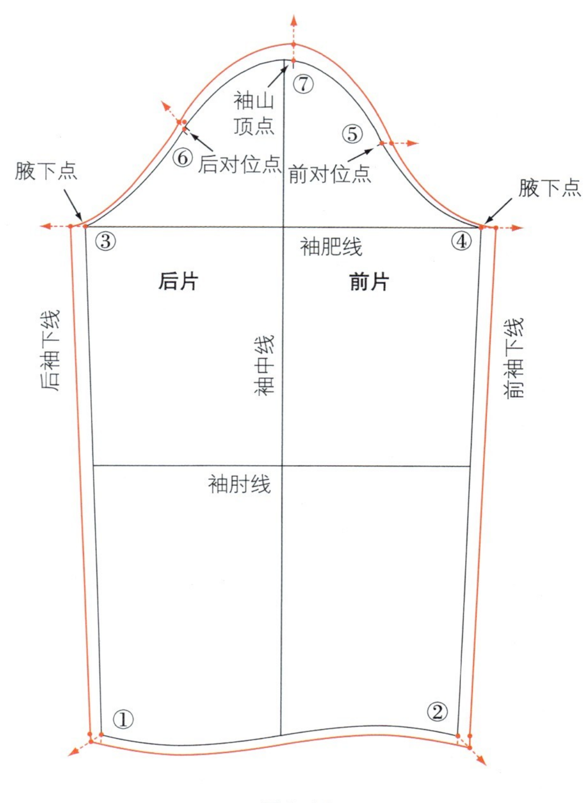

图 3-34

裤子原型前片推板（图 3-35）

点①：在腰围线的前中点，沿 Y 方向竖直向上量取 0.4cm，再沿 X 方向水平向外量取 0.35cm。

点②：在前裆弧线与臀围线的交点，沿 Y 方向竖直向上量取 0.1cm，再沿 X 方向水平向外量取 0.35cm。

点③：在前裆点，沿 X 方向水平向外量取 0.6cm。

点④：在下裆线与膝围线的交点，沿 Y 方向竖直向下量取 0.5cm，再沿 X 方向水平向外量取 0.25cm。

点⑤：在侧缝线与膝围线的交点，沿 Y 方向竖直向下量取 0.5cm，再沿 X 方向水平向外量取 0.25cm。

点⑥：在脚口线内侧点，沿 Y 方向竖直向下量取 1cm，再沿 X 方向水平向外量取 0.25cm。

点⑦：在脚口线外侧缝点，沿 Y 方向竖直向下量取 1cm，再沿 X 方向水平向外量取 0.25cm。

点⑧：在侧缝线与臀围线的交点，沿 Y 方向竖直向上量取 0.1cm，再沿 X 方向水平向外量取 0.65cm。

点⑨：在腰围线与侧缝线的交点，沿 Y 方向竖直向上量取 0.4cm，再沿 X 方向水平向外量取 0.65cm。

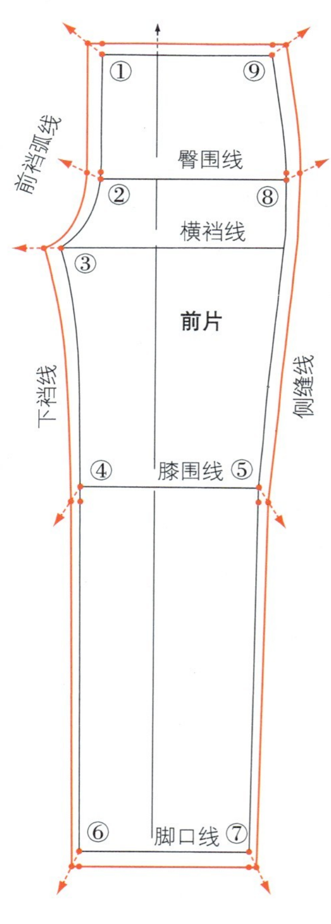

图 3-35

裤子原型后片推板（图 3–36）

点①：在腰围线的后中点，沿 Y 方向竖直向上量取 0.4cm，再沿 X 方向水平向外量取 0.3cm。

点②：在后裆弧线与臀围线的交点，沿 Y 方向竖直向上量取 0.1cm，再沿 X 方向水平向外量取 0.3cm。

点③：在后裆点，沿 X 方向水平向外量取 0.7cm。

点④：在下裆线与膝围线的交点，沿 Y 方向竖直向下量取 0.5cm，再沿 X 方向水平向外量取 0.25cm。

点⑤：在侧缝线与膝围线的交点，沿 Y 方向竖直向下量取 0.5cm，再沿 X 方向水平向外量取 0.25cm。

点⑥：在脚口线内侧点，沿 Y 方向竖直向下量取 1cm，再沿 X 方向水平向外量取 0.25cm。

点⑦：在脚口线外侧缝点，沿 Y 方向竖直向下量取 1cm，再沿 X 方向水平向外量取 0.25cm。

点⑧：在侧缝线与臀围线的交点，沿 Y 方向竖直向上量取 0.1cm，再沿 X 方向水平向外量取 0.7cm。

点⑨：在腰围线与侧缝线的交点，沿 Y 方向竖直向上量取 0.4cm，再沿 X 方向水平向外量取 0.7cm。

点⑩：在省尖点，沿 Y 方向竖直向上量取 0.4cm，再沿 X 方向水平向右量取 0.25cm。

点⑪：在省口右侧，沿 Y 方向竖直向上量取 0.4cm，再沿 X 方向水平向右量取 0.25cm。

点⑫：在省口左侧，沿 Y 方向竖直向上量取 0.4cm，再沿 X 方向水平向左量取 0.25cm。

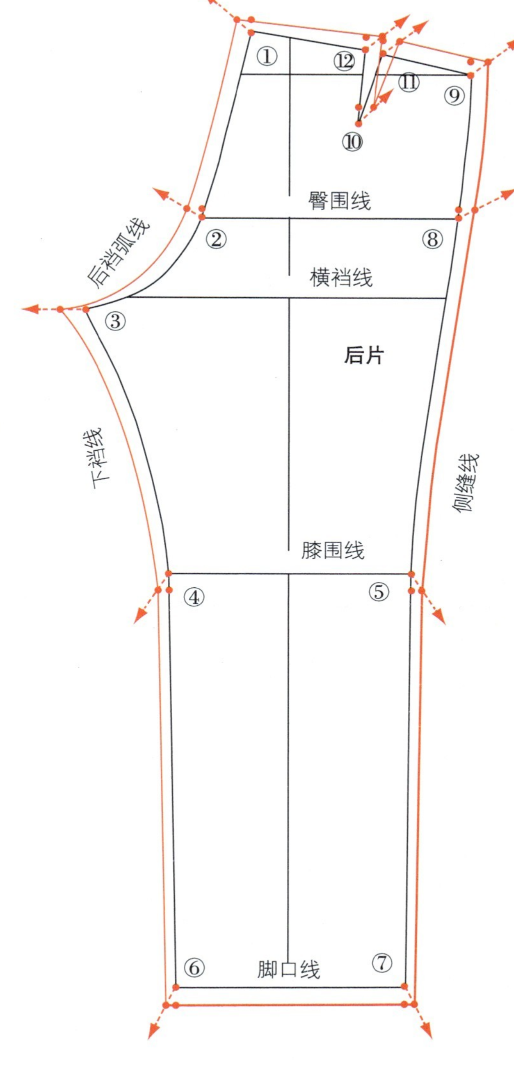

图 3–36

主要尺寸加放原则

- 前、后中线仅在长度方向上加放。
- 颈和肩部的各点，要在长度和宽度方向上同时加放。
- 袖窿要在长度和宽度方向上同时加放；为了保证袖子的平衡性，袖山也要进行同样的加放。
- 侧缝线向宽度方向加放。
- 裤子在长度和宽度方向上均需加放。

纸样调整方法

通过基本原型纸样，设计各种款式风格的纸样，要用到一些纸样的处理方法，以达到合体性和造型设计的目的。包括运用省道、分割线和设计线等，来调节面料与人体之间的关系，使服装能够更合体；褶裥的应用有助于形成丰满的造型。

纸样剪切法的应用可改变纸样的廓型，也可给服装增加松量。

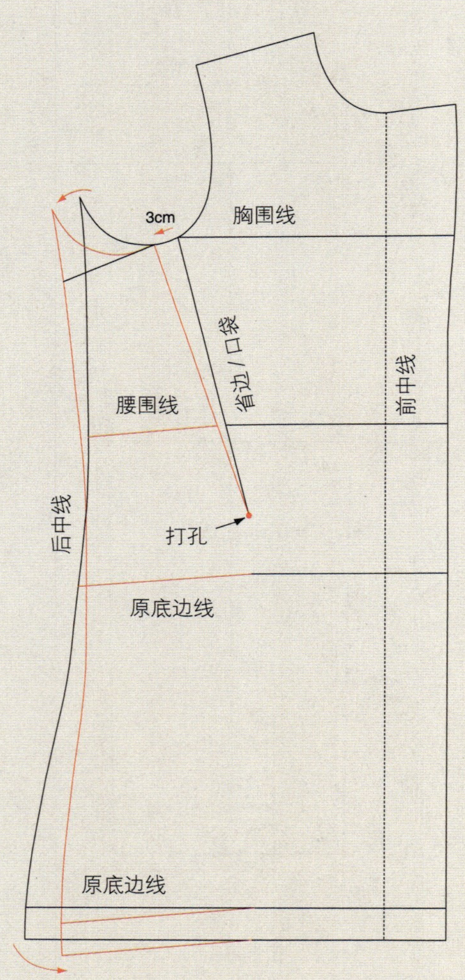

图 3–37

旋转法（图 3–37）

旋转法用于将纸样上的松量重新分配，在纸样上加入一定的量或加入省道，而不用剪切纸样。

- 将要处理的纸样重新复制一份。画出新的设计线，在线条的结尾处打孔标记。
- 用锥子插在所打的孔上，旋转纸样，将设计线旋转到新的位置，就在纸样上加入省道量。
- 将旋转后样板的外形轮廓重新描下来，如图中红线所示。

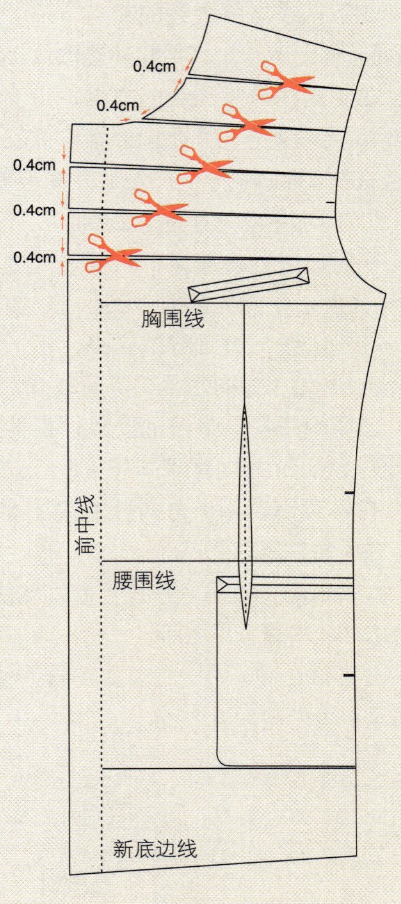

图 3–38

剪切法（图 3–38）

剪切法也是用于在纸样上加入或去除一定的量。

- 将要处理的纸样重新复制一份。在需要展开的地方均匀地画上设计线。
- 沿所画设计线剪开纸样，注意在端头留一点不要剪断。
- 在剪开线的位置上可以均匀折叠，以去除纸样上多余的量；也可以均匀展开，以增加一定的量。
- 操作完后，将纸样铺在一张新纸上，重新复制出调整后的纸样。

纸样裁剪原则

纱向线（图 3–39）

经纱

裁剪时通常服装的直丝与人体的纵向方向相一致。直丝也叫经纱，纱线与布边方向平行。经纱沿着布匹长度方向纺织，其强度较纬纱强。纬纱的弹性和变形性较好。服装采用经纱方向稳定性较好，不宜变形，悬垂时较平整（图 3–40）。

斜纱

斜纱是与经纱或者纬纱成 45° 角的方向，斜纱的伸长性和弹性最大，服装用斜纱方向裁剪更容易吻合人体体型，易于做出各种各样的造型（图 3–41）。

纬纱

纬纱也叫横丝，与布边方向垂直，与经纱交织。纬纱的稳定性较差，服装以纬纱方向裁剪易伸长变形，悬垂时较柔软，易产生褶皱。

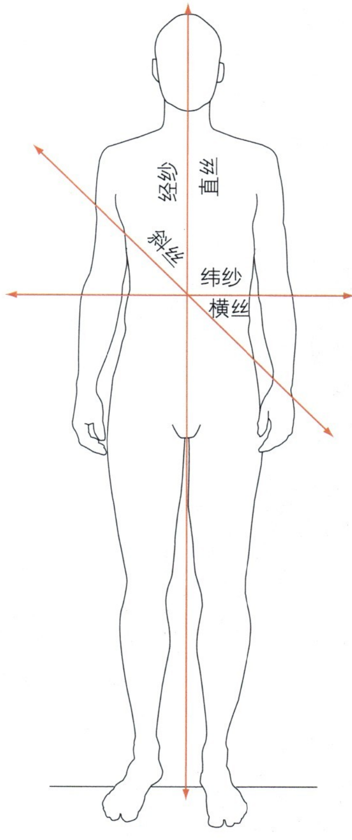

图 3–39　直丝、横丝与斜丝在人体上的对应关系。

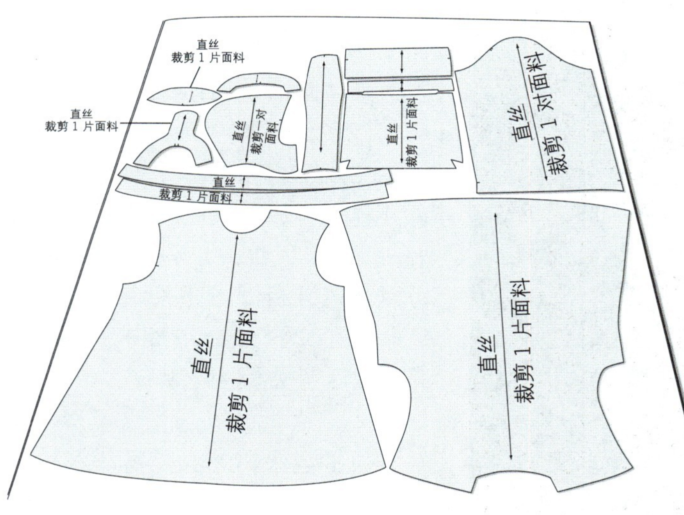

图 3–40　直丝。连帽式运动衫纸样排版与布边方向平行。服装的长度方向为经纱，具有更好的稳定性。

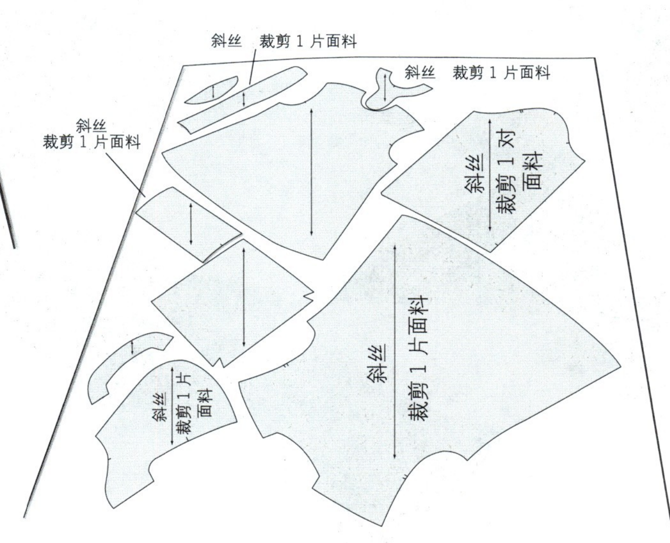

图 3–41　斜丝。连帽式运动衫纸样与布边方向呈 45° 排板。由于重力的作用经纱和纬纱在此方向更加柔软易弯曲，所以服装具有更好的伸缩性和柔顺性。

松量

从人体直接测量的数据，或者从规格表中选取的数据，都应加上一定的松量，以确保服装的穿着舒适性。

松量是指服装成品尺寸与人体净尺寸之间的差量，这一差量使得人体在着装后能够不受限制的活动。在制板前对测量数据的围度和长度均要加一定的松量，使服装与人体之间有一定的空间量。缺少这个空间量时服装就会紧绷在人体上，并产生不良的褶皱。

确定松量大小

针织类织物的伸缩性较大，松量通常是负的。因此，针织类服装的成品尺寸比人体的实际尺寸要小，这是利用了面料的伸缩性来达到人体所需的尺寸范围。大多数面料都需要加入松量。但是，并没有标准规定具体款式的服装或者具体部位应加入多少松量。确定松量具有较强的主观性，主要基于面料性能、人体体型、服装的功能和款式（正装、工装、运动装）等多方面因素。可以通过分析同行相关企业的同类产品，或者分析自己衣橱中的服装，来充分理解松量的概念。

总的说来，外衣需要加入一定松量，以便有足够的空间容纳内层服装。裤子的臀围和横裆处要加入一定松量，使着装者坐下来比较舒服。服装与人体活动部位相对应的所有地方都要加入松量，如：腋下、肩、胸、后颈、臀、肘以及膝盖等。

图 3-42　学生正在人台上分析设计的合体性。

公差

公差是指面料稳定性的数值，即在生产过程中面料尺寸的变化量。机织物的稳定性比针织物更好些，针织面料在缝制加工时会自然伸长。织布时纱线的种类也会影响织物的公差大小。弱捻纱线或者天然纱线的公差比无纺布或合成纤维要大一些。公差的计算以毫米为单位，即面料的宽度和长度方向的变化量。对于整件服装，要取得较好的合体度常常需要额外增加一定的面料量。因此，首先要评估面料的特性，这样才能正确计算出每个样板所需要增加的面料量。

公差要与松量一起考虑，以决定是追加还是去除面料量。通过参考第32~33页规格表中的净尺寸，与自己所设计的服装围度相比较，就可以建立起一套自己的计算松量的方法。

袖山吃缝量（图3-43）

在袖山弧线的前、后对位点之间，需要加入一定的松量作为袖子的吃缝量，在袖山顶点附近吃缝量较大些。因此，袖山弧线比袖窿弧线要稍长一些。在袖山头加入吃缝量，可以使袖山具有一定的空间量来容纳人体肩头的曲面形状，否则袖山就会紧绷或起皱。不同面料需要加入的吃缝量也不同，通常衬衫袖子的吃缝量为0.5cm~2cm，夹克外套类服装袖子的吃缝量为2cm~4cm。

包含松量制图

松量可以在绘制基本原型时加入，也可以在绘制具体款式的纸样时加入。

不包含松量直接制图

基本原型直接采用模特或人台的测量数据绘制，没有加入松量，这样的原型适合用于紧身合体型款式的设计。松量只在具体款式的纸样制作过程中加入，以满足不同造型的需要。这种方法有较大的空间去控制服装的合体性，多用于单件定制中。

包含松量制图

这种方法是在原型制图时就加入松量，即将模特或人台的测量数据，或者是规格表中的数据，加入合适的松量后再进行制图。因此，这种原型整体会比人体的尺寸大一些。对于具体款式的纸样可直接在基本原型上进行设计。这种方法多用于批量生产中。

本书中松量的设置

本书中所有的原型都加入了基本松量。针对具体款式或造型的纸样也加入了相应的松量。针对不同服装的设计，也对松量进行了相应的增减处理。

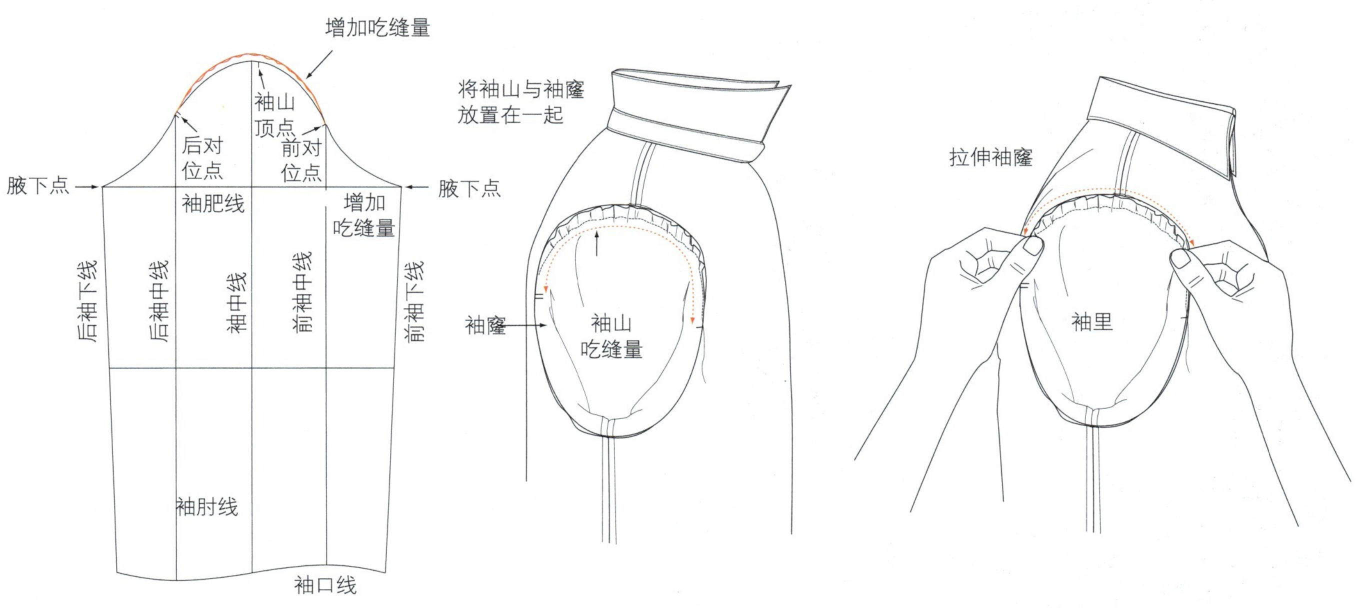

图3-43

缝份

当纸样制作完成后，需要在纸样周围加上缝份以便缝制。将总设计图或者所绘制的具体纸样再重新复制出一份，在轮廓线边缘加放缝份，纸样就最终完成了。缝份的大小随面料、款式以及制作工艺的不同而不同。在加放缝份的同时也要考虑缝制过程中可能用到的特殊机器和工艺。不同的机器所需的缝份宽度不一样（例如，包缝机的切刀与机针间的宽度就是锁边机所需的最小缝份），通常从 0.3cm 到 1.7cm，或者更大。如果纸样上的接缝或者分割线较长，需要在缝份上打对位剪口以便缝制。

缝份	薄 / 中等厚度面料	厚面料	缝纫机器	接缝
0.7cm	卷边、贴边、领口、领子		三线锁边机、滚边机、单针锁式线迹、单针链式线迹	搭接缝、滚边
1.0cm	前中缝、侧缝、腰缝、肩线以及袋口等需要包缝在一起	袖窿、袖子、领子、贴边、止口	单针锁式线迹、单针链式线迹、4 线或 5 线锁边线迹、包边线迹	骑缝
1.5cm	下摆缝份			袋盖、嵌条
2.0cm	下摆缝份	侧缝、腰缝、下摆缝份		
2.5cm	下摆缝份			
5.0cm	来去缝、暗缝		暗缝机	

缩水率

一些织物洗过之后会缩水，如牛仔布、棉布等。因此，具有收缩性的面料被制成服装之前，都应对其收缩率进行测试。裁剪一米见方的面料，用不掉色记号笔或者缝迹线标出经纱或纬纱的方向，采用工业洗涤方法，或者采用与成品服装相同的洗涤方式，对试样洗涤后再测量其尺寸，就可得到该布料的收缩率。在制板时要考虑其收缩率，或者对成品服装进行洗涤和测试，以得到与服装款式和工艺等因素相关的收缩率。基于收缩率对服装的纸样进行调整。工厂中是将面料先进行预缩后再裁剪制作（图 3-44）。

图 3-44　蓝色针织面料正从染色桶中送出，织物在服装生产前染色就不会收缩了。

合体性

任何纸样绘制完成后，都应制作样衣。样衣作为评价性服装，常用白坯布制作。主要用于评价服装的合体性、平衡性以及各部位之间的比例关系（图 3-45）。

平衡性

在绘制样板时，需要考虑服装与人体之间的关系——平衡性。夹克、衬衫等上衣类服装的前、后中线，要不偏不斜地正好位于人体正中央；裤子的侧缝线要竖直向下垂直于地面。绘制样板时服装的空间量和放松量要均衡的分配到各片纸样上，才能获得较好的对称性。

要达到服装的平衡，纸样上的纱向线也要正确标注（见第 57 页）。经纬纱的纱道要横平竖直，保证前、后中线与面料的经纱方向相同，胸围线和腰围线与面料的纬纱方向相同。

如果面料在人体上没有分配均衡，重力也会与纱线相互作用影响服装的平衡性。人体不协调的姿势也影响服装的平衡性。

通过样衣评价服装的合体性，有助于修正由于人体体型和姿势存在的弊病而造成的服装不合体。结构线应该位于人体上预期的设计位置。肩膀是支撑服装的主要部位，对服装的合体性非常重要，比例上的偏差会使服装起皱或紧绷，影响服装的美观和穿着舒适性。这些地方出现问题，需要重新修改样板，再制作样衣评测，直到服装达到要求为止。

男装平衡性控制区域

样衣试穿后通过纸样的修正来改善服装的平衡性，图中所示为影响平衡的两个地方。

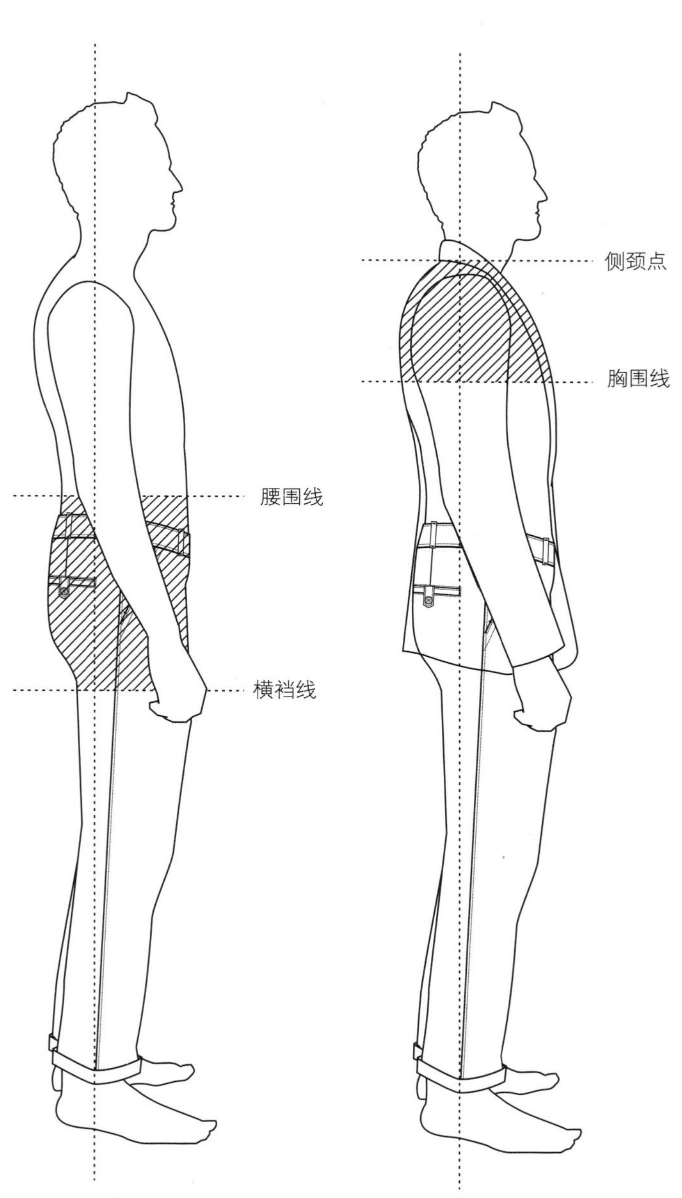

裤子的合体性主要通过调节腰围、臀围和前、后裆等部位，使裤子从前到后有合适的空间量。

夹克或衬衫的合体性主要通过调节领口弧线、肩斜、侧缝、袖窿以及胸围等部位，使上衣的前、后片比例平衡，空间量分配得当。

图 3-45

分割线与比例

男装中分割线多指结构线，也称造型线，通过这些结构线将服装纸样分成很多组成部位，如：袖子、育克、领子、前片、后片等。比例是指这些线条所分割的纸样各片的大小关系（长度及宽度）以及各片之间的相互关系。也正是这些分割线和比例关系构成了服装的整体廓型和款式特征。

试穿样衣时需要评价上面所提到所有问题。检查分割线位置是否正确，特别是肩线，此处是大多数服装的支撑点。任何地方的不平衡或比例失调都会使服装出现皱褶或紧绷现象，使服装扭曲变形，穿着不舒适。在样衣上标记、调整有问题的地方，再对纸样做相应的修正，然后再制作样衣，试穿并调整，直到符合设计要求。

领子术语

领座是指从颈根沿脖颈竖起直到翻折线的长条形部分。它可以与翻领组合在一起，形成不同款式的领型，也可以独立作为立领。结构上可以处理成可见的，也可以处理成隐藏的。

大多数领子从颈根处竖起后，在某个位置翻折下来搭在肩上，翻领通常会盖住装领线，领子翻折的地方称为领翻折线。

颈围尺寸和领子

衬衫的颈围尺寸随着不同品牌和款式而不同。衬衫领子的结构和工艺变化较小，主要是由于衬衫领子的合体度要求较固定，变化范围较小。松量合适的衬衫领子是将衬衫纽扣全部系上时，领子和脖颈之间能够容下两个手指的间隙。传统衬衫的规格用一系列大小不同的领围尺寸来代表衬衫的尺码，同时也要考虑袖长和穿着方式等因素，如，第一粒扣要系上，打领带穿着。

休闲衬衫的规格一般基于胸围的大小，用模糊方法表示，如，特小号、小号、中号、大号、特大号等。颈部的开口形式常常随着时尚潮流和款式风格等而变化。

有各式各样的传统经典和现代流行的领型，下面简单介绍几种：

- 中式立领，立领的装领线和上口线都略向上弯曲，立领比较贴合脖子，此款领子没有翻领（见第 138~147 页，带胸饰衬衫）。
- 企领，也叫衬衫领，翻领与领座相缝合，装领线向上弯曲（见第 104~115 页，休闲长袖衬衫）。
- 开关两用领，也属于翻领，装领线向上弯曲，翻领与立领可以分开，也可以是整体一片（见第 268~287 页，双排扣休闲西装，其立领是隐藏的）。
- 直条形领，领子是长方形，装领线是一条直线，通常没有独立的领座。领子从后中自然翻折下来直到前领，形成一条自然弯曲的翻折线。这种款式通常用于运动装，多采用单层针织罗纹材料（见第 80~87 页，短袖波鲁衫）。

颈围规格表

美国—规格	S	M	L	XL	XXL
领子尺寸（cm）	35.5~37	38~39	41~42	43~44	46~47

英国—规格	XXS	XS	S	M	L	XL	XXL
领子尺寸（cm）	35.5	37	38	41	43	44	46

欧洲—规格	XS	S	M	L	XL	
领子尺寸（cm）	37~38	38~40	41~42	43~44	44~45	

• 海军领，是平铺在肩上几乎没有领座的领子，制图时将原型的前、后肩线拼合在一起，直接在衣身上绘制。

• 小圆角翻领，多用于女装，偶尔在男装中借鉴采用，也可取得很好的效果。与平领的结构原理相同，只是在制图时前、后肩线拼合时需重叠一部分。

• 高领，或称漏斗领，上小下大的高立领，绘制成长方形领，上口线比装领线短。通常采用弹性面料或者采用普通机织面料，但需要用拉链或纽扣的形式设计开口。

装领线与领子造型

大体上有三种形式的装领线，从而形成不同款式的领子。绘制纸样时需要根据领子的款式，考虑是否要降低前领点，以及降低多少。下图中黑色线条代表人体颈根围线，红色代表装领线。

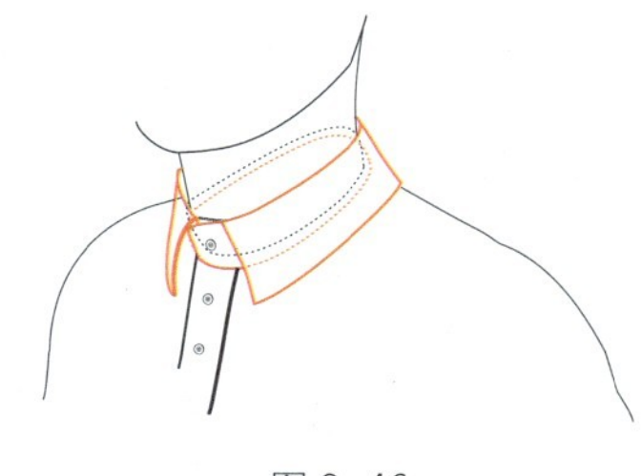

图 3-46

• 高装领线，英国风格的代表，会让人联想到维多利亚时代的翼型领。其装领线与颈根围线很接近，前领点较高(图 3-46)。

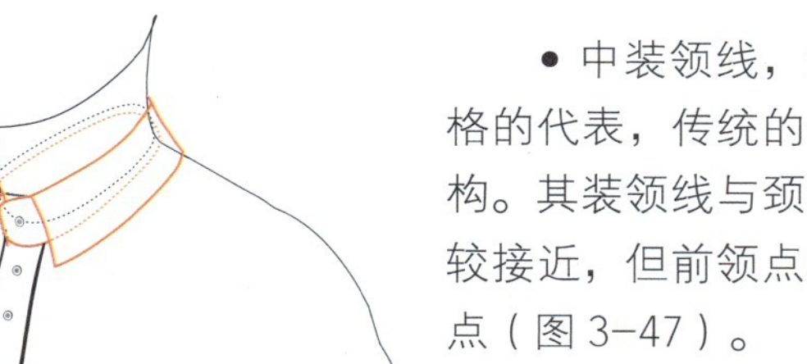

图 3-47

• 中装领线，法国风格的代表，传统的企领结构。其装领线与颈根围线较接近，但前领点稍低一点 (图 3-47) 。

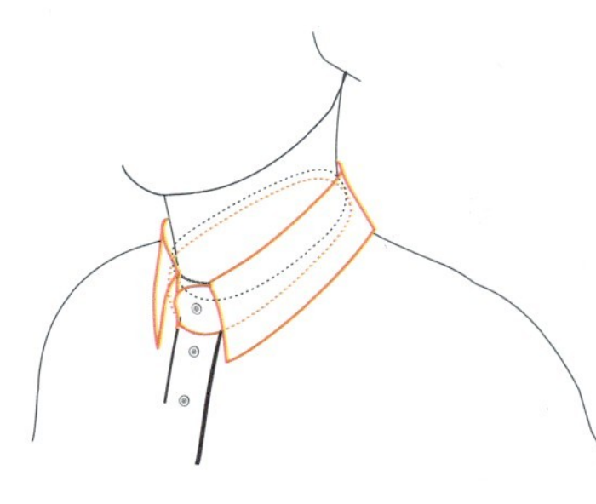

图 3-48

• 低装领线，意大利风格的代表，常用于切角翻领和敞口领。其装领线低于颈根围线，前领点较低。带有宽松和休闲款式风格 (图 3-48) 。

图 3-49　带有猎装风格的休闲西装，设计师渡边纯弥 (Junya Watanabe) 的 2011 年秋季时装展作品，表现了遥远而又熟悉的美国风格。

高、中两种装领线的经典领型（图 3-50）

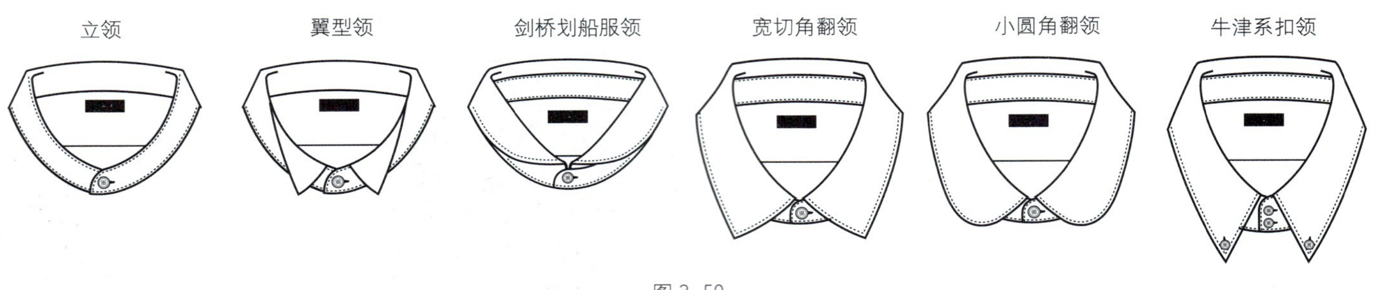

图 3-50

调节翻领结构

绘制任何翻领，都要确保领外口弧线平稳服帖的搭在肩上，同时要能够盖住装领线。如果领外口弧线偏长，外口线会有多余的褶量，使领子不服帖（图 3-51）。如果领外口弧线偏短，系上纽扣时翻领会向脖子上方偏移，从而露出装领线（图 3-54）。

调整领外口线的最好方法是采用立裁方法，用白坯布缝制衣身上半部分样衣，将领子装上，在人台上进行试穿调节。翻领的宽度要大于领座的宽度，以确保翻领可以完全盖住下面的领座。

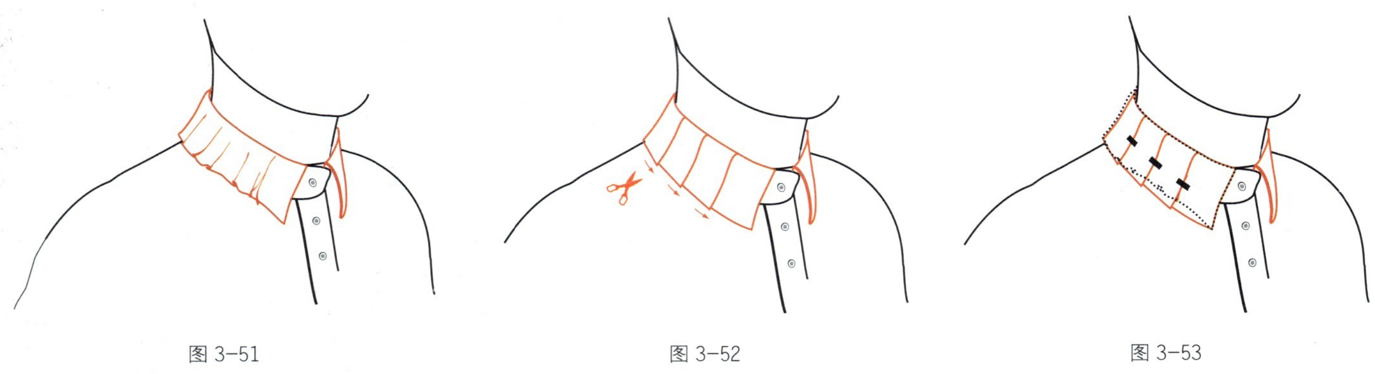

图 3-51　　图 3-52　　图 3-53

• 如果翻领外口线偏长，调节的方法是从领外口线到翻折线间隔均匀的将翻领剪开，在剪开线处折叠多余的量，使领子平整服帖（图 3-52）。

• 用标记带贴好调整好的领型，取下来测量调整领外口线的长度和形状（图 3-53）。

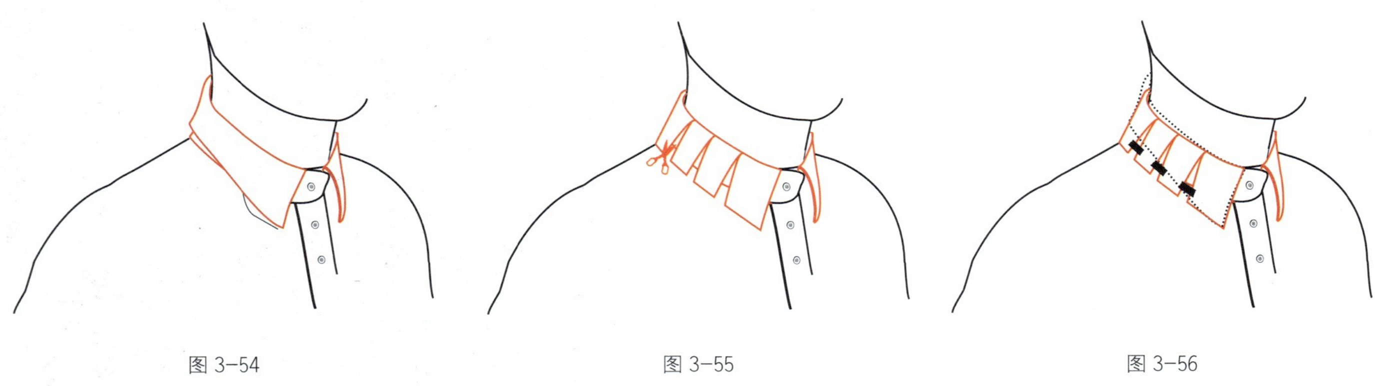

图 3-54　　图 3-55　　图 3-56

• 如果领外口线偏短，调节的方法同样是从领外口线到领翻折线间隔均匀的将翻领剪开，在剪开线处增加所需要的量，使领子平整服帖（图 3-55）。

• 用标记带贴好调整好的领型，取下来测量调整领外口线的长度和形状（图 3-56）。

门襟

图 3-57　连身式门襟

图 3-58　单独裁剪缝合式门襟

图 3-59　暗门襟

门襟的款式多种多样，如暗门襟、明门襟、装饰斜条门襟等（图 3-57~ 图 3-59）。但门襟的结构形式只有两种，一种是在前中线处直接向外放出门襟所需的量，制作时向内侧折叠形成门襟；另一种是单独裁剪一条门襟面料，然后与前片缝合形成门襟，这两种方法都很常用。

• 绘制门襟样板之前，首先要知道所用纽扣的大小，纽扣的直径决定门襟的宽度。

• 一般款式的服装，确定纽扣或扣眼所在的位置通常是在衣片的前中线上。

• 从扣位处向外放出纽扣半径大小的量作为门襟的宽度，或者取纽扣半径加 0.5~1.0cm 作为门襟宽。

• 衬衫前片左右两边都需要放出门襟的宽度，穿着时左片压右片，即右边钉纽扣，左边挖扣眼。

口袋

口袋的种类和款式繁多，常见的有贴袋、带嵌条的挖袋、风箱式大贴袋等。

设计挖袋时，要充分考虑口袋的外观形式和内在功能之间的关系，保证袋布的耐磨和耐用性。需要挖口袋的地方，通常要在面料反面黏衬，来增强面料的稳定性，以防在制作过程中面料拉伸变形或者脱丝起毛。袋布的长、宽由袋口的大小和位置决定，而袋口的大小和位置在最初进行纸样的总设计时就要规划好。注意内侧袋布不要接缝到任何接缝上或分割线缝上。

口袋术语

图 3-60　袋盖或者嵌条可以用来掩盖挖袋的开口位置，使外表看起来更完整美观。图中所示是一个单嵌条口袋。

图 3-61　双嵌条口袋的开口隐藏在两条嵌条下面，双嵌条的宽度要比单嵌条的窄一些。

下摆

下摆在缝制时将缝份向内翻折后形成贴边，与里料缝合在一起（图 3-62）。贴边上可粘衬，使其更硬挺。

图 3-62

里子

里子（图 3-63）可以掩盖许多服装内部的做工，如缝份、黏合衬、衬布、袋布等，使服装更整洁。

图 3-63

夹克和外套类服装里子的缝制方法有多种。里子一般比服装面料稍大或者等大，以便于人体活动。夹克和外套的里子需要在后背处加入一定的松量以提供人体活动所需的量，这可以通过在后中加个箱型的活褶来实现。通常也在胸围处加个褶裥以给出胸围扩张所需的松量。里子的袖山弧线和袖窿应比面料的偏大一些，以防在肩头有压迫感和紧绷感。同样，里子的下摆和袖口处也加了长度方向的活动量，使得人体弯腰活动或手臂上举时能给出一定的伸缩量。

袖子

袖子（图 3-64）纸样合理与否很大程度上取决于袖山高（袖山顶点到袖肥线间的距离）和袖肥的大小。袖山较高的袖子袖肥较小，会比较合体，这种袖子常用于合体型的西装（见第 252~ 第 267 和第 268~ 第 287 页的单排扣和双排扣西装）。袖山较低的袖子袖肥较大，比较宽松，这类袖子多用于休闲服装（见第 104~115 页的休闲长袖衬衫）。当需要降低袖山高以设计休闲宽松的袖子时，记得要相应地增加袖肥。

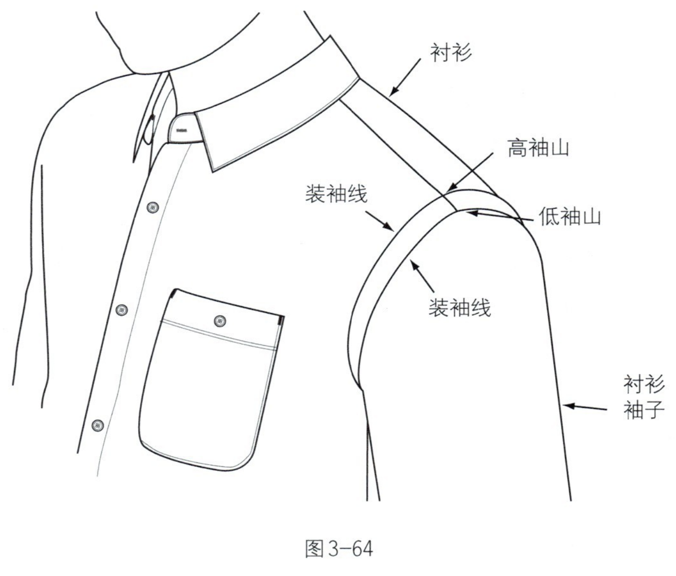

图 3-64

要设计休闲的袖子，首先要在衣身纸样上设计一个较大的袖窿，这可以通过降低袖窿深（见第 88~ 第 103 页的连帽式厚运动衫），或者延长肩线来实现（见第 104~ 第 115 页的休闲长袖衬衫）。

用皮尺沿新修正的袖窿弧线，测量前、后袖窿弧线长。

合体型两片袖

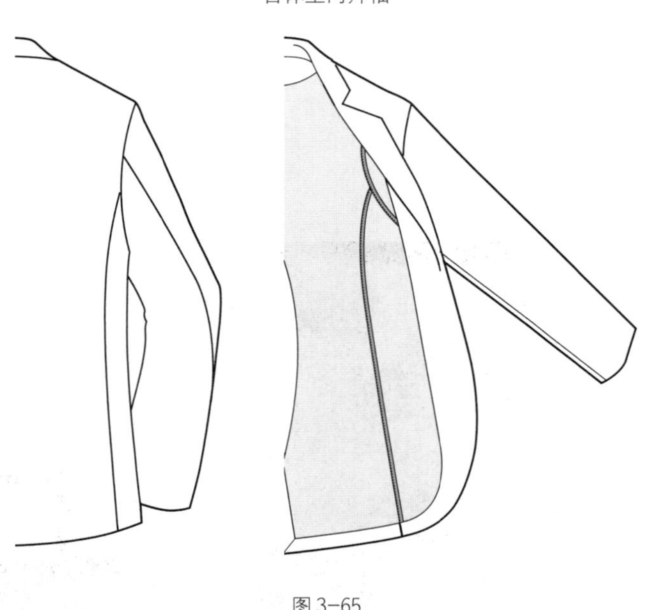

图 3-65

休闲型两片袖

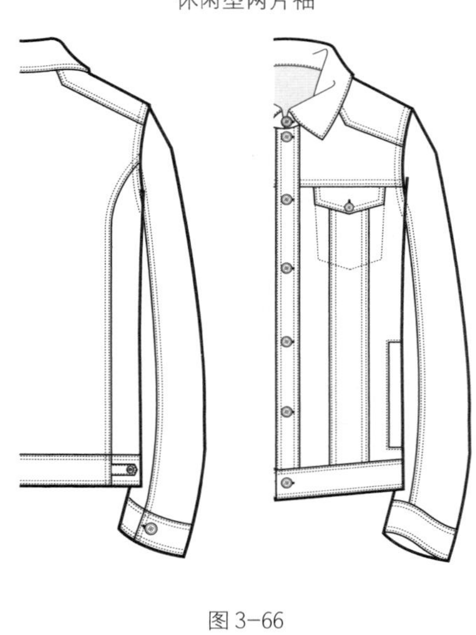

图 3-66

一片袖和两片袖

大部分袖子纸样可在一片袖原型基础上绘制，称为一片装袖（见第 104~ 第 115 页的休闲长袖衬衫）。合体袖子以及其他休闲西装均采用两片袖制图方法，由一片小袖和一片大袖构成（见第 252~ 第 267 页的单排扣西装，第 220~ 第 231 页的合体牛仔夹克）。

两片袖的制图方法大体上有两种，一种是合体型（图 3-65），一种是休闲型（图 3-66）。休闲型由于不需要用垫肩，袖山造型基本与原型袖子相同。大袖和小袖均在袖子原型板的基础上制成，通过将原型袖的两侧向袖中方向折叠形成小袖。合体型两片袖不基于原型板而是直接制图，袖山高要有所增加，为垫肩和袖牵条留出空间量。

袖头和袖衩

袖头从简单大方到装饰美观、种类繁多，这里没有完全列出。本书列举的较简单的袖头是衬衫袖头（图 3-67），衬衫袖头的大小是在腕围的基础上加一定的松量，使其既能束住衬衫袖口，又能不妨碍胳膊活动。

决定袖头的宽度之前，要先确定袖长尺寸。

袖衩的功能是使袖头容易穿脱，并将开口处理得整洁美观。袖衩的款式为长方形条，尾端或者是平头或者是宝剑头。袖衩开口长度可根据需要变化，袖衩中间通常钉一粒纽扣。当袖衩装好后，上下片搭门量为 1cm。

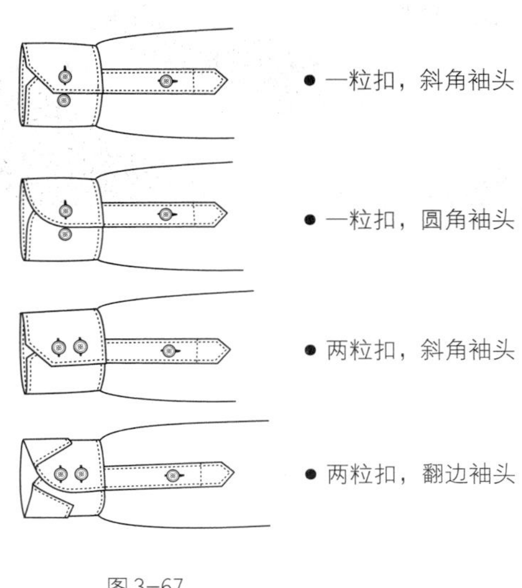

图 3-67

先进技术应用

CAD/CAM 分别是计算机辅助设计和计算机辅助生产的缩写，这两项技术彻底革新了服装工业的生产形式。通过各种计算机软件和相关硬件，完成了很多纸样设计和生产工作。服装设计和生产过程也越来越依赖于计算机系统，以便更有效地利用各种资源，可以达到节约开支；听取客户的要求；使企业降低成本；缩短生产周期；提高工作效率，同时也增强了各企业之间的联系，发展了网络销售和网络客户。CAD/CAM 和网络技术已经彻底革新了服装设计与制作的所有环节。计算机技术带来的高质量输出，加速了产品生产的进程，使得品牌更具有市场竞争力。现在整个工作室的所有工作只需要通过一台笔记本电脑，就能改变设计师和样板师的工作模式。设计类的图书资料、图片、画稿、纸样、色彩、纹理等，均可扫描到计算机中，进行修改编辑等处理，一个情绪收集板只需数小时就可完成。对于男装品牌，如果想在全球市场上具有竞争力，对现有产品的构思、整合以及高技术的运用，是至关重要的（图 3-68）。

图 3-68 工作室电脑屏幕上显示的是格柏纸样设计系统（AccuMark）。

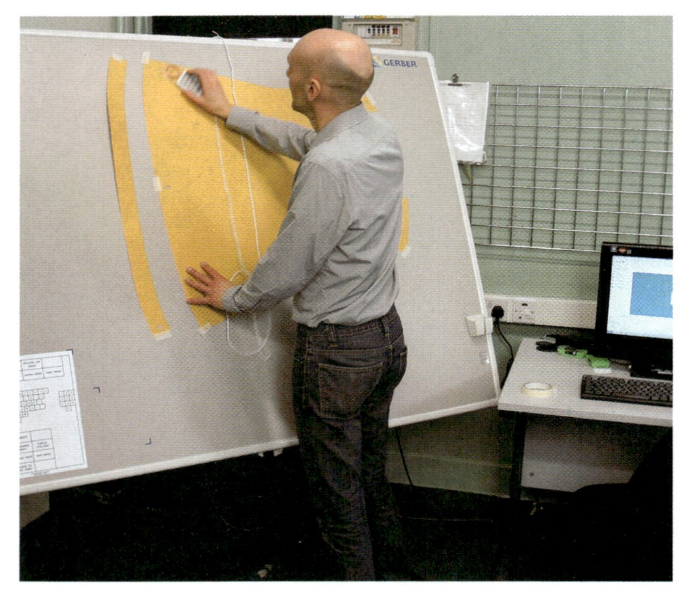

图 3-69 通过格柏 XLD 型（Gerber XLD）数字化仪平台将连帽式运动衫样板数字化。

然而，计算机辅助技术虽然大大改善了纸样设计与裁剪的工作模式，但并不能完全替代原来的手工工作模式。没有掌握手工制板所必需的技能和知识，计算机纸样设计与裁剪技术就不能得到有效应用。计算机系统的优势在于：提高速度、测量准确、数字化存储、精确样板复制、减少物理存储空间以及降低样板纸等耗材的损耗。为迎合不同规模服装公司对各种计算机软件的需求，市场上出现了很多 CAD/CAM 公司，研发出了针对各种不同用户的软件（图 3-69）。为自己的公司选择一款合适的软件，需要作一些市场调研工作。例如，从各种贸易展览和相关网站中收集信息，或者从其他公司借鉴经验。大部分软件公司都提供售后技术支持，如：培训、系统安装、日常维护、软件升级等。适用于大型服装企业的软件有：美国的 Geber、法国的 Lectra 和 Vetigraph、加拿大的 Pad System、德国的 Grafis、以色列的 OptiTex、罗马尼亚的 Gemini、美国的 [TC]^2 和 Alvanon。适合于小型服装企业的有：希腊的 Telestia、澳大利亚的 Fashion Cad、美国的 Wild Ginger、新加坡的 Browzwear Solutions、英国的 VR Software Limited。

下面介绍的是服装企业以及教育机构应用计算机软件和硬件设计制作服装纸样的基本方法。

数字化纸样

纸样的数字化是指在数字化工作台上，通过电子定位光标，对手工制作的纸样进行图形扫描，扫描数据转换成纸样参数存储在计算机中备用。下面介绍的是 Gerber AccuMark 软件的扫描方法（图 3-70）。首先，将纸样铺在数字化工作台上，为保证纱向线水平，贴上胶带固定。扫描之前先在系统中设置表格，创建存储区域，建立用户环境，给出参数和推档规则。完成这些准备工作后就可以进行扫描。用数字化十字光标控制器采集数据，通过按下光标控制器上的相关按键就可将数据输入（图 3-71）。输入纸样的名称、种类、说明等信息，就开始了纸样的数字化过程，规则表可以在软件的主菜单上选择。

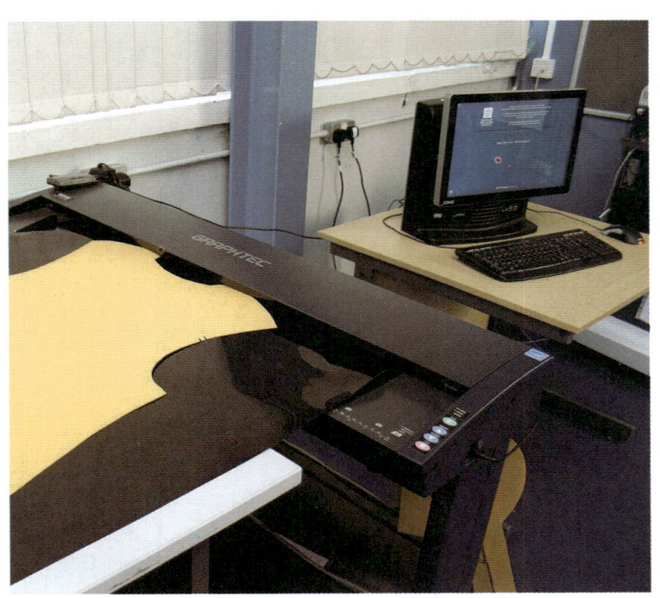

图 3-70　纸样正被送进 Graphtec 扫描仪，可将全尺寸纸样转换成 CAD 数据。

然后记录纱向线，从左上角开始，顺时针移动光标，在控制器上选择输入代码：（AB1）——依据规则表上的推档点，（A）——中间曲线，（AB1C1）——表示推档点、规格和剪口。数字化扫描仪是将纸样输入系统的另一种方法，纸样被夹在两层塑料板之间被送入扫描仪。比手工采集图形数据要快很多。用扫描仪只需要几分钟就可将纸样数字化，数字化后的纸样参数，可导入 Gerber AccuMark 系统中处理以检测其兼容性。

图 3-71　用 16 键光标控制器在数字化工作台的主板上输入纸样名称。

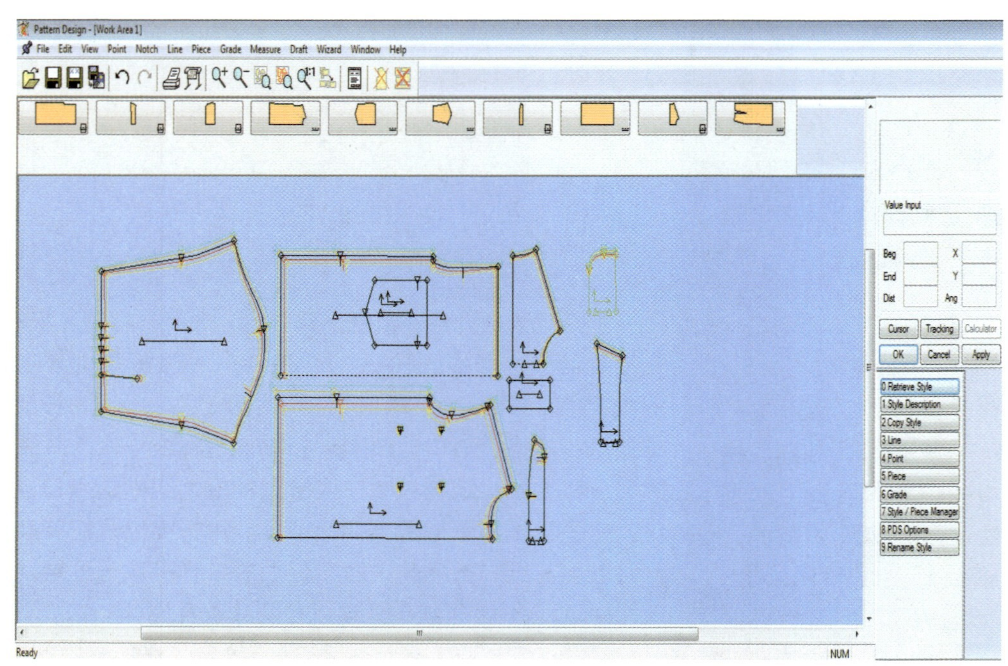

图 3-72　屏幕上显示的是 Gerber AccuMark 纸样设计系统软件（PDS），工作区中是衬衫纸样。

生成纸样

纸样也可以直接从计算机软件生成：运用数据表中的基本参数（如：胸围、腰围、臀围和身高）就可以直接生成基本原型。Gerber AccuMark 纸样设计系统 PDS（pattern Design System），既可以生成新纸样，也可从存储区域打开扫描后的数字化纸样。还可以对基本原型增加松量，或者根据面料容差对纸样进行拉伸和缩小的处理。此外，还具备按比例缩放、复制、镜像等功能。也可以将缝份、剪口等标识加到每片纸样上（图 3-72）。

数字化推档

在计算机上进行推档的原理与手工推档相同。由于手工推档是一项很费时费力的工作，现在服装厂大多采用计算机推档，它可以自动而准确地完成。与手工推档一样，将 x 轴与 y 轴标上相应的刻度和数据，通过建立推档规则表定义纸样移动的基点（横向和纵向）。规则表是通过各尺寸的档差来确定的。这些信息可以从现成的工业尺寸表中获得，或者从人体体型数据表中获得。

排料和描样

这两个术语代表着部分生产过程。排料是将服装各规格的纸样按一定顺序科学的排在描样纸上。描样纸的长度和宽度与面料相同。这一过程决定裁剪服装的数量和规格。虽然手工排料描样也很成熟，但在计算机上排料描样更有优势。通过对大小不同规格的服装样板合理排列组合，很大程度上提高了面料的利用率，费料率得到了控制。当给出面料的参数和数量，选择好纸样后，Gerber AccuNesk 排料系统就可以自动产生排料图。

输出

现在许多服装 CAD 纸样软件可以与其他设计软件相互兼容，纸样数据导出后通过邮件在世界各地共享。工厂中一般均有硬件输出设备，以打印纸样来制作样衣，或者将排料打印出来，提供给单层或多层矢量切割系统用于裁剪。程序 Runway Creator，是三维试衣软件，可以将纸样转换成穿在虚拟人体上的服装，这样生产商、零售商以及客户能够直观的提前看到服装的穿着效果。甚至在制作样衣之前，根据虚拟展示的效果，就已经将服装的款式和颜色等设计因素修改了多次。

新兴技术

在服装工业的前沿课题中，已经在研究如何使用数字技术和虚拟仿真手段来解决纸样生成技术等问题。现代市场不断寻求改善生产和输出过程，计算机在设计、纸样、生产、客户交流等方面的工作中，越来越起到举足轻重的作用。采用设计类的软件，在方案具体实施之前，使设计师和样板师就看到了预期效果。许多先进的服装公司都配备了交互式纸样设计系统，该系统既可以实现二维平面纸样的绘制，也可以完成三维虚拟试衣。将二维的基本原型纸样转换成三维的样衣形式，可用于自定人体试衣，或者

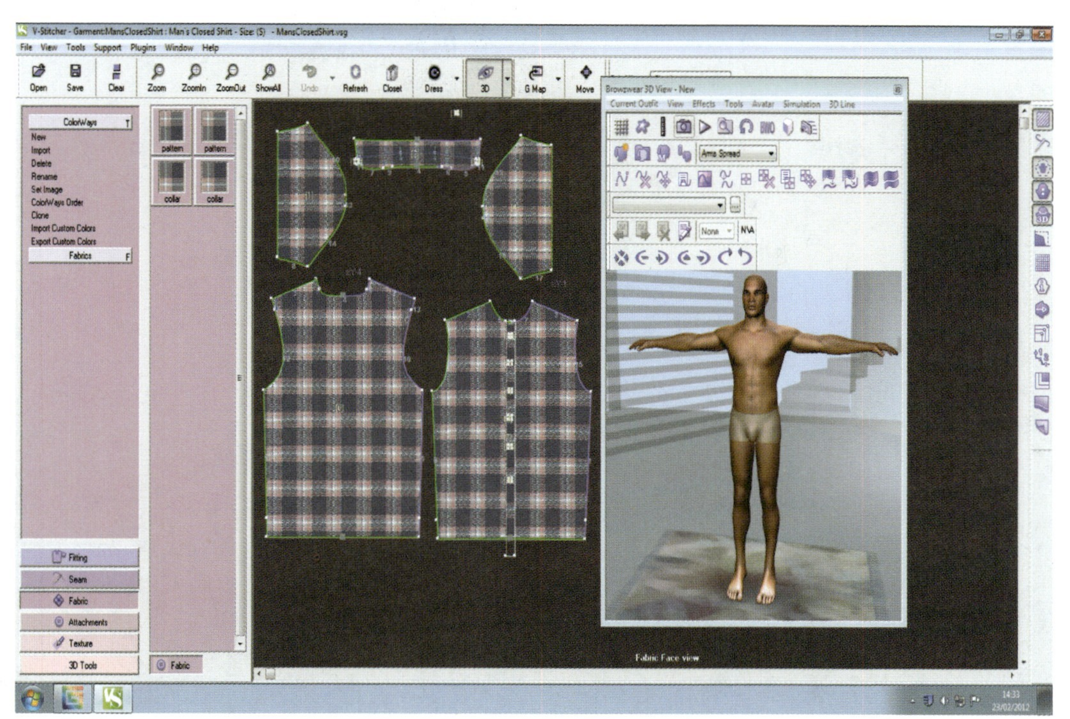

图 3-73 屏幕上显示的是 Browzwear V-Stitcher 平面到立体的服装模拟软件，工作区中显示的是衬衫纸样和虚拟人体。

用于计算机生成的虚拟人体试衣。另一方面，三维的服装款式也可以转换成二维的平面纸样（图 3-73）。服装的合体性、比例、松量、贴体度等各种关键因素都可以进行修正。在生产之前对面料和印刷设计进行模拟，可以减少制作样衣的次数。许多纸样设计系统都在与设计系统相互协同的平台上作业，使得纸样数据很容易与设计系统或者其他产品管理程序对接。

人体扫描

这一新技术改变了传统服装行业建立人体数据系统的方式。对品牌所针对客户群的合体性和服装造型方面的研究，可以减小覆盖特定人群所需的规格数量。服装品牌和样板师要对所有目标市场所适合的规格号型进行调研。许多公司基于市场的需求做了各种研究工作，如：合体性分析、客户概况、体型数据分析、原型样板的生成等。通过三维扫描技术对目标客户的分析，纸样设计师可以影响品牌的定位，有机会捕捉到新客户（图 3-74）。人体扫描技术几乎对每一个工作室的创作和分析都有帮助。通过人体扫描的数据，研发符合客户体型的人台，用于高级定制服装，可以大大提高服装的合体度。

图 3-74 屏幕上显示的是 [TC]^2 的三维人体扫描软件。测量数据提取后生成三维虚拟人体和映射图。

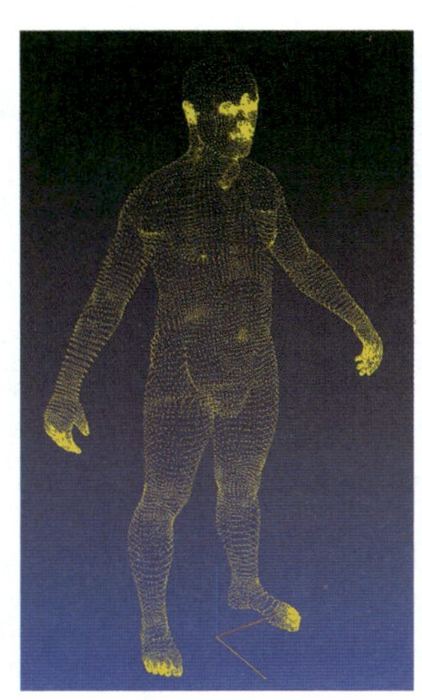

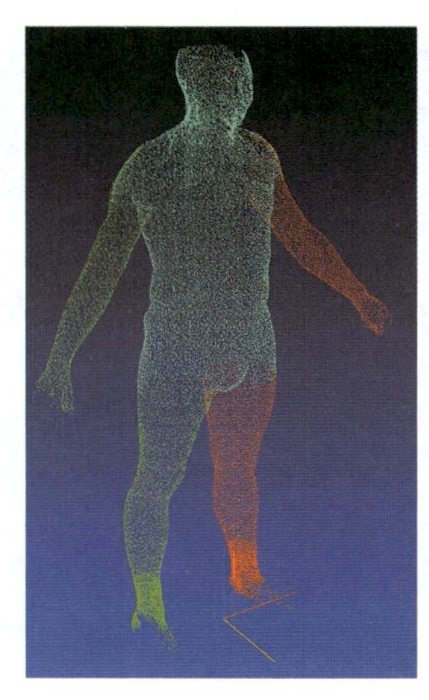

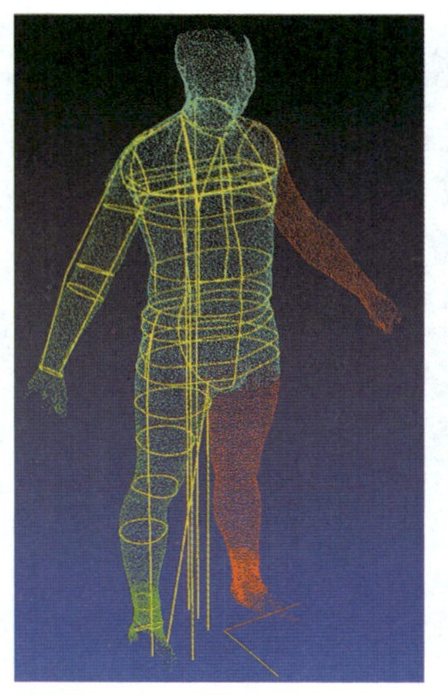

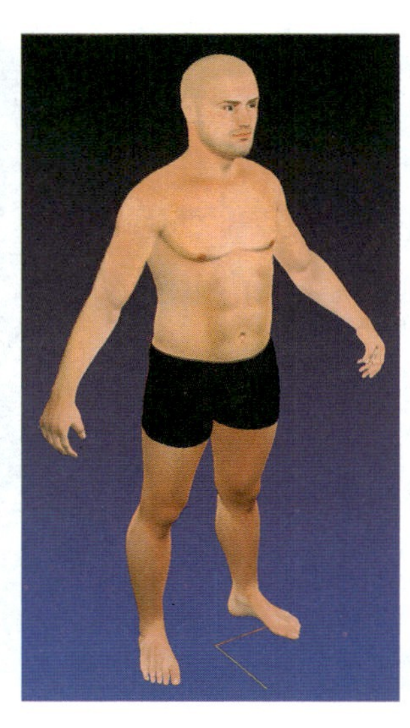

第四章

针织衫和衬衫纸样设计

长袖针织衫纸样

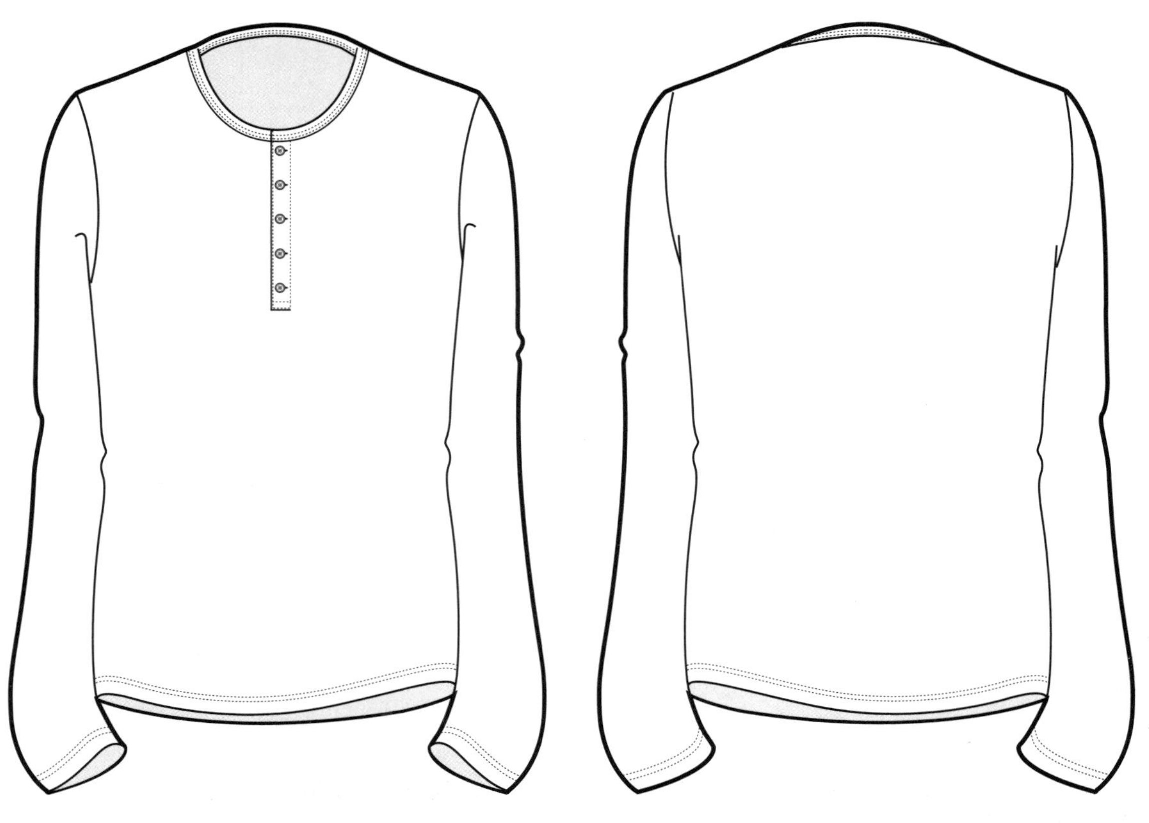

图 4-1

长袖针织衫（图 4-1）纸样设计要点：

衣身结构

降低领窝线

绘制前半门襟

底边造型线

降低袖山高

袖型

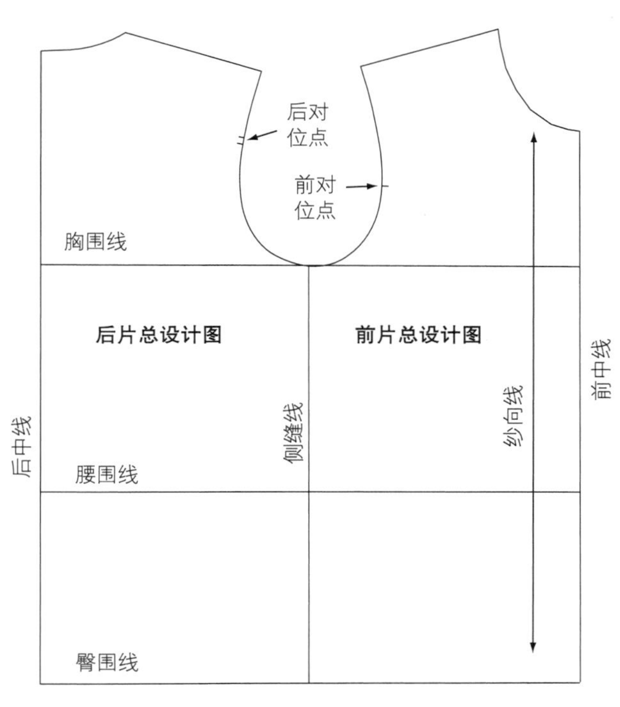

图 4-2

步骤 1

绘制衣身总设计图

选择一款男装上衣基本原型，或者按本书第 40 页的方法绘制上衣原型。裁一张比所设计服装的衣长略长的打板纸，将基本原型复制到打板纸上，按本书第 48 页的说明，将所有标志和相关文字说明标注在纸样上（图 4-2）。

步骤 2

衣身结构

• 侧缝线在腰围线处前、后各收进 2.5cm，在下摆前、后各收进 2cm。

• 先用直线连接新的前、后侧缝线，然后再用光滑平顺的弧线画顺（图 4-3）。

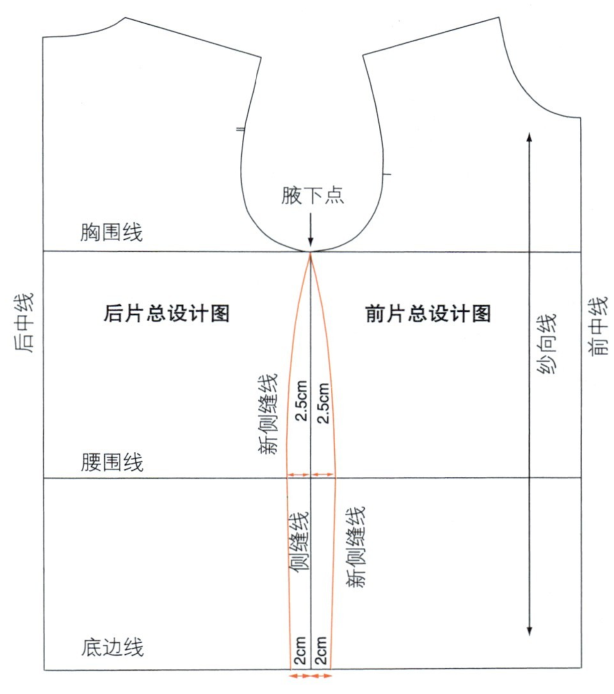

图 4-3

步骤 3

下摆造型线

• 在下摆处将前、后中线向下延伸 1cm。

• 用上凹的弧线画顺底边线。

• 底边弧线在新侧缝线处向上 1.5cm，画出与底边弧线平行的弧线，表示下摆贴边所在位置（图 4-4）。

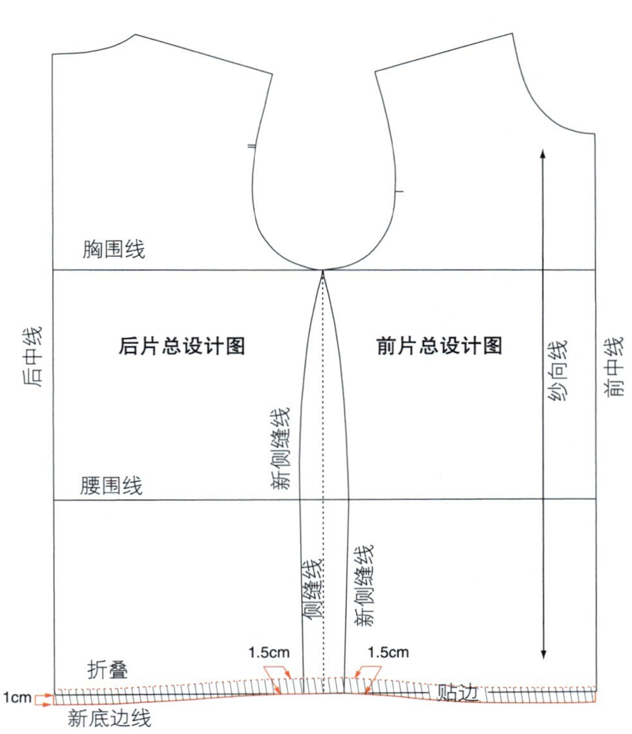

图 4-4

步骤 4

降低前领口、绘制前门襟

• 前领口点沿前中线降低 1.5cm，参照原领口弧线，重新画顺新领口弧线。

• 继续沿前中线向下量取 16cm，作为前门襟开口的长度；从新前领口点向左右分别量取 0.75cm，作为门襟的宽度。

• 从新领口点向左右分别量 0.75cm 所取的点，分别向下作直线，长度等于门襟开口长度，绘制出宽度为 1.5cm 的长方形门襟设计线（图 4–5）。

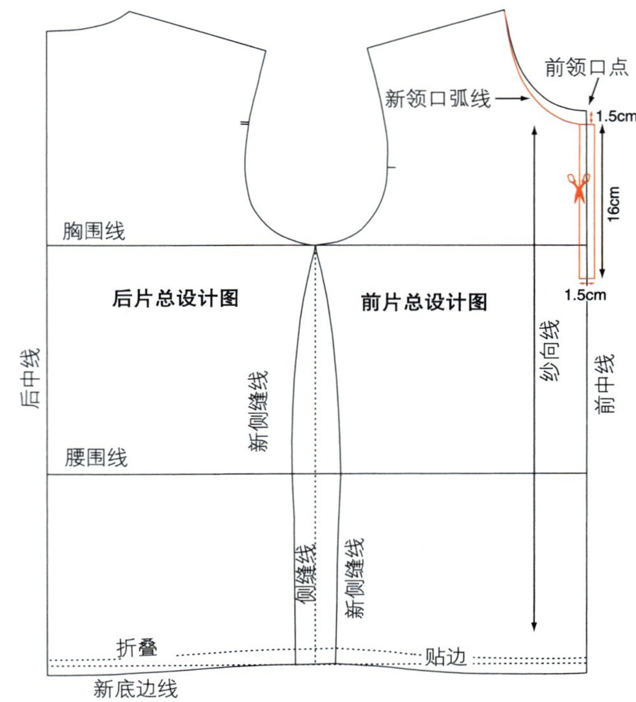

图 4–5

步骤 5

前片样板

• 将总设计图上的前片纸样重新复制到另一张打板纸上，按照本书第 50 页的方法，复制出纸样的另一半，得出前片的完整纸样。制作前开口时剪开右侧的门襟设计线（图 4–6）。

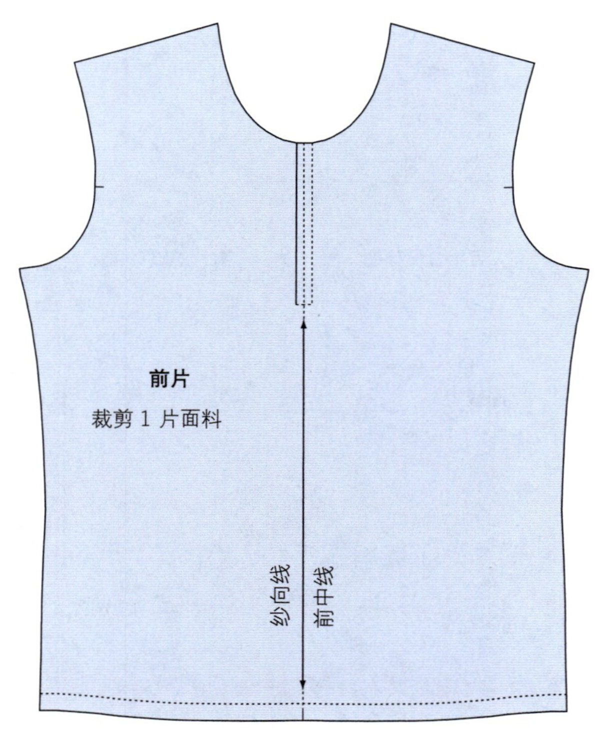

图 4–6

步骤 6

后片样板

• 将总设计图上的后片纸样重新复制到另一张打板纸上，按照本书第 50 页的方法，复制出纸样的另一半，得出后片的完整纸样（图 4–7）。

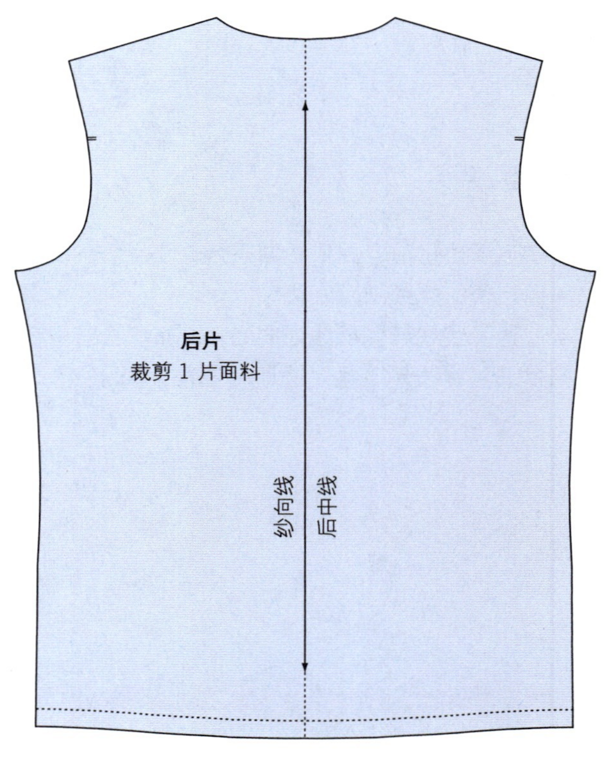

图 4–7

步骤 7

绘制门襟贴边

• 画长 16cm，宽 4cm 的长方形。

• 在长方形的一条长边上留出 1cm 的缝份，将剩余的宽度等分，沿等分线对折后即为 1.5cm 宽的贴边，这是门襟贴边的上片。

• 再画一个长 17cm，宽 3.5cm 的长方形。

• 在长方形的两条长边各留出 1cm 的缝份，剩余为 1.5cm 宽的贴边，这是门襟贴边的下片（图 4-8）。

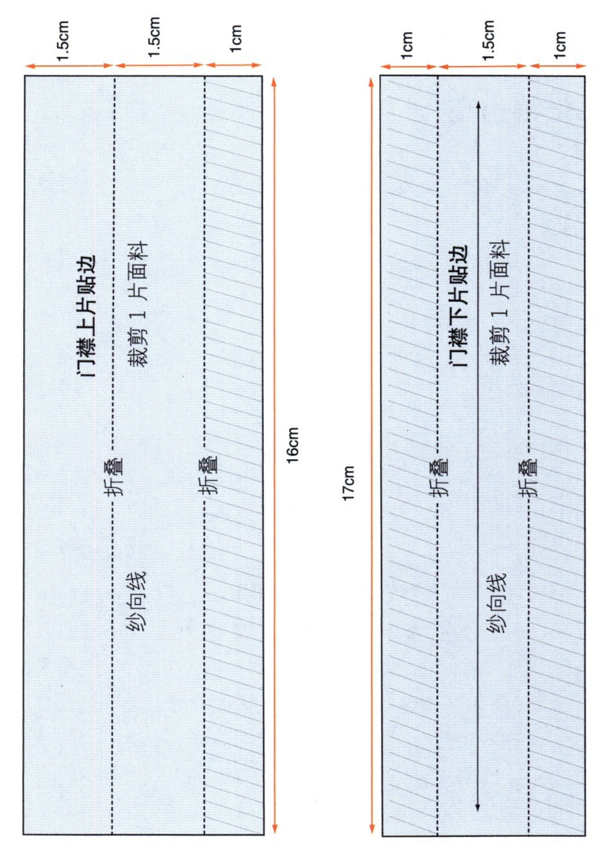

图 4-8

步骤 8

绘制袖子总设计图

首先，选择一款男装袖子基本原型，或者按本书第 42 页的方法，绘制袖子基本原型。裁一张比所设计袖子略长的打板纸，将袖子基本原型复制到打板纸上，按本书第 48 页的说明，将所有标志和相关文字说明标注在上面。所选择的袖子原型有可能比所设计的袖子偏长或偏短。可以通过测量试衣模特、人台的尺寸，或者参考规格表，或者参考同行相关产品的规格，分析斟酌所设计服装的袖长（图 4-9）。

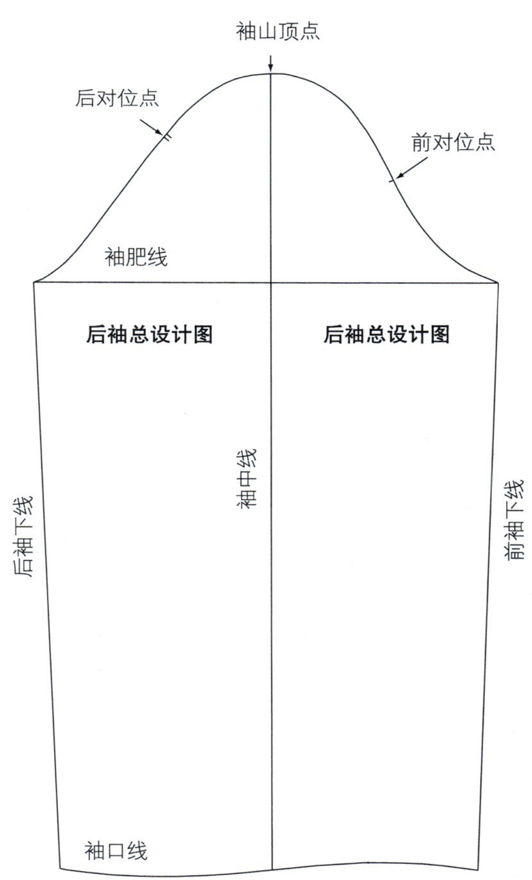

图 4-9

步骤 9

降低袖山高

- 从袖山顶点，沿袖中线向下取 1cm，作为新袖山顶点。
- 参照原型袖山弧线，重新画顺新袖山弧线（图 4-10）。

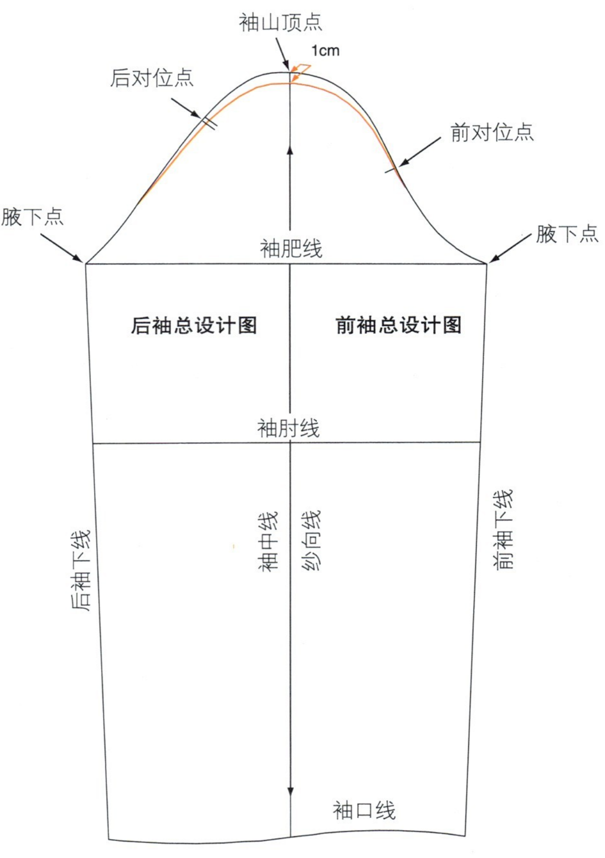

图 4-10

针织面料和弹性面料袖子吃缝量

对于针织面料和弹性面料，如平针织物、针织绒布以及莱卡弹性布等，袖山只需要很小的吃缝量，或者不加吃缝量。因为面料本身的弹性，就可满足袖山所需的空间量和活动量。所以，若采用此类面料，袖山高相应要降低些。

步骤 10

调整袖型

- 袖口线的前、后端分别向内收进 3cm，袖肘处也做同样处理。
- 重新画顺前、后袖下线，从腋下点到肘线用弧线画顺，从肘线到袖口用直线相连，整条线要顺畅。
- 从袖口线向上 1.5cm，画袖口线的平行线，表示袖口贴边所在位置（图 4-11）。

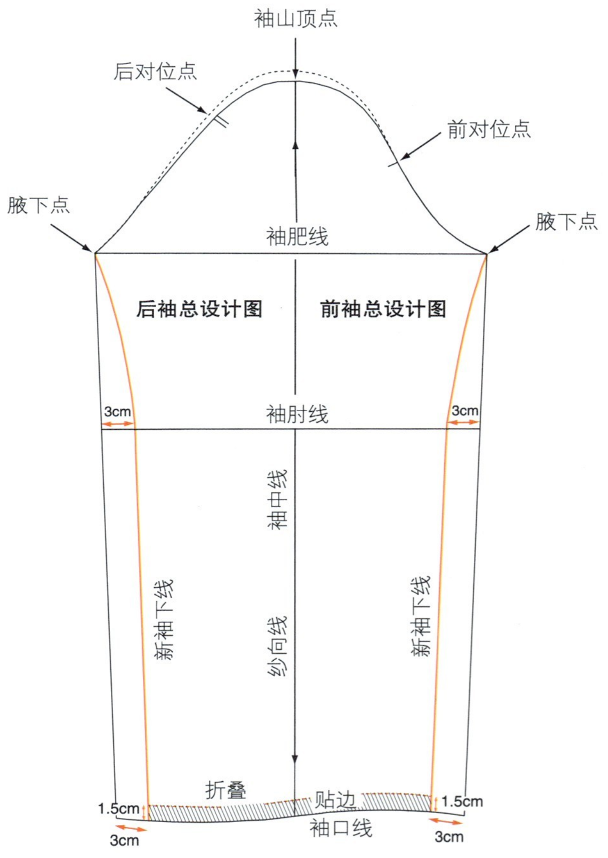

图 4-11

步骤 11

袖子样板

按照本书第 50 页的方法，复制出袖子样板（图 4-12）。

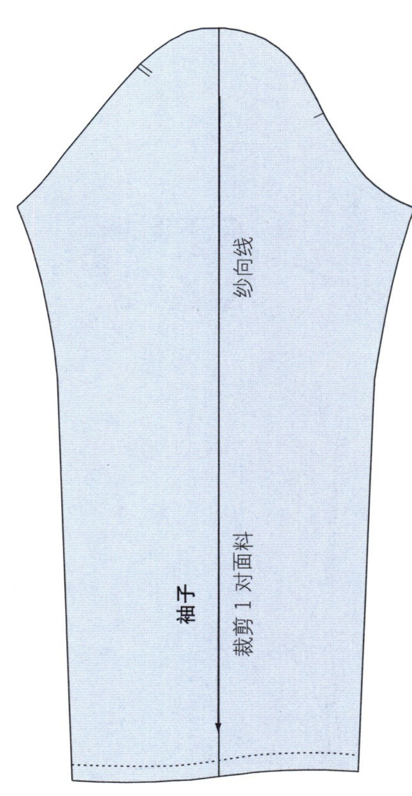

图 4-12

图 4-13

短袖 T 恤衫纸样

图 4-14

短袖 T 恤衫（图 4-14）纸样设计要点：

前开口半门襟
绘制领座
加深袖窿
加大袖肥
短袖
罗纹领子和袖口

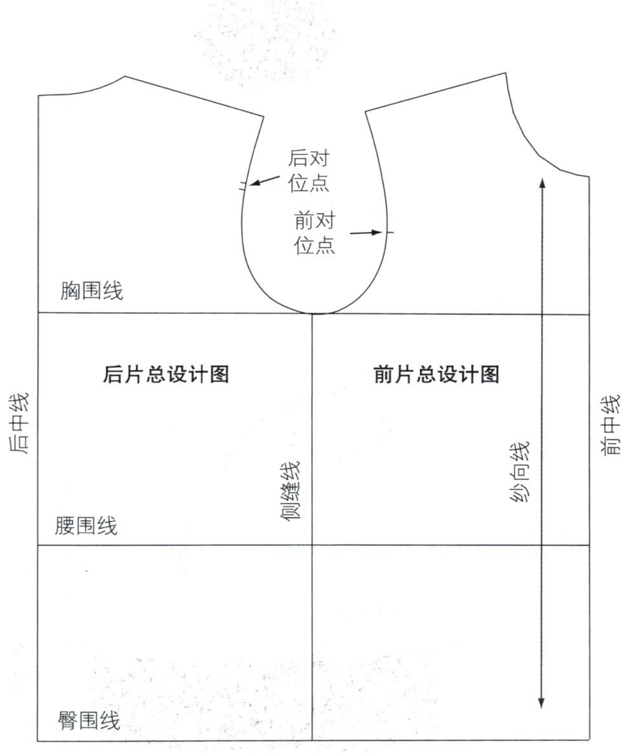

图 4-15

步骤 1

绘制衣身总设计图

可以选择一款男装上衣基本原型，也可以按本书第 40 页的方法绘制出男装上衣原型。裁一张比所设计 T 恤衫略长的打板纸。将基本原型复制到打板纸上，按本书第 48 页的说明，将所有标志和相关文字标注在纸样上（图 4-15）。

步骤 2

加深袖窿

• 将袖窿腋下点沿侧缝线降低 2cm，参照原型袖窿弧线，重新画顺新袖窿弧线。袖窿降低后，前、后对位点要重新修正（图 4-16）。

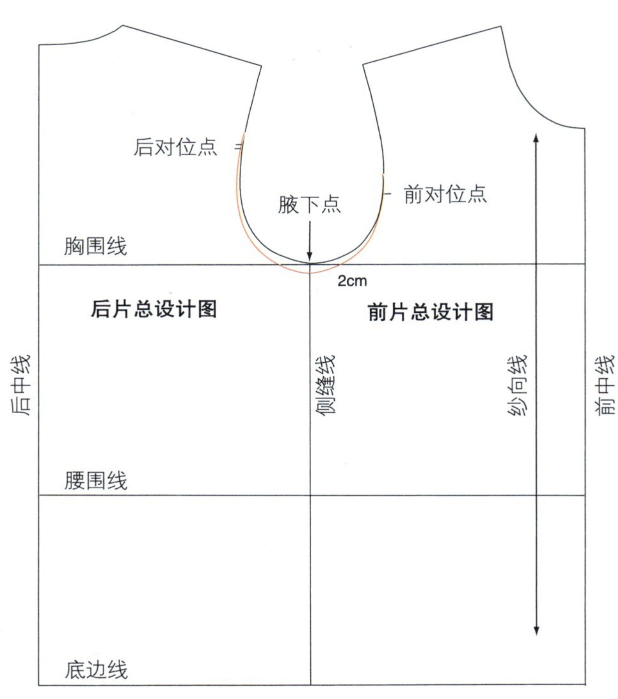

图 4-16

步骤 3

绘制前开口半门襟和下摆贴边

• 从前领口点沿前中线向下量取 10cm，作为前门襟开口的长度。

• 从前领口点向左、右分别取 1.25cm，作为门襟宽度。

• 用直线相连成长方形，画出宽度为 2.5cm 的门襟。

• 底边线向上 1.5cm，画出底边线的平行线，表示下摆贴边所在位置（图 4-17）。

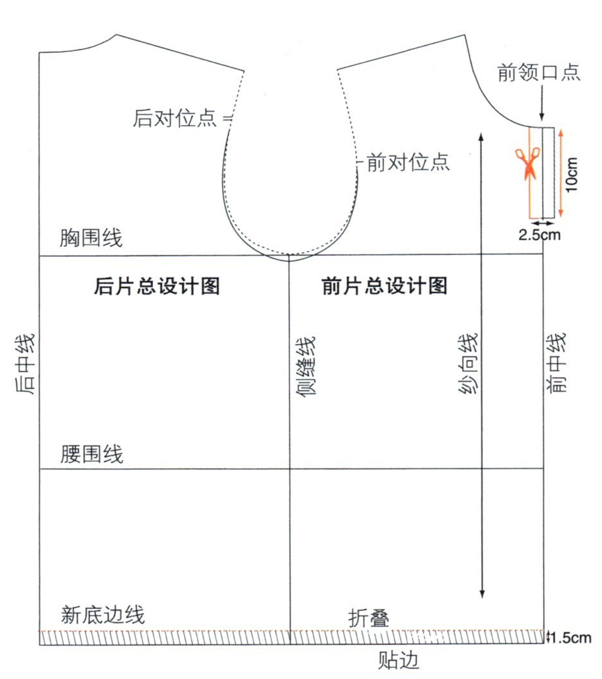

图 4-17

步骤 4

前片样板

● 将前片纸样重新复制到另一张打板纸上，按照本书 50 页的方法，复制出纸样的另一半，得到前身的完整纸样。制作时剪开门襟右侧的设计线形成前开口（图 4−18）。

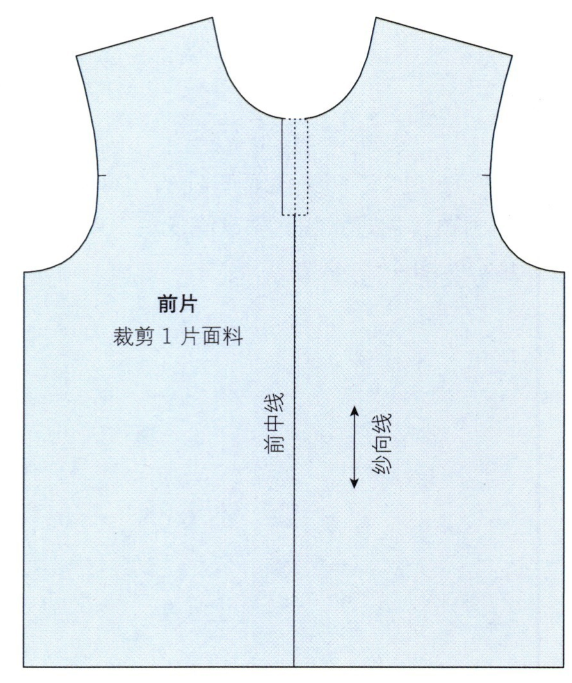

图 4−18

步骤 5

后片样板

● 将后片纸样重新复制到另一张打板纸上，按照本书 50 页的方法，复制出纸样的另一半，得到后片的完整纸样（图 4−19）。

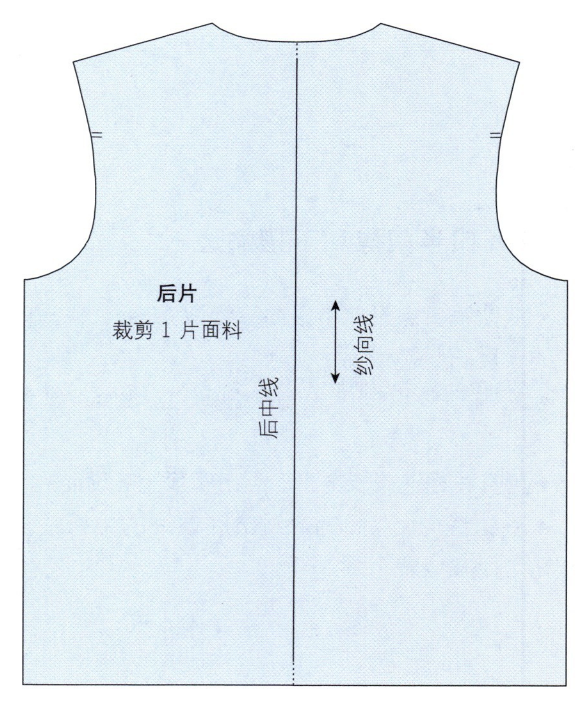

图 4−19

步骤 6

门襟贴边纸样

• 画一个长 12cm，宽 4.5cm 的长方形，这是四条边各包含 1cm 缝份的毛板。

• 四条边各留出 1cm 缝份，剩余的量是 10cm×2.5cm 的贴边，这是门襟贴边的上片。

• 再画一个长 12cm，宽 7cm 的长方形，这也是四条边各包含 1cm 缝份的毛板。

• 四条边各留出 1cm 缝份，剩余的量沿宽度方向平分，对折后就得到 2.5cm 双层贴边，这是门襟贴边的下片（图 4-20）。

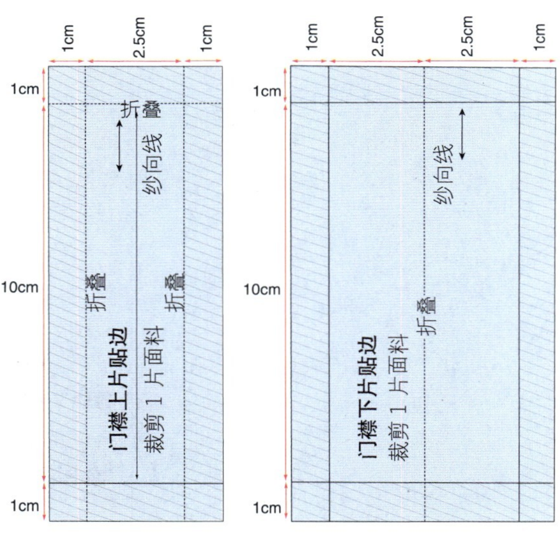

图 4-20

步骤 7

绘制罗纹领的领座

• 画一个长 24.5cm、宽 2cm 的长方形，左侧的短边标为领后中线，下侧的长边标为领口弧线。

• 从领后中开始沿领口弧线向前量取 8.5cm，即后领口弧线长，打上对位标记，作为肩线对位点；剩余的长度是 16cm，为前领口弧线长，其中包括了叠门宽 /2，即 1.25cm。

• 在长方形的右下点沿竖直线上抬 1cm，从该点到肩线对位点用上凹的弧线画顺，作为前领口弧线。

• 在前领口点，向上做上一步所画前领口弧线的垂线，长度为 2cm，前领台抹成圆角，用圆顺的弧线画顺领上口线。

• 从立领前端向左量 1.25cm（叠门宽 /2），作领前端的平行线，标为领前中线（图 4-21）。

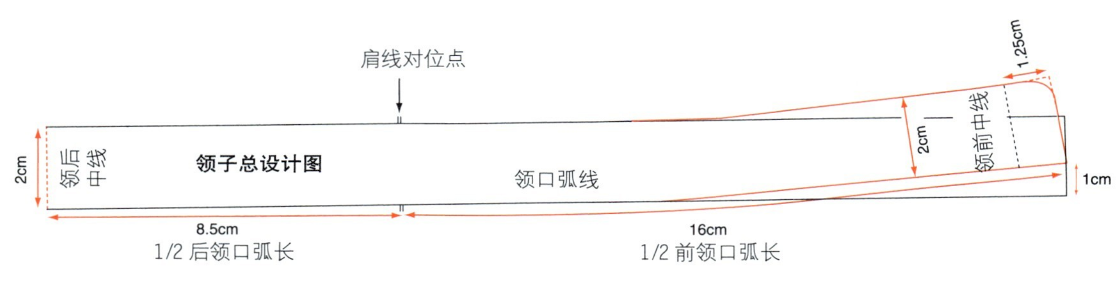

图 4-21

步骤 8

领座样板

• 将领座纸样重新复制到另一张打板纸上。按照本书 50 页的方法，对称复制出领座的完整纸样（图 4-22）。

针织罗纹领子

针织罗纹领子是机器生产的领子成品，可以直接购买不同规格符合款式造型的领子，将其装在两片领座之间即可。

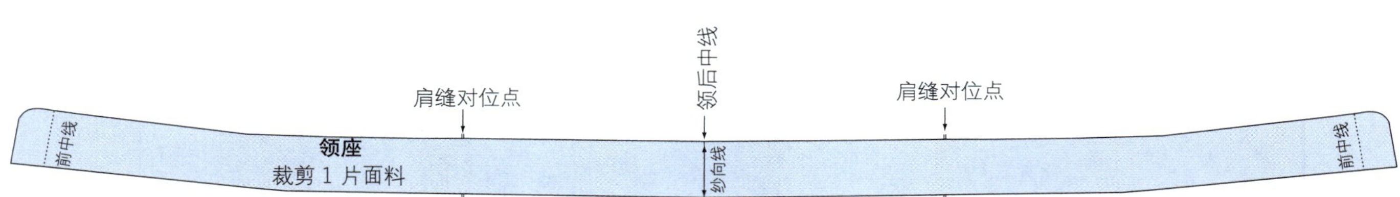

图 4-22

步骤 9

绘制袖子总设计图

首先，选择一款男装袖子基本原型，或者按本书 42 页的方法绘制袖子基本原型。裁一张比所设计袖子略长的打板纸，将袖子基本原型复制到打板纸上，按本书 48 页的说明，将所有标志和相关文字说明标注上。本款袖子是带罗纹袖口的短袖。所选择的袖子原型有可能比所设计的袖子偏长或偏短，可以通过测量试衣模特、人台，参考规格表，或者参考同行相关产品的规格，斟酌所设计袖子的长短（图 4-23）。

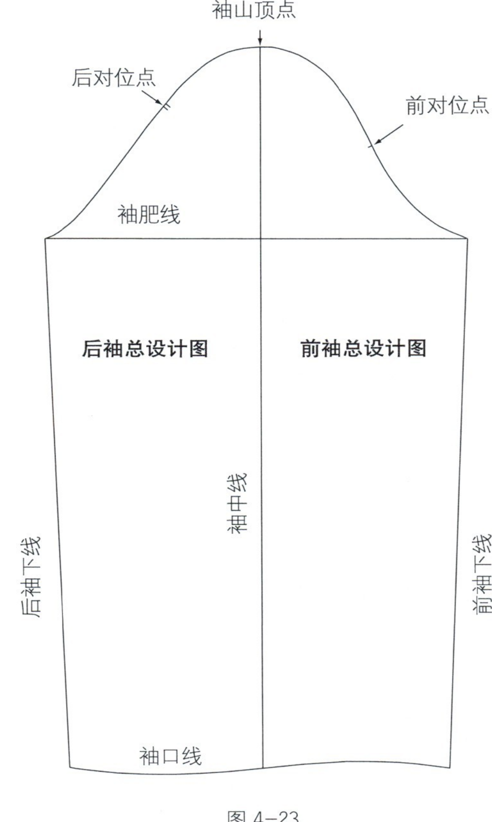

图 4-23

步骤 10

加大袖肥以匹配降低的袖窿

调整袖山以匹配袖窿

在第 2 步中改变了袖窿弧线的长度，所以要测量并增加袖山弧线的长度，以匹配修正后新袖窿弧线长。

在总设计图上，测量原型前、后袖窿长度（分别为 24.5cm 和 25cm）。然后测量修正后的新袖窿的长度（分别为 26.5cm 和 27.5cm）。将袖窿长度与袖山弧线长相比较，袖山弧线长的增量要与袖窿弧线长的增量相同。

针织类的面料几乎不需要吃缝量。因此，在本例中新袖山弧线不需要加入吃缝量。

- 将袖肥线前、后端分别向外放出 1.5cm。
- 参照原袖山弧线，重新画顺新袖山弧线，并在前、后袖山弧线上标出与调整后袖窿对应的前、后对位点（图 4-24）。

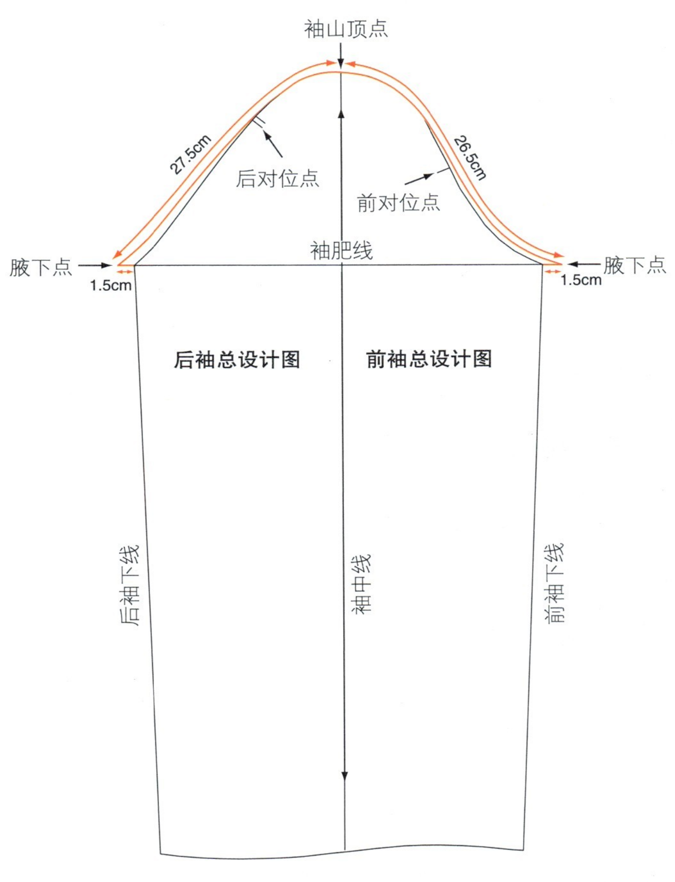

图 4-24

步骤 11

绘制短袖

• 在袖中线与袖肥线的交点处，沿袖中线向下量取 6cm，过此点画袖肥线的平行线，作为短袖的袖口线。

• 在短袖的袖口线与袖中线的交点处，向前、后袖下线方向各取 15cm 作为袖口大。

• 将调整袖肥后的腋下点与袖口相连，用弧线画顺前、后袖下线。

• 沿袖中线继续向下量取 1cm，画袖口线的平行线，作为缝合罗纹袖口的缝份。缝份的两端要延伸出来 1cm，以保证缝份折叠后与袖下线重合（图 4-25）。

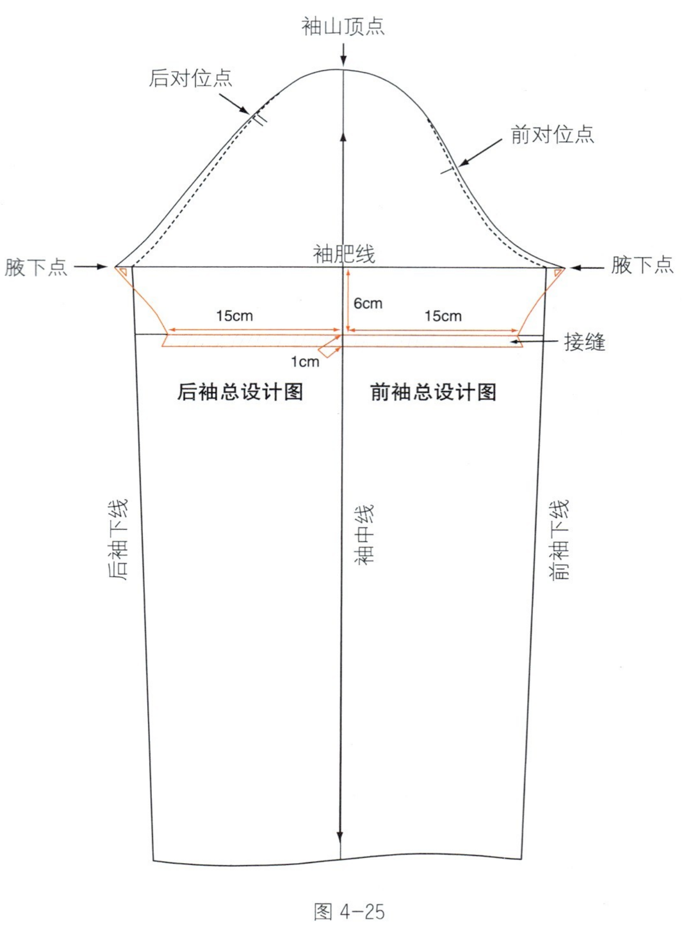

图 4-25

步骤 12

袖子样板

• 按照本书第 50 页的说明，复制出袖子样板（图 4-26）。

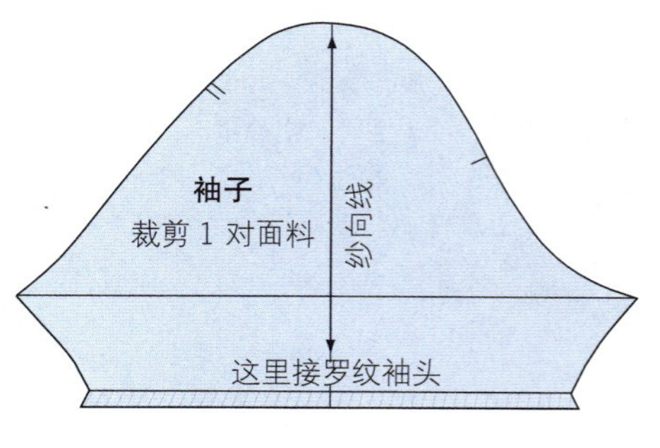

图 4-26

图 4-27

连帽式运动衫纸样

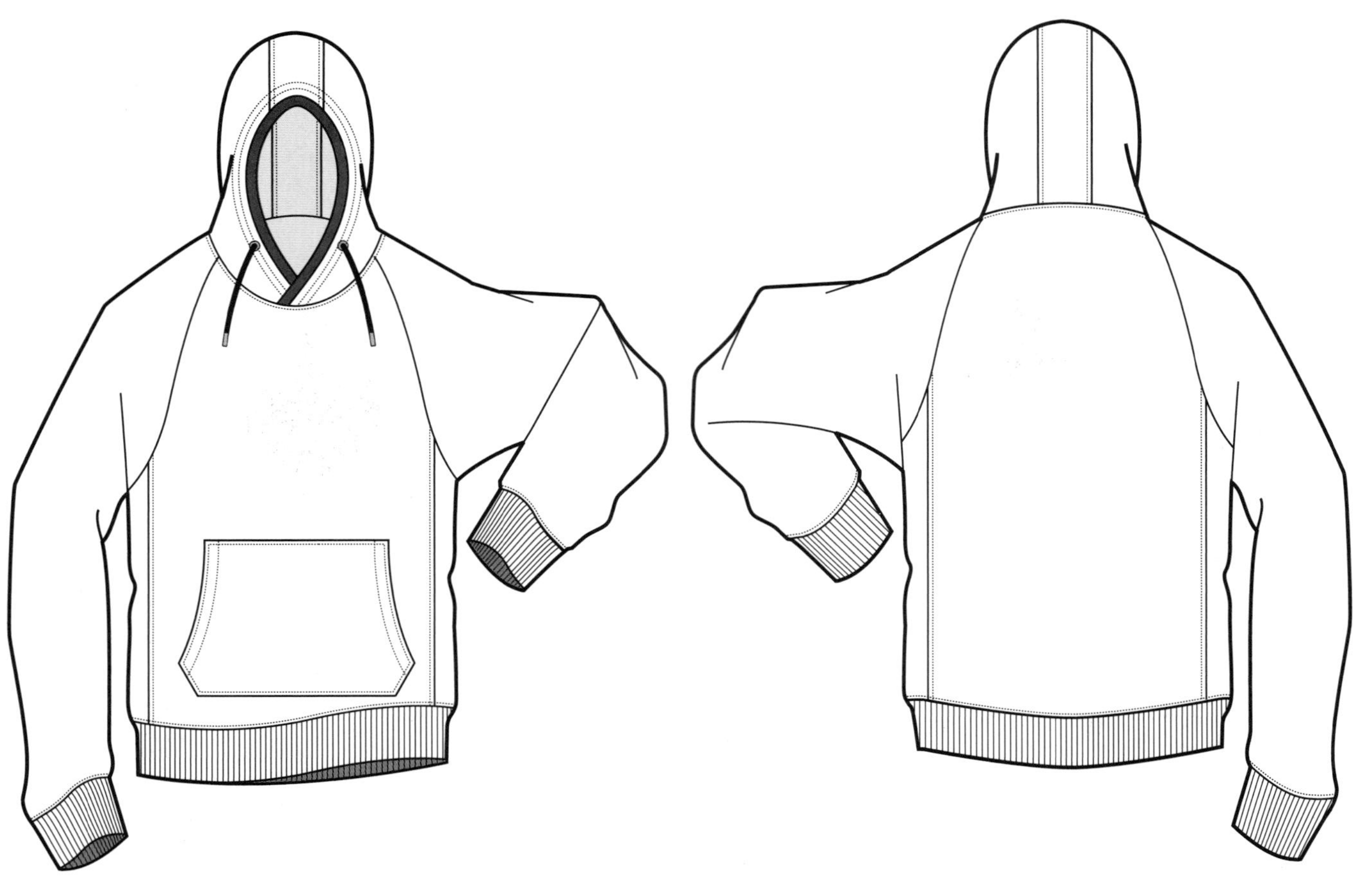

图 4-28

连帽式运动衫（图 4-28）纸样设计要点：

衣身侧片
降低领口线
暖手口袋
加深袖窿
增大袖肥降低袖山高
插肩袖
减短袖长
罗纹袖口和下摆
风帽

服装功能的评价

进行任何纸样设计之前，均要明确服装穿着的功能和目的。连帽式运动衫通常穿在最外层，因此，应该设计得稍微宽松一些，使其具有容纳内层服装的松量。

步骤 1

绘制衣身总设计图

可以选择一款男装上衣基本原型，也可以按本书第40页的方法绘制男装上衣原型。裁一张比所设计运动衫的衣长略长的打板纸，将基本原型复制到打板纸上，按本书第48页的说明，将所有标志和相关文字说明标注在纸样上（图4-29）。

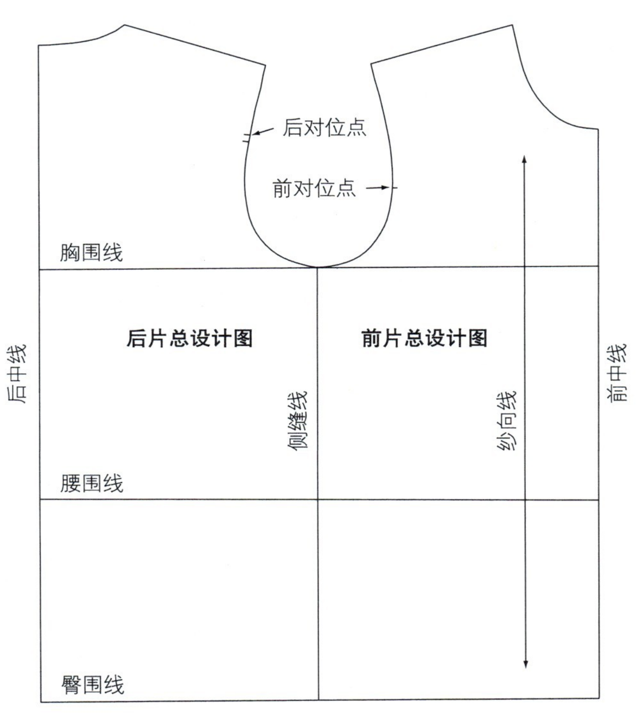

图 4-29

步骤 2

移动肩线

插肩袖纸样设计准备

在设计插肩袖时，第一步需要将原型的衣身肩线前移，即前肩去除一部分移到后肩。这将使衣身前、后片更加合体，当绘制完插肩袖时，可以保证插肩袖的肩线正好处在人体的肩上。

- 平行于前片肩线去除1cm，平行于后片肩线增加1cm。修正的前、后肩线长度要相同。修正肩线的过程中后片颈侧点位置也会有所改变，所以需要重新画顺后领口弧线（图4-30）。

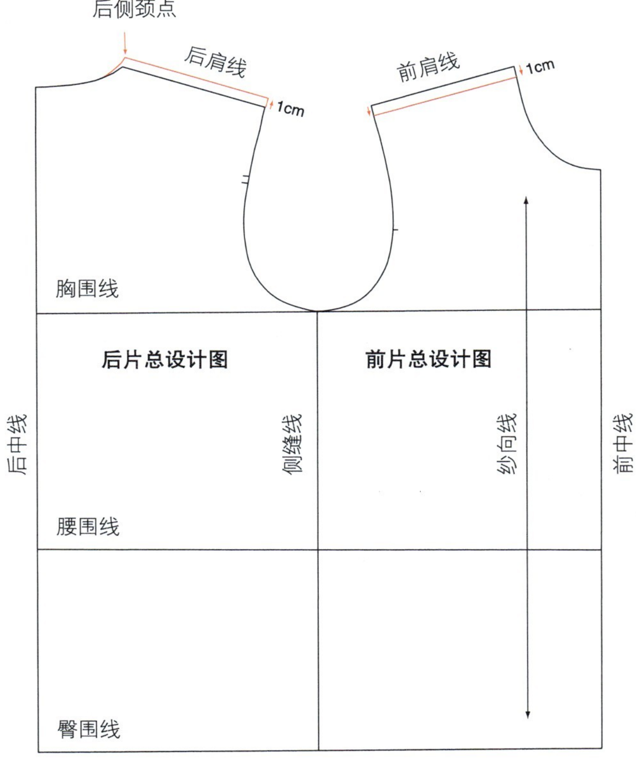

图 4-30

步骤 3

加深袖窿

- 从腋下点沿侧缝线向下量取 3cm 为新腋下点，参照原型袖窿弧线，重新画顺袖窿弧线。袖窿降低后前、后对位点要重新修正。
- 领前中点降低 3cm，参照原型领口弧线，重新画顺降低后的领口弧线（图 4-31）。

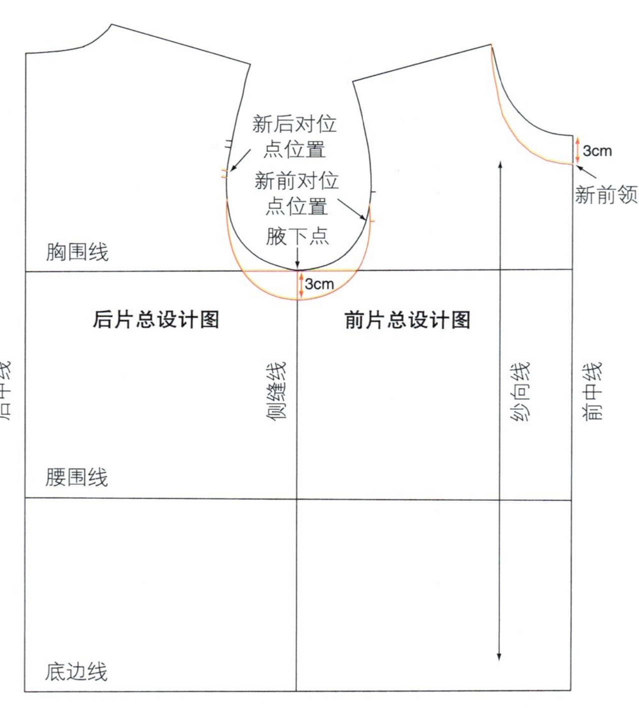

图 4-31

步骤 4

插肩线设计

- 从后肩颈点沿后领口弧线量取 4cm，从前肩颈点沿前领口弧线量取 4cm。
- 从袖窿新前对位点沿袖窿弧线向下量取 2cm，过此点向左作水平线，与后袖窿相交；将前、后袖窿所确定的点与前、后领口所确定的 4cm 处的点直线相连，作为插肩线的辅助线。
- 从后领沿直线取 12cm，向上作直线的垂线，长度 0.5cm；同样，从前领沿直线取 10.5cm，向上作垂线，长度 0.5cm。
- 用上凸的弧线，过上一步作的 0.5cm 垂线端点，从领口到袖窿画顺插肩线（图 4-32）。

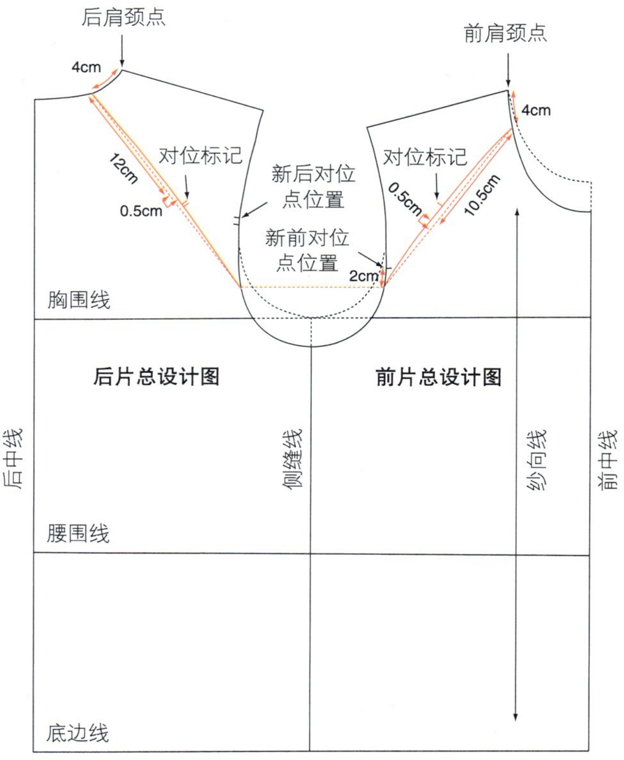

图 4-32

步骤 5

绘制衣身前后插肩样板

● 将前、后片插肩部分复制到另一张打板纸上，用于后面插肩袖的设计。复制时需要在前、后插肩部分标记上前、后对位点以及相关标志（图 4-33）。

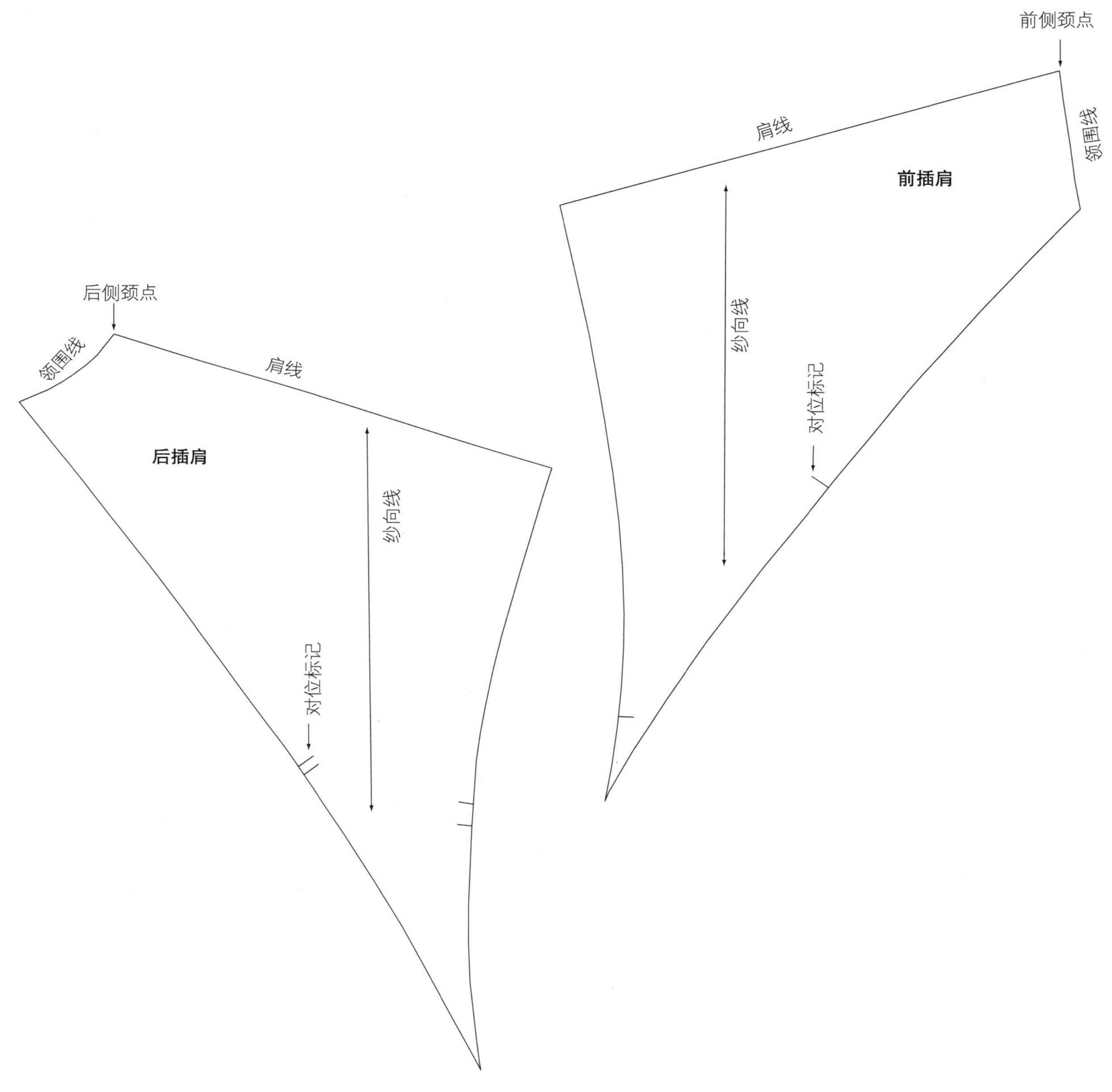

图 4-33

步骤 6

绘制衣身侧片

● 在腰围线上，从侧缝线向前中和后中方向各量取8cm。在底边线也取同样的值，将腰围线和底边线上所取的点直线相连，向上与插肩线相交（图 4-34）。

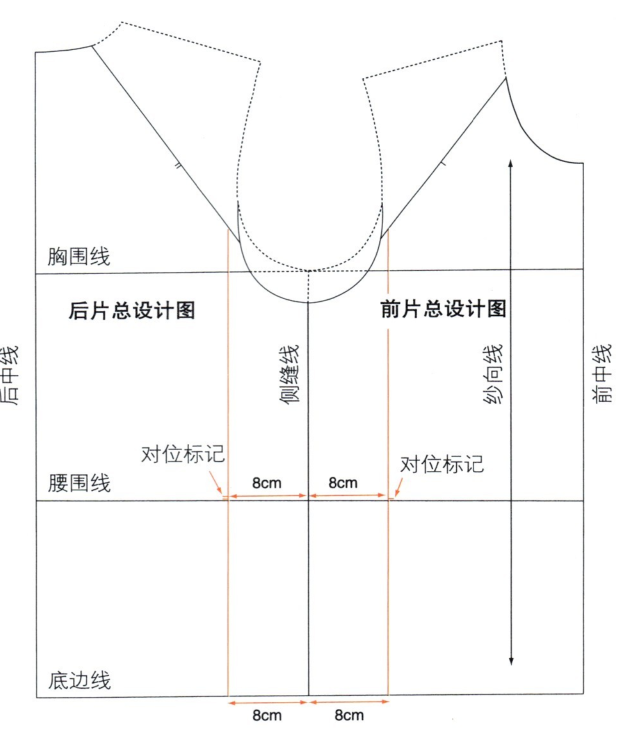

图 4-34

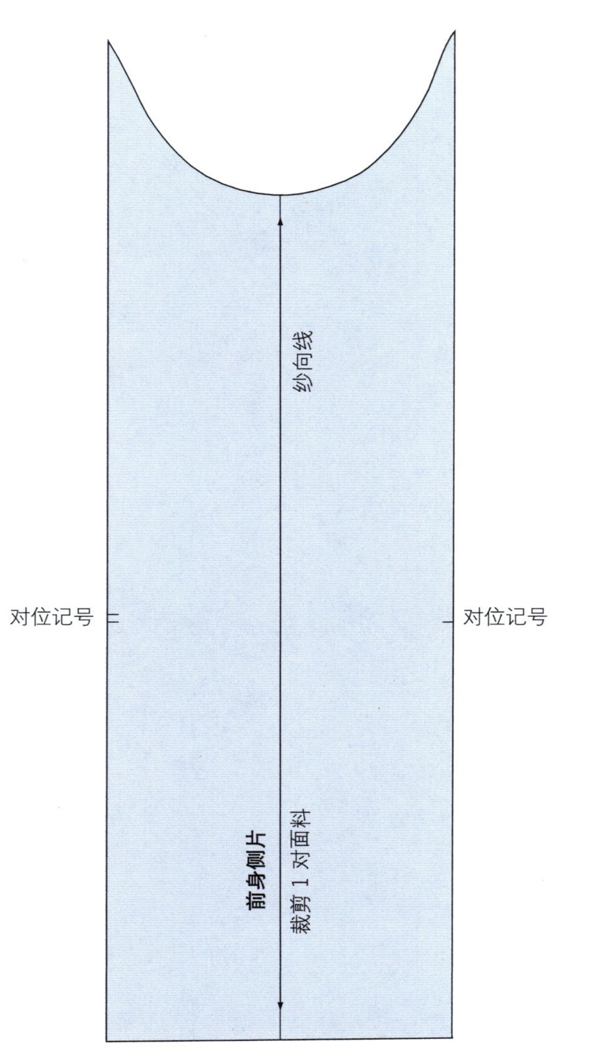

图 4-35

步骤 7

侧片样板

● 按照本书 50 页的方法，将前身侧片重新复制一份，在分割线上打上对位标记以便于缝制，前面用一个对位标记，后面用两个对位标记（图 4-35）。

步骤 8

绘制前腹部的暖手口袋

• 制图时先绘制半边口袋的纸样，然后对称复制出整个口袋。从底边沿前中线向上取 5cm，为口袋底边点，继续向上取 18cm，为口袋上边点，过上下两点向左作水平线 14.5cm，连成长方形。

• 从长方形的左下角，水平向右取 2.5cm 定点，竖直向上取 5cm 定点，直线连接两点。从长方形的左上角，水平向右取 3cm 定点，过该点与左边所取 5cm 点用圆顺的弧线画顺，即为口袋开口。

• 绘制袋口贴边，距离袋口 2.5cm，参照袋口弧线，画顺贴边线（图 4-36）。

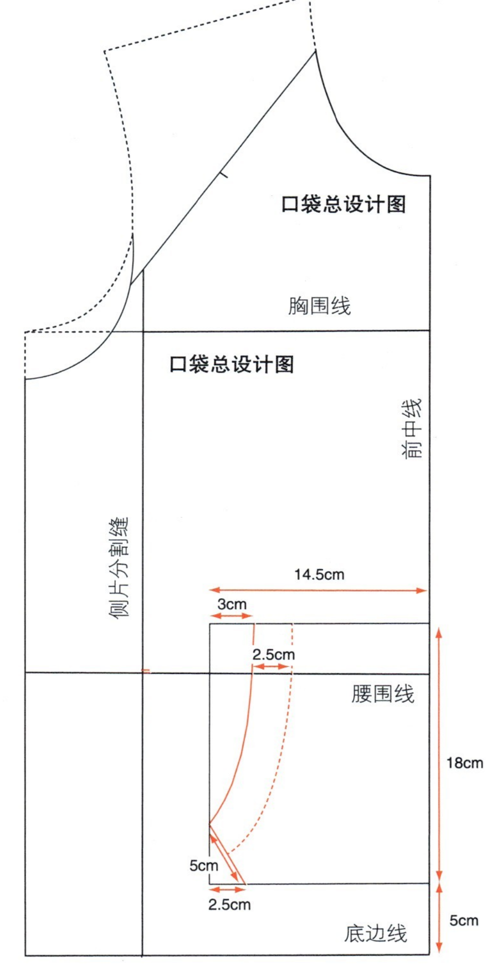

图 4-36

步骤 9

暖手口袋和袋口贴边样板

• 按照本书第 50 页的方法，将暖手口袋纸样复制一份，并对称复制出另一半。

• 按照本书第 50 页的方法，复制出贴边样板（图 4-37）。

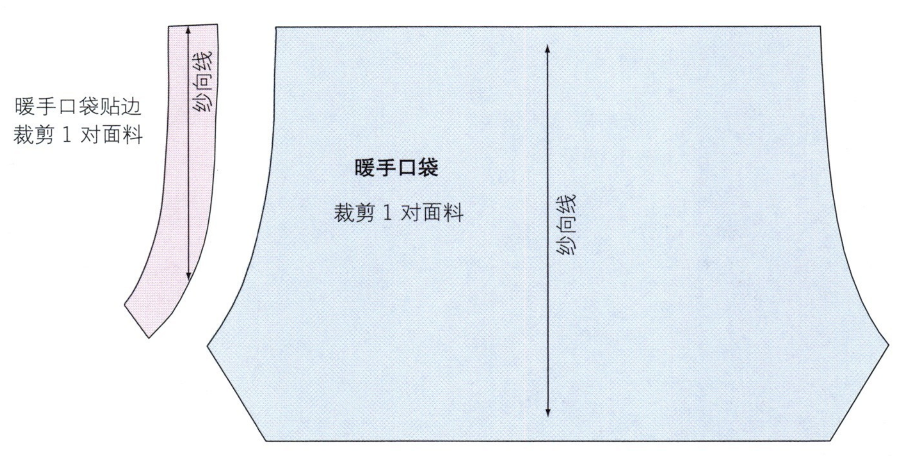

图 4-37

步骤 10

前片样板

● 将衣身前片纸样复制一份，按照本书 50 页的方法，对称复制出整个样板，在口袋边缘各角点上打上对位孔（图 4-38）。

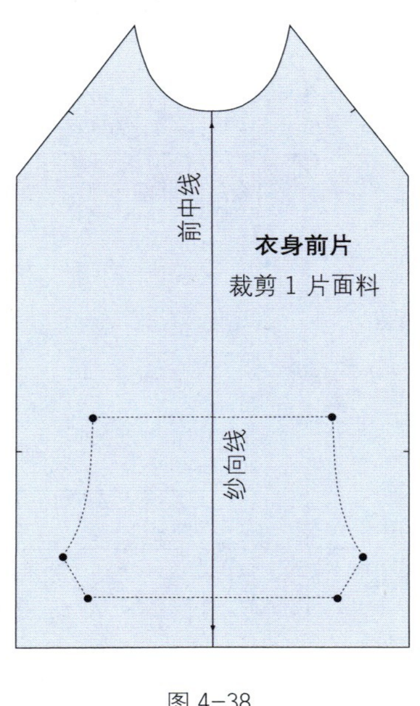

图 4-38

步骤 11

后片样板

● 将衣身后片纸样复制一份，按照本书 50 页的方法，对称复制出整个纸样（图 4-39）。

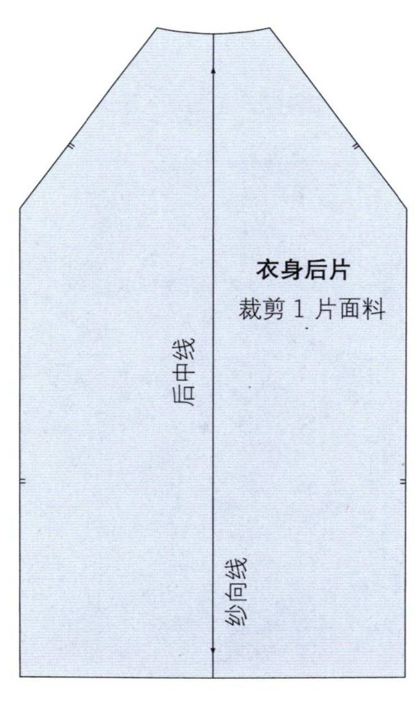

图 4-39

步骤 12

绘制袖子总设计图

选择一款男装袖子基本原型，或者按本书 42 页的方法绘制袖子基本原型。裁一张比所设计袖子略长的打板纸，将袖子基本原型复制到打板纸上。按本书 48 页的说明，将所有标志和相关文字说明标注在纸样上。所选择的袖子原型有可能比要设计的袖子偏长或偏短，可以通过测量试衣模特、人台，参考规格表，或者参考同行相关产品的规格，斟酌所设计的袖子尺寸（图 4-40）。

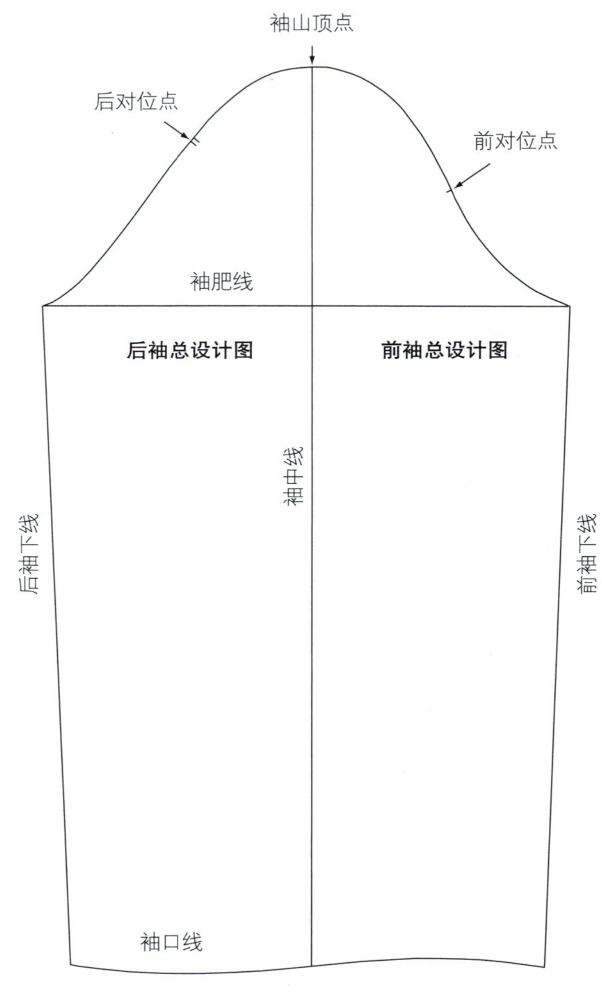

图 4-40

步骤 13

增大袖肥、降低袖山高、缩短袖长

• 在第 3 步中将袖窿深加深了，与其相匹配的袖山弧线也要相应加长。本款插肩袖是休闲宽松的风格，因此，要通过降低袖山高，增大袖肥的方式来调节袖山弧线。沿袖中线将袖山高下降 2cm。

改变袖山以匹配袖窿

重新测量袖窿弧线长，依据不同的面料和合体性的要求，来决定袖山吃缝量的大小。

• 袖肥增大的量最好不要超过袖窿加深的量。本款中将袖肥线两边各加大 2.5cm。

• 参照原型的袖山弧线，重新画顺新袖山弧线。袖山弧线上的前、后对位点，要与调整后的袖窿前、后对位点相对应。重新画顺前、后袖下线。

• 缩短袖长，从袖口线向上 10cm 处，参照原型的袖口弧线，重新画顺新袖口弧线（图 4-41）。

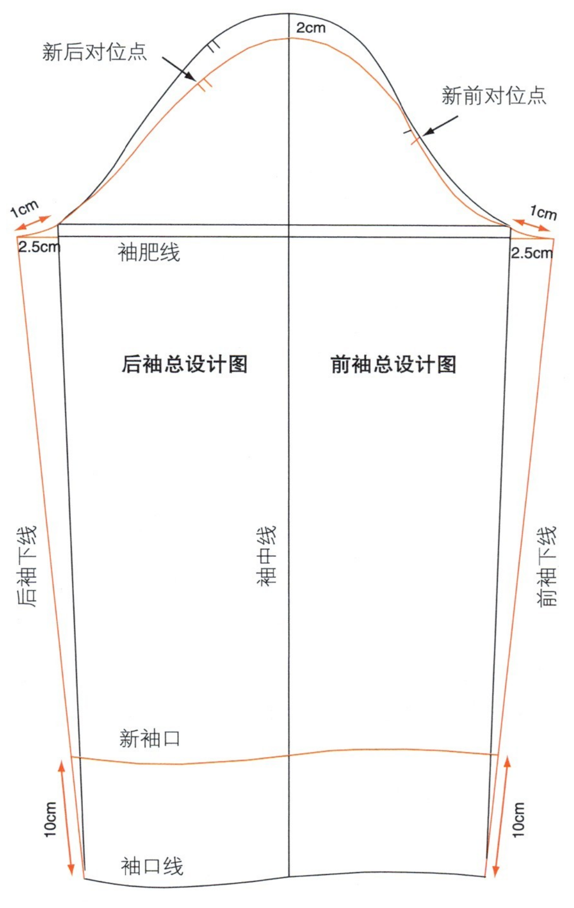

图 4-41

步骤 14

袖中线前偏

插肩袖需将袖中线前偏

与第 2 步调整衣身肩线一样，需要将袖中线前偏。

• 将袖中线向前袖方向平移 1cm，平移后的袖中线与袖山的交点即为新袖山顶点（图 4-42）。

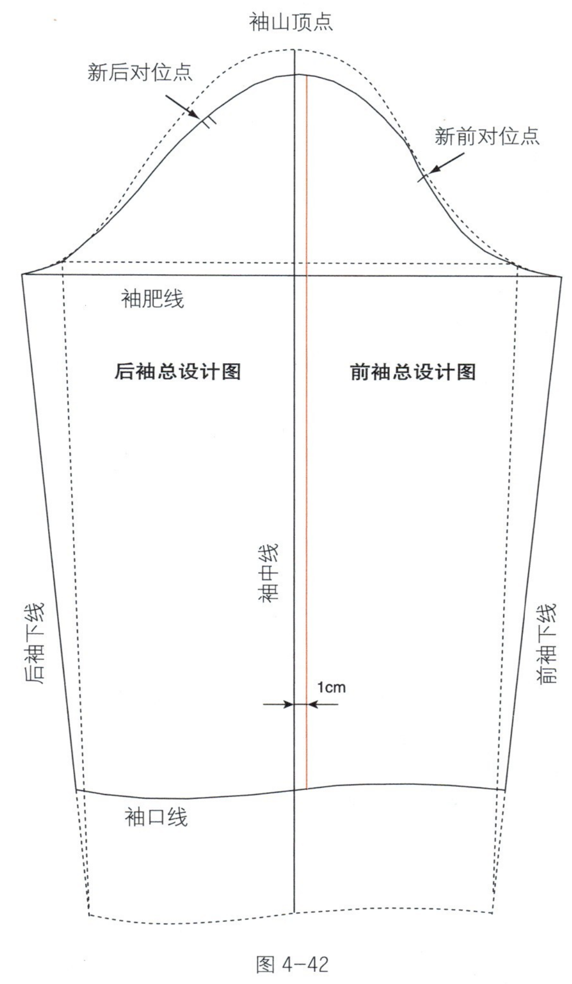

图 4-42

步骤 15

插肩结构

• 将第 4 步中的前、后衣身插肩部分重新复制一份，放在袖山上与袖子拼起来，肩点与新袖山顶点对齐，袖窿弧线与袖山弧线对齐（图 4-43）。

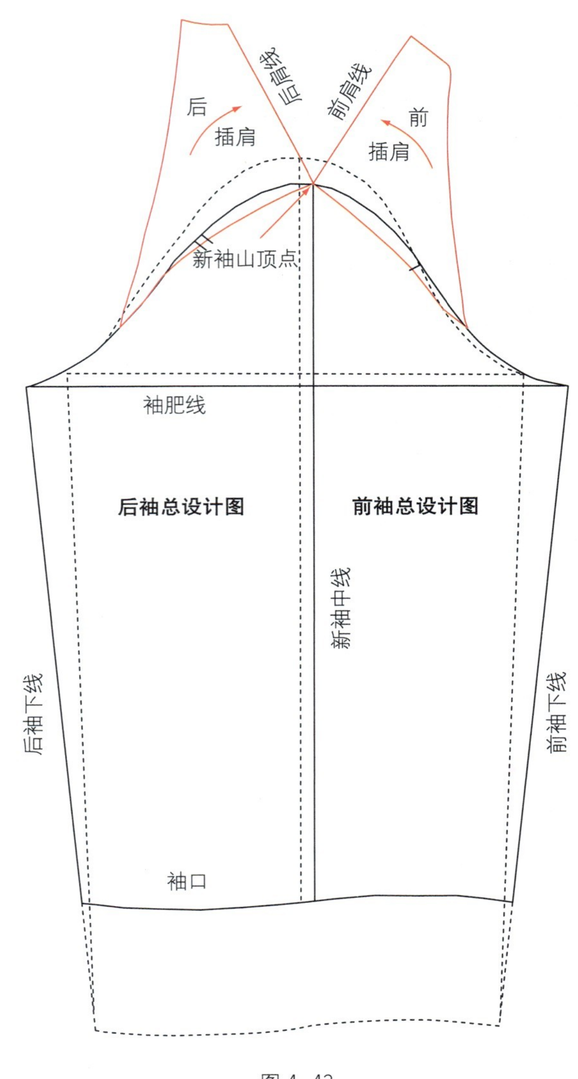

图 4-43

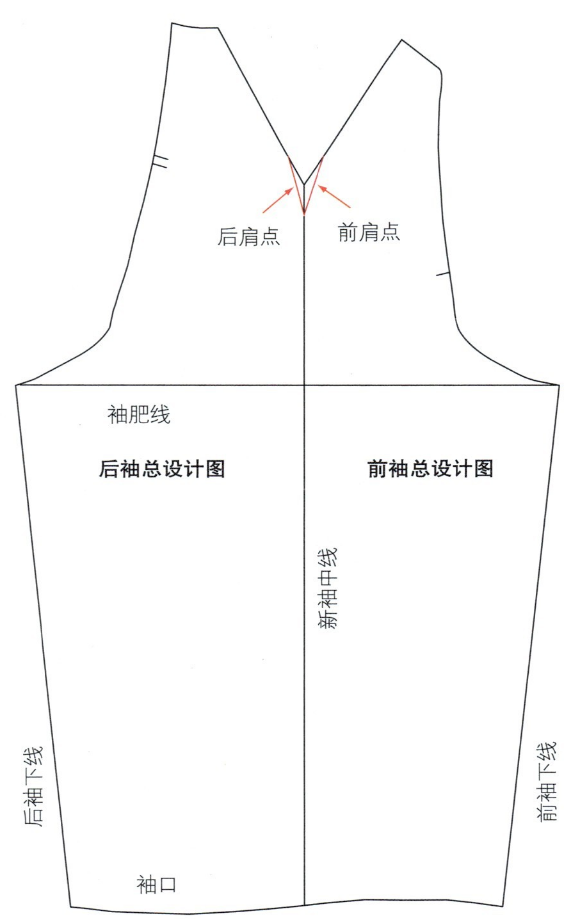

图 4-44

步骤 16

修顺肩线

• 将第 15 步拼合好的插肩袖复制一份。为了保证插肩袖肩部线条圆顺，没有多余量或硬角出现，用圆顺的弧线将肩线与袖中线的交角抹圆顺（图 4-44）。

步骤 17

休闲式一片插肩袖

• 绘制一片插肩袖时，需要将前后插肩部分的肩线合并，测量前、后肩线的长度，向上延长袖中线，长度大于前后肩线。

• 将第 16 步的插肩袖重新复制一份，同样再复制前、后插肩袖的总设计图。将复制的前袖山放置于总设计图上，袖肥线对齐。沿新袖中线旋转前插肩，直到肩线与新袖中线重合为止。画出新位置的前领口线。将复制的后袖山也放于总设计图上，袖肥线对齐。从袖山顶点向上移动到新袖中线，沿新袖中线旋转后插肩，直到肩线与新袖中线重合为止，画出新位置的后领口线。

• 合并肩缝时将袖肥线提高到了新位置，将弧形肩线改成了直线。为了画出前后袖的插肩线，将新位置的袖肥调整到与原袖肥相等。画出新袖肥线后，重新定出袖长及袖口位置。

• 将前后插肩线放在新领口线的位置。为了保证袖山高不变，测量袖肥的大小，将前插肩线与新前领口线对齐，测量其长度，从新领口线到新袖肥线，画出与原插肩线等长的前袖新插肩线。

• 将后插肩线与新后领口线对齐，测量其长度，从新领口线到新袖肥线，画出与原插肩线等长的后袖新插肩线（图 4-45）。

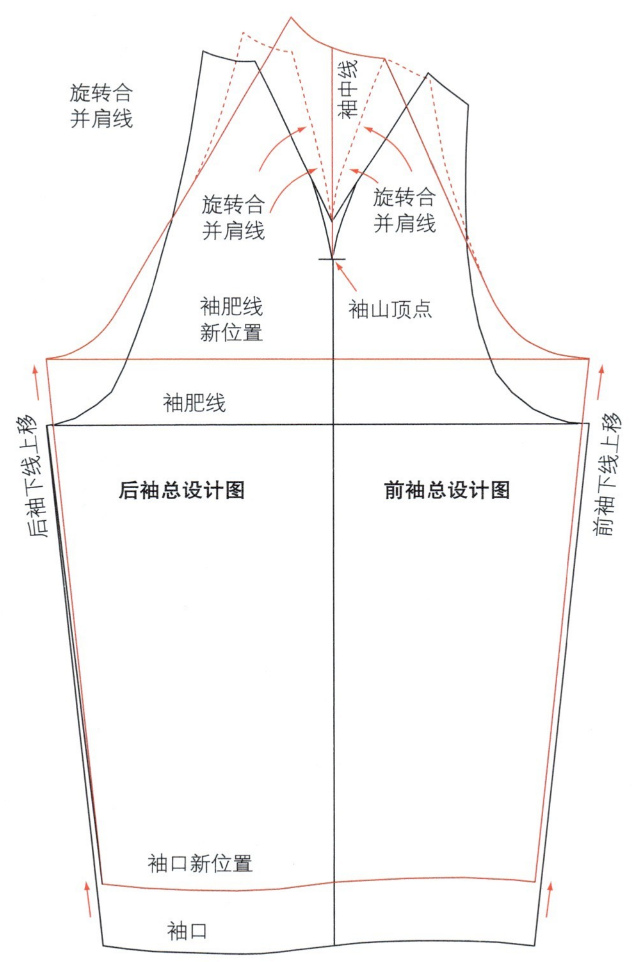

图 4-45

步骤 18

一片插肩袖样板

• 按照本书 50 页的说明，复制一片插肩袖纸样（图 4-46）。

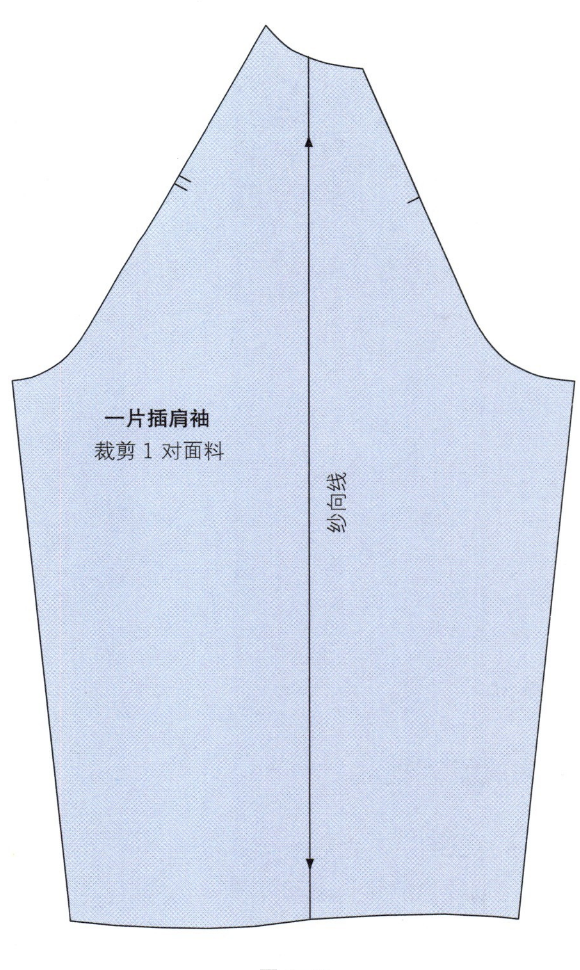

图 4-46

设计风帽所需尺寸

绘制风帽纸样前，需要测量三个尺寸（图 4-47）：

1. 前、后领口弧线长度，从衣身纸样上测量。本例所用尺寸分别是 16.5cm 和 9.5cm。

2. 颈高，即前、后颈点之间的垂直距离，也是从衣身纸样上测量。前衣身纸样放在后衣身上，前、后衣片的胸围线和前、后中线对齐，测量前、后颈点之间的距离，本例所用尺寸为 11.5cm。

3. 头竖直围度，用软尺从人体的前颈点开始，绕脸一圈，再回到前颈点的长度，本例所用尺寸为 80cm。

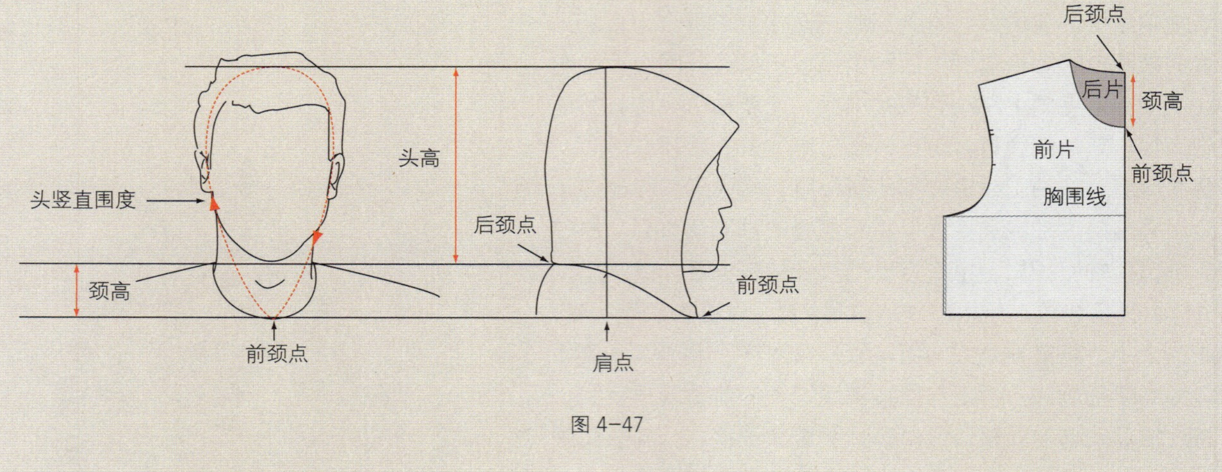

图 4-47

步骤 19

绘制风帽基础线

• 从纸的左下方开始作图，画一条长 26cm 的水平线，即前、后领口的弧长之和。

• 竖直向上作 40cm 的垂直线（即 1/2 头竖直围度），水平线和垂直线连成一个长方形。

• 左下角点标为后颈点，也就是领后中点。

• 从左下角点沿竖直线向下延长 11.5cm（即颈高），再向右作水平线，作出长方形（图 4-48）。

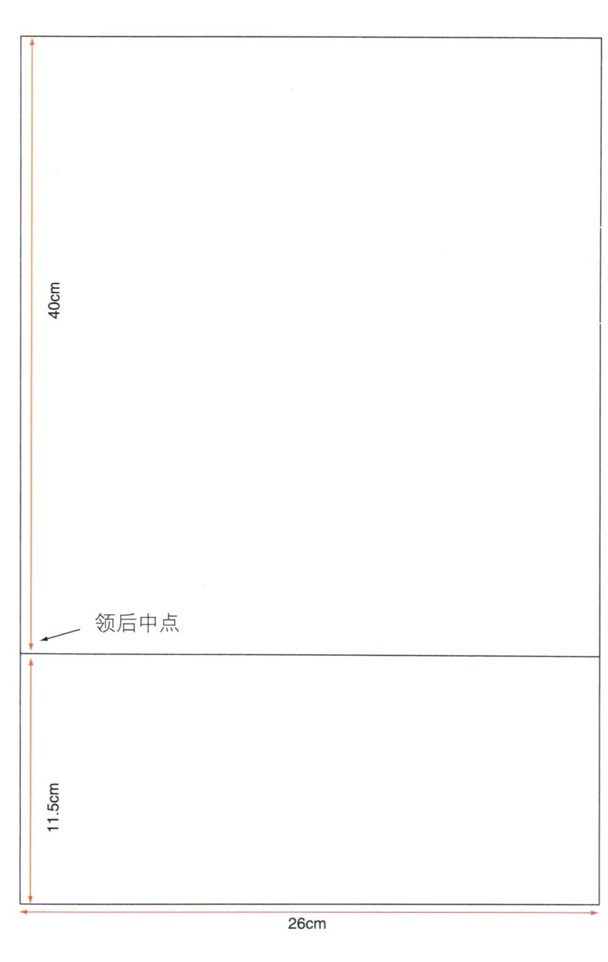

图 4-48

步骤 20

风帽轮廓线

• 用弧线尺从领后中点开始向领前中方向画一条近似人体颈根曲线的帽底领口弧线，长度 26cm（前、后领口弧线之和），弧线的尾端落在前中线最下端的直线上，位置在长方形的右下角点靠里，标记此落点为前中点。

• 风帽中间拼片宽度 6cm。长方形上边和左边分别向下和向左偏进 3cm，以去除中间拼片的宽度量。

• 从长方形右上角沿竖直方向向下取 10.5cm，并向右作水平线 2.5cm，根据设计画出风帽外轮廓线。

• 最后测量一下风帽后轮廓线的长度，本例所测尺寸为 51.5cm，这是为了绘制中间拼片纸样（图 4-49）。

设计风帽

这款风帽纸样设计了中间拼片。拼片宽度需要根据风帽后中点和顶点的造型得出。带风帽的服装作为外套穿着时，风帽的造型设计要根据头的尺寸、领子的开口形式以及用途来综合考虑。

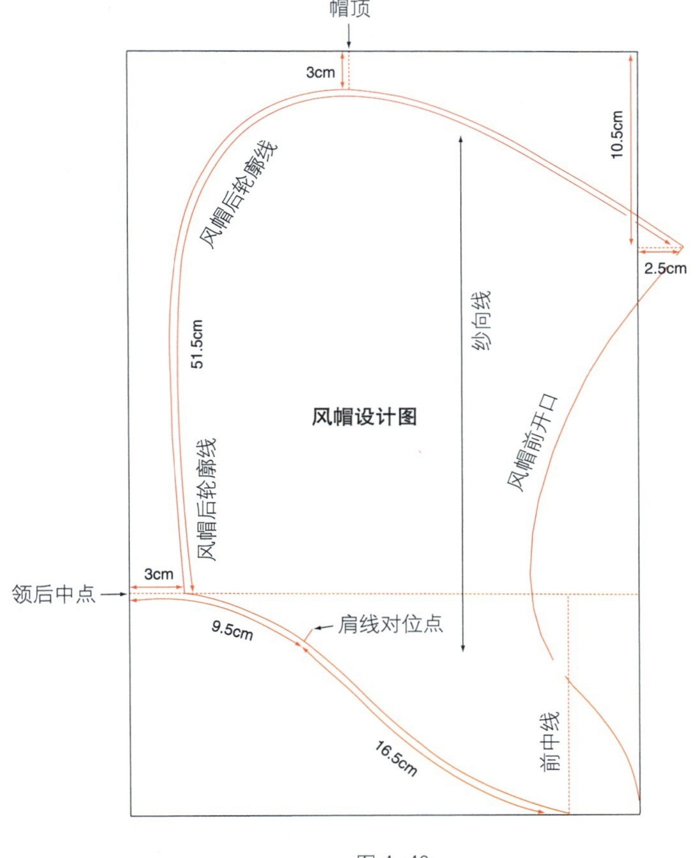

图 4-49

步骤 21

风帽侧片样板

• 按照本书第 50 页的方法，复制风帽侧片纸样（图 4-50）。

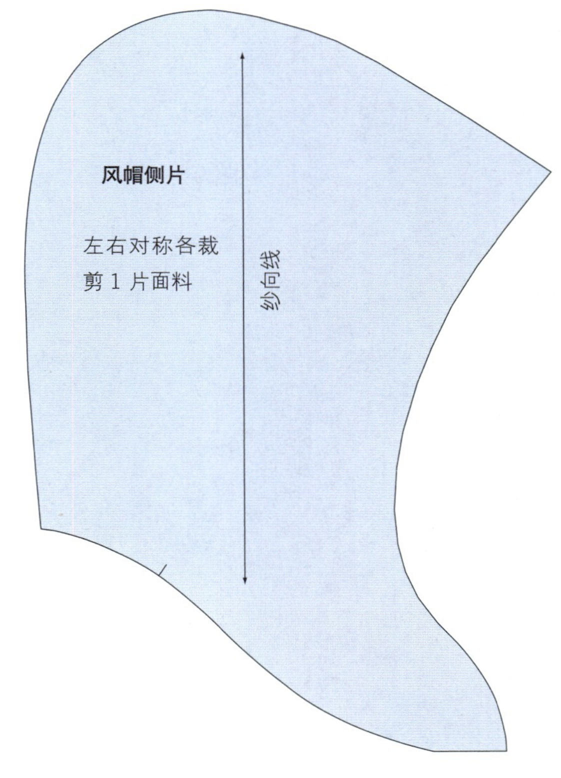

图 4-50

风帽前开口贴边及滚边

• 风帽前开口贴边是沿帽子前开口轮廓线向内取3cm 宽的窄条作为帽口贴边。

• 在风帽侧片纸样上，分别从前开口的上端和下端沿风帽轮廓线取 3cm，参照风帽前开口弧线画出贴边线。

• 复制风帽前开口贴边纸样，按照本书第 50 页的方法，复制出完整纸样。

• 用软尺沿贴边外边缘测量其长度，本例为 70cm，测量时皮尺应立起来用以减小误差。画一条长 70cm、宽3cm 的长条作为帽檐的滚边，沿长度方向在中间画出对折线（图 4-51）。

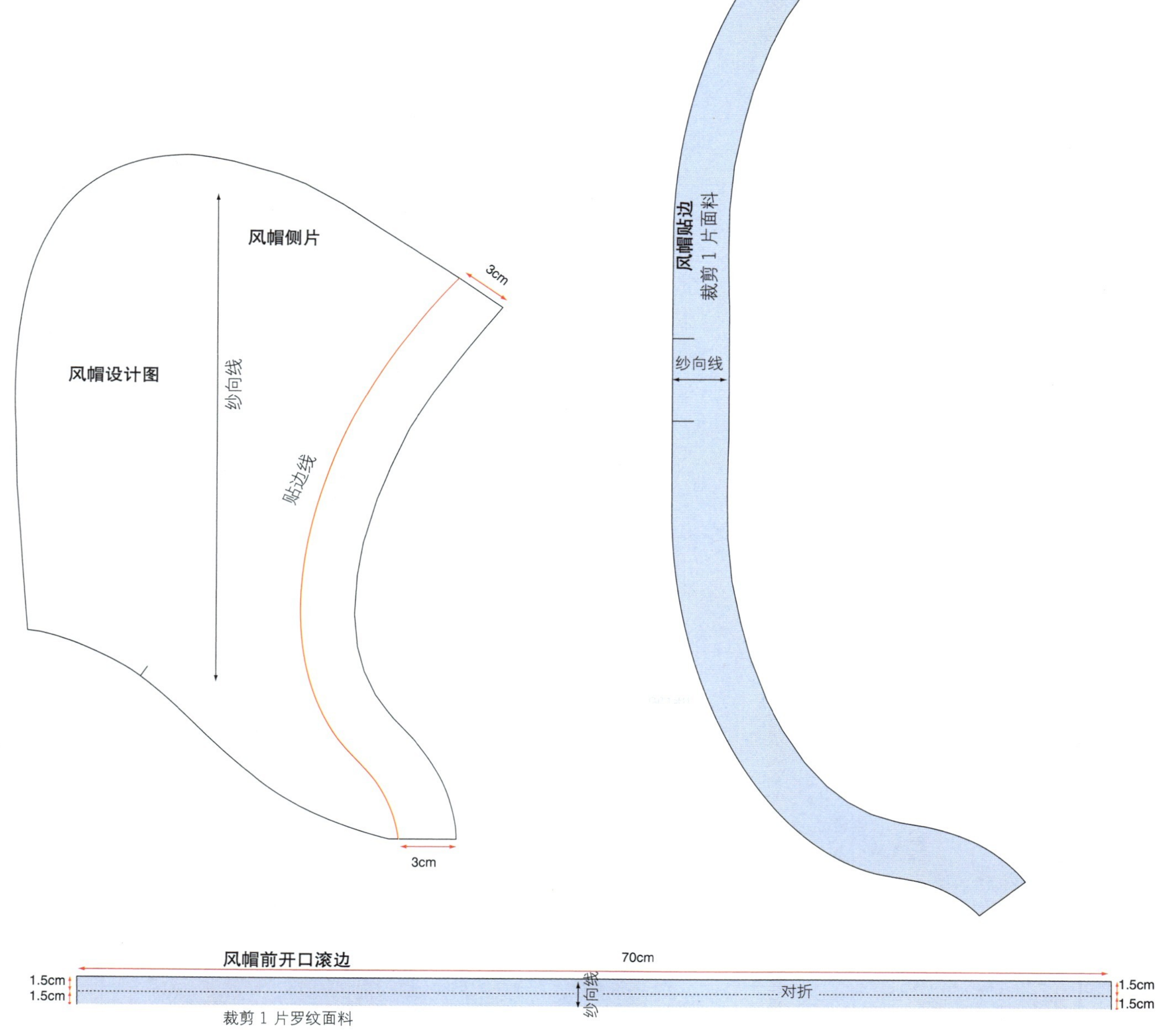

图 4-51

步骤 23

风帽中间拼片

• 画宽 6cm、长 51.5cm 的长方形，作为风帽中间拼片（图 4-52）。

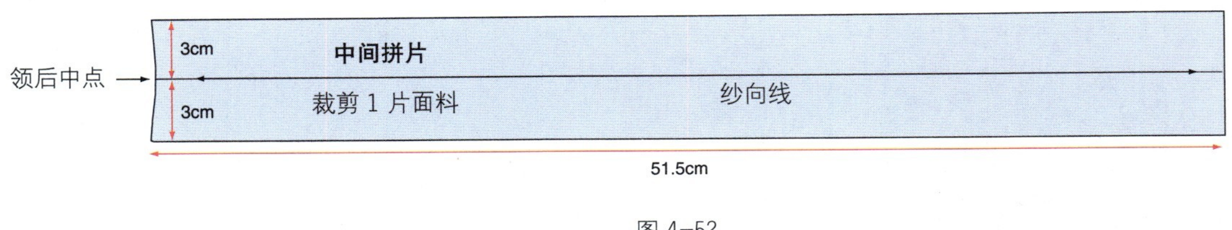

图 4-52

步骤 24

罗纹袖口

• 袖口是两层罗纹面料。画宽 16cm、长 20cm 的长方形，将长方形的宽度平分，过中点画出对折线（图 4-53）。

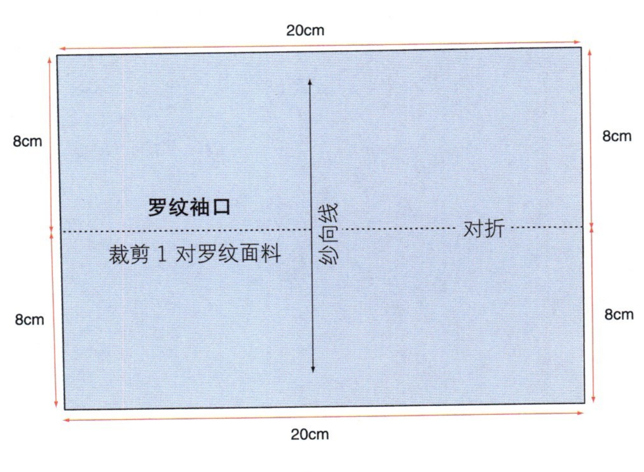

图 4-53

步骤 25

罗纹下摆

• 下摆也是两层罗纹面料。画宽 16cm、长 91cm 的长方形，将宽度平分，过中点画出对折线（图 4-54）。

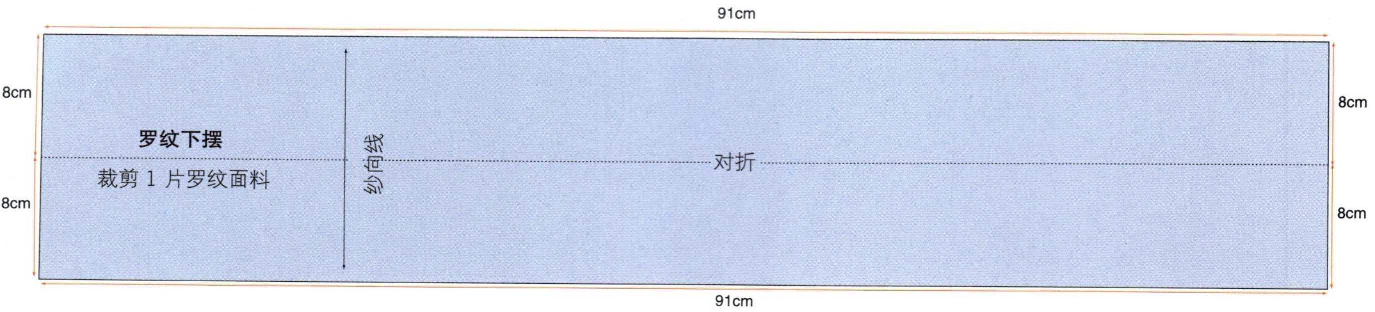

图 4-54

图 4-55

休闲长袖衬衫纸样

图 4-56

休闲长袖衬衫（图 4-56）纸样设计要点：

衣身结构
连身式门襟
增加衣长
延长肩线、移动肩缝、增大袖窿
后育克
前胸袋
衬衫领
加深袖窿
降低袖山高
袖克夫和袖衩

步骤 1

绘制衣身总设计图

选择一款男装上衣基本原型，或者按本书第 40 页的方法绘制男装上衣原型。裁一张比所设计衬衫的衣长略长的打板纸，将男装基本原型复制到打板纸上。按本书第 48 页的说明，将所有标志和相关文字说明标在纸样上（图 4-57）。

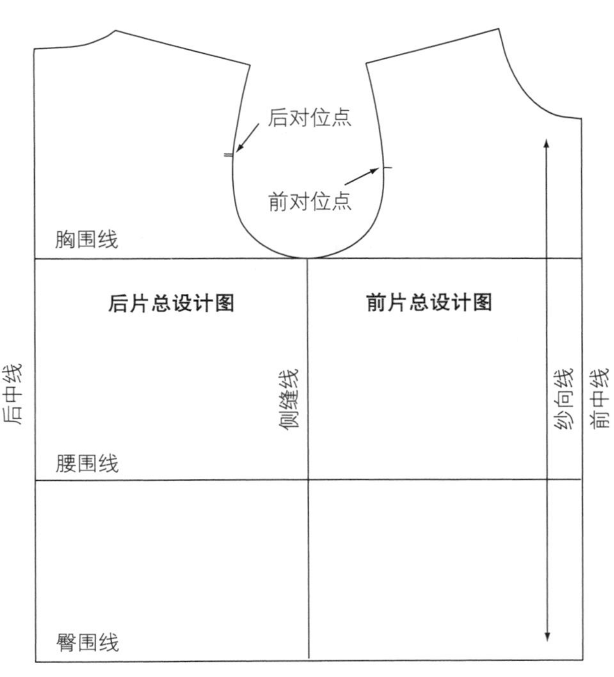

图 4-57

步骤 2

增大袖窿、延长肩线、移动肩线、增加衣长和松量

• 对于这款休闲宽松式的衬衫，要在衣身前、后片侧缝处各加放 2cm 的松量，这将增大袖窿宽，与低袖山、宽松肩型的风格对应。所以，在复制总设计图时前、后原型侧缝之间相隔 4cm 放置。

• 在前肩点顺肩线向外延长 2cm，再向下画垂线，长 2cm 定点，从前侧颈点沿领口弧线向下量取 2.5cm 定点，两点直线相连，为新前肩线。

• 将前肩去除的部分，用拷贝纸复制，并与后肩拼合，在后片肩线上画出，即为前肩去除的部分，此部分弥补到了后肩。

• 前、后中线向下延长 6cm，画出新底边线（图 4–58）。

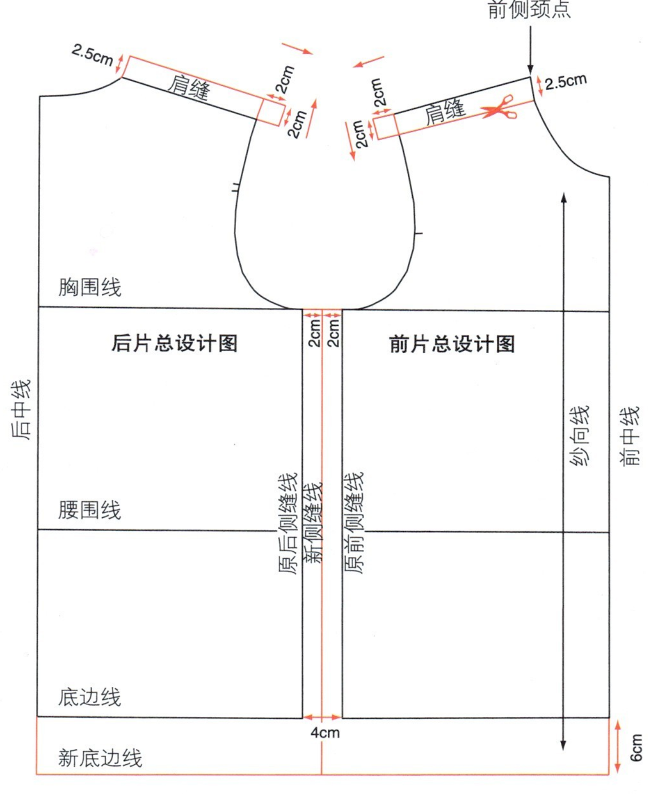

图 4–58

步骤 3

新袖窿和衣身结构

• 从腋下点沿新侧缝线向下取 2.5cm，为新袖窿深。参照原型的袖窿弧线，从新袖窿深点到新肩点重新画顺新袖窿弧线，前、后对位点在新袖窿上重新确定。

• 在腰围线上，前、后侧缝各收进 1cm。

• 与新袖窿点和新底边线相连，画出新侧缝线。

• 从后中沿胸围线向右取 12cm，画一条竖直线，直到原型底边线，作为后腰省的省中线。

• 后腰省的上端省尖距胸围线 5cm，下端省尖在原型底边线上，省大为 2cm，用直线连接各省边（图 4–59）。

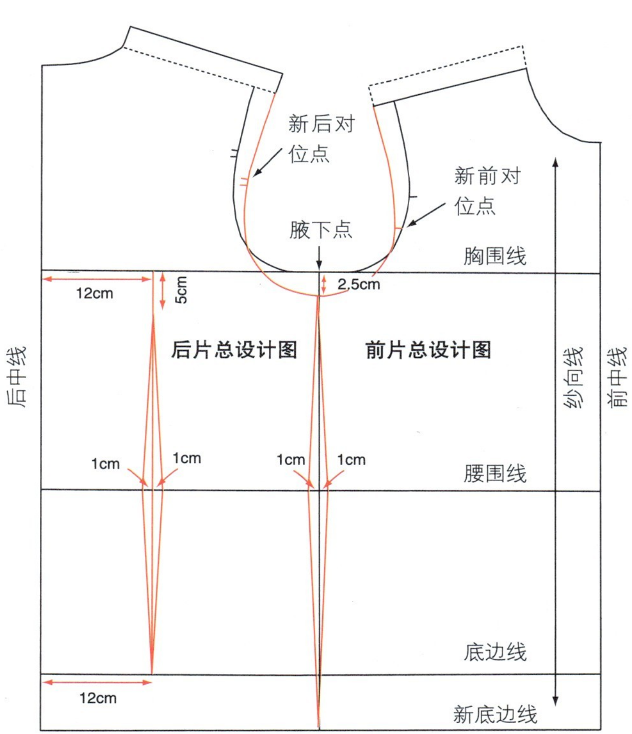

图 4–59

步骤 4

绘制连身式门襟

• 前门襟宽度为 3cm，沿前中线对称，所以，距前中线左、右各 1.5cm，作前中线的平行线，向上与领口线相交，向下与底边线相交。

• 再继续向右延长领口线 3cm，仍作前中线的平行线，相当于门襟贴边，再延长 1cm 的缝份。

• 不算缝份，门襟总量为 6cm（图 4-60）。

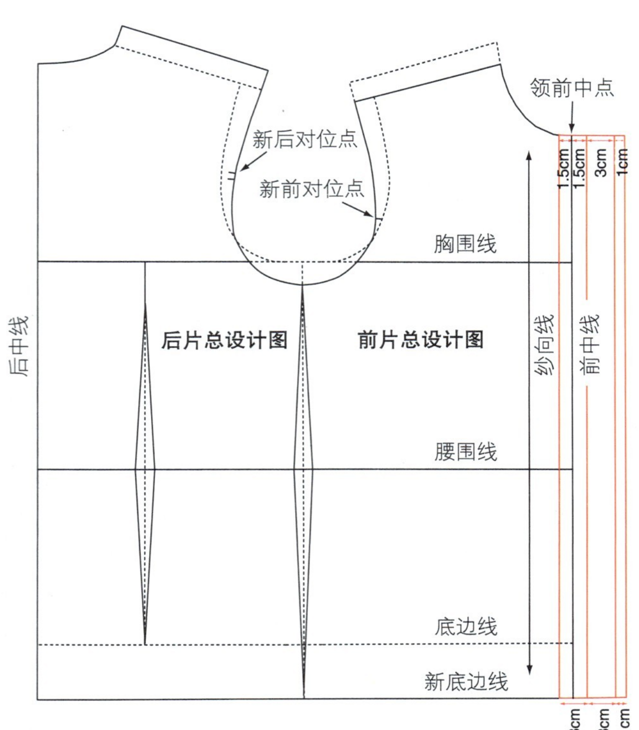

图 4-60

步骤 5

绘制后育克和前胸袋

• 从领后中点沿后中线向下取 8cm 定点，再从新后肩点沿后袖窿弧线向下取 8cm 定点，两点直线相连，作为后育克的设计线。

• 从胸围线与前袖窿的交点开始，沿胸围线向右取 12cm 定点，过此点作竖直线，胸围线以上取 4cm，胸围线以下取 7cm（该线为胸袋中线），过竖直线上端分别向左右两边画水平线，长度 5cm，作为胸袋上边。

• 在竖直线下端，分别向左右两边水平取 4.5cm 定点，再竖直向上取 1cm，此点与竖直线下端的定点斜线相连，作为胸袋底边；再与胸袋上边两端相连为胸袋侧边（图 4-61）。

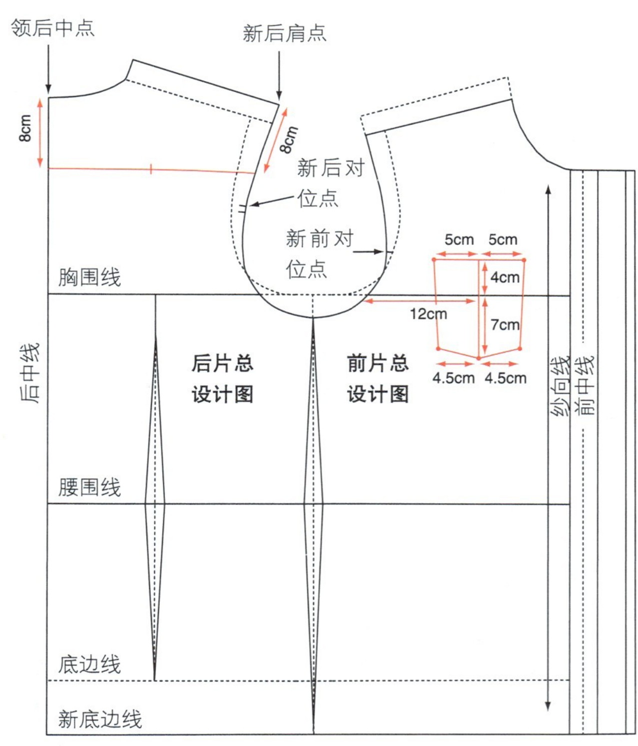

图 4-61

步骤 6

前片样板

• 按照本书 50 页的方法，复制前片纸样，包括右前片上的胸袋，胸袋几个角上要打对位孔（图 4-62）。

右前片
裁剪 1 片面料
纱向线
折叠
折叠
折叠
折叠
折叠
折叠
折叠
折叠
纱向线
左前片
裁剪 1 片面料

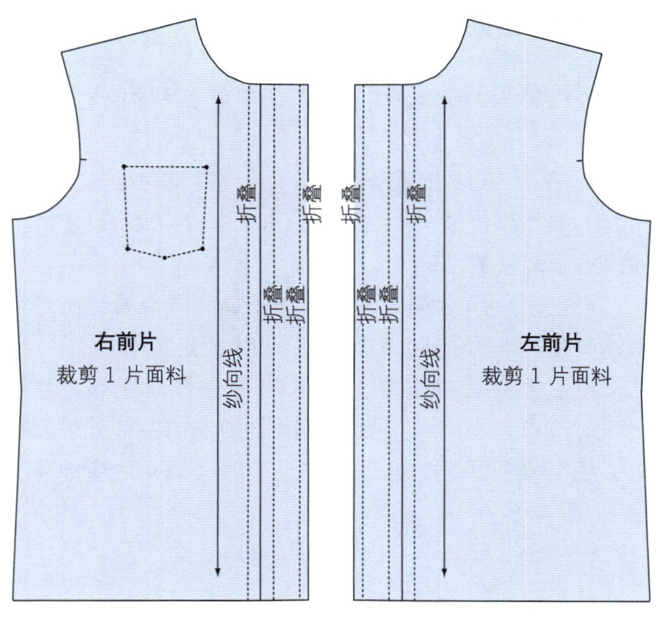

图 4-62

步骤 7

后片样板

• 将总设计图的右片，复制到另一张打板纸上，按照本书 50 页的方法，复制出后片的完整纸样（图 4-63）。

后片
裁剪 1 片面料
纱向线

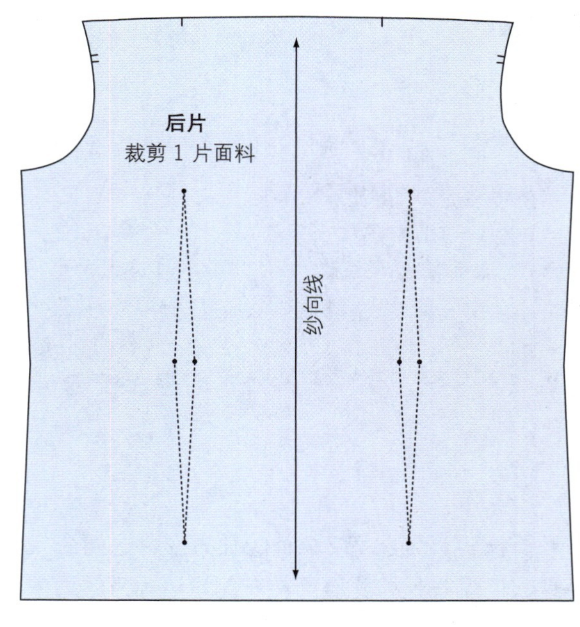

图 4-63

步骤 8

胸袋样板

• 按照本书 50 页的方法，复制胸袋纸样，上边加放 2.5cm 作为贴边（图 4-64）。

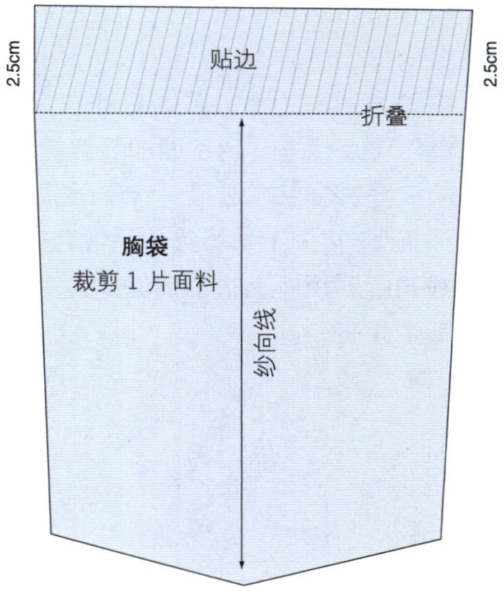

2.5cm
贴边
2.5cm
折叠
胸袋
裁剪 1 片面料
纱向线

图 4-64

步骤 9

育克样板

• 按照本书 50 页的方法，复制后育克，并对称画出完整纸样（图 4-65）。

后育克
裁剪 1 对面料
纱向线

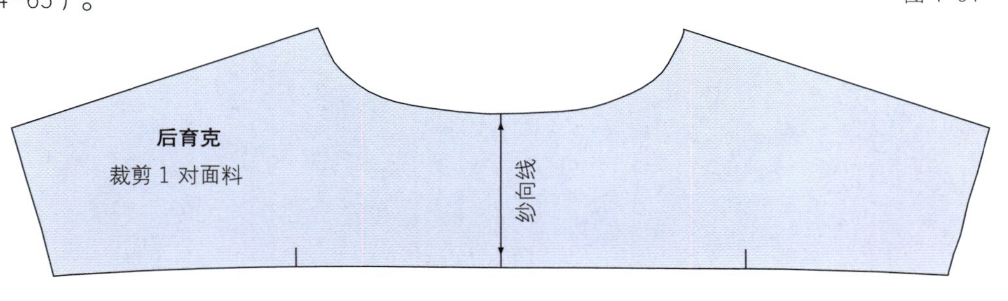

图 4-65

步骤 10

绘制领座

从总设计图上测量领口弧线长

衬衫领子制图前，首先要测量总设计图中的领口弧线长：

· 在总设计图中，测量前、后领口弧线长，本例后领口弧线长为 11cm，前领口弧线长为 13.5cm，其中包括了 1/2 叠门宽；

· 两个值加起来为半身领口弧线长，本例为 24.5cm。

- 画长 24.5cm、宽 2.5cm 的长方形，这两个尺寸就是半身领口弧线长和领座高。左侧短边标为领后中线，底边标为装领线。
- 从领后中线开始，在长方形底边上向右量取 11cm（后领口弧线长），打上肩线对位标记，在长方形上边做同样处理。
- 在长方形右边上，沿竖直线向上取 1.5cm，与下边的肩缝对位点相连，用下凹的弧线重新画顺。
- 从肩缝对位点，沿上一步所画弧线取 13.5cm（前领口弧线长），再向上作弧线的垂线 2.5cm（前领座高），再用弧线画顺到领座上边的肩线对位点，并将前领角抹成圆角（图 4-66）。

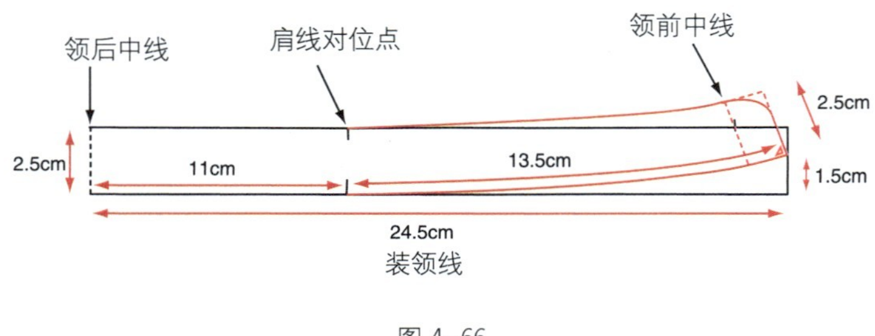

图 4-66

步骤 11

绘制翻领领面

- 将第 10 步绘制的领座纸样复制到另一张打板纸上。
- 将后中线向上延长 7.5cm，再向右作水平线 24cm，端点标为领角点，领角点和领座前中点直线相连，即得出了翻领的基础线。
- 在领角点沿斜线向外延长 1cm，再用弧线画顺到领外口线一半的位置，这会使领子线条更圆顺。
- 沿领座后中线向上量取 2.5cm，作水平线，直到肩线对位点，再继续用弧线画顺到领座前中线处，直线与弧线衔接要圆顺，这是翻领下口线，翻领后中宽度为 5cm（图 4-67）。

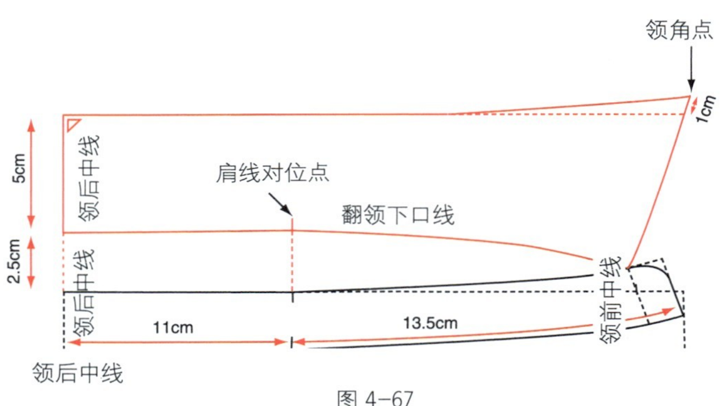

图 4-67

步骤 12

翻领和领座样板

• 将领座纸样重新复制一份。按照本书第 50 页的方法，对称画出完整的领座纸样。

• 将翻领领面纸样重新复制一份。按照本书第 50 页的方法，对称画出完整的翻领领面纸样。

• 翻领领里的纸样建立在领面纸样的基础上，在领后中处将领外口线缩进 0.3cm，重新画顺领后中点到领角点的领外口线。这样处理的目的是使翻领缝制后领里不会反吐。修正好以后，重新复制一份完整的领里纸样（图 4–68）。

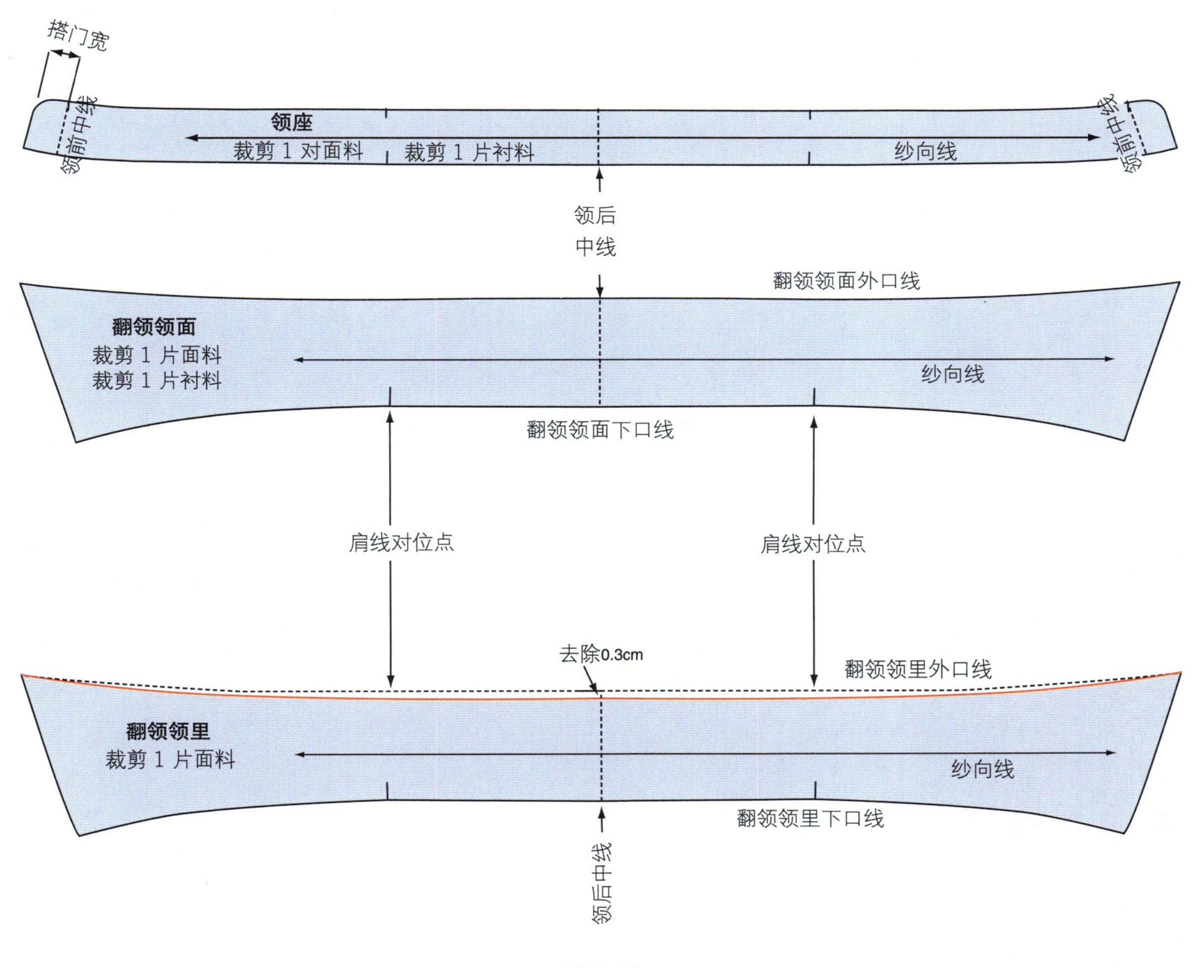

图 4–68

步骤 13

绘制袖子总设计图

选择一款男装袖子基本原型，或者按本书第 42 页的方法，绘制袖子基本原型。裁一张比所设计衬衫袖子略长的打板纸，将袖子基本原型复制到打板纸上，按本书第 50 页的说明，将所有标志和相关文字标注在所复制的纸样上。如款式图所示，本款衬衫在后袖口有一个褶裥和袖开衩（图 4-69）。

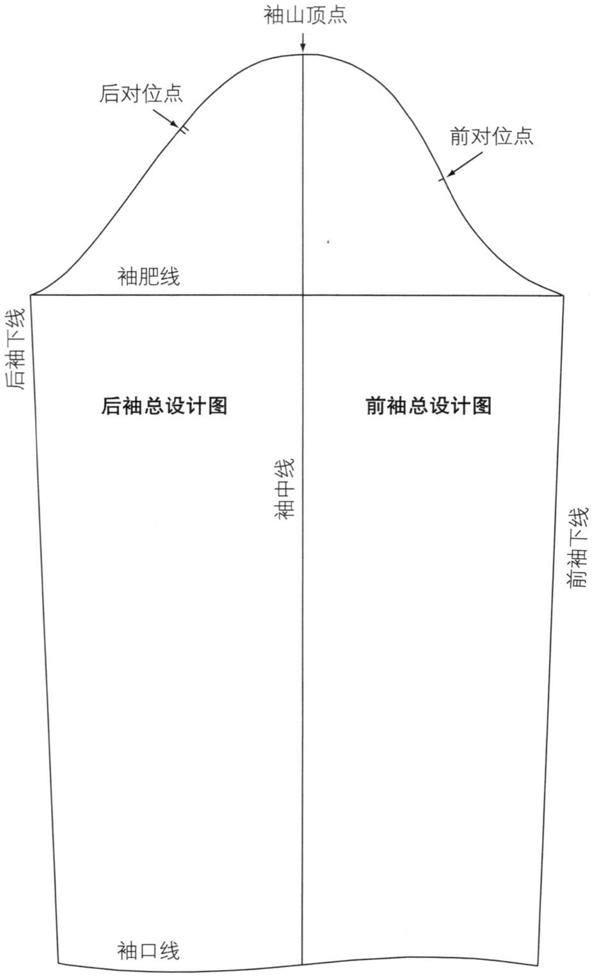

图 4-69

绘制袖子纸样需要测量的数据

要绘制袖子纸样需要测量以下三个数据：

1. 平均袖窿弧线长：测量修正后的前、后袖窿弧线长。本例前袖窿弧线长为 26cm，后袖窿弧线长为 28cm，两者的平均值为 27cm。

2. 1/2 袖肥：测量袖子原型纸样上袖肥的尺寸，本例为 35.5cm，可以依据设计加入一定的松量，对于本例这款休闲衬衫，袖肥加大 12.5cm，则总袖肥为 48cm，袖肥的 1/2 为 24cm。

3. 袖口大小：本例取 24cm（腕围），加 5cm 褶裥量，共 29cm。

步骤 14

降低袖山高、修正袖口线

• 从袖山顶点沿袖中线向下取 2.5cm，降低袖山高。袖山高降低的量等于第 3 步中袖窿加深的量。

• 从新袖山顶点，以一定的角度向两边画 27cm 的袖山斜线，不断调节角度，使袖山斜线的端点到袖中线的距离等于 1/2 袖肥。这样就重新确定了袖肥线，进一步降低了袖山高。

• 从原型的袖口线沿袖中线向上取 13cm，作为新袖口的位置，并向两边作 14.5cm（1/2 袖口大）的水平线。在前后袖口的中点，分别向上凹进 0.5cm、向下凸起 0.5cm 定点，过凹凸点用弧线重新画顺新袖口线。

• 将新袖口前、后端点与新腋下点直线相连，重新画顺前、后袖下线（图 4-70）。

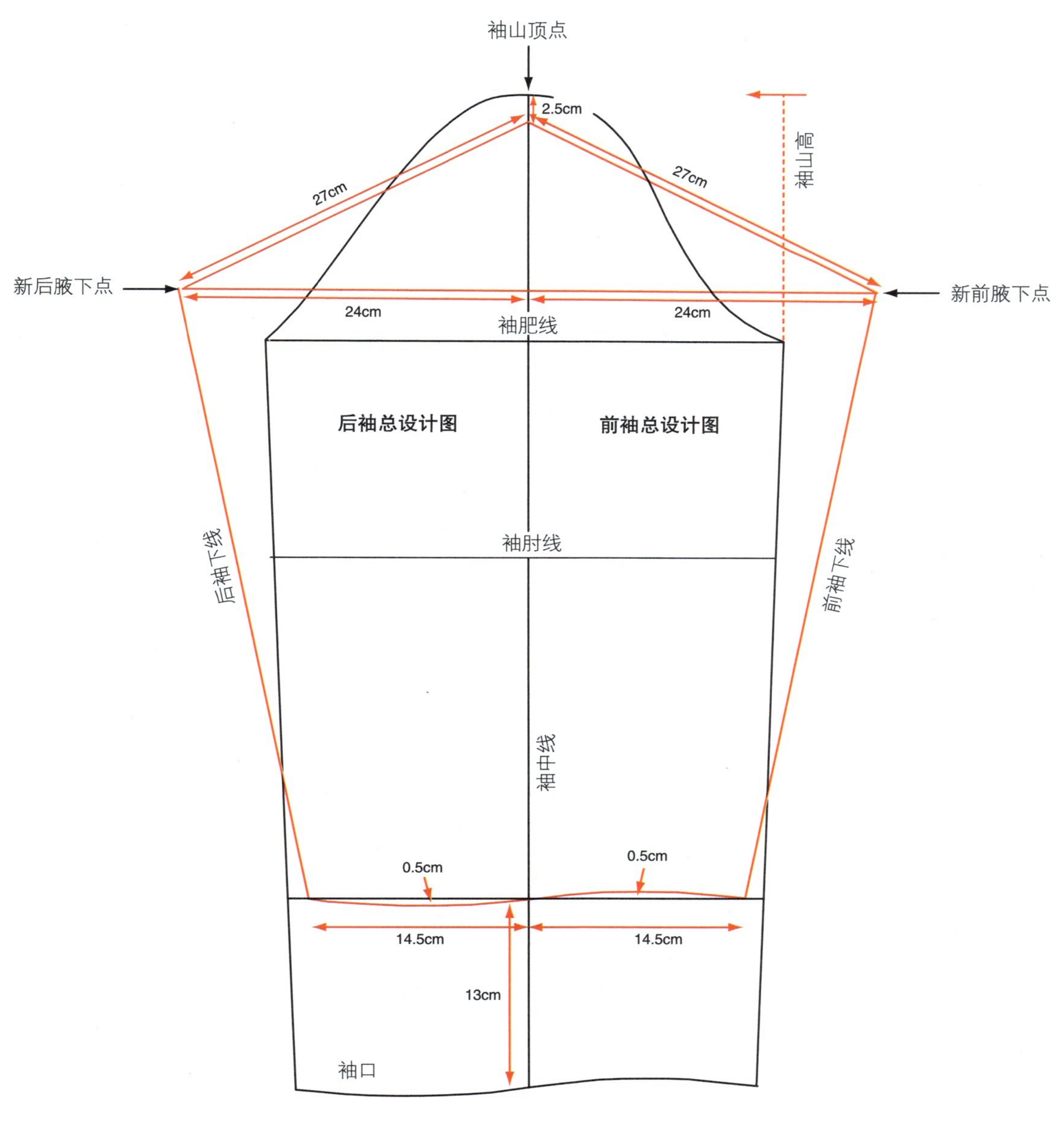

图 4-70

步骤 15

袖山弧线及袖衩

• 在袖山顶点沿前袖山斜线量取 8.5cm 定点，过该点向上作前袖山斜线的垂线，长度为 1.3cm。从前腋下点沿前袖山斜线向上 10cm 定点；从袖山顶点沿后袖山斜线量取 9cm 定点，过该点向上作后袖山斜线的垂线，长度为 1.3cm。从后腋下点沿后袖山斜线向上 8cm 定点。

• 用曲线板过上述标记的定点，画出圆顺的袖山弧线，然后加上对位标记。先测量前、后袖窿弧线上的对位点到腋下点的长度，再在前、后袖山弧线上，从腋下点向顶点方向取相同的长度，作为袖山弧线上的对位点。

• 从后袖下线沿袖口线向右取 7.5cm，作为袖衩位置，再向右 4.5cm，画一个 5cm 的褶裥，袖衩长度 16cm（图 4-71）。

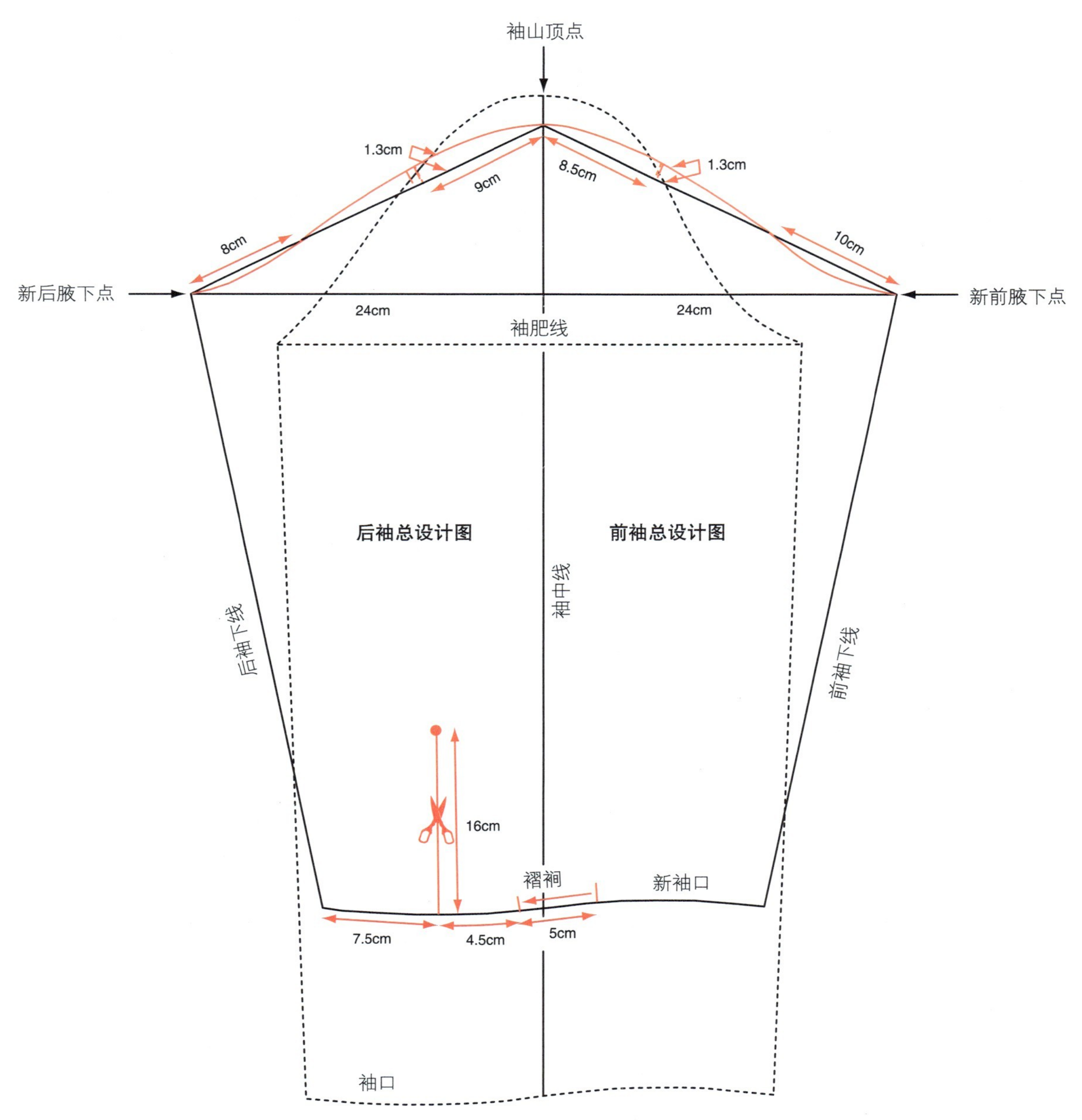

图 4-71

步骤 16

袖子样板

• 按照本书 50 页的说明，复制出袖子纸样。袖开衩的上端要打对位孔（图 4-72）。

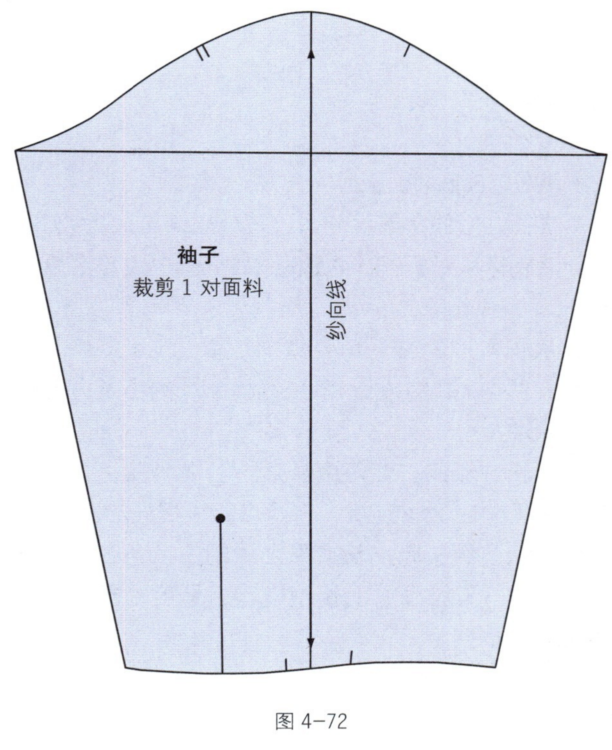

图 4-72

步骤 17

袖克夫样板

袖克夫尺寸

袖克夫是与袖头相接的双层长方形结构。缝制时两端分别与袖衩对齐。袖克夫的长度由袖头尺寸而定，本例中，袖口长 29cm，去除 5cm 的褶裥和 1cm 的缝份（每边各 0.5cm），剩余 23cm 为袖克夫的长度。

• 画长 23cm、宽 16cm 的长方形，作为袖克夫。
• 沿宽度平分，过等分点画出对折线（图 4-73）。

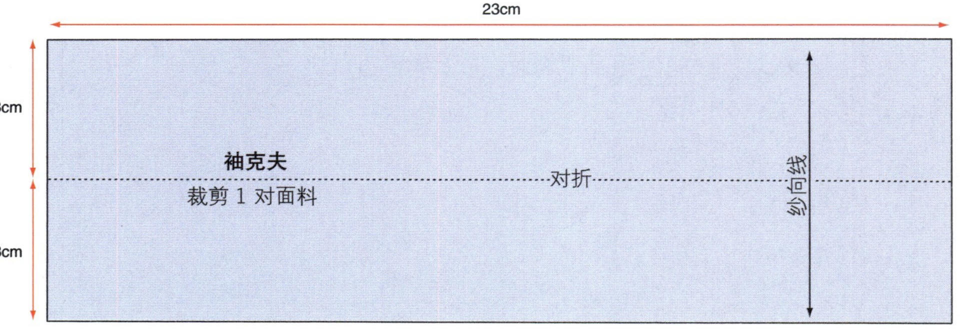

图 4-73

步骤 18

上袖衩条

• 画长 16cm、宽 6cm 的长方形。

• 将长方形的宽度平分，过等分点画出对折线。

• 沿底边从对折线向两边各取 2cm，向上作竖直线。剩余 1cm 为缝份。

• 从长方形的左上角竖直向下取 2.5cm 定点，过该点作水平线 2cm，将左上角 2.5cm×2cm 的小长方形从纸样上去除。

• 从长方形的右上角点竖直向下 1cm 定点，再过右上角点水平向左 2cm 定点，将两点斜线相连。

• 再从已经去除小长方形之后的左上角竖直向下取 1cm，与上一步斜线的上端相连。这是上袖衩条纸样，也称宝剑头袖衩（图 4-74）。

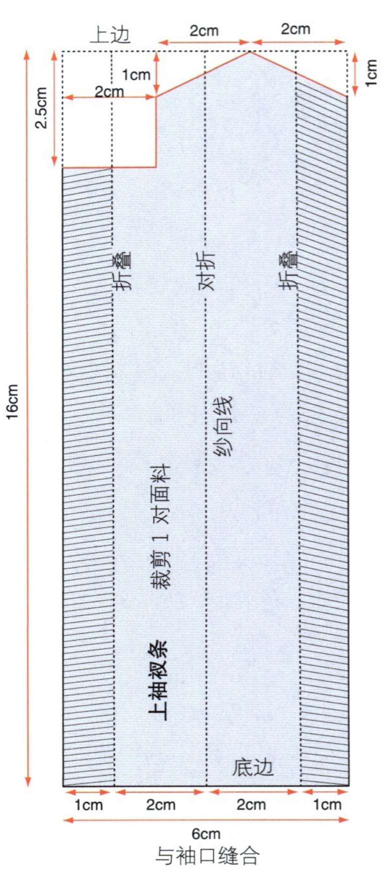

图 4-74

步骤 19

底袖衩条

• 画长 16cm、宽 6cm 的长方形。

• 将长方形的宽度平分，过等分点画出对折线。

• 沿底边从对折线向两边各取 2cm，向上作竖直线，剩余 1cm 为缝份（图 4-75）。

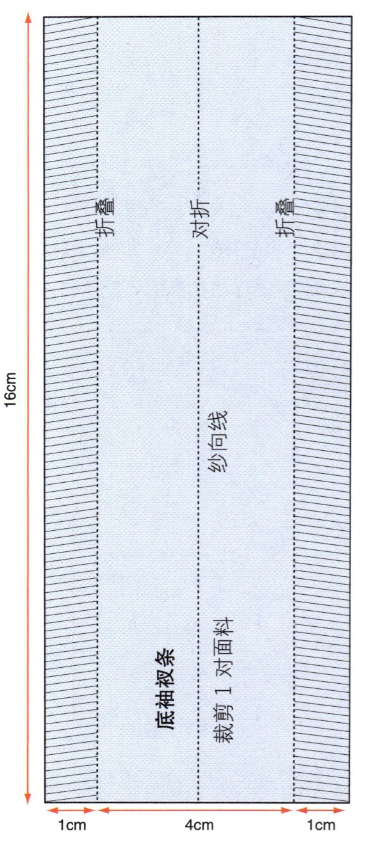

图 4-75

图 4-76

工装衬衫纸样

图 4-77

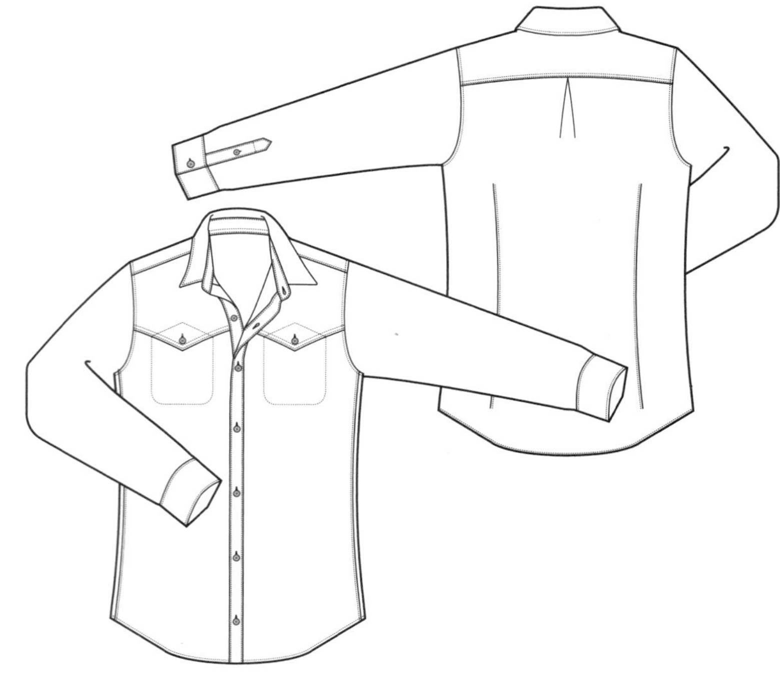

图 4-78

工装衬衫（图 4-77、图 4-78）

纸样设计要点：

衣身结构
缝合式门襟
增加衣长
圆下摆
西部风格的前育克及胸袋
后育克及后中褶裥
立翻领
一片装袖
袖克夫和袖衩

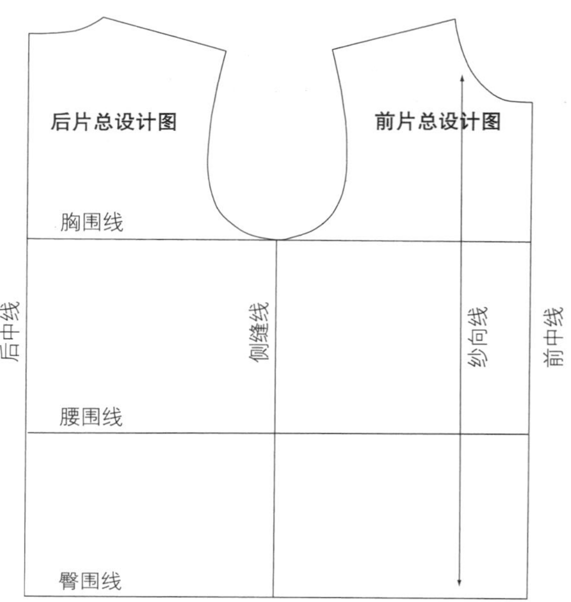

图 4-79

步骤 1

绘制衣身总设计图

选择一款男装上衣基本原型，或者按本书第 40 页的方法绘制上衣原型。裁一张比所设计衬衫的衣长略长的打板纸，将男装基本原型复制到打板纸上。按本书第 48 页的说明，将所有标志和相关文字标在纸样上（图 4-79）。

步骤 2

增加衣长、绘制圆下摆底边

- 将前、后中线和侧缝线分别向下延长 6cm。
- 将上述三点用直线连起来，画出新底边线。
- 在新底边线上从前、后中线开始，分别向侧缝方向取 4cm 定点。
- 从 4cm 定点处向侧缝方向画出圆弧形底边，交于侧缝线和原底边线的交点（图 4-80）。

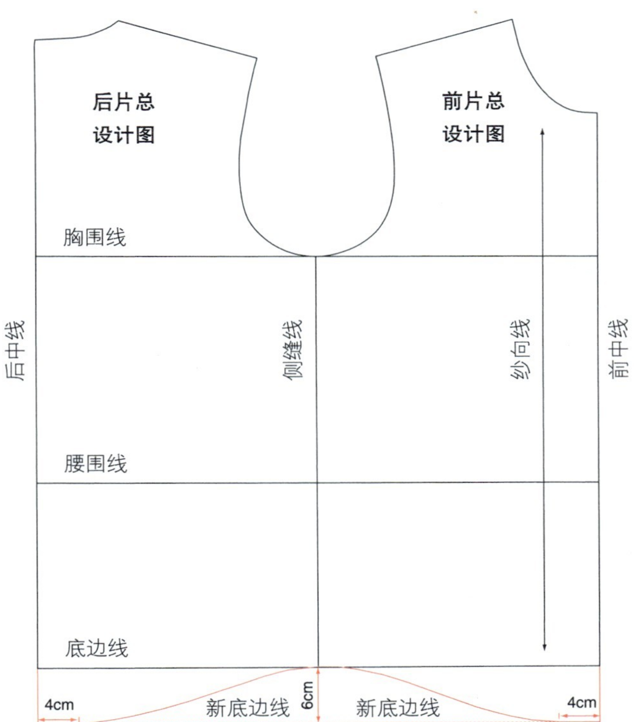

图 4-80

步骤 3

绘制门襟结构

- 门襟宽度为 2.5cm，虽然门襟与衣身是分开裁剪后再缝合到一起，但为了制图方便，先在前片衣身上绘制出门襟，后面再将门襟复制出来。
- 距前中线左右各 1.25cm，作前中线的平行线，向上与领口线相交，向下与底边线相交；右侧线条为双折线。
- 从上一步的右侧线再向外 2.5cm，同样作前中线的平行线，标为双折线，然后再外放 1.5cm 的缝份。
- 包括缝份在内，门襟总宽度为 6.5cm（图 4-81）。

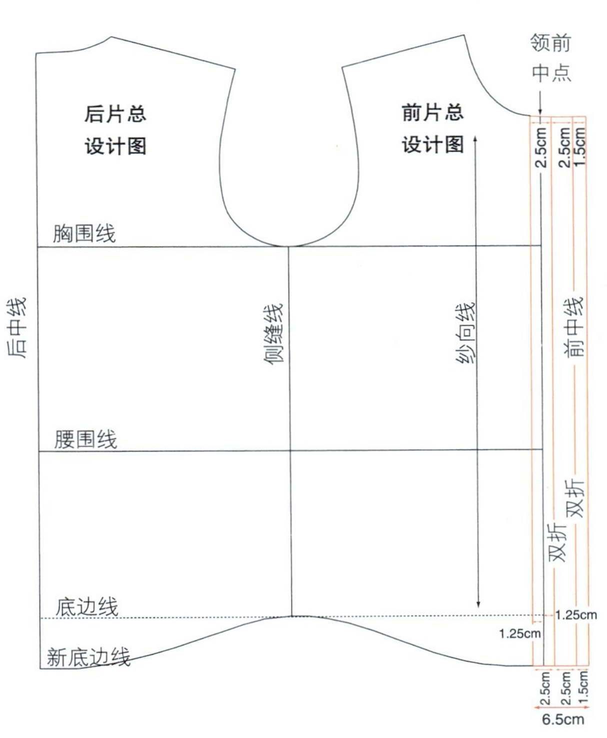

图 4-81

步骤 4

绘制前育克

• 从前袖窿的对位点开始作水平线，与门襟线相交。

• 测量所画水平直线的长度，本例为 19cm。

• 在直线的中点竖直向下 3cm 处作标记，这一点是西部风格前育克的顶点。

• 从育克顶点向直线两端作略向上凸的育克分割线（图 4-82）。

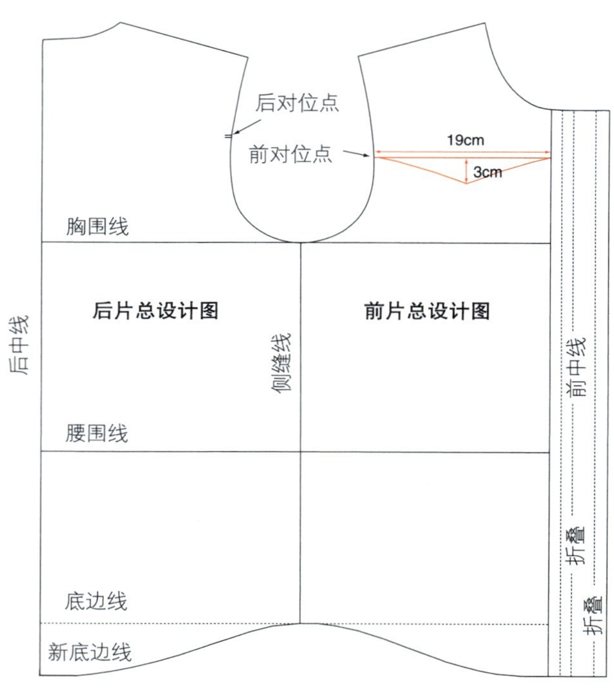

图 4-82

步骤 5

绘制胸袋及袋盖

> **口袋尺寸**
>
> 袋口的宽窄应由人手的大小决定，口袋的深度可依据设计风格，或者根据指尖到手腕的长度来决定。

• 本例袋口尺寸为 11cm，从第 4 步所作水平线的中点向下 1cm，再向左右两边作 5.5cm 的水平线，水平线两端正好与育克分割线相交，形成一个三角形（若不相交，调节育克分割线使其相交）。将此三角形向上对称复制形成菱形，对称复制后的育克顶点位于直线上 1cm 处。在菱形以外的育克分割线上画出 1cm 的贴边。这个菱形在后面第 11 步中将设计成隐形的袋盖。

• 从菱形的正中点向下取 14.5cm 的口袋深，过菱形边与育克分割线的交点向下作竖直线，形成一个 14.5cm×11cm 的长方形口袋，并在口袋底端的两个角上打上对位孔（图 4-83）。

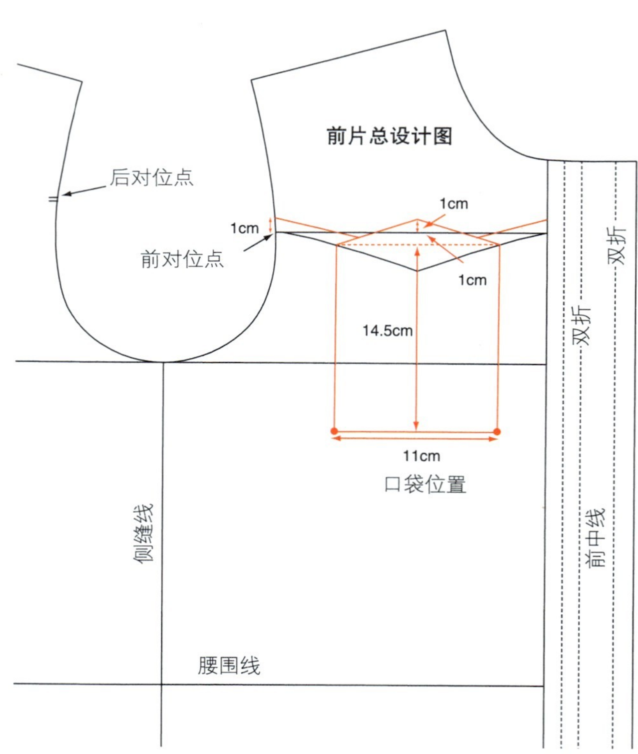

图 4-83

步骤 6

前片侧缝

> **合体型衣身**
>
> 侧缝处略微收腰，使衣身合体些。后片的后腰省，进一步增强了造型的合体度。

- 在腰围线上将前片侧缝收进 1.5cm。
- 用略带弧形的线条，从腋下点到腰围点再到下摆，画顺前片侧缝线（图 4-84）。

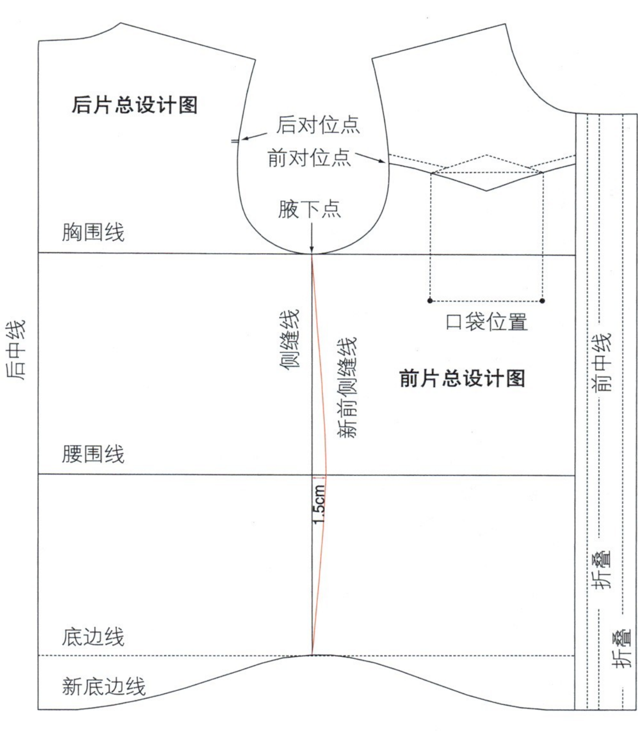

图 4-84

步骤 7

后育克、后中褶裥和后片衣身轮廓线

- 从后袖窿对位点向后中线方向作水平线，作为后育克分割线。
- 再将后育克分割线向后中线方向延长 2cm 定点。
- 过此点与下摆后中点直线相连，这是 1/2 后中褶裥量。
- 在腰围线上将后片侧缝收进 1.5cm。
- 用略带弧形的线条，从腋下点到腰围点，再到底边，画顺后片侧缝线。
- 从后中线沿胸围线向右 14cm 取点，标记该点。
- 从该点画一条竖直线，直到原底边线，作为后腰省的省中线。
- 后腰省的上端省尖距胸围线 4.5cm，下端省尖距原底边线 10cm，省大为 2cm，用直线连接各省边（图 4-85）。

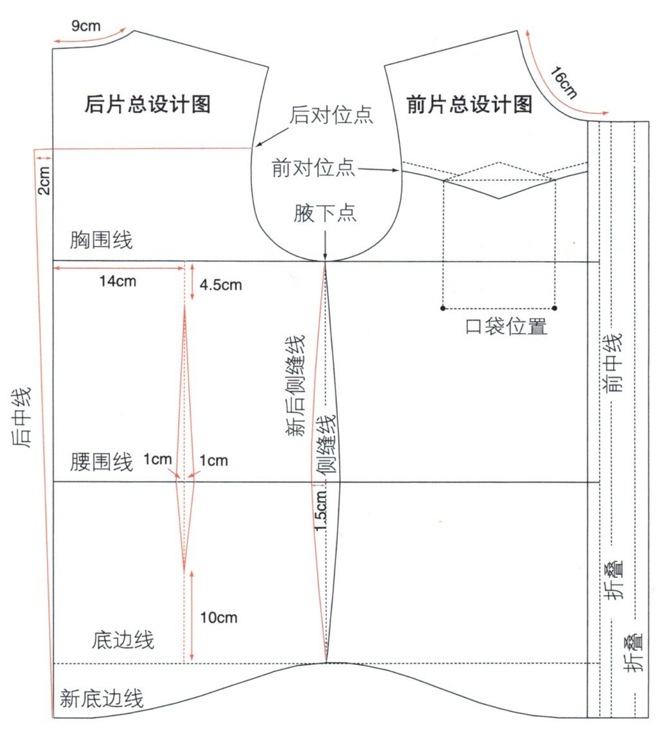

图 4-85

步骤 8

绘制领座

从总设计图上测量领口弧线长

制图时先绘制一半领子，再将其对称复制成整片领子。首先要测量总设计图中的领口弧线长：

• 在总设计图中，测量前、后领口弧线长，本例中：后领口弧线长为 9cm，前领口弧线长为 16cm（其中包括了 1/2 叠门宽）。

• 将两个值相加，得出半身的领口弧线长为 25cm。

• 画长 25cm、宽 2.5cm 的长方形，也就是半身领口弧线长和领座高。左侧短边标为领后中线，底边标为装领线。

• 从领后中线开始，在长方形底边上向右量取 9cm（后领口弧线长），打上肩线对位标记。在长方形上边做同样处理。

• 在长方形的右边，沿竖直线向上 1.5cm 定点，过该点与下边的肩缝对位点相连，用上凹的弧线重新画顺装领线。

• 从肩缝对位点开始沿上一步所画弧线取 16cm（前领口弧线长），再向上作垂线，长度 2.5cm（前领座高），再用弧线画顺到上边的肩线对位点处。

• 从领座的右上角沿领上口线向左取 2.5cm（门襟宽度），过此点作前领口弧线的垂线，标为领前中线。最后，将前领角抹成圆角（图 4-86）。

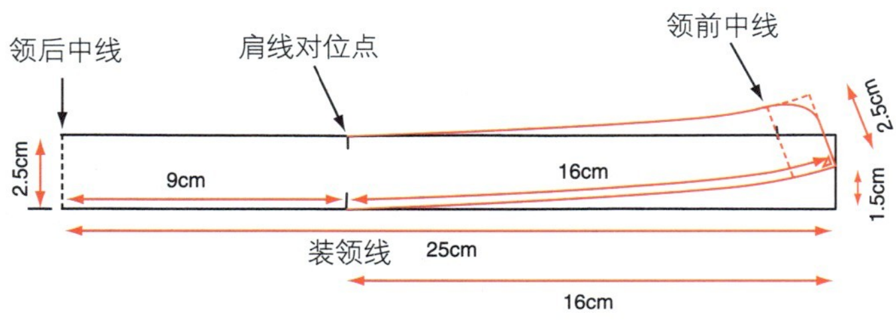

图 4-86

步骤 9

绘制翻领

• 将第 8 步绘制的领座纸样重新复制到另一张纸上。

• 将领后中线向上延长 7.5cm，再向右作 25cm 的水平线，端点标为领角点，领角点和领座上边的领前中线直线相连，即得出了翻领的基础线。

• 将领角点沿斜线向外延长 1cm，用弧线画顺领外口线，这将使领子线条更圆顺。

• 在领座后中，沿后中线向上取 2.5cm，作水平线，直到肩线对位点，再继续用弧线画顺到领座上边前中处，直线与弧线衔接要圆顺，这是翻领下口线，翻领后中宽度为 5cm（图 4-87）。

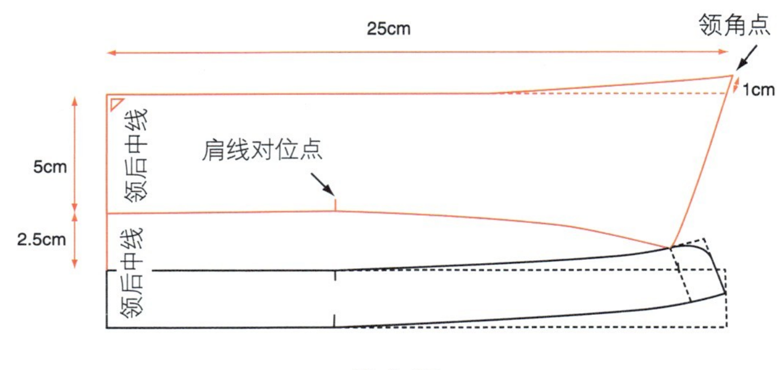

图 4-87

步骤 10

前门襟样板

• 按照本书第 50 页的方法，复制第 3 步所绘门襟，在左边加上 1cm 的缝份（图 4–88）。

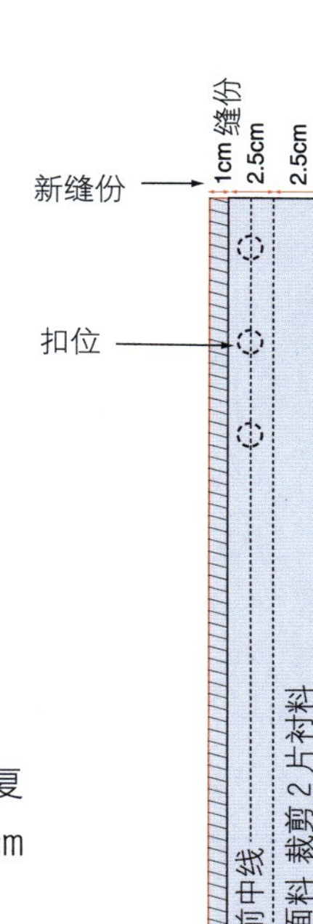

图 4–88

步骤 11

育克和袋盖样板

• 按照本书第 50 页的方法，复制第 4、第 5 步所绘的前育克、袋盖。

• 标明隐形袋盖位置。

• 重新复制出袋盖纸样（图 4–89）。

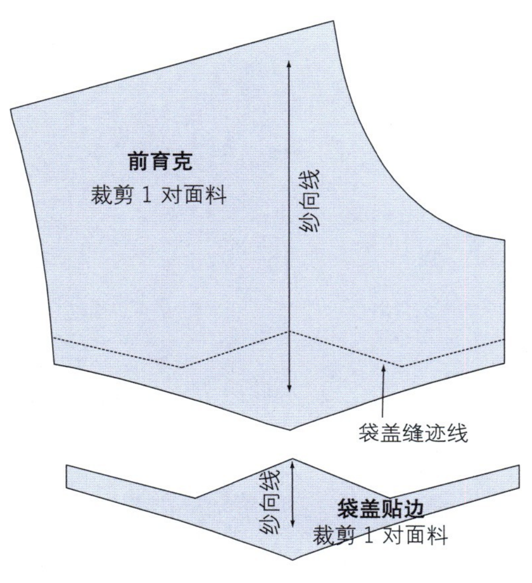

图 4–89

步骤 12

胸袋样板

• 按照本书第 50 页的方法，复制第 5 步所绘前胸口袋（图 4–90）。

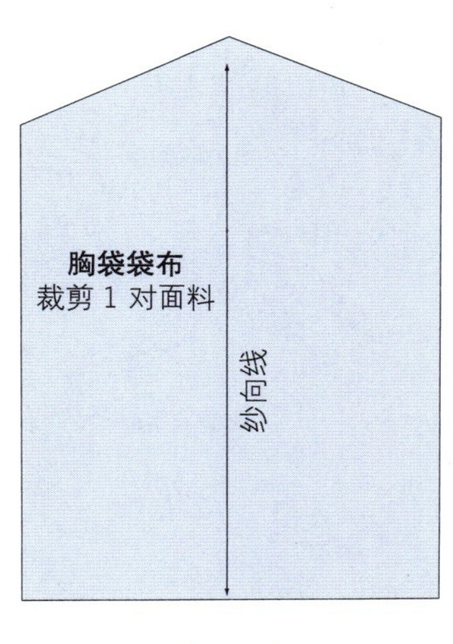

图 4–90

步骤 13

后育克样板

• 按照本书第 50 页的方法，复制第 7 步所绘的后育克，并对称复制出完整纸样（图 4–91）。

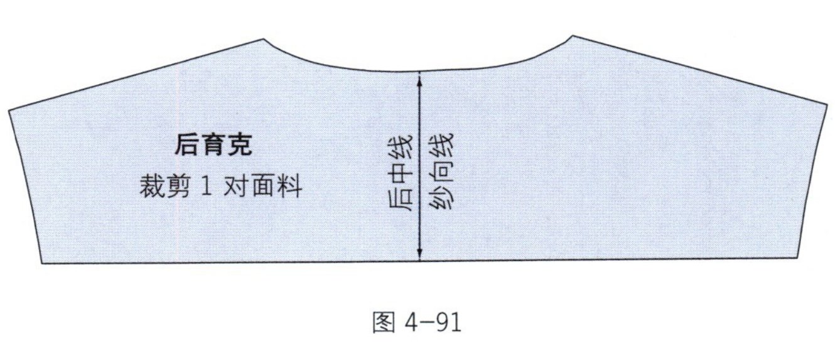

图 4–91

步骤 14

前片样板

• 按照本书第 50 页的方法，复制第 7 步图中育克分割线以下的前片纸样。从袖窿对位点开始，沿育克分割线到口袋左上角，再水平到口袋右上角，再沿育克分割线到前门襟，这条线是口袋的上开口（图 4-92）。

图 4-92

步骤 15

后片样板

• 复制后片到新的打板纸上，按照本书第 50 页的方法，对称复制出后片完整纸样（图 4-93）。

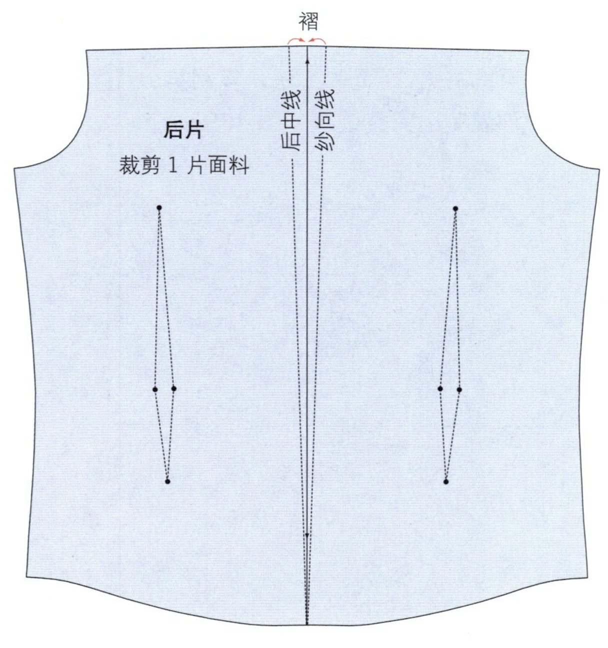

图 4-93

步骤 16

领座样板
翻领领里样板

• 将领座纸样重新复制一份。按照本书第 50 页的方法，对称画出完整的领座纸样。

• 将翻领领面纸样重新复制一份。按照本书第 50 页的方法，对称画出完整的领面纸样。

• 翻领领里的纸样建立在领面纸样的基础上，领外口线在领后中缩进 0.3cm，重新画顺领后中线到领角点的领外口线。这样处理的目的是使翻领缝制后领里不会反吐。修正好以后，重新复制一份完整的领里纸样（图 4-94）。

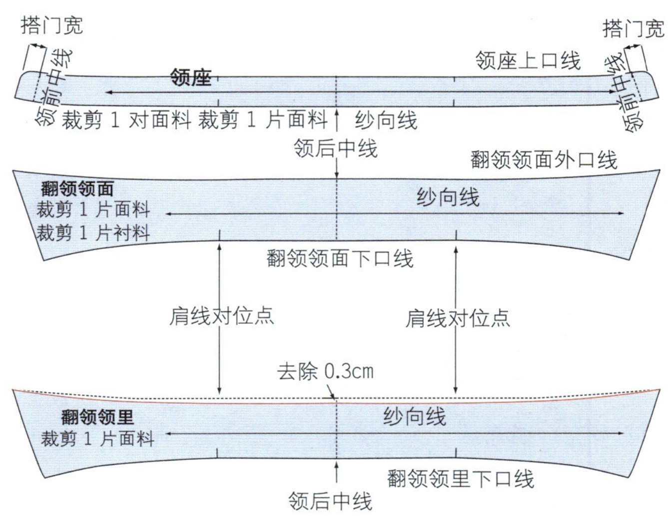

图 4-94

步骤 17

绘制袖子总设计图

选择一款男装袖子基本原型，或者按本书第 42 页的方法，绘制袖子基本原型。裁一张比所设计衬衫袖子略长的打板纸，将袖子基本原型复制到打板纸上，按本书第 48 页的说明，将所有标注和相关文字说明标在纸样上。如款式图所示，本款衬衫在后袖口有一个褶裥和袖衩。所选择的袖子原型有可能比要设计的袖子偏长或偏短、可以通过测量试衣模特、人台，参考规格表，或者参考同行相关产品的规格，斟酌所设计袖子的尺寸。本例袖长为 61.5cm，袖口尺寸为 28cm，其中包括 3cm 的褶裥量（图 4−95）。

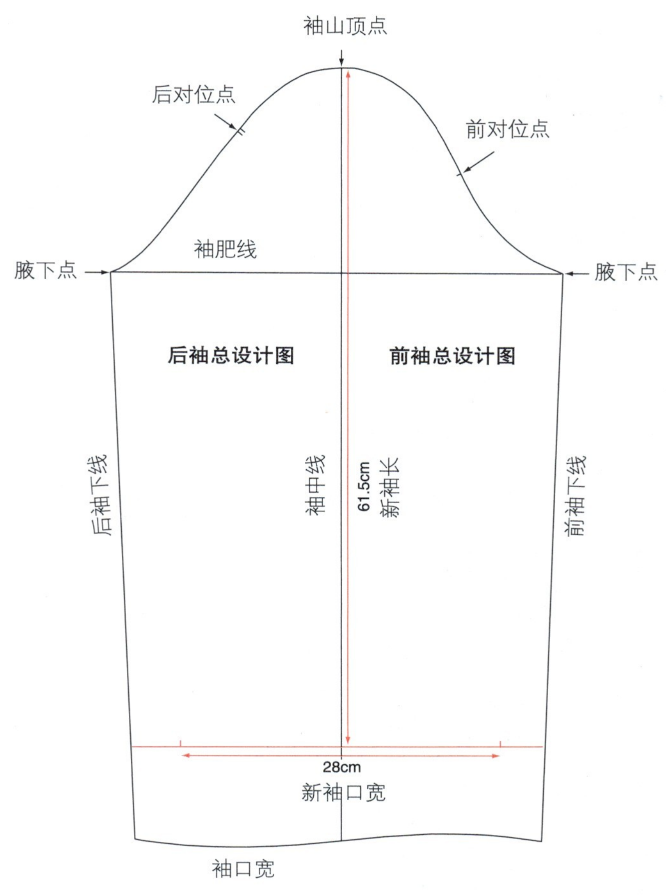

图 4−95

步骤 18

绘制袖子轮廓线

• 将新袖口线上的后袖口中点向下 0.5cm 定点，再将前袖口中点向上 0.5cm 定点，过这两点用弧线重新画顺袖口线。

• 将腋下点与新袖口直线相连，重新画出前、后袖下线。

• 沿新袖口弧线从后向前量取 8cm，向上作 16cm 的竖直线，作为袖口开衩长度。再沿袖口弧线向前 4cm，取 3cm 的褶裥量（图 4−96）。

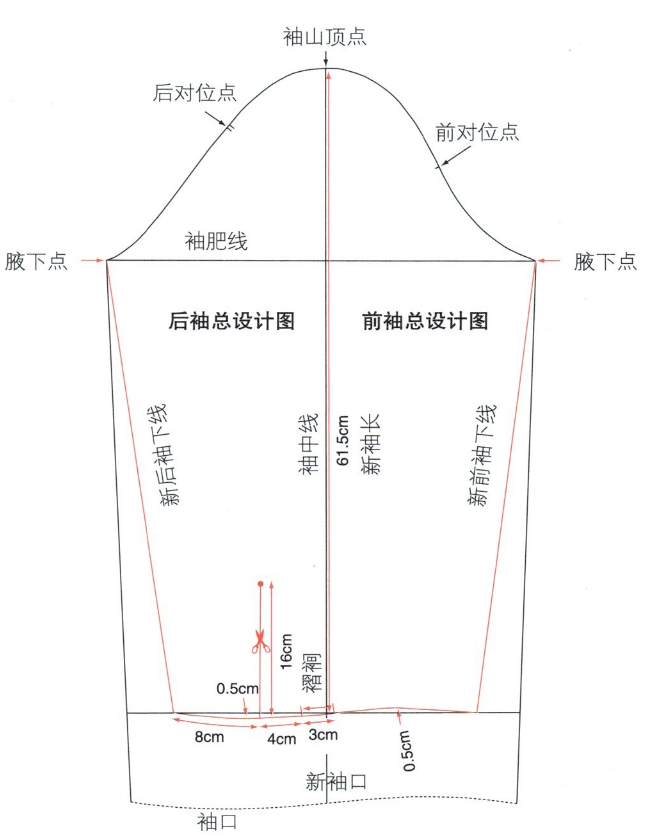

图 4−96

步骤 19

袖子样板

• 按照本书第 50 页的方法，重新复制袖子样板（图 4-97）。

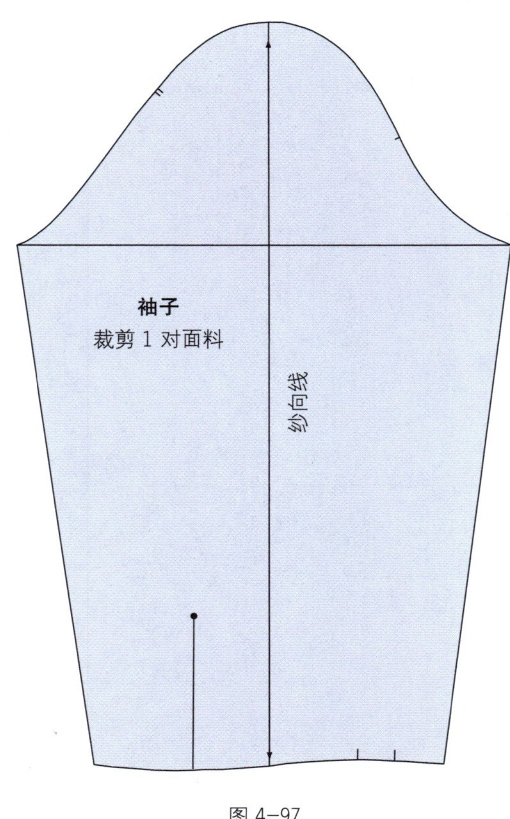

图 4-97

步骤 20

袖克夫样板

袖克夫尺寸

袖克夫是与袖头相接的双层长方形结构。缝制时两端分别与袖衩对齐。袖克夫的长度由袖头尺寸而定，本例中，袖口长 28cm，去除 3cm 的褶裥和 1cm 的缝份（每边各 0.5cm），剩余 24cm 为袖克夫的长度。

• 画长 24cm、宽 14cm 的长方形，作为袖克夫。
• 将宽度平分，过中点画出对折线（图 4-98）。

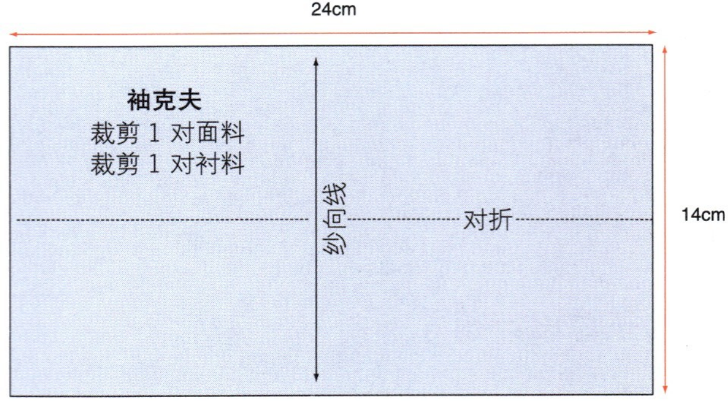

图 4-98

步骤 21

上袖衩条

• 画长 16cm、宽 6cm 的长方形。
• 将宽度平分，过中点画出对折线。
• 沿底边从对折线向两边各取 2cm，向上作竖直线，两边各剩余 1cm 为缝份。
• 从长方形的左上角竖直向下 2.5cm 定点，过该点作水平线 2cm，将左上角 2.5cm×2cm 的小长方形从纸样上去除。
• 从长方形的右上角竖直向下 1cm 定点，水平向左 2cm 定点，将两点斜线相连。
• 从去除小长方形之后的左上角竖直向下取 1cm，与上一步斜线的上端相连。这就完成了上袖衩条纸样，也称宝剑头袖衩（图 4-99）。

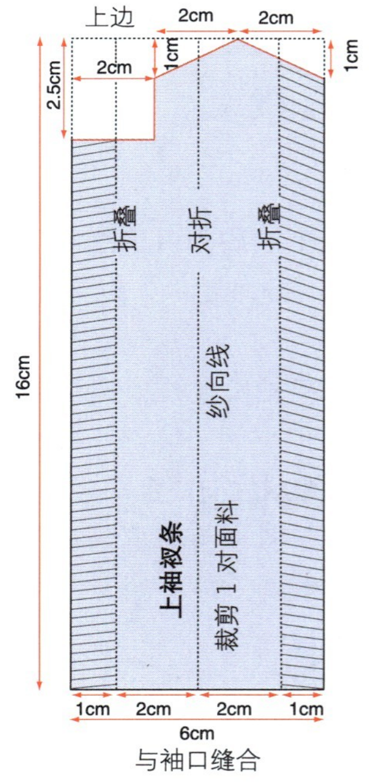

图 4-99

步骤 22

底袖衩条

- 画长 16cm、宽 6cm 的长方形。
- 沿宽度平分，过等分点画出对折线。
- 沿底边从对折线向两边各取 2cm，向上作竖直线，两边各剩余 1cm 为缝份（图 4-100）。

图 4-100

图 4-101

猎装短袖衬衫纸样

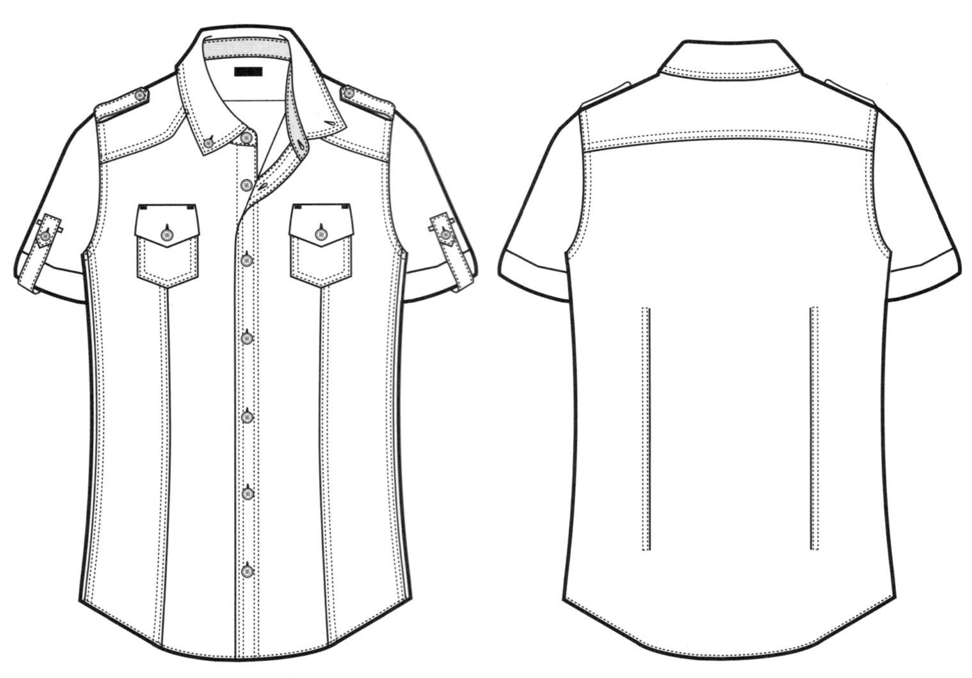

图 4-102

猎装短袖衬衫（图 4-102）纸样设计要点：

前、后衣身收腰省
两种结构门襟
增加衣长
圆下摆
肩部育克
肩章及袖襻
有袋盖的前胸贴袋
立翻领
加深袖窿
降低袖山高
短袖及翻边袖口

步骤 1

绘制衣身总设计图

选择一款男装上衣基本原型，或者按本书第 40 页的方法绘制上衣原型。裁一张比所设计衬衫的衣长略长的打板纸，将男装基本原型复制到打板纸上。按本书第 48 页的说明，将所有标记和相关说明标在纸样上（图 4-103）。

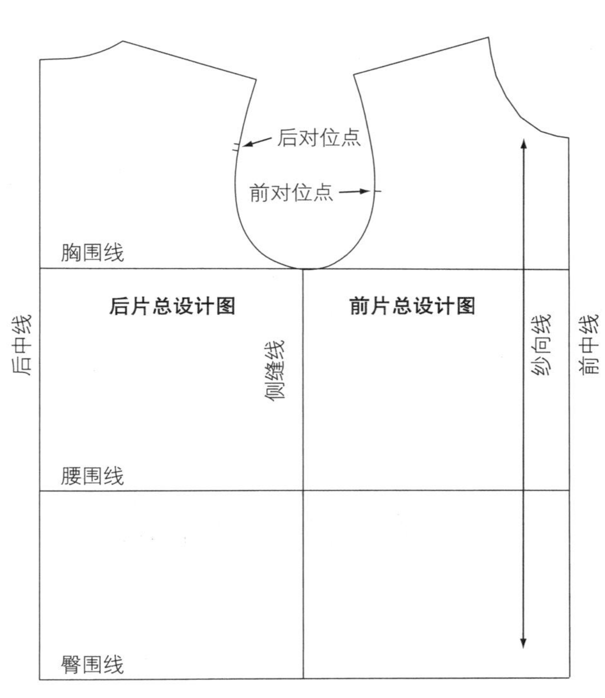

图 4-103

步骤 2

增加衣长、连身式和缝合式门襟

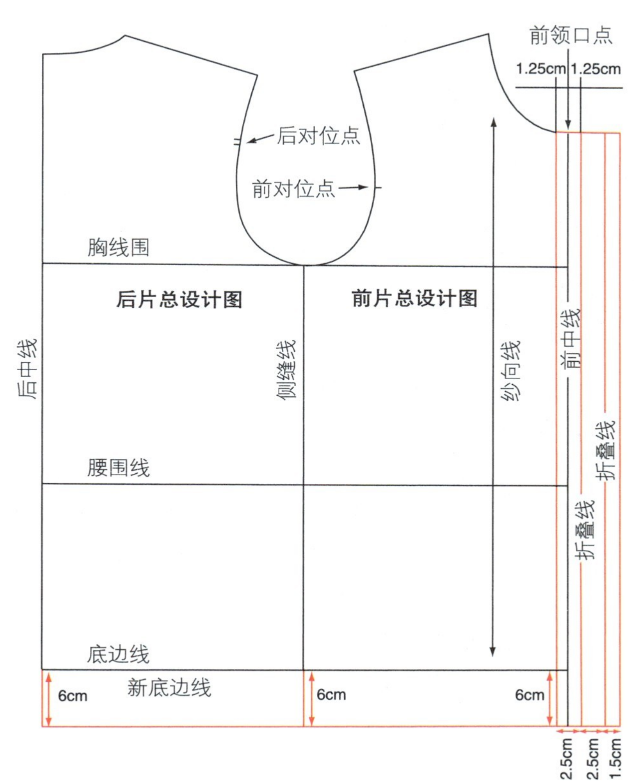

图 4-104

- 将原型的前、后中线分别向下延长 6cm，再水平相连形成新底边线。
- 左前片为 2.5cm 的连身式门襟，右前片是缝合式门襟。可以先在总设计图上一起制图，然后再单独复制出来。
- 距前中线左右各 1.25cm，作前中线的平行线，向上和向下分别与领口线和底边线相交，右侧线条标为双折线。
- 从上一步门襟的右侧线再向右 2.5cm，同样作前中线的平行线，标为双折线，然后再向外放 1.5cm 的缝份。
- 包括缝份在内门襟的总宽度为 6.5cm（图 4-104）。

步骤 3

袖窿、衣身及下摆造型

衣身结构

这款衬衣没有设置侧缝线，因为前片和后片的腰省就足够给衣身造型了。

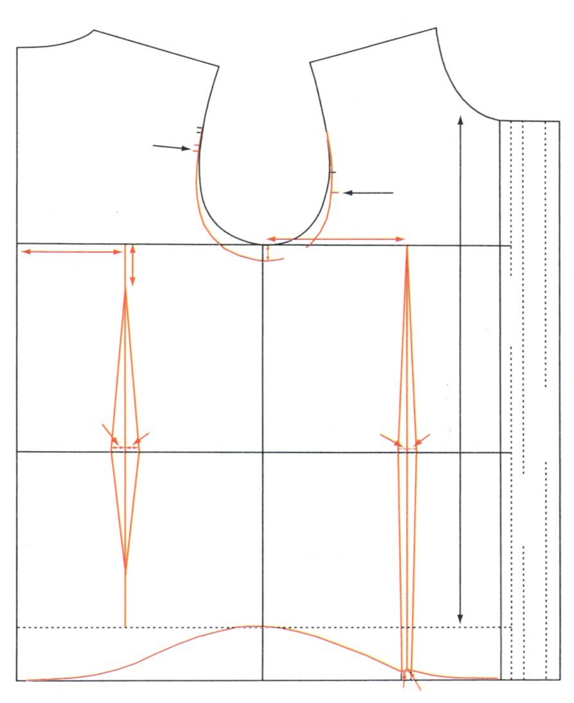

- 从腋下点沿侧缝线向下取 2cm，为新袖窿深。参照原袖窿弧线，重新画顺新袖窿弧线，前、后对位点在新袖窿上要重新确定。
- 从原腋下点沿胸围线向右 16cm，作一条竖直线画到新底边线，作为前腰省的省中线；腰围线处收省量为 2cm，底边收省量为 1cm，上省尖在胸围线上，用直线连接各省边。
- 从后中沿胸围线向右 11.5cm，画一条竖直线画到原底边线，作为后腰省的省中线；上省尖距胸围线 5cm，下省尖距原底边线 5.5cm，腰围线处省中线两边各收 1.5cm。
- 画顺底边弧线。用弧线尺画底边线时，当过前腰省时，为了保证腰省缝合后底边仍旧圆顺，将前腰省和底边线重新拓在另一张纸样上，将腰省折叠，画顺底边线，然后沿底边线剪下来，打开折叠的省道并展平，就得出了底边线。将其复制到前片的底边上（图 4-105）。

步骤 4

绘制前、后育克

- 从领后中点沿后中线向下取 9.5cm 定点，再从后肩点沿后袖窿弧线向下取 8cm 定点，将两点直线相连，作为后育克的设计线。
- 从前肩点沿前袖窿弧线向下取 8cm，向右作前袖窿弧线的垂线，长度为 10cm 标记垂线的端点，再从侧颈点沿前领口弧线向下 4cm 取点，两点直线相连。
- 将后育克单独复制到一张纸上，与设计图上的前肩线对齐拼合，再拓下前育克，即完成了育克纸样（图 4-106）。

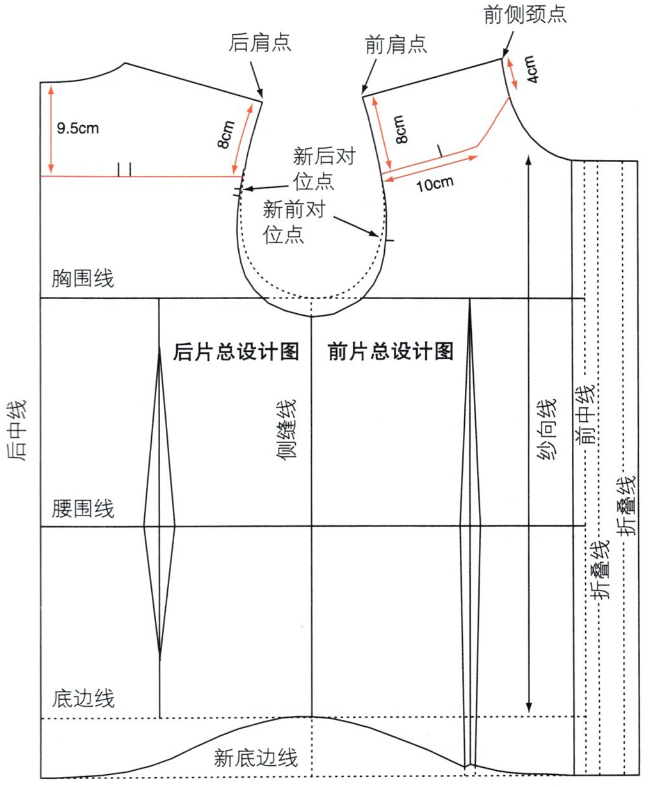

图 4-106

步骤 5

育克样板

- 复制育克纸样，并按照本书 50 页的方法，对称复制出完整纸样（图 4-107）。

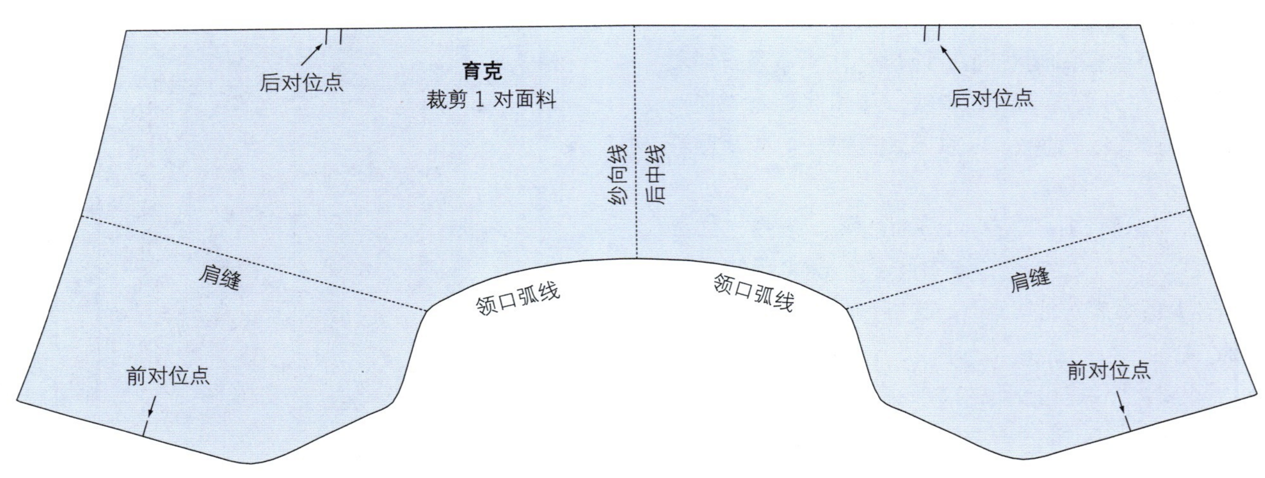

图 4-107

步骤 6

绘制前胸贴袋及袋盖

贴袋形状

前胸贴袋位于胸围线附近，贴在前腰省的省尖上。贴袋为铲形，袋宽 9cm，袋深 11.5cm。

• 从前腰省尖点沿胸围线向左右各量 4.5cm，即袋口宽 9cm。

• 胸围线竖直向上 3cm 处为口袋上端点；竖直向下 7cm 为口袋下端点；在省中线处再继续向下 1.5cm，为袋底中点，将这些点直线相连即为铲形口袋。

袋盖形状

前胸贴袋的袋盖也是铲形，位于口袋上边向上 1cm 处。袋盖既起到装饰性，也起到功能性的作用。

• 从袋口向上 1cm，作与袋口上边平行的水平线，长度仍为 9cm，这是袋盖的上边缘线。

• 袋盖上边缘线中点向下 5cm，为铲形袋盖底的最低尖点；从最低尖点竖直向上 1cm 定点，过此点向两边水平取 5cm 定点，将这两个点分别与袋盖上边两端以及底端尖点相连，即为铲形袋盖（图 4-108）。

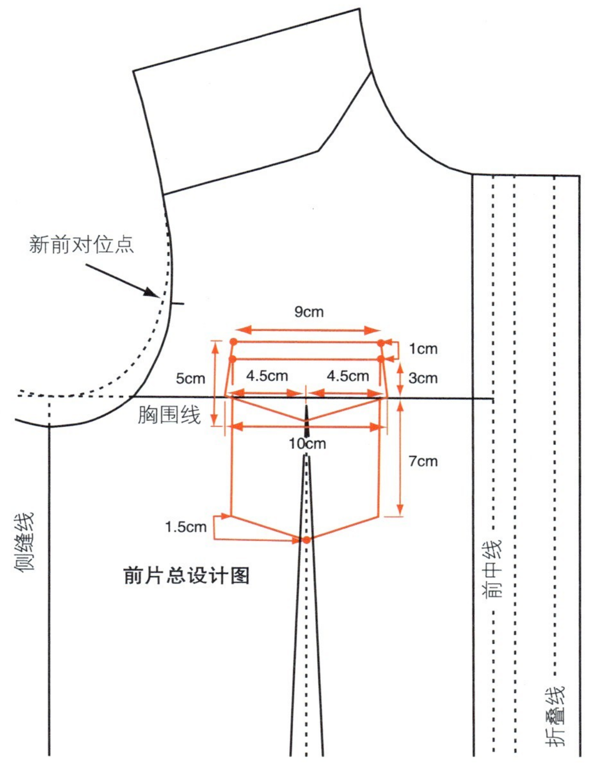

图 4-108

步骤 7

贴袋样板

• 按照本书 50 页的方法，复制前胸贴袋纸样，在袋盖上边加放 1cm 的贴边。在袋布上边加放 2cm 的贴边和 0.5cm 的缝份（图 4-109）。

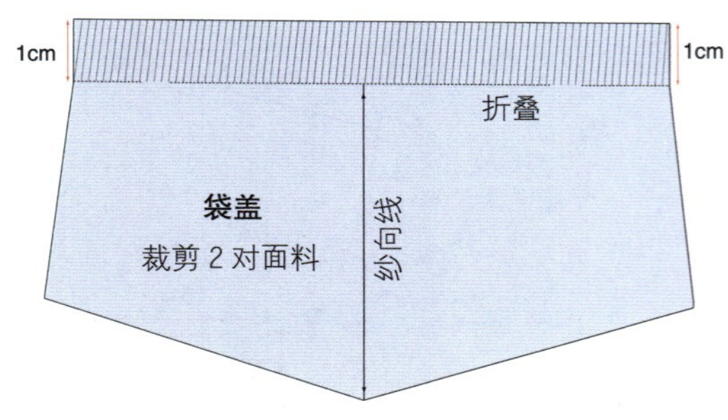

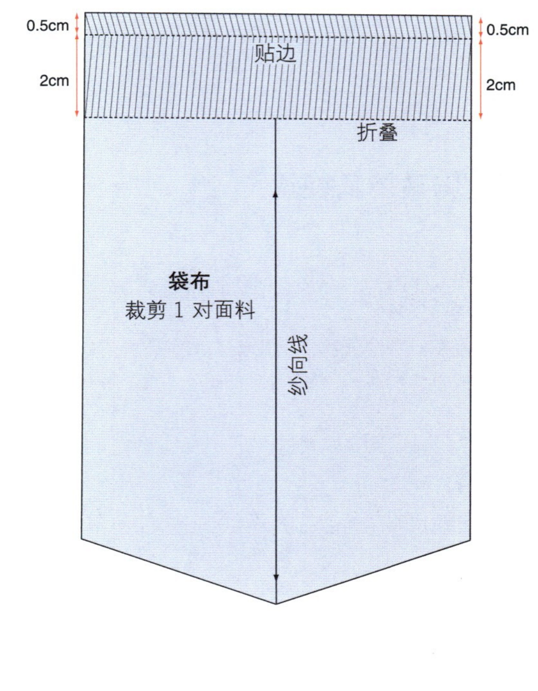

图 4-109

步骤 8

后片样板

• 复制后衣片纸样到另一张打板纸上，按照本书第 50 页的方法，对称复制出后片完整纸样（图 4-110）。

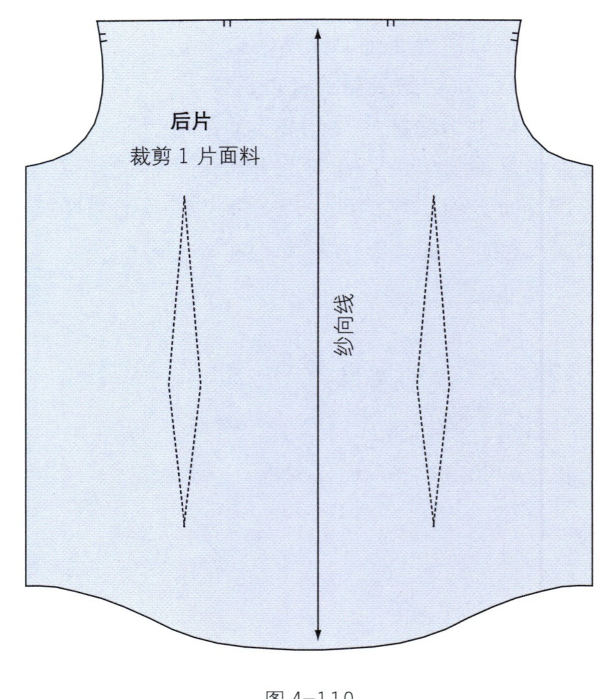

图 4-110

步骤 9

前片样板

• 右前片的门襟是单独裁剪后，再与前片缝合在一起的，左前片的门襟是与衣身连裁的，只需折转缝合即可。因此，按照本书第 50 页的方法，重新复制左前片纸样，包括门襟在内，再复制不带门襟的右前片纸样（图 4-111）。

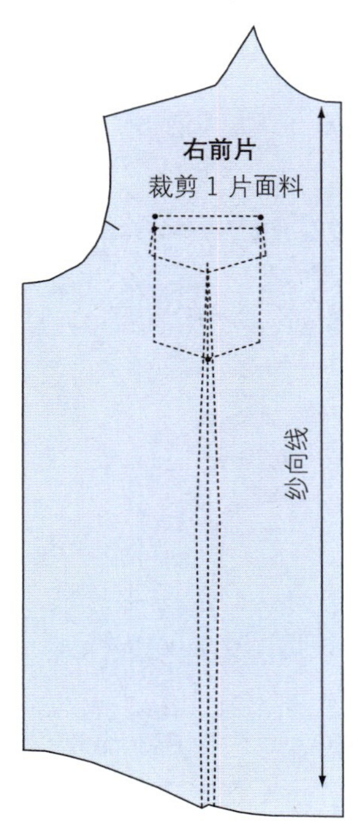

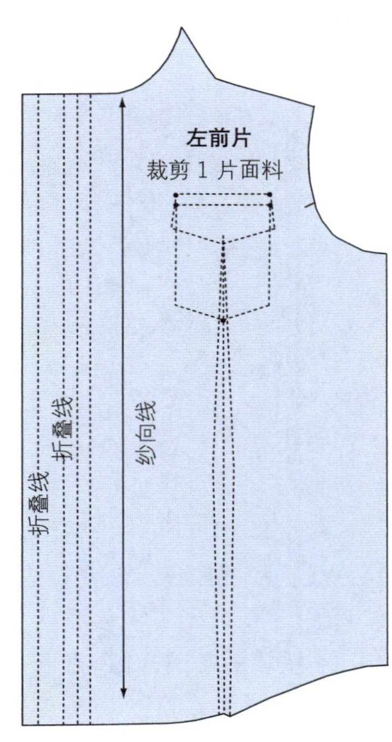

图 4-111

步骤 10

门襟样板

• 按照本书第 50 页的方法，复制门襟纸样，裁剪时与衬料一起裁剪（图 4-112）。

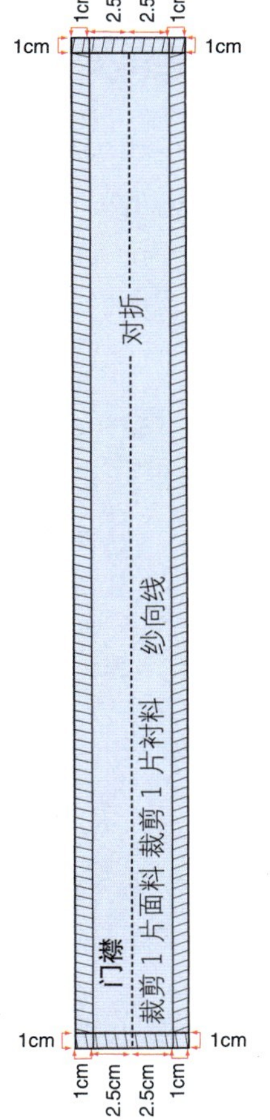

图 4-112

步骤 11

绘制领座

从总设计图上测量领口弧线长

制图时先绘制领子的一半，再对称复制出整个领子纸样。所以，首先要测量总设计图中的半身领口弧线长。

- 在总设计图中，测量前、后领口弧线长，本例后领口弧线长为 8.5cm，前领口弧线长为 16cm（其中包括了 1/2 叠门宽）。
- 两个值加起来，得出半身领口弧线长为 24.5cm。

- 画长 24.5cm、宽 2.5cm 的长方形，也就是半身领口弧线长和领座高。左侧短边标为领后中线，底边标为装领线。
- 从领后中线开始，在长方形底边向右取 8.5cm（后领口弧线长），打上肩线对位标记，长方形上边同样处理。
- 在长方形右下角，沿竖直线向上 1.5cm 定点，该点与下边的肩缝对位点相连，用上凹的弧线画顺。
- 从下边的肩缝对位点，沿上一步所画的弧线向右取 16cm 定点（前领口弧线长），过该点向上作弧线的垂线，长度为 2.5cm（前领座高），再用弧线画顺到上边的肩线对位点处。
- 从右上角，沿领上口弧线向左取 2.5cm（门襟宽度），过此点作前领口弧线的垂线，标为领前中线。最后，将右上角的领角抹成圆角（图 4-113）。

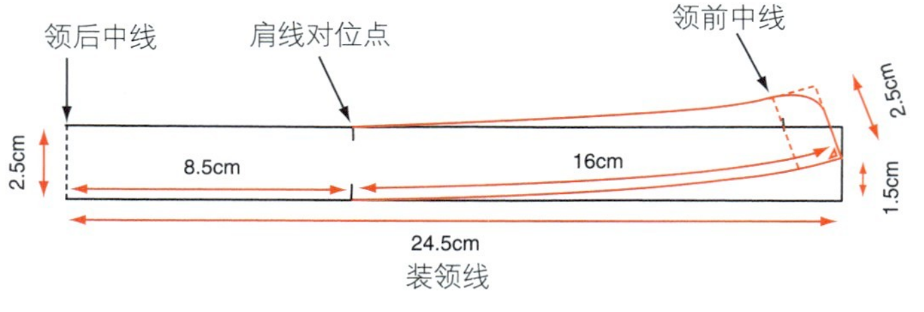

图 4-113

步骤 12

绘制翻领领面

翻领的造型

翻领的造型多种多样，有传统型、现代流行型等，本款是直线型领子，制图时先绘制半身领子。

- 将第 11 步绘制的领座纸样重新复制一份。
- 将领后中线向上延长 7.5cm，向右作水平线，长度 24cm，端点标为领角点，将领角点和领座上边领前中线点直线相连，即得出了翻领的基础线。
- 在领角点沿斜线向外延长 1cm，用弧线画顺翻领外口线，这将使领子线条更平顺。
- 在领座后中线处，沿后中线向上取 2.5cm 定点，过该点向右作水平线，直到肩线对位点处，再继续用弧线画顺到领座上边的前中线，直线与弧线衔接要圆顺，这是翻领下口线，翻领后中宽度为 5cm（图 4-114）。

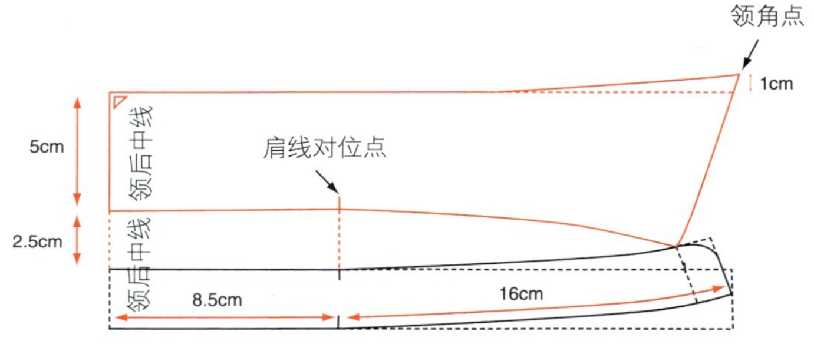

图 4-114

步骤 13

领座样板

• 将领座纸样重新复制一份。按照本书第 50 页的方法，对称画出完整的领座纸样。

翻领领面、领里样板

• 将翻领领面纸样重新复制一份。按照本书第 50 页的方法，对称画出完整的领面纸样。

• 翻领领里纸样要在领面纸样的基础上绘制，在领后中线将领外口线缩进 0.3cm，重新画顺领后中线到领角点的领外口线。这样处理的目的是使翻领缝制后领里不会反吐。修正好后，重新复制一份完整的领里纸样（图 4-115）。

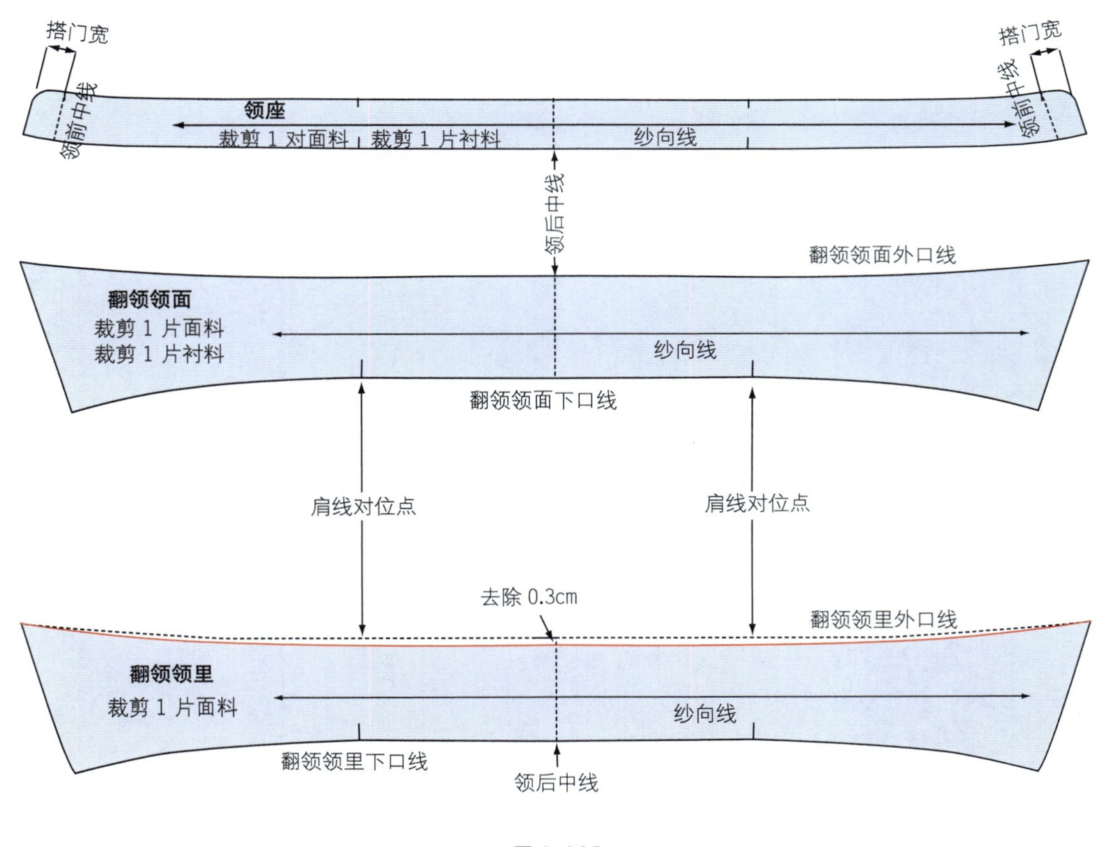

图 4-115

步骤 14

肩章和袖襻

• 画长 22cm、宽 2.5cm 的长方形，作为袖襻的基础线。

• 将长方形的右边线上下两点，分别向左移 1cm 后定点，过该两点分别与右边线和中线点相连，形成剑形端头。

• 将长方形的左边向右偏 1cm 作为缝份，再向右偏 2.5cm 画出折叠线。该袖襻用市场上购买的现成人字带来固定在袖子上。

• 画长 11.5cm、宽 2.5cm 的长方形，作为肩章的基础线；在左边留 1.5cm 的缝份，不需要双折，其他与袖襻的画法相同（图 4-116）。

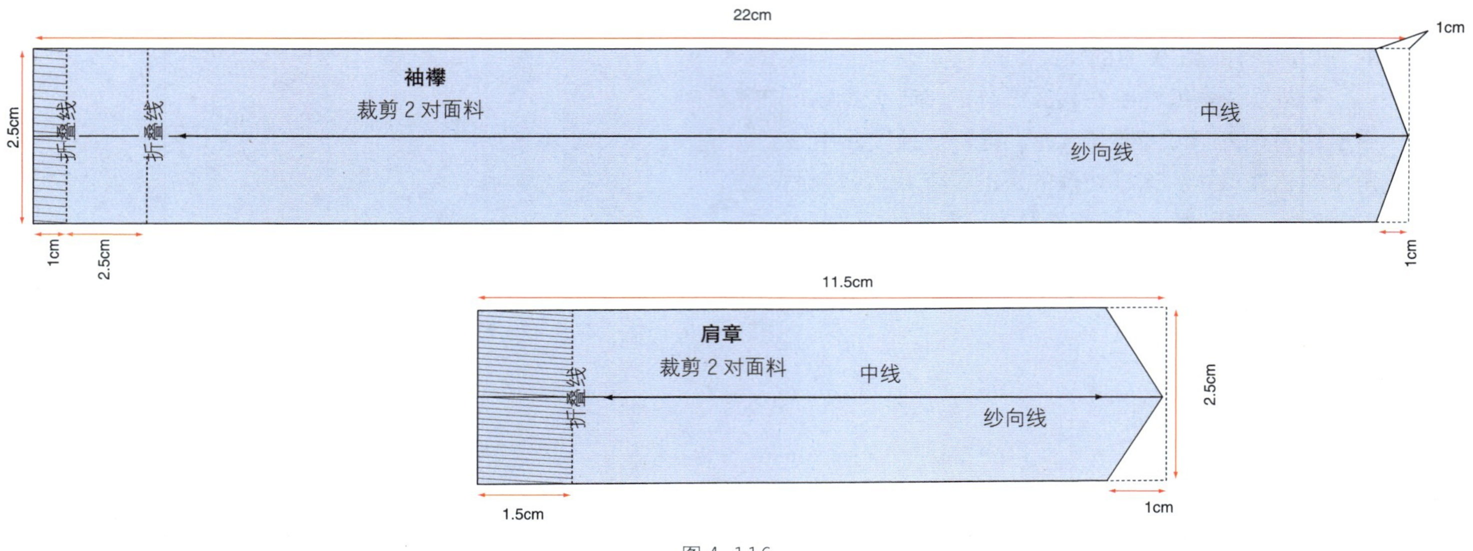

图 4-116

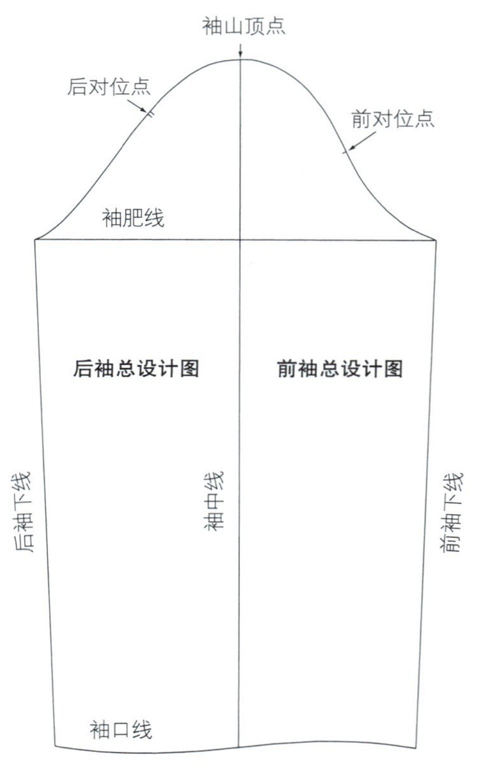

图 4-117

步骤 15

绘制袖子总设计图

选择一款男装袖子基本原型，或者按本书第 42 页的方法，绘制袖子基本原型。裁一张比所设计衬衫袖子略长的打板纸，将袖子基本原型复制到打板纸上，按本书 48 页的方法，将所有标注和相关文字说明标在纸样上（图 4-117）。如款式图所示，本例衬衫是袖口带外翻边的短袖。

步骤 16

降低袖山高

袖子纸样需要测量的数据

在绘制袖子纸样之前，需要测量以下三个数据：

1. 平均袖窿弧线长：测量修正后的前、后袖窿弧线长。本例中，前袖窿弧线长为 26cm，后袖窿弧线长为 28cm，两者的平均值为 27cm。

2. 1/2 袖肥：测量袖子原型纸样上的袖肥尺寸，本例为 35.5cm。可以依据设计在袖肥上加入一定的松量，本例是休闲合体衬衫，因此为袖肥加 8cm 松量，总袖肥为 43.5cm，则 1/2 袖肥为 21.75cm。

3. 1/2 袖口：本例为 19.25cm。

- 从袖山顶点沿袖中线向下 2cm，将袖山高降低。袖山高降低的量等于第 3 步中袖窿加深的量。
- 从新袖山顶点，以一定的角度向两边画 27cm 的袖山斜线，不断调节角度，使袖山斜线的端点到袖中线的距离等于 1/2 袖肥，即 21.75cm。这时就重新确定了袖肥线，得到了新袖山高，进一步降低了袖山高（图 4-118）。

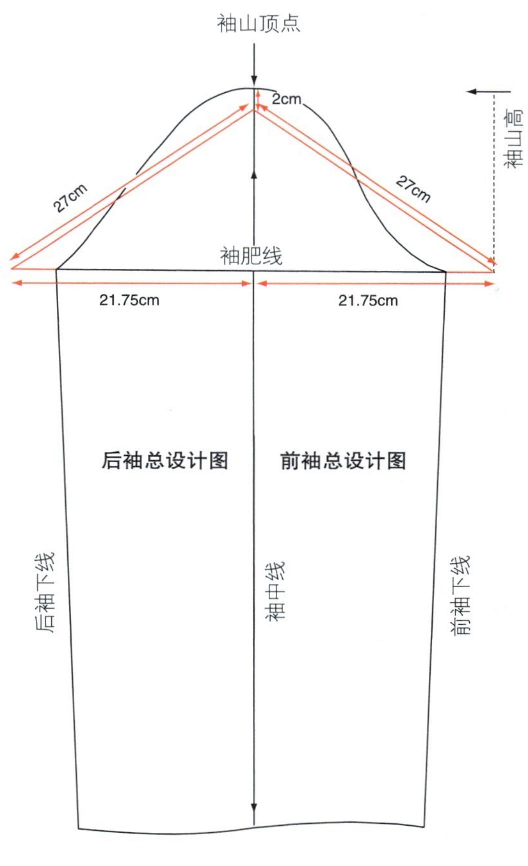

图 4-118

步骤 17

袖山弧线

- 从袖山顶点，沿前袖山斜线向下取 7cm 定点，过此点向上作前袖山斜线的垂线，长度为 1.3cm，定点。从前腋下点沿前袖山斜线向上取 6cm，定点。过此点向下作垂线，长度为 0.5cm，定点。从袖山顶点，沿后袖山斜线向下 5cm，定点，过此点向上作垂线，长度为 1.3cm，定点。从后腋下点沿后袖山斜线向上取 8.5cm，定点，过此点向下作垂线，长度为 0.5cm，定点。
- 过上述标记点，用曲线板画出圆顺的袖山弧线；再依照衣身袖窿上的对位点，在袖山弧线上标出相应的对位点（图 4-119）。

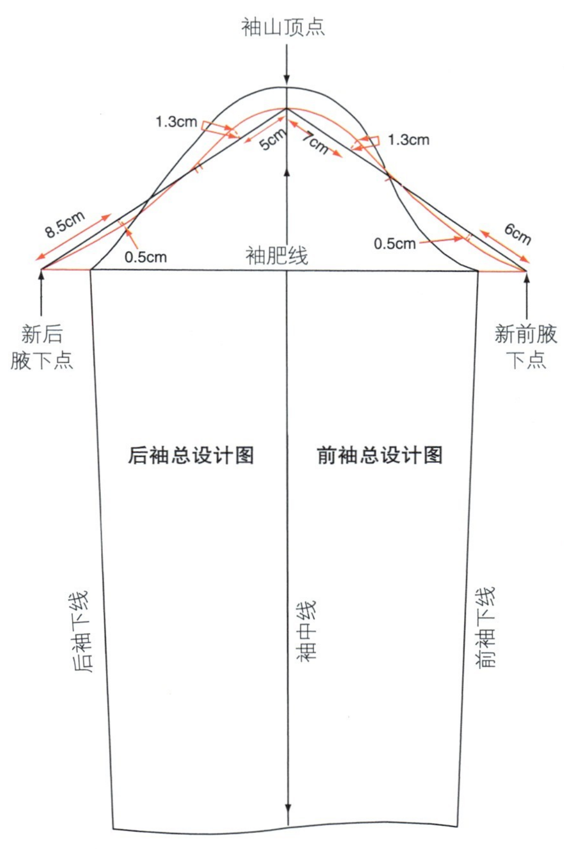

图 4-119

步骤 18

绘制短袖

• 从袖山顶点沿袖中线向下 25.5cm 定点，过此点向左右两边作水平线，长度为 19.25cm，这是短袖的袖口。用略带向内凹的弧线连接到前、后腋下点。

• 从短袖袖口线沿袖中线向上 2.5cm 定点，过此点作水平线与前、后袖下线相交，为折线，这是袖口向上折叠后所对应的位置。再从袖口线沿袖中线向下取 2.5cm 定点，过此点作水平线，长度等于上面的折线长，再向下取 2.5cm，作水平线，长度等于袖口宽。

• 再继续向下加放 1cm 的缝份（图 4-120）。

翻边结构的线条处理

袖口翻边两端的线条要处理好，保证缝制后，使其与所重合的前、后袖下线的长度一致。具体做法：按缝制过程将纸样的翻边折叠好，再将两端线条参照前、后袖下线画顺。然后沿线条剪下纸样，或者用滚轮滚出线条，展开纸样就得到了翻边两端的线条形状。

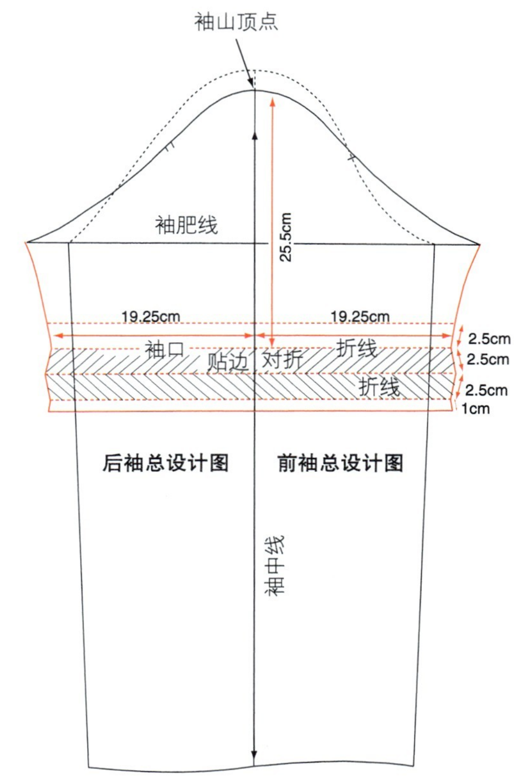

图 4-120

步骤 19

短袖样板

• 按照本书第 50 页的方法，复制出袖子样板（图 4-121）。

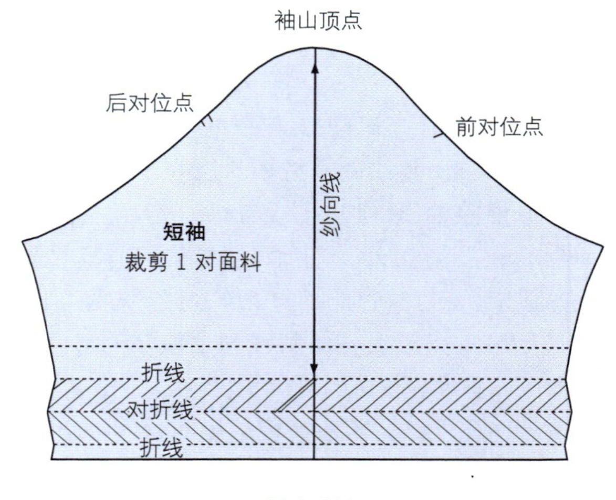

图 4-121

图 4-122

带胸饰衬衫纸样

图 4-123

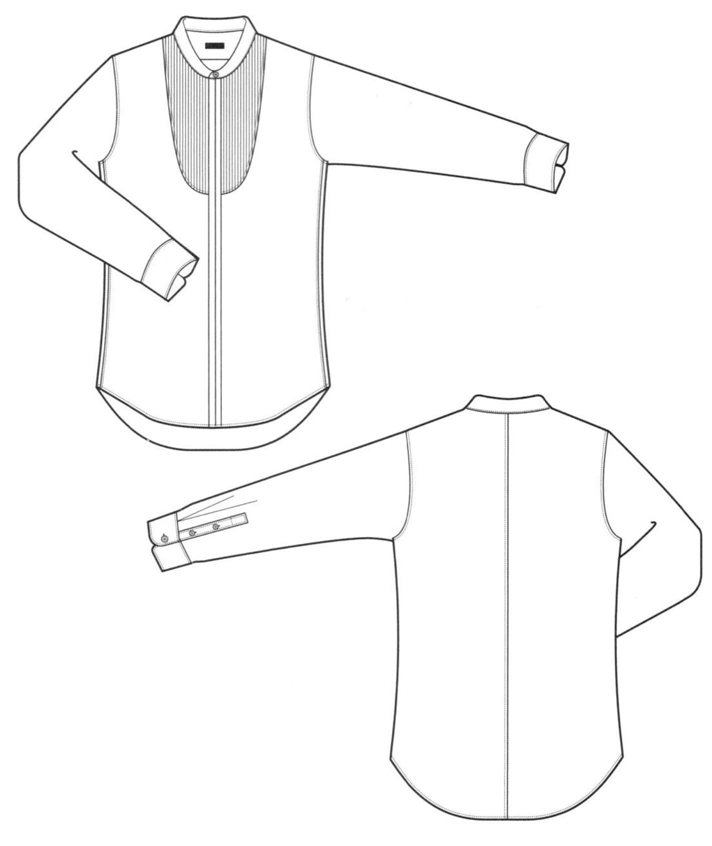

图 4-124

带胸饰衬衫（图 4-123、图 4-124）纸样设计要点：

衣身结构

暗门襟

增加衣长

后长前短圆下摆

褶裥胸饰

中式立领

加深袖窿

增大袖肥

袖克夫及袖衩

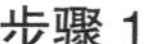

步骤 1

绘制衣身总设计图

选择一款男装上衣基本原型，或者按本书第 40 页的方法绘制上衣原型。裁一张比所设计衬衫的衣长略长的打板纸，将男装基本原型复制到打板纸上。按本书第 48 页的说明，将所有标志和相关文字标在纸样上（图 4-125）。

图 4-125

步骤 2

绘制门襟、确定衣长

• 本款衬衫的下摆前短后长，将前中线和侧缝线向下延长 6cm，直线相连，作为前片新底边线。

• 将后中线和侧缝线向下延长 9cm，直线相连，作为后片新底边线。

• 距前中线左右各 1.25cm，画前中线的平行线，向上与领口线相交，向下与新底边线相交，作为右前片门襟结构线。

• 再继续向右 2.5cm，作前中线的平行线，相当于门襟贴边（图 4-126）。

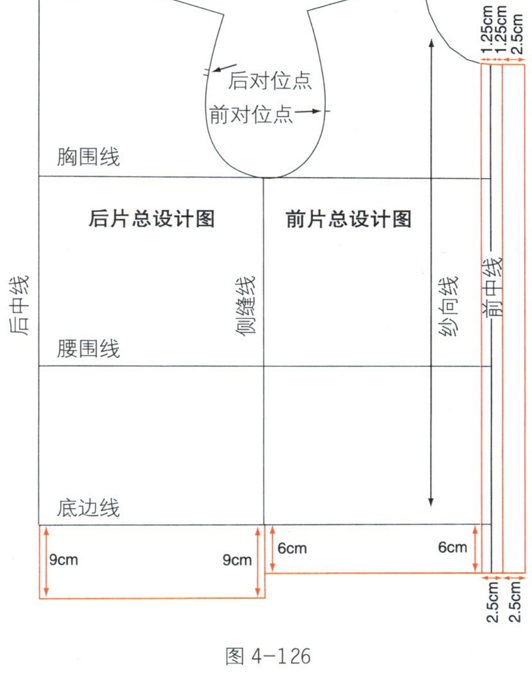

图 4-126

步骤 3

右前片门襟样板

• 按照本书第 50 页的方法，重新复制上一步的前片门襟，在四周各加放 1cm 的缝份，作为最终的右前片门襟样板（图 4-127）。

步骤 4

左前片暗门襟样板

• 在新的打板纸上，将第二步的门襟纸样并排复制两个，并在四周各加放 1cm 的缝份，作为最终的左前片暗门襟样板（图 4-128），暗门襟的折叠方法如图 4-129 所示。

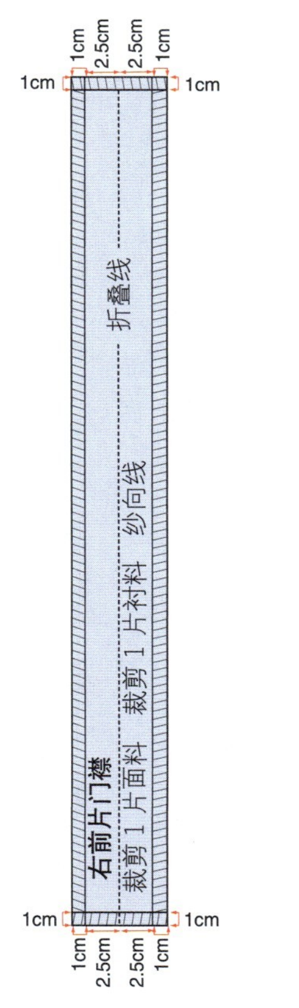

图 4-127

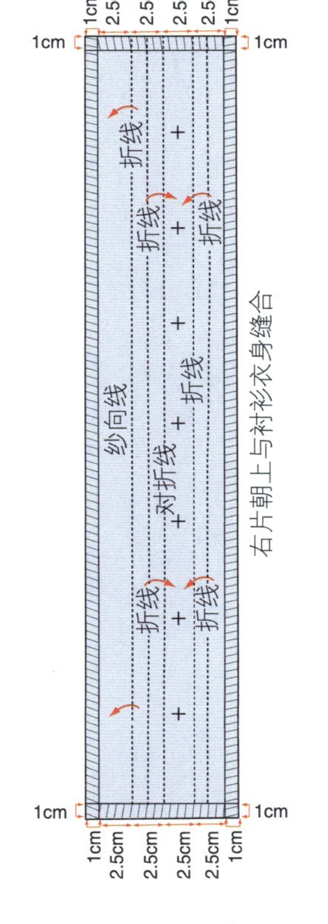

图 4-128

左前片暗门襟

裁剪 1 片面料
裁剪 1 片衬料

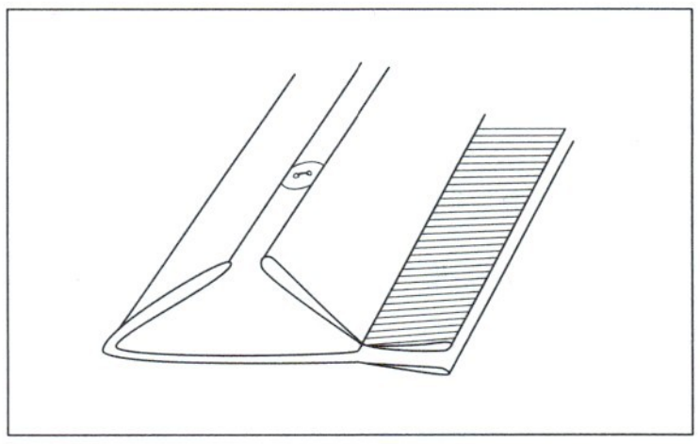

图 4-129　暗门襟折叠方法示意图

步骤 5

加深袖窿、绘制前胸装饰线和新下摆线

• 从腋下点沿侧缝线向下取 2cm，为新袖窿深。参照原型的袖窿弧线，重新画顺新袖窿弧线，在新袖窿上重新确定前、后对位点。

• 在前领口沿前中线向下 22cm 定点，过该点向左作水平线，长度 6.5cm 定点。

• 从前侧颈点沿肩线取 5cm 定点，过该点与上一步的水平线端点相连。再将两直线相连处的钝角抹成圆角，这是前胸装饰部位的设计线。

• 用曲线板，将下摆线修成前高后低的弧形底边（图 4-130）。

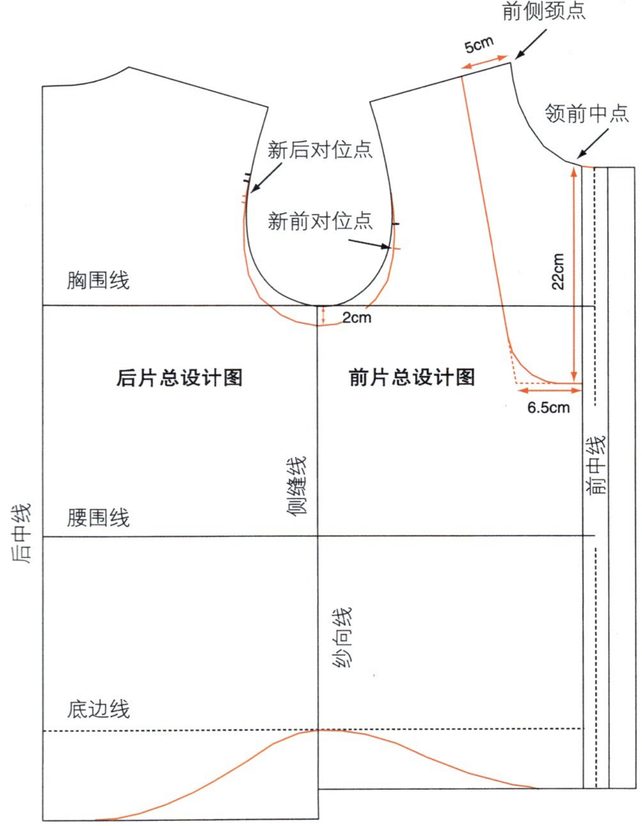

图 4-130

步骤 6

绘制衣身结构

• 在前、后衣片的腰围线上，将侧缝收进 1cm。

• 从腋下点到腰围再到底边，用直线重新画出前、后侧缝线。

• 后中腰围线收进 1cm，用直线连接到胸围线和新底边线，重新画出后中线（图 4-131）。

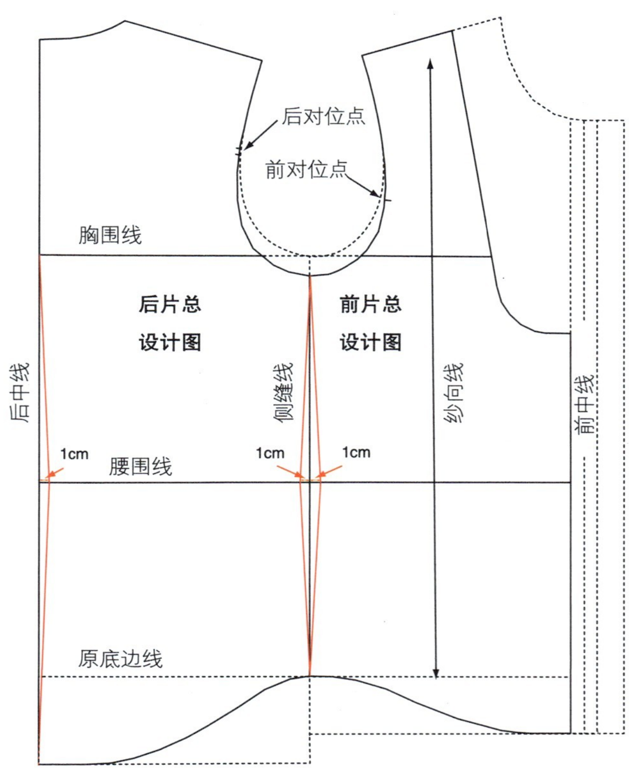

图 4-131

步骤 7

前片样板

• 按照本书第 50 页的方法，重新复制前片纸样（图 4-132）。

步骤 8

后片样板

• 按照本书第 50 页的方法，重新复制后片纸样（图 4-133）。

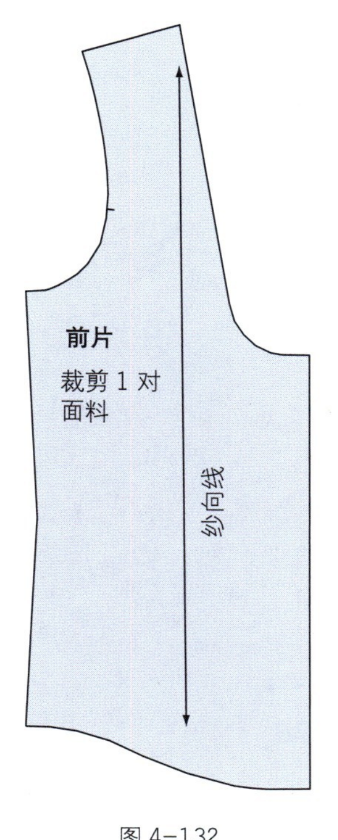

图 4-132　　图 4-133

步骤 9

胸饰

> **褶裥**
>
> 成衣生产中褶裥是由专业的打裥机来完成。通常按设计要求提前将织物打裥，样板师在打好褶裥的面料上直接裁剪。下面阐述了设计褶裥的方法。

图 4-135

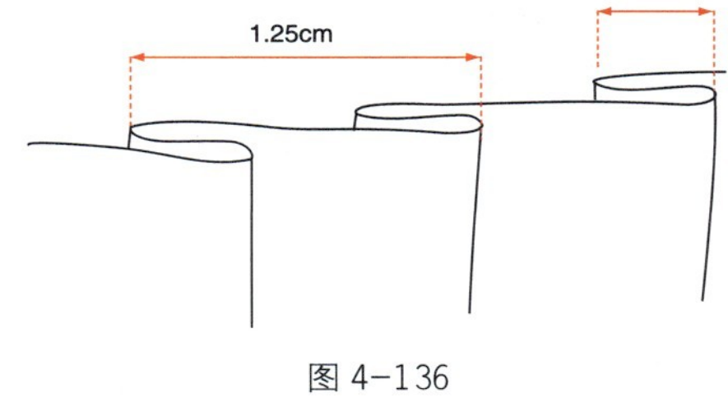

图 4-136

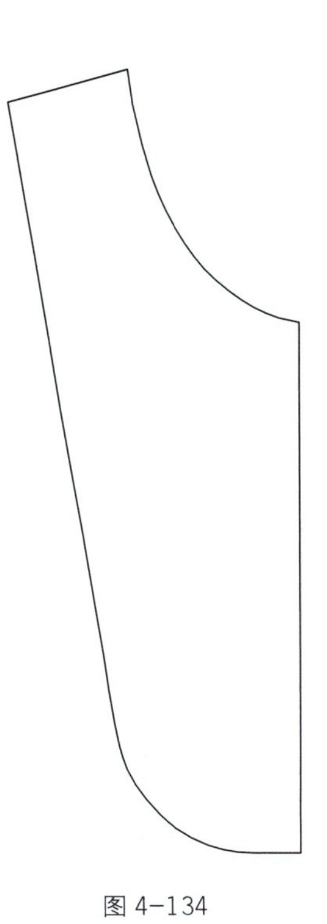

图 4-134

• 将前胸装饰部位的设计线重新复制到另一张打板纸上（图 4-134）。

• 确定褶裥的形状、大小及间隔距离；本例胸前设计 10 个单向褶裥，间隔 1.25cm，褶裥宽度为 0.6cm（图 4-135）。

• 在另一张纸上画出所设计的褶裥，并将其折叠（图 4-136）。

• 将前胸装饰部位的纸样放在折叠后的纸上，沿胸饰轮廓线裁剪，展开折叠的褶裥后便可得出胸饰纸样。

步骤 10

胸饰样板

● 按照本书第 50 页的方法，重新复制胸饰褶裥纸样到另一张打板纸上（图 4–137）。

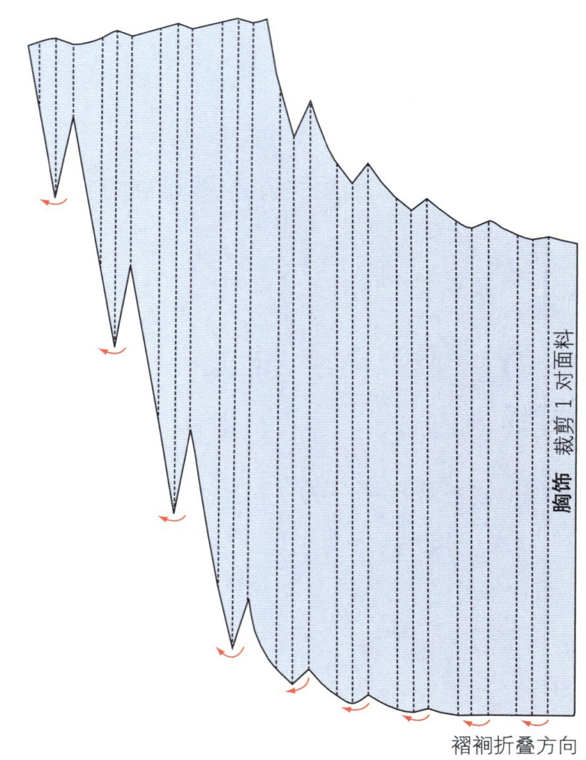

图 4–137

步骤 11

绘制中式立领

从总设计图上测量领口弧线长

制图时首先绘制半身衬衫的领子，然后再对称复制出整个领子的样板。因此，需要测量总设计图中的领口弧线长。

● 在总设计图上测量前、后领口弧线长，本例：后领口弧线长为 9cm，前领口弧线长为 16cm，其中包括了 1/2 叠门宽。

● 两个值加起来，得出半身领口弧线长为 25cm。

● 画长 25cm、宽 2.5cm 的长方形，也就是半身领口弧线长和领座高。左侧短边标为领后中线，底边标为装领线。

● 从领后中线开始，在长方形底边上向右量取 9cm（后领口弧线长），打上肩线对位标记，在长方形上边线做同样处理。

● 在长方形右边线上，沿竖直线向上 1.5cm 定点，过此点与下边线的肩缝对位点相连，用上凹的弧线重新画顺装领线。

● 从肩缝对位点，沿上一步所画弧线取 16cm（前领口弧线长），再向上作弧线的垂线，长度为 2.5cm 定点（前领座高），过该点用弧线画顺到立领外口线的肩线对位点处。

● 从右上角沿立领外口线，向左取 2.5cm 定点（门襟宽度），过此点作前领口弧线的垂线，标为领前中线，最后将右上角的前领角处抹成圆角（图 4–138）。

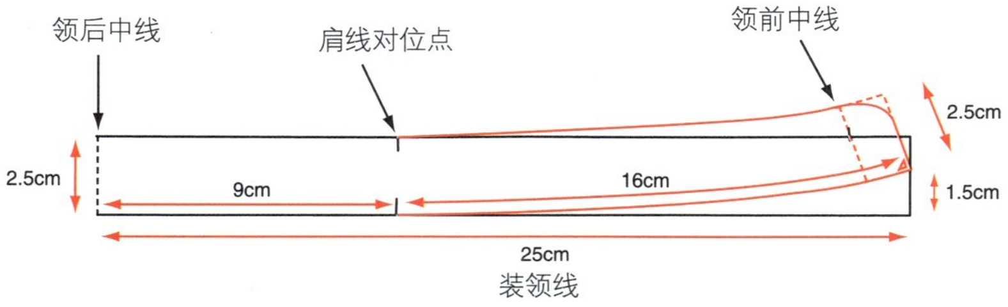

图 4–138

步骤 12

中式立领样板

• 将立领纸样重新复制一份。按照本书第 50 页的方法，对称画出完整的立领纸样（图 4-139）。

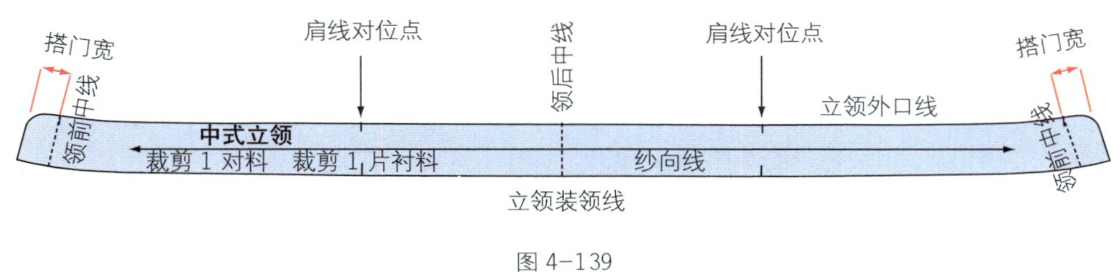

图 4-139

步骤 13

绘制袖子总设计图

选择一款男装袖子基本原型，或者按本书第 42 页的方法，绘制袖子基本原型。裁一张比所设计衬衫袖子略长的打板纸，将袖子基本原型复制到打板纸上，按本书第 48 页的说明，将所有标志和相关文字标注在打板纸上。所选择的袖子原型有可能比所设计的袖子偏长或偏短。可以通过测量试衣模特、人台，参考规格表，或者参考同行相关产品的规格，斟酌所设计衬衫的袖长（图 4-140）。本款衬衫袖长取 61.5cm，袖口是腕围尺寸 25cm 再加 3cm 的褶裥量，为 28cm。

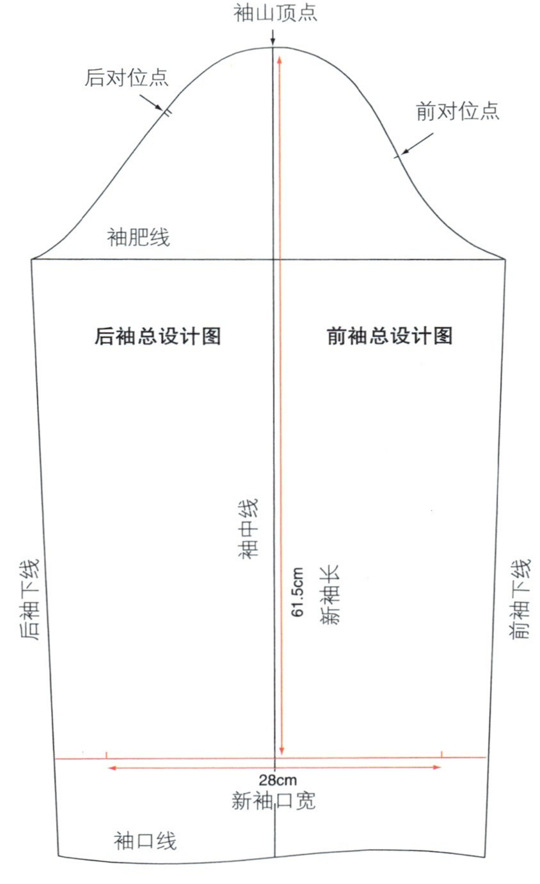

图 4-140

步骤 14

修正袖山弧线以匹配加深的袖窿

在第 5 步中，加深袖窿后，使袖窿弧线也加长了。绘制袖子之前要先校验袖山弧线的长度，并相应改变袖山弧线的长度以匹配修正后的袖窿弧线长。

首先，测量前、后袖窿弧线长，本例中：前袖窿弧线长为 25.5cm，后袖窿弧线长为 27.5cm，总长为 53cm。然后，测得袖山弧线长为 51cm。因此，袖山弧线的长度至少需要增加 2cm，也可多加一点作为吃缝量。

- 将袖肥线前、后各延长 1.5cm，使得新袖山弧线的长度与袖窿弧线的 长度相同，都为 53cm。
- 以原袖山弧线为参考，重新画顺新袖山弧线，重新标出修正后的前、后对位点。
- 在新袖口线上，在前、后袖口中点处，分别向上、向下凸起 0.5cm，用弧线重新画顺袖口线。
- 将新袖口与新腋下点直线相连，重新画出前、后袖下线（图 4-141）。

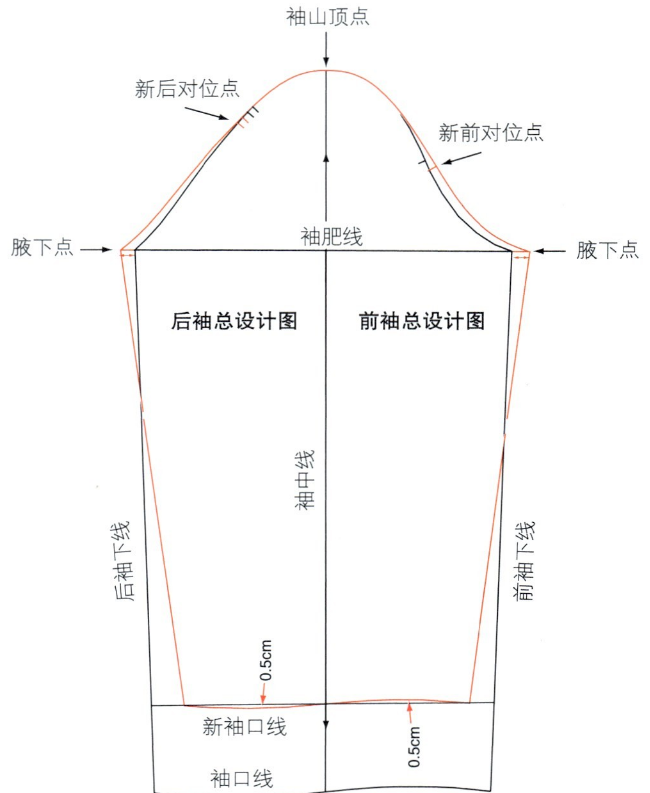

图 4-141

步骤 15

绘制袖衩和褶裥

- 沿新袖口线从后袖下线向前取 8cm，作为袖衩位置，向上作竖直线 16cm，为袖开衩。再向前取 4cm，作一个 3cm 的褶裥（图 4-142）。

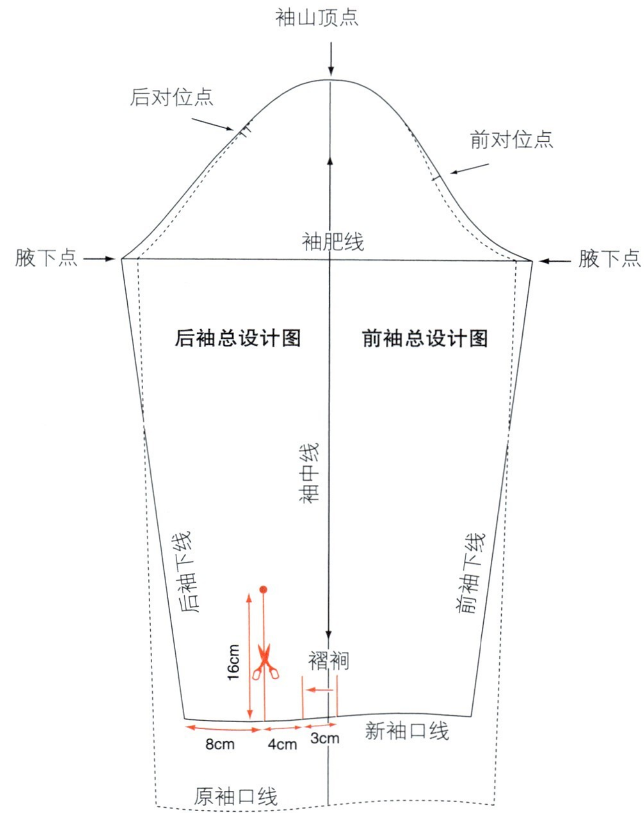

图 4-142

步骤 16

袖子样板

• 按照本书第 50 页的说明，重新复制袖子样板（图 4-143）。

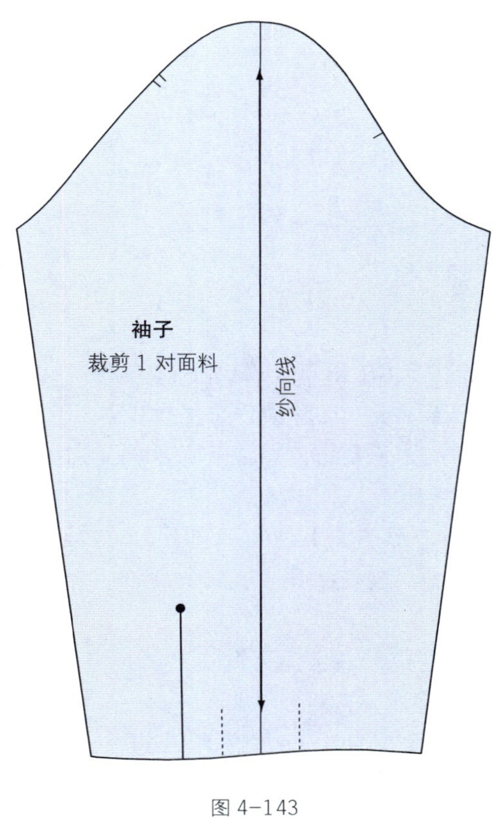

图 4-143

步骤 17

袖克夫样板

袖克夫尺寸

袖克夫是与袖口线相接的双层长方形结构。缝制时两端分别与袖衩对齐。袖克夫的长度确定方法：测量纸样上袖头的宽度（28cm），减去 3cm 的褶裥量和 1cm 的袖开衩缝份，袖克夫的长度为 24cm。

• 画长 24cm、宽 14cm 的长方形，作为袖克夫。

• 沿宽度方向平分，过等分点画出对折线（图 4-144）。

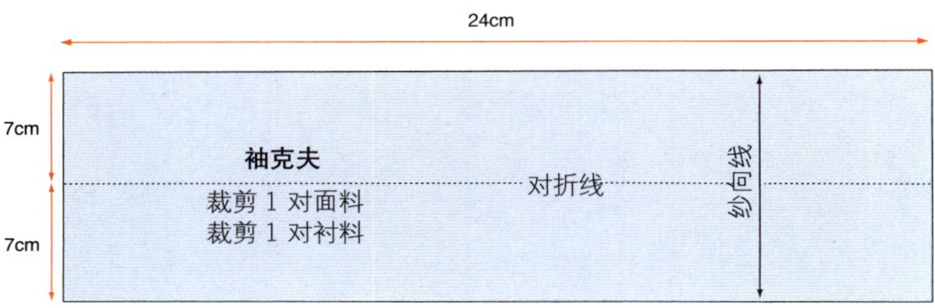

图 4-144

步骤 18

上袖衩条

- 画长 16cm、宽 6cm 的长方形。
- 沿宽度平分，过中点作出对折线。
- 沿底边从对折线向两边各取 2cm，向上作竖直线，剩余 1cm 为缝份。
- 从长方形的左上角竖直向下 2.5cm 定点，过该点作水平线 2cm，将左上角 2.5cm×2cm 的小长方形从纸样上去除。
- 从长方形的右上角竖直向下 1cm 定点，过该点水平向左 2cm 定点，将两点斜线相连。
- 从已经去除小长方形之后的左上角竖直向下 1cm，与上一步斜线的上端相连。这就完成了上袖衩条纸样，也称宝剑头袖衩（图 4-145）。

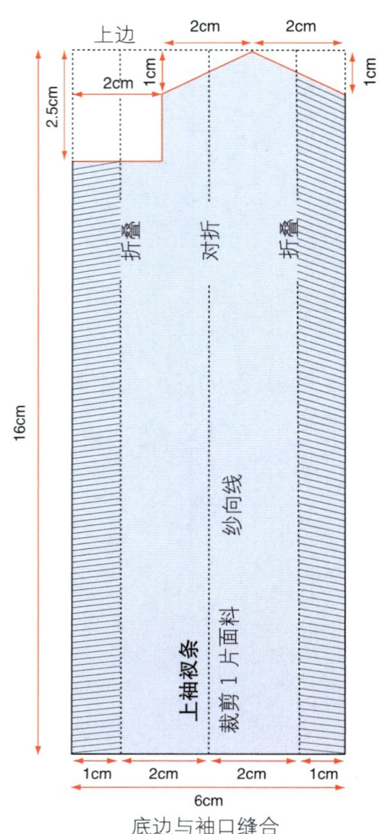

图 4-145

步骤 19

底袖衩条

- 画长 16cm、宽 6cm 的长方形。
- 沿宽度平分，过中点作出对折线。
- 沿底边从对折线向两边各取 2cm 向上作竖直线，剩余 1cm 为缝份（图 4-146）。

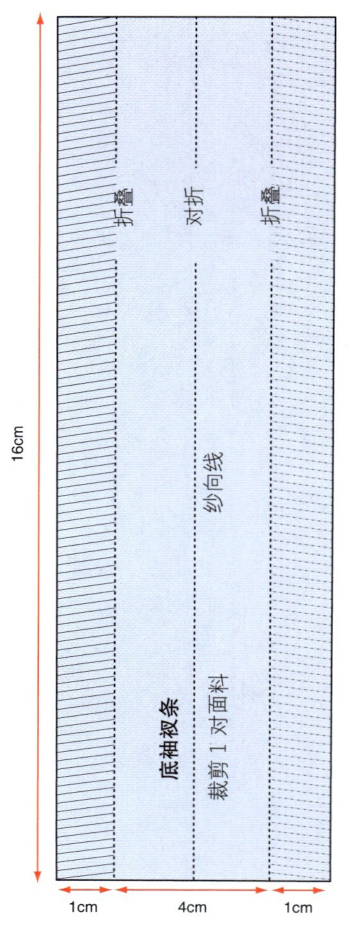

图 4-146

图 4-147

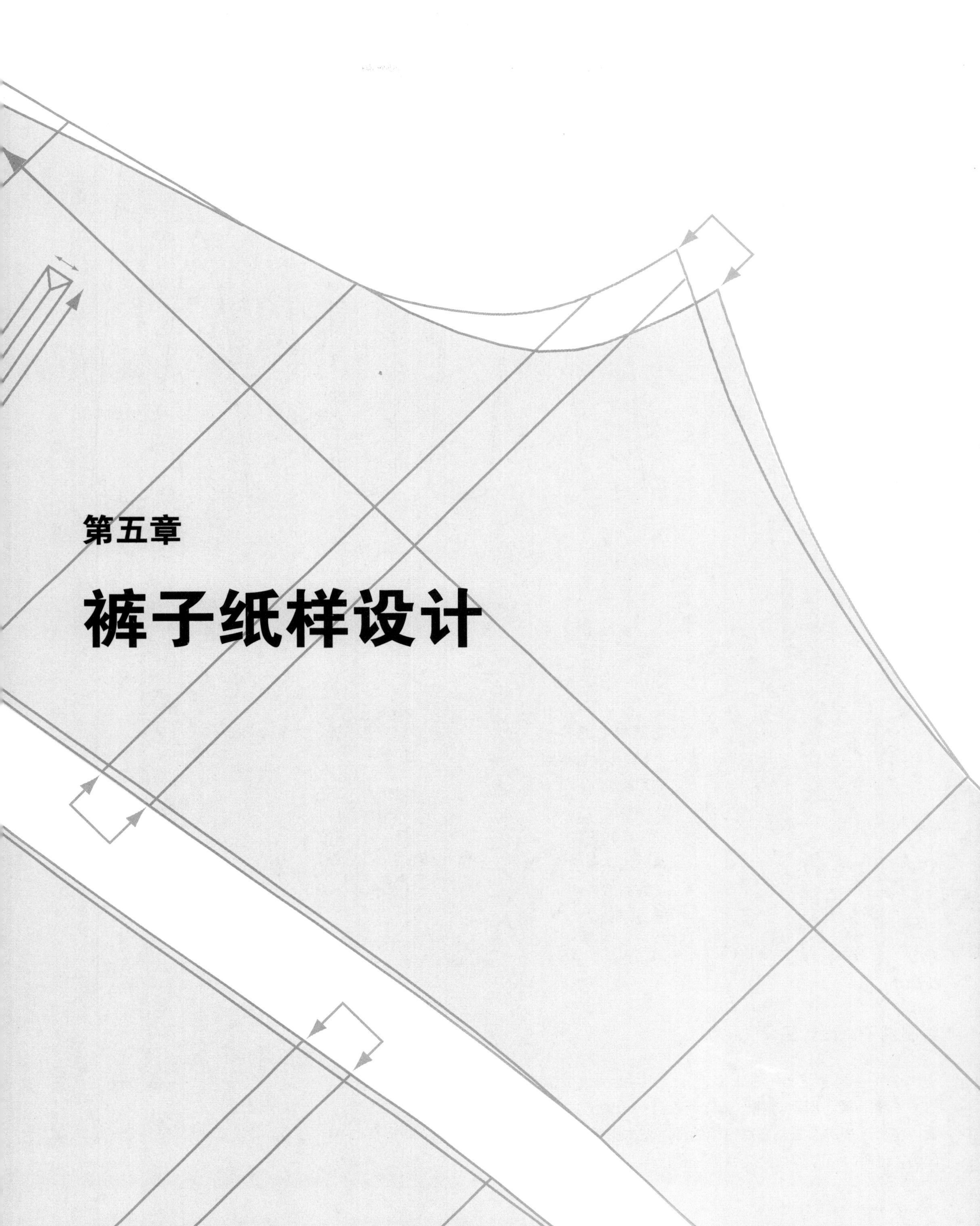

第五章

裤子纸样设计

高腰裤纸样

图 5-1

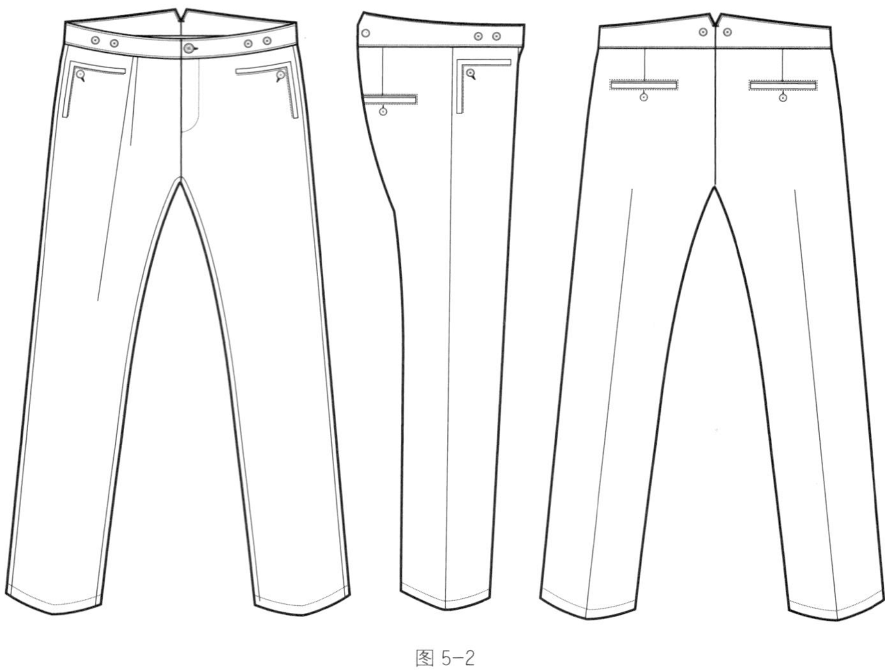

图 5-2

高腰裤（图 5-1、图 5-2）纸样设计要点：

前片褶裥
直筒裤型
前门襟和里襟
单嵌线直角前袋
单嵌线后袋
腰后中 V 型

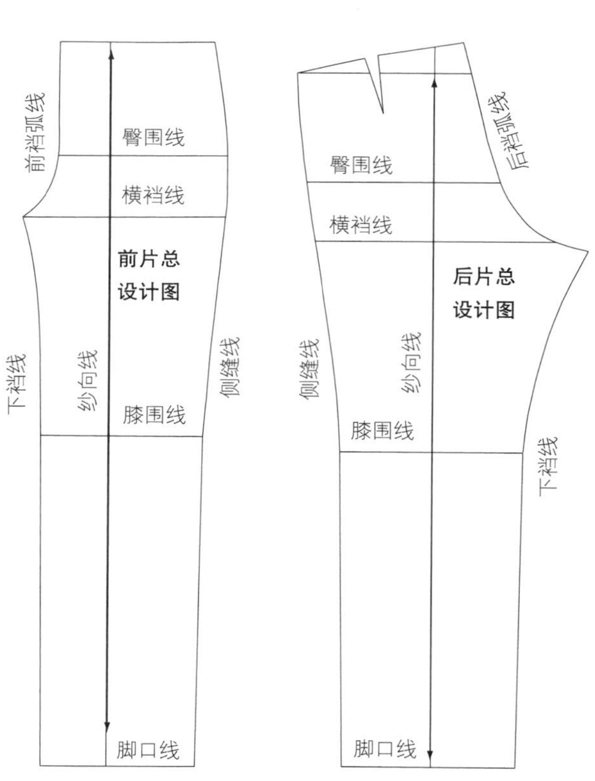

图 5-3

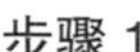

步骤 1

绘制裤子总设计图

选择一款男装裤子基本原型，或者按本书第 45 页的方法绘制裤子原型。裁一张比所设计裤长略长的打板纸，将裤子基本原型复制到打板纸上。按本书第 49 页的说明，将所有标志和相关文字标注在纸样上（图 5-3）。

步骤 2

单嵌线直角前袋、前门襟及褶裥

• 将原型上的前片褶裥沿腰围线向前中线方向偏移 1cm，重新标记位置。

• 距腰围线 4cm、距侧缝 2cm 确定一点，从该点画一条长度为 11cm 的竖直线，作为直角口袋的竖直边，再从该点向左画一条长度为 8.5cm 的水平线，作为直角口袋的水平边。再分别距上述两边 1cm，作平行线，作出口袋嵌条宽度。

• 从腰围线前中点向右 3cm，竖直向下作一条 17cm 长的直线，直线下端向上 3cm，作为门襟从直线转成弧线的转折点；画顺门襟结构线（图 5-4）。

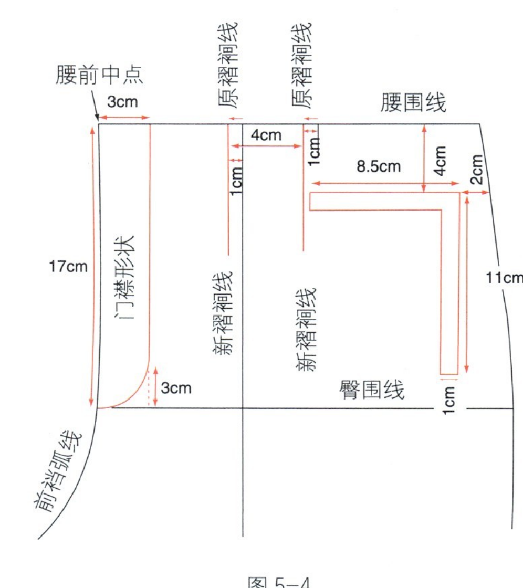

图 5-4

步骤 3

前片样板

• 按照本书第 50 页的方法，重新复制裤子前片纸样（图 5-5）。

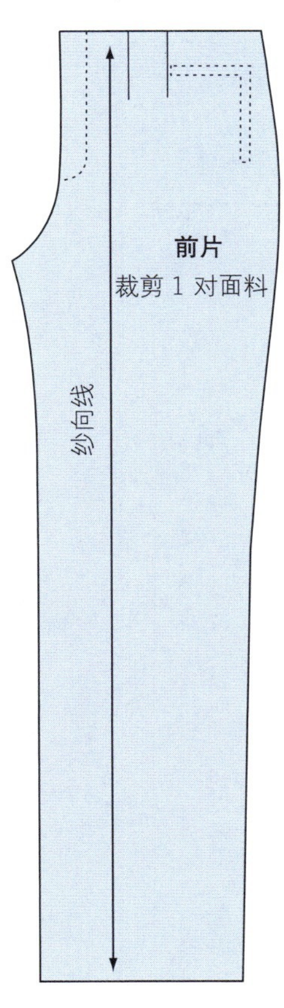

图 5-5

步骤 4

单嵌线后袋位置

• 过后片腰省的省尖向两边做腰围线的平行线，长度各为 7cm，这是后挖袋位置（图 5-6）。

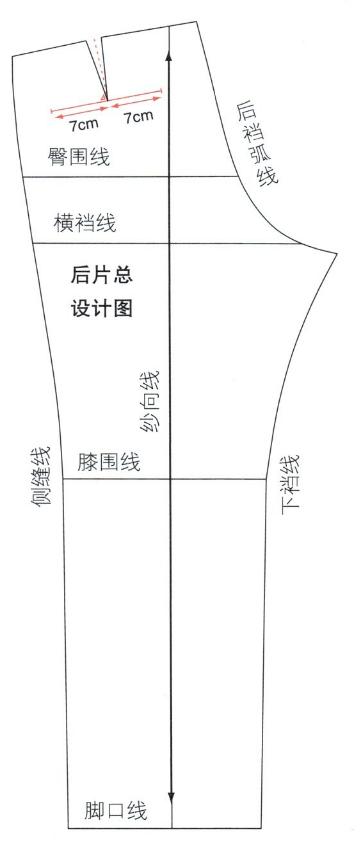

图 5-6

步骤 5

后片样板

• 按照本书第 50 页的方法，重新复制裤子后片纸样（图 5-7）。

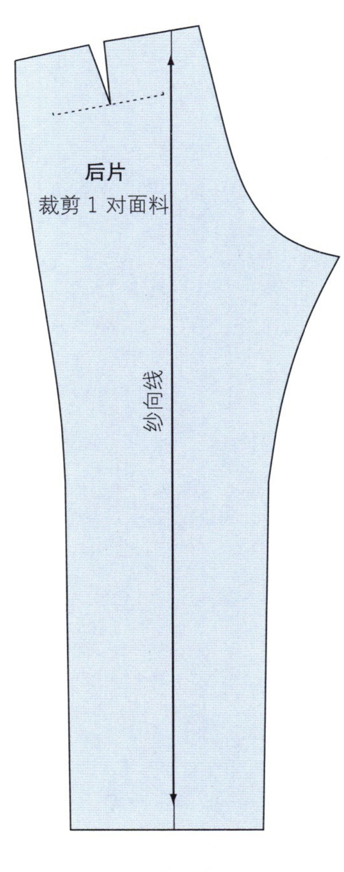

图 5-7

步骤 6

绘制前袋袋布

• 从侧缝线开始沿腰围线向左取 7cm 定点，过该点向下画一条 27.5cm 的竖直线，作为口袋的深度。

• 过竖直线下端分别向左右两边作水平线，长度 6.75cm，为口袋底边。再从侧缝开始沿腰围线向左取 13.5cm 定点，将此点与袋底左端直线相连。从袋底右端向上作竖直线，长度 8.5cm，再作水平线 2cm，与侧缝相交，交点沿侧缝向上到腰围线约 19.5cm。

• 将袋布左上角点沿腰围线向右偏 1cm，再重新与袋底左端相连，使袋布的左边略带倾斜。

• 将袋布的各角点均抹成圆角（图 5-8）。

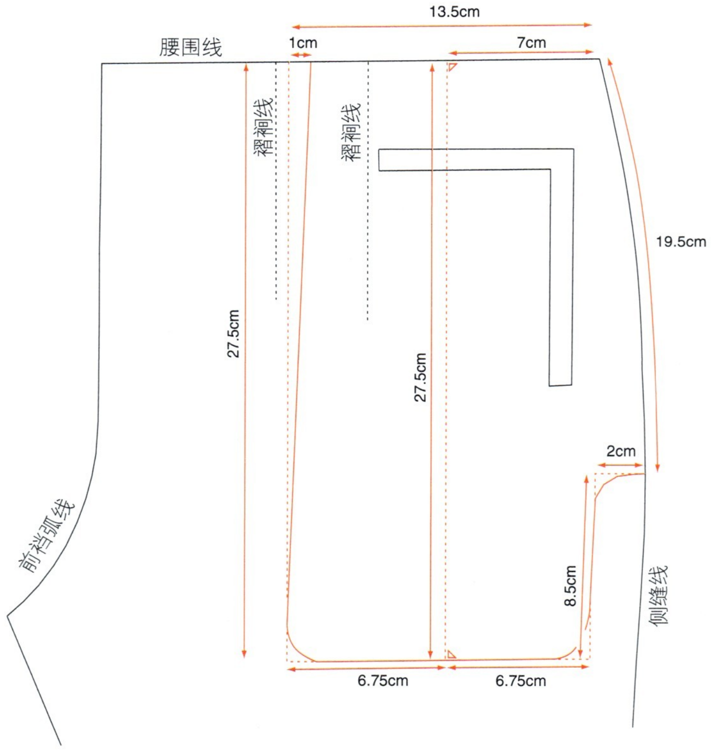

图 5-8

步骤 7

前袋袋布样板

• 按照本书第 50 页的方法，重新复制前袋袋布纸样（图 5-9）。

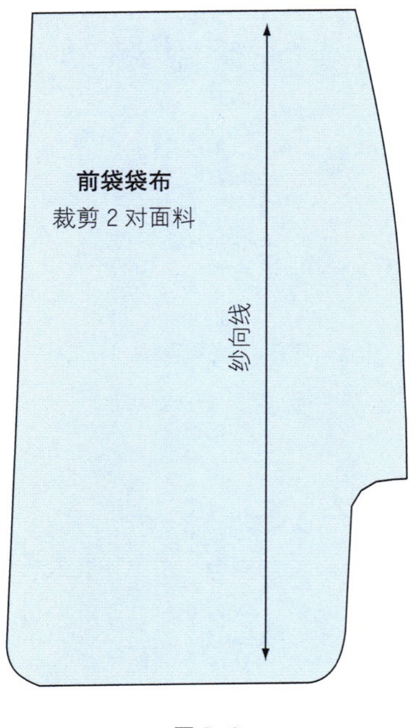

图 5-9

步骤 8

单嵌线直角前袋

• 嵌线一般由两层面料对折而成，以避免在嵌线上出现缝迹。本例嵌线条的基础形状为 T 型。

• 在纸样的中间画一条长度 11cm 的竖直线（直角口袋的竖直边），并标为对折线。

• 从直线底端分别向两边各画 1.4cm 的水平线，再向上作竖直线。这是嵌线条的宽度。

• 过第二步所画直线的顶点，分别向两边作 8.5cm 的水平线（直角口袋的水平边），在端点向下作 1.4cm 的竖直线，再向中间作水平线，与上一步的竖直线相交，形成一个封闭的 T 型。

在 T 型的周边加放缝份 1cm（图 5-10）。

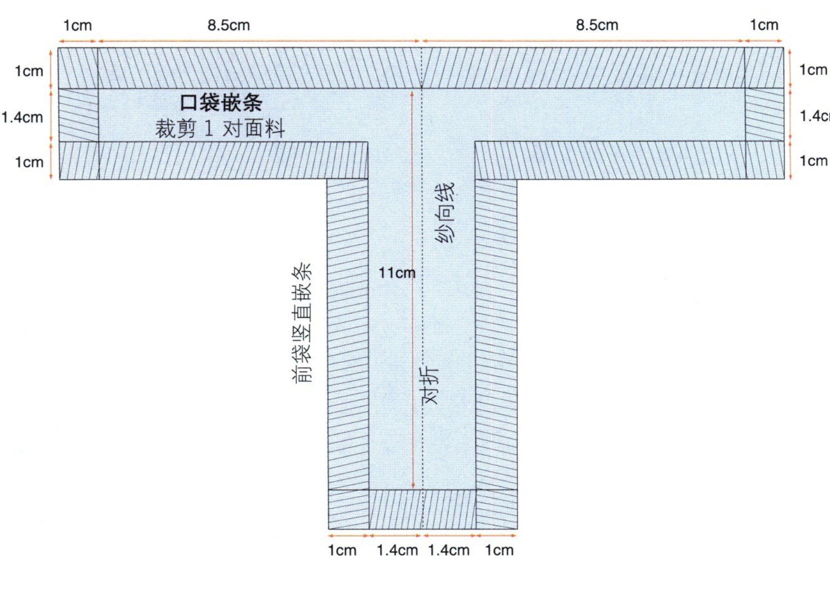

图 5-10

步骤 9

门襟贴边样板

> **拉链**
>
> 制作裤子门襟时，所选择的拉链长度最好比门襟贴边的长度短 1 ~ 1.5cm。

按照本书第 50 页的方法，重新复制前门襟纸样，并在其周围加放缝份 1cm（图 5-11）。

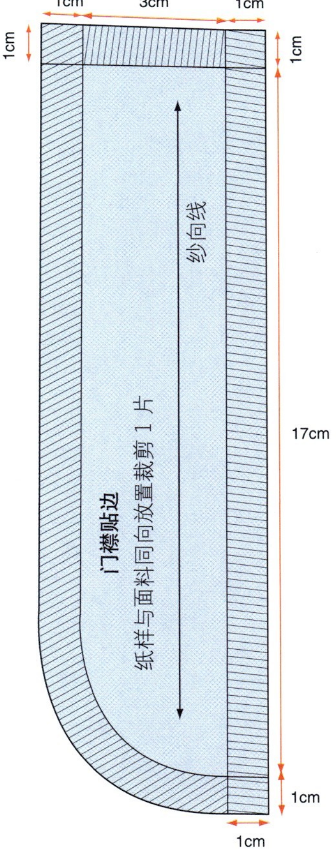

图 5-11

步骤 10

里襟样板

里襟

里襟位于左片门襟贴边的下面，与裤子右片前中缝合。通常里襟比门襟贴边长 1cm，使拉链头能够垫在里襟上，以免拉链头长出里襟与人体皮肤接触。

- 画长 18cm、宽 8cm 的长方形，作为绘制里襟的基础。
- 将长方形的宽度平分，过中点作出对折线，并在周边加 1cm 缝份（图 5-12）。

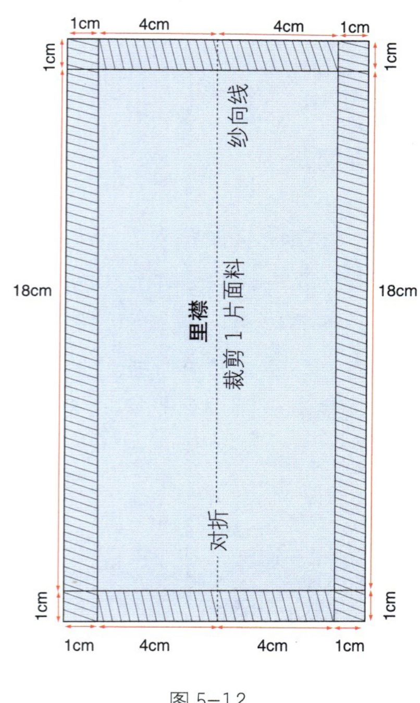

图 5-12

步骤 11

绘制后袋嵌线条及袋布

- 后袋嵌线条在口袋剪开线基础上绘制，袋布也直接在后片上绘制，然后再另外拓出来。
- 从腰围线开始，将省中线向下延长到 24cm，在直线的端点向两边作 8.5cm 的垂线，过垂线的端点再向上作垂线，直到与腰围线相交，形成一个长方形，它将作为袋布的基础线。
- 过省尖点分别向左右两边作省中线的垂线，长度 7cm，过垂线的端点再向下作垂线 1.5cm，直线连接左右两边的垂线端点，成为长方形的嵌线条。嵌线条两端距离袋布 1.5cm。
- 袋布上端两边在腰围线处收进 1cm，用弧线画顺袋布两边线条。袋布下端两角的水平和竖直方向分别缩进 3.5cm，抹成圆角（图 5-13）。

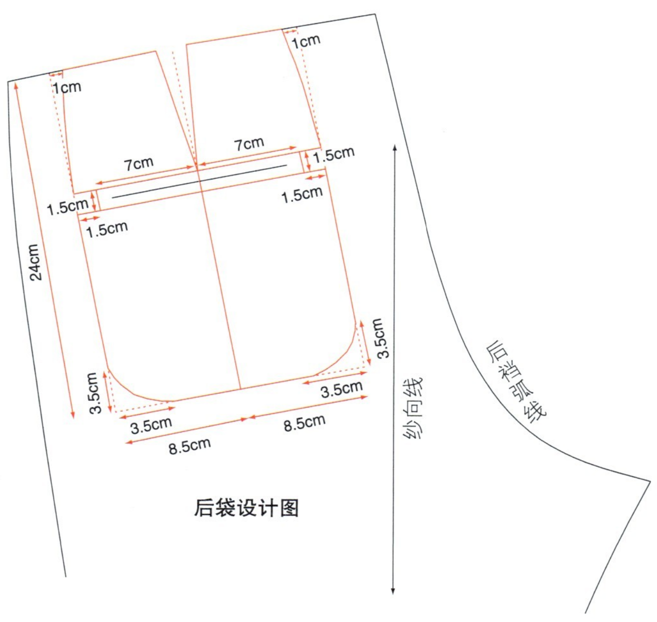

图 5-13

步骤 12

后袋下片袋布样板

口袋工艺

袋布的下片在袋口位置，缝用面料裁剪的袋垫布，以防袋口张开时，露出里面的袋布。

• 按照本书第 50 页的方法，重新复制袋布下片纸样，复制时需要将省道合并。首先，将纱向线与省道的一边重合，复制省道一边的嵌线条以上的袋布。再将纱向线与省道的另一边重合，复制省道另一边的嵌线条以上的袋布。

• 再将纱向线放回省中位置，继续复制嵌线条以下的袋布及嵌线条（图 5-14）。

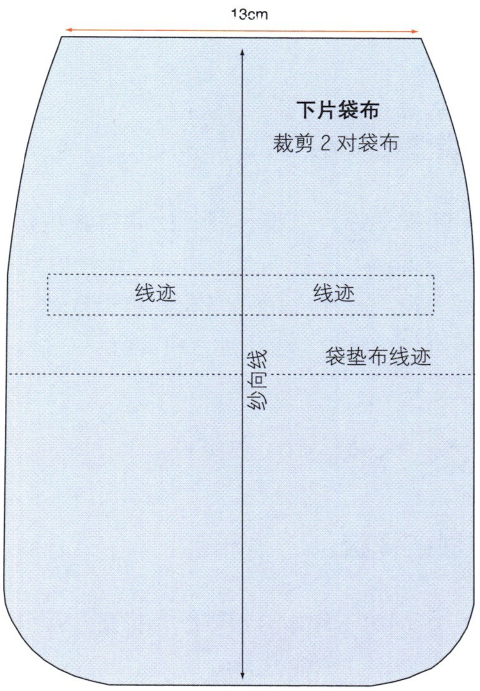

13cm
下片袋布
裁剪 2 对袋布
线迹
线迹
纱向线
袋垫布线迹

图 5-14

步骤 13

后袋上片袋布的上半部分样板

• 按照本书第 50 页的方法，重新复制从腰围线到嵌线上边的袋布上半部分，并在下边加放 1cm 缝份（图 5-15）。

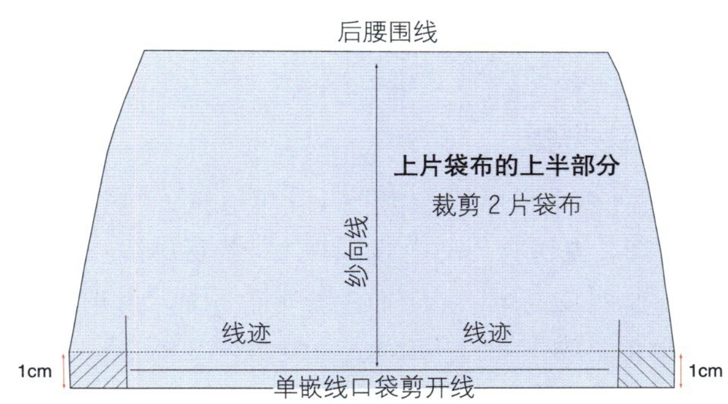

图 5-15

步骤 14

后袋上片袋布的下半部分样板

• 按照本书第 50 页的方法，重新复制嵌线下边的袋布下部分，并在上边加放 1cm 缝份（图 5-16）。

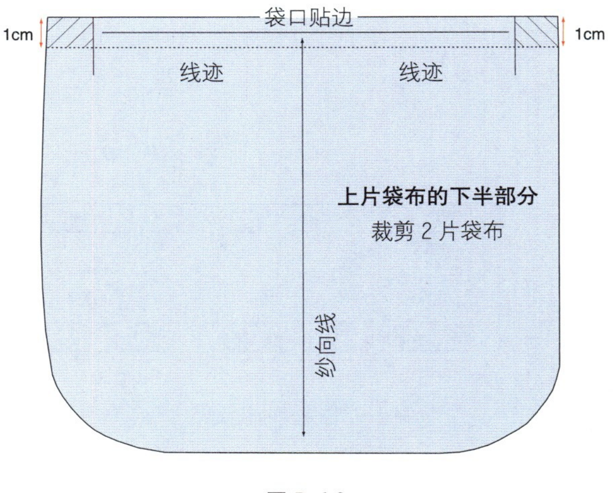

图 5-16

步骤 15

后袋袋垫布样板

● 将裤子后片总设计图上的后袋嵌线条复制到另一张纸上，两端加长 1.5cm。向下 2cm 作嵌线条上边线的平行线，得到一个 17cm×3.5cm 的长方形，在长方形的上下两边加放缝份 1cm（图 5-17）。

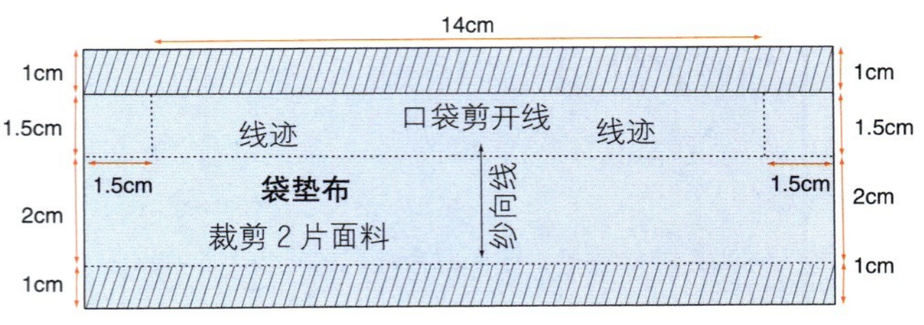

图 5-17

步骤 16

后袋嵌条样板

● 画 14cm×3cm 的长方形，将宽边等分，过中点画出对折线；

● 在两端的短边加放缝份 1.5cm，在上下的长边加放缝份 1cm（图 5-18）。

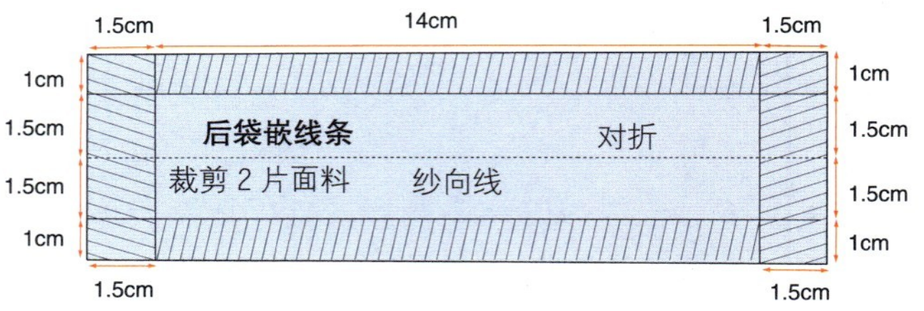

图 5-18

步骤 17

左片腰头样板

● 画长 41.5cm（1/2 腰围）、宽 3.5cm（腰头宽度）的长方形，左边标为前中线，右边标为后中线。

● 作对位标记：从前中线向右 8cm，为前片褶裥对位标记，再向右 10.3cm，为侧缝对位标记，再向右 10.2cm，为后腰省道的对位标记。

● 作出后腰的 V 型：从后中线向上取 2.5cm，标记该点，再向上取 3cm、再水平向左 1cm，标记该点，两点直线相连。并用弧线画顺后中线到侧缝的腰头上口线。

● 在腰头四周加放缝份 1cm（图 5-19）。

V 型腰头

本款裤子在腰头后中设计成 V 型，这是具有怀旧风格的传统裤型，后中左右腰端头定扣，用于系背带。

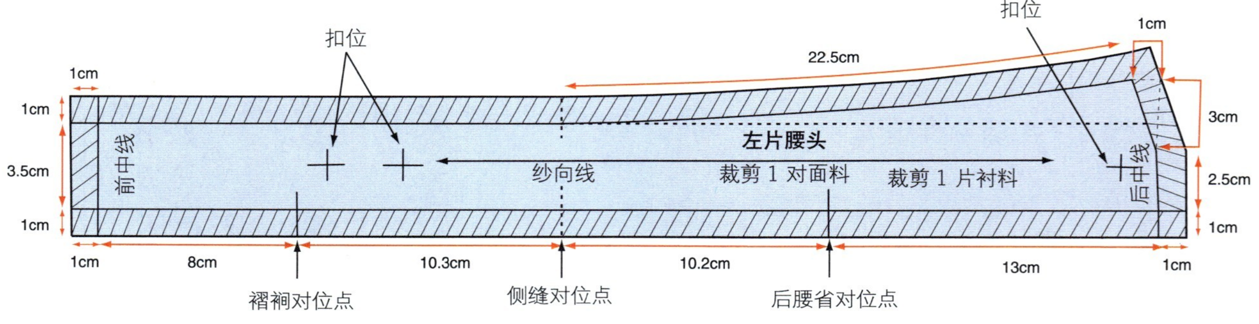

图 5-19

步骤 18

右片腰头样板

• 重复左片腰头的制图步骤，但是右边为前中线，左边为后中线。或者将左片腰头对称复制一份。

• 在前中线向外加放里襟宽 4cm，然后在右片腰头周边加放缝份 1cm（图 5-20）。

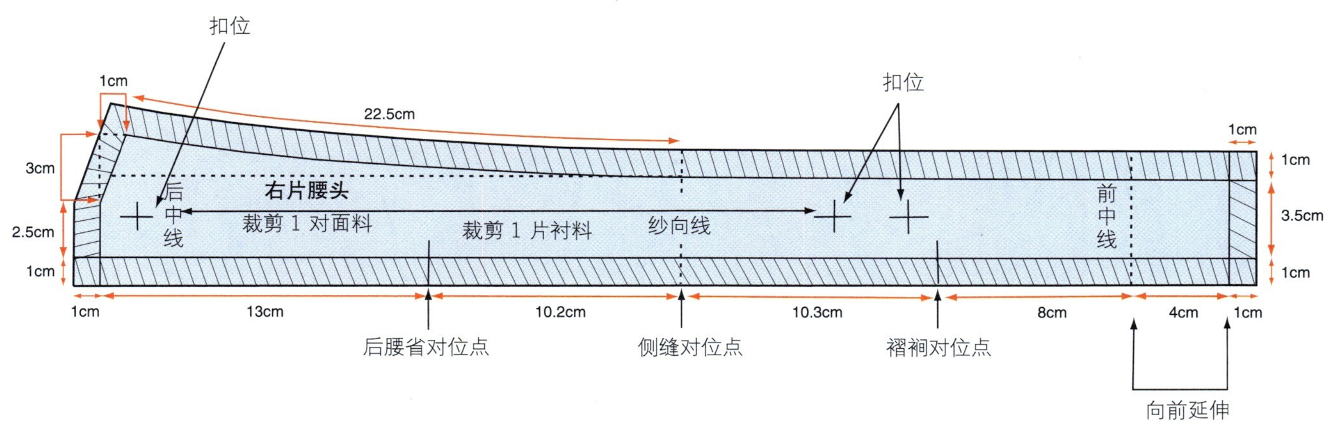

图 5-20

图 5-21

卡其裤纸样

图 5-22

卡其裤（图 5-22）纸样设计要点：

倾斜前中线和前腰线
倾斜后裆斜线
加深上裆
直筒裤型
前门襟贴边、里襟、纽扣搭门
斜插袋
单嵌线后袋
剑型前腰头

步骤 1

绘制裤子总设计图

选择一款男装裤子基本原型，或者按本书第 45 页的方法绘制裤子原型。裁一张比所设计裤子略长的打板纸，将裤子基本原型复制到打板纸上。按本书第 49 页的说明，将所有标志和相关文字标注在纸样上（图 5-23）。

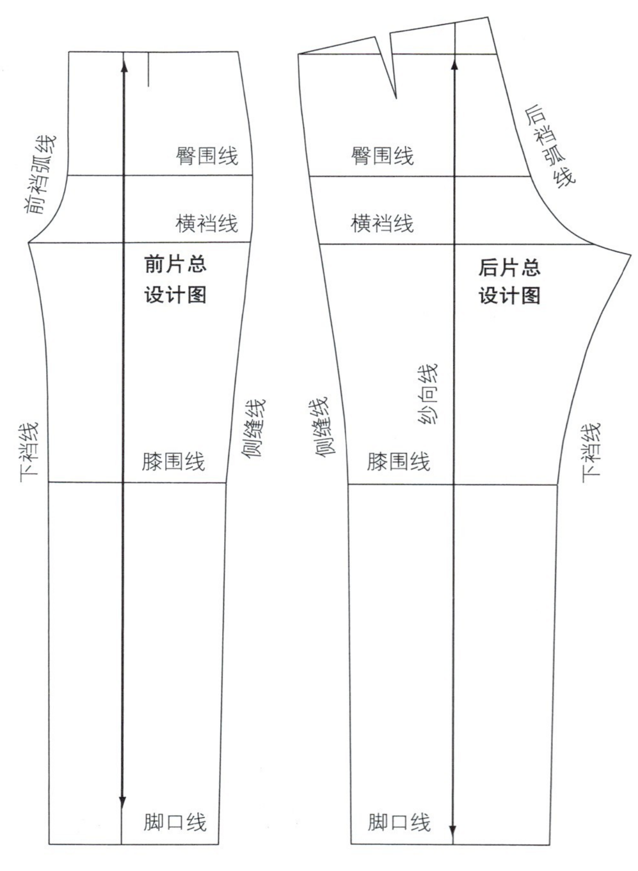

图 5-23

步骤 2

加深上裆、前门襟、倾斜前中线、斜插袋开口位置

• 将原型裤子的横裆线下降 3cm，重新画顺前裆弧线、下裆线和侧缝线。

• 将脚口两边收小 2cm，重新画顺下裆线和侧缝线，这样处理能使裤子显得纤细。

• 去除原型前片的 4cm 褶裥量，通过倾斜前、后裆线来弥补这一量。具体做法：从前中线沿腰围线向右 3cm、再竖直向上 1cm，为新前中点，过此点重新画顺前裆弧线和腰围线。

• 从腰围新前中点向右 4cm，向下平行于新前中线，作一条长度 18cm 的直线。直线末端向上 3cm，作为门襟从直线转成弧线的转折点。画顺门襟结构线。

• 从侧缝端沿腰围线向左 4cm 定点，再沿侧缝线向下 15cm 定点，将两点相连作为斜插袋的开口线。再将斜插袋的开口线上端延长 0.5cm，加大斜插袋的开口。将腰围线重新画顺（图 5-24）。

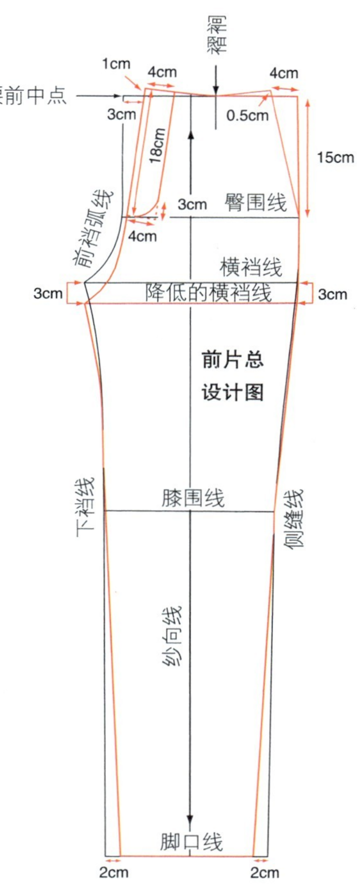

图 5-24

斜插袋开口与手的大小

斜插袋的开口必须比一般手的宽度尺寸大，否则袋口偏小，会影响手自如通过。

步骤 3

前片样板

• 按照本书第 50 页的方法，复制裤子前片纸样（图 5-25）。

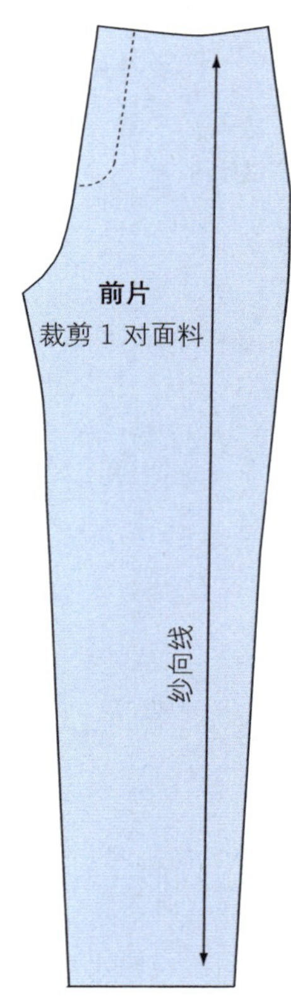

图 5-25

步骤 4

加深立裆、倾斜后裆斜线、单嵌线后袋位置

• 将原型裤子的横裆线下降 3cm，重新画顺后裆弧线、下裆线和侧缝线。

• 将脚口两边各收小 1cm，重新画顺下裆线和侧缝线，这样处理能使裤子显得纤细。

• 将后腰中点向左 1cm、向上 1cm，作为新后腰中点。过此点与后腰线和后裆线重新画顺。

• 过后片腰省的省尖点分别向两边做省中线的垂线，长度 7cm，过端点垂直向下 1.5cm，画出 14cm×1.5cm 的长方形（图 5-26）。

步骤 5

后片样板

• 按照本书第 50 页的方法，复制裤子后片纸样（图 5-27）。

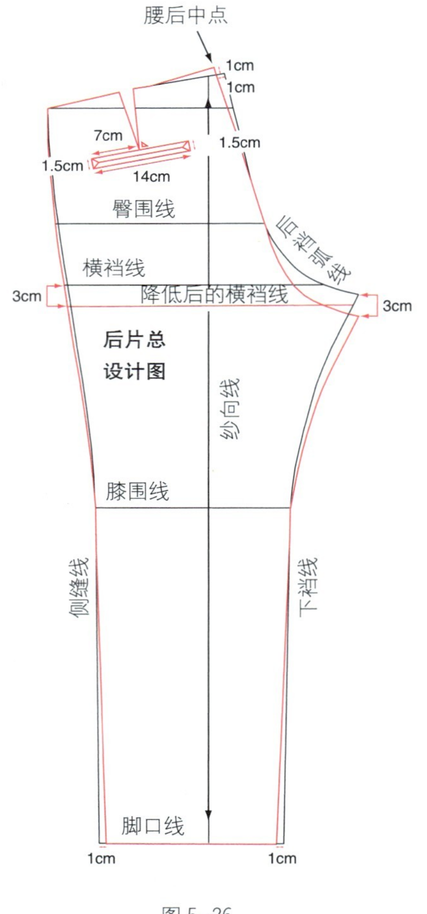

图 5-26

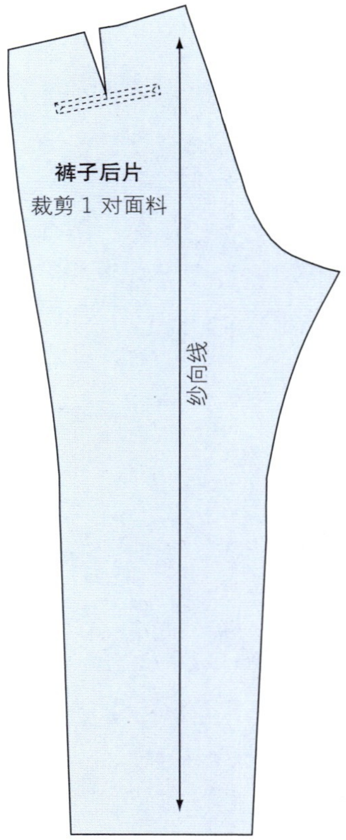

裤子后片
裁剪 1 对面料
纱向线

图 5-27

步骤 6

绘制斜插袋袋布

● 将第 2 步中还没有延长斜插袋开口线之前的纸样重新复制一份。

● 从斜插袋开口线上端开始，沿腰围线向左 12cm，作出口袋的宽度，再竖直向下 26cm，作出口袋的深度。

● 从斜插袋开口线下端，沿侧缝线向下 4cm，向左作水平线，长度 2cm，再向下作竖直线，长度 7cm，端点与口袋深线下端相连，形成封闭的袋布轮廓线。

● 将袋布左上角在腰围线处向右偏进 1cm，重新与袋底左端相连，使袋布的左边略带倾斜。将袋布底端的直角抹成圆角（抹角量为 3cm×3cm）。

● 袋口贴边宽度为 3cm，距离斜插袋开口线左侧 3cm，作其平行线，向上交于腰围线，向下与袋布轮廓线相交（图 5-28）。

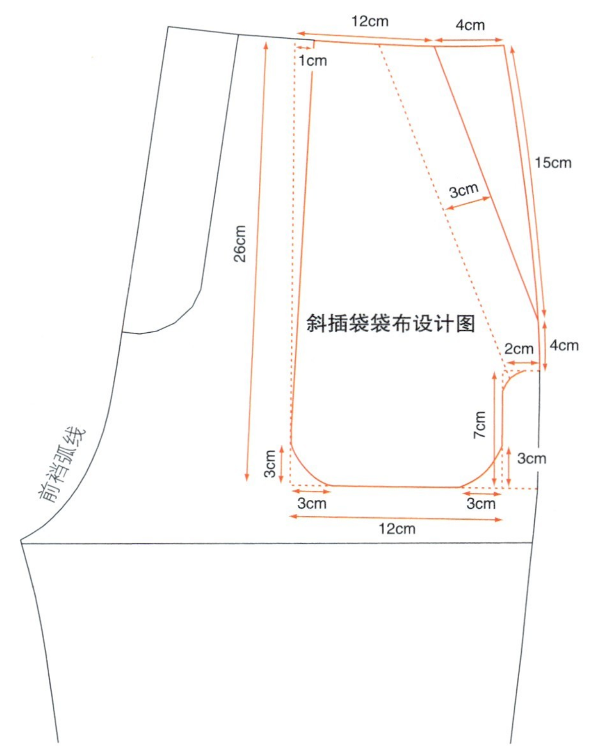

图 5-28

步骤 7

斜插袋袋布设计图

● 将前片设计图上的斜插袋袋布和贴边纸样重新复制到另一张打板纸上。斜插袋开口线向上延长 0.5cm，如同第 2 步，重新画顺上边线（图 5-29）。

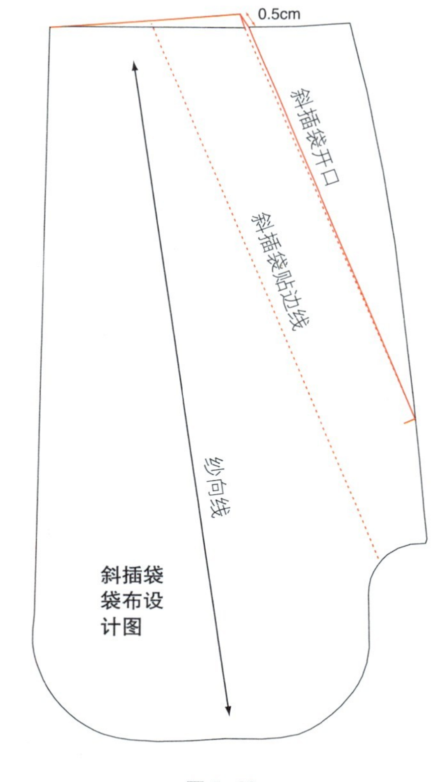

图 5-29

步骤 8

斜插袋袋布样板

袋垫布

袋垫布要用面料裁剪，垫在斜插袋开口下面，上端与裤腰缝合，侧面与侧缝缝合。袋口按第 2 步的方法加长了，而袋垫布和下片袋布要按照原来未加长的结构线绘制，要保证上下袋布尺寸一致。

• 按照本书第 50 页的方法，重新复制第 7 步中的斜插袋袋布上片和袋口贴边，包括袋口上端延长的部分。在复制袋布下片和袋垫布时，不包括袋口上端延长的部分（图 5-30）。

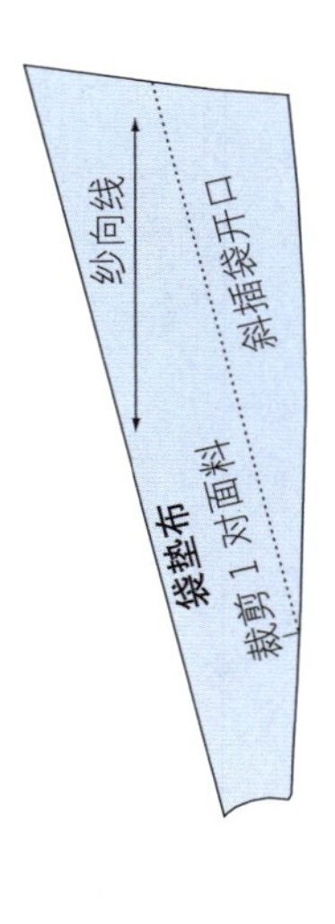

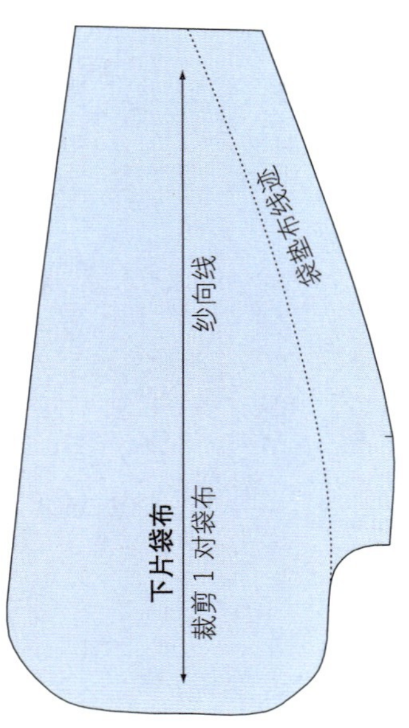

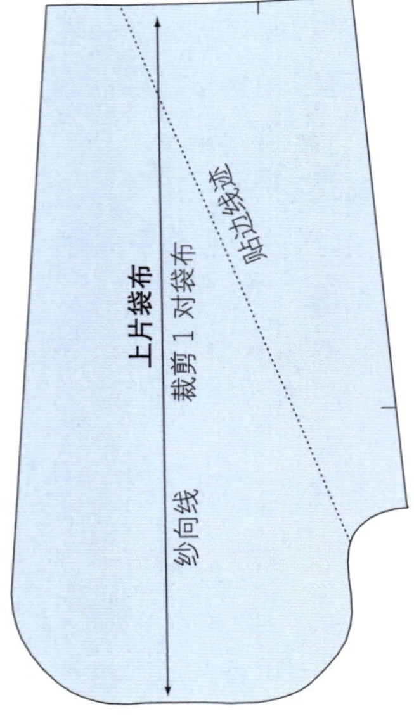

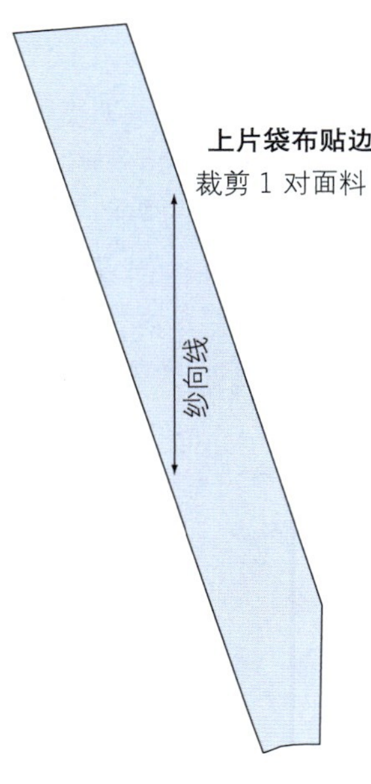

图 5-30

步骤 9

门襟和门襟贴边样板

• 按照本书第 50 页的方法，复制第 2 步所画的前门襟纸样。竖直线标为对折线，沿对折线对称复制出另一半，并在门襟周围加入 1cm 缝份。

• 沿对折线折叠，成为双层的门襟，用于开扣眼。

• 按照上一步双层门襟的左边，复制出一个单层的，作为门襟贴边（图 5-31）。

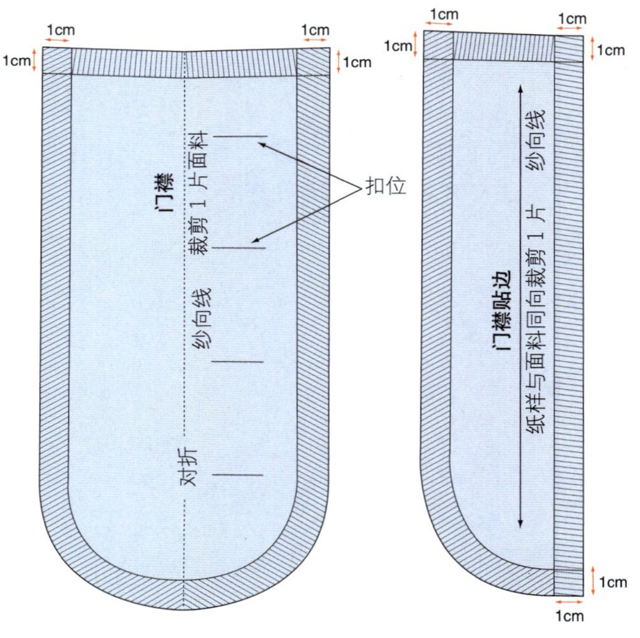

图 5-31

步骤 10

绘制里襟

• 将裤子左、右前片纸样在前中线拼合，直接在前片上设计里襟。

• 门襟与裤子左前片前中线缝合，里襟与右前片缝合。从前中线开始沿腰围线向左前片方向取 4cm，作为里襟钉扣所需里襟宽度；再继续取 4cm，作为重叠加固部分。

• 从门襟底端开始，用曲线板画顺底端到腰部的里襟结构线（图 5-32）。

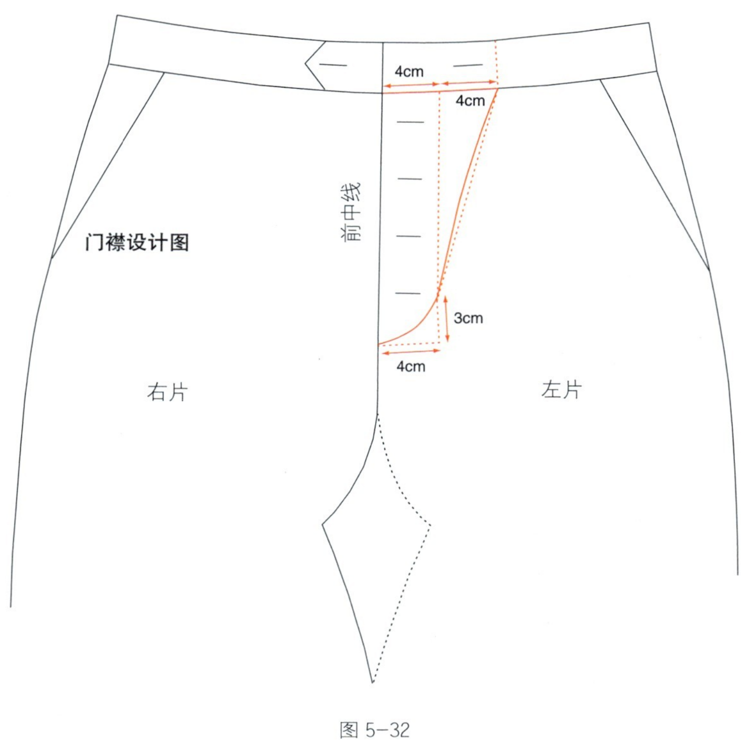

图 5-32

步骤 11

里襟样板

• 按照本书第 50 页的方法，复制上一步所绘制的里襟纸样，并在周围加放缝份 1cm（图 5-33）。

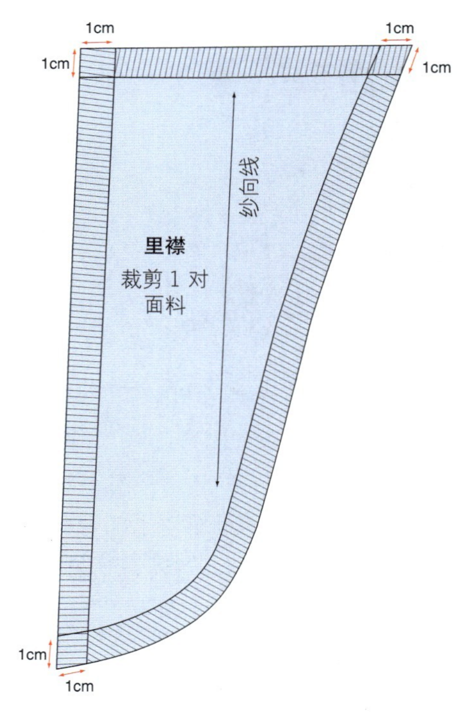

图 5-33

步骤 12

后袋嵌线条及袋布设计图

• 后袋嵌线条在后腰省尖上，袋布结构线直接在裤子后片上绘制，然后再另外拓出来。

• 从腰围线开始，沿省中线向下作腰围线的垂直线，长度 24cm，在末端分别向两边做垂线，长度 8.5cm，再从垂线的端点向上作垂线，延长到腰围线，形成一个长方形，作为绘制袋布的基础线。

• 过省尖点分别向左右两边做省中线的垂线，长度 7cm，再过垂线的端点向下作 1.5cm 的垂线，将左右两边垂线的端点相连，形成长方形的嵌线条，嵌线条两端距袋布边 1.5cm。

• 袋布上端两边在腰围线处各收进 1cm，用略带弧度的线条画顺袋布两边。袋布下端水平和竖直方向分别缩进 3.5cm，抹成圆角（图 5-34）。

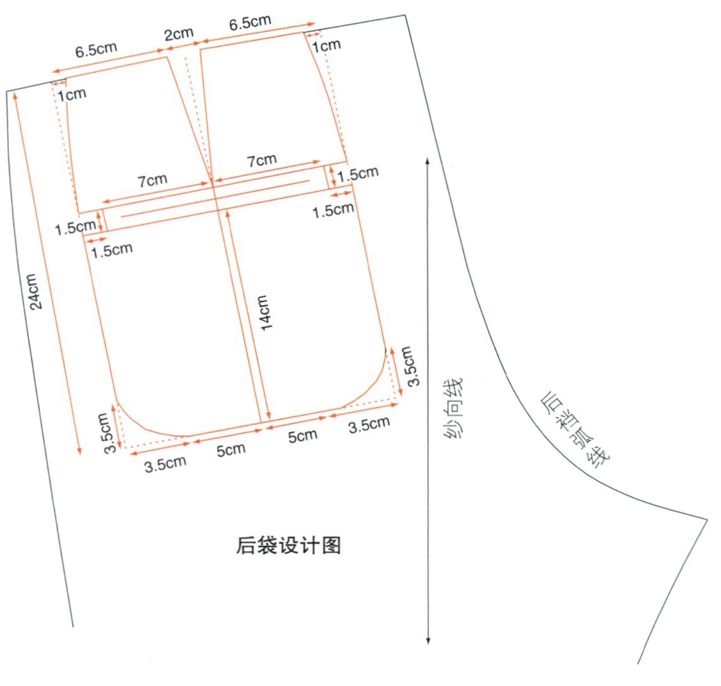

图 5-34

步骤 13

后袋下片袋布样板

口袋工艺

袋布的下片在袋口位置，缝用面料裁剪的袋垫布，以防袋口张开时，露出里面的袋布。

• 复制下片袋布纸样，复制时需要将省道去除。按照本书第 50 页的方法，首先将纱向线与省道的一边重合，复制省道一边嵌线以上的袋布，再将纱向线与省道的另一边重合，复制省道另一边嵌线以上的袋布。

• 再将纱向线放回省中，继续复制嵌线以下部分袋布及嵌线条（图 5-35）。

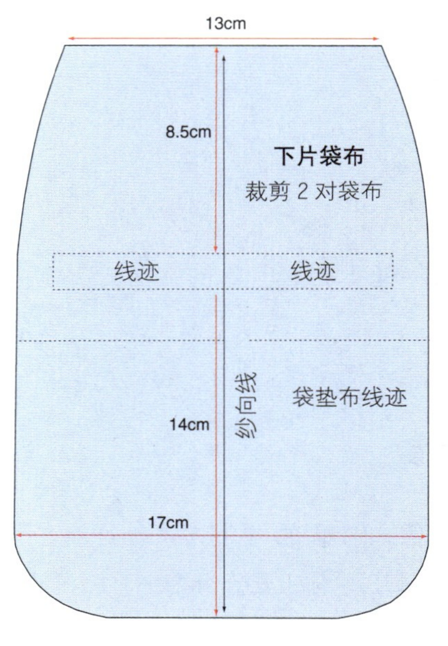

图 5-35

步骤 14

后袋上片袋布的上半部分样板

• 按照本书第 50 页的方法，复制腰围线到嵌线以上部分的袋布，并在下边加放缝份 1cm（图 5-36）。

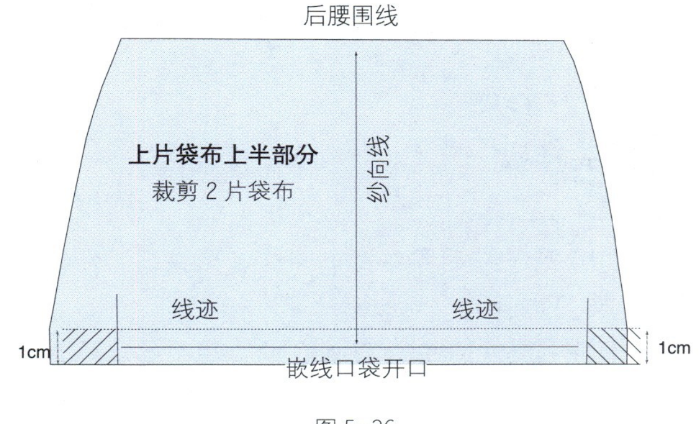

图 5-36

步骤 15

后袋上片袋布的下半部分样板

• 按照本书第 50 页的方法，复制嵌线以下部分的袋布，并在上边加放缝份 1cm（图 5-37）。

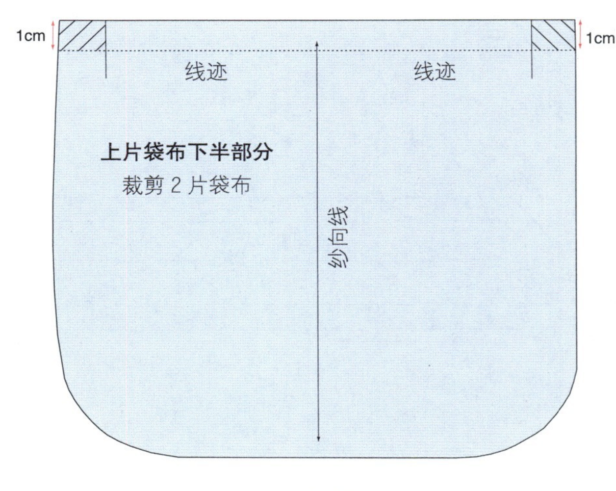

图 5-37

步骤 16

后袋袋垫布样板

• 从裤子后片总设计图上，复制出后袋嵌线条，将两端延长 1.5cm，向下 2cm 作嵌线条的平行线，得到一个 17cm×3.5cm 的大长方形，在长方形的上下两边加放缝份 1cm，即为袋垫布最终的样板（图 5-38）。

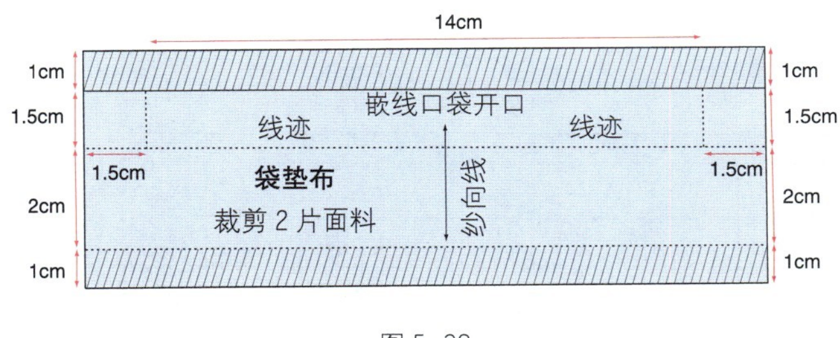

图 5-38

步骤 17

后袋嵌线条样板

• 画一个 14cm×3cm 的长方形，作为绘制长方形嵌线条的基础。

• 将宽边等分，过中点画出对折线。

• 在左右两端的短边加放缝份 1.5cm，在上下两端的长边加放缝份 1cm（图 5-39）。

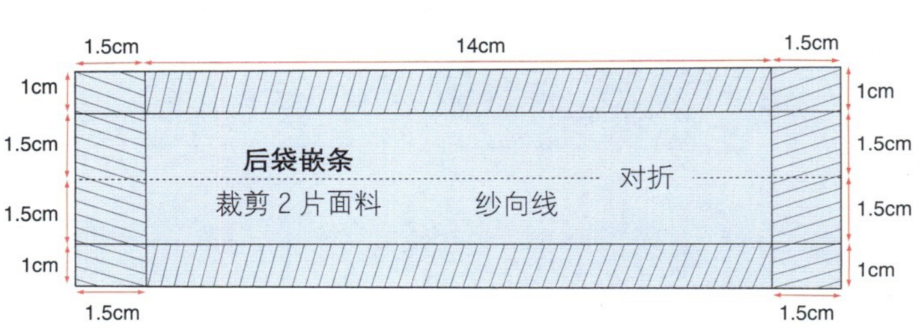

图 5-39

步骤 18

右片腰头样板

• 这款裤子在后腰中间有一个 V 形缺口，所以左、右腰头要分别制图。

• 绘制裤腰之前先测量裤子前、后片的腰围尺寸。画一个长为 1/2 腰围、宽为 3.5cm（腰头宽度）的长方形，将长方形左侧的竖边标为后中线。从后中线向右做 22.5cm 的水平线，标出侧缝对位标记；再继续向右做 19cm 的水平线，标出前中线对位标记；再向右做 8cm 的水平线，作为里襟宽；最后完成长方形的各边。

• 做出后腰的 V 型：先从后中线下端向上 2cm 定点，再从后中上端向右 1cm 定点，将两点相连做出后腰头 V 型。

• 在腰头四周加放 1cm 缝份，完成最终样板（图 5-40）。

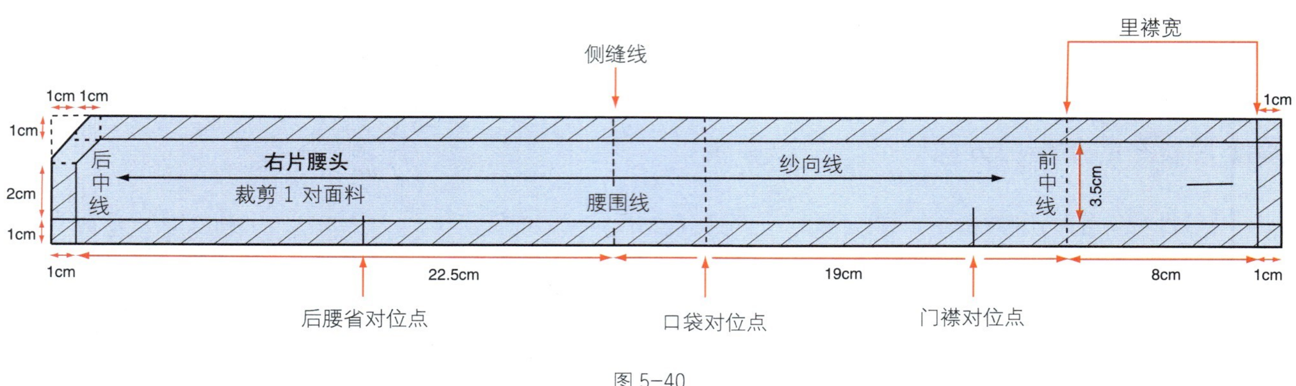

图 5-40

步骤 19

左片腰头样板

• 左片腰头样板可以在右片腰头的基础上（19cm+22.5cm）绘制，但需要加上剑型腰头的长度。剑型腰头长 4cm，出尖 1.5cm。左片腰头宽度仍为 3.5cm。

• 先从后中线下端向上 2cm 定点，再从后中线上端向左 1cm 定点，将两点相连做出后腰头 V 型。

• 在左片腰头四周加放 1cm 缝份，完成最终样板（图 5-41）。

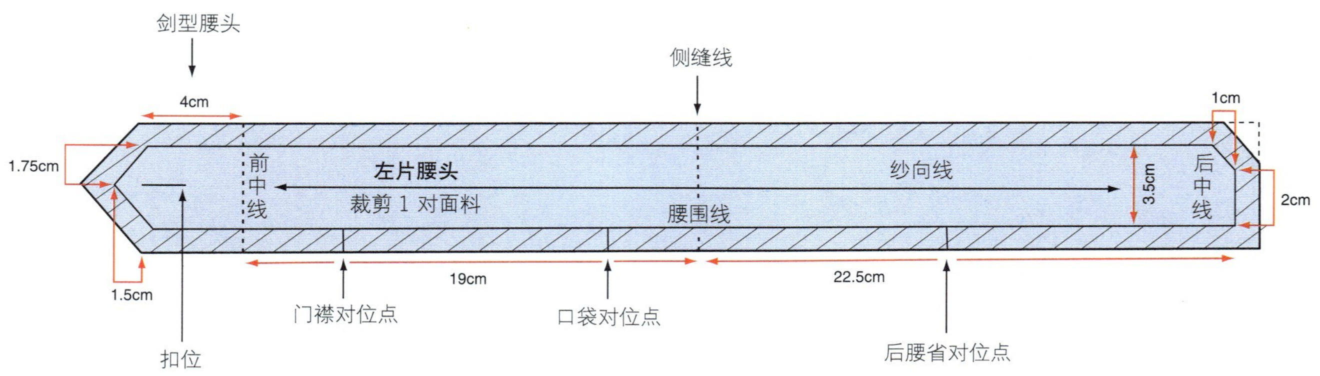

图 5-41

图 5-42

基本型运动裤纸样

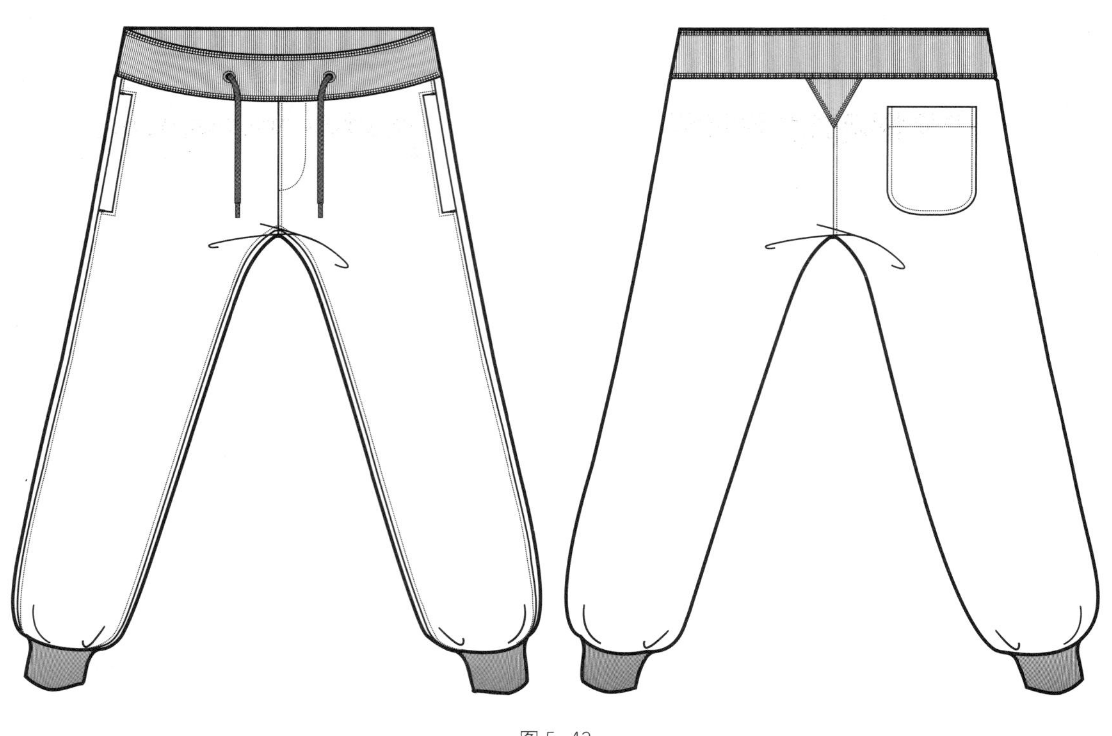

图 5-43

基本型运动裤（图 5-43）纸样设计要点：

倾斜前中线和前腰围线
倾斜后裆斜线
加深上裆
宽松裤型
缝合式前门襟
单嵌线直插袋
后贴袋
束带罗纹裤腰
后腰中线装 V 形插角
罗纹脚口

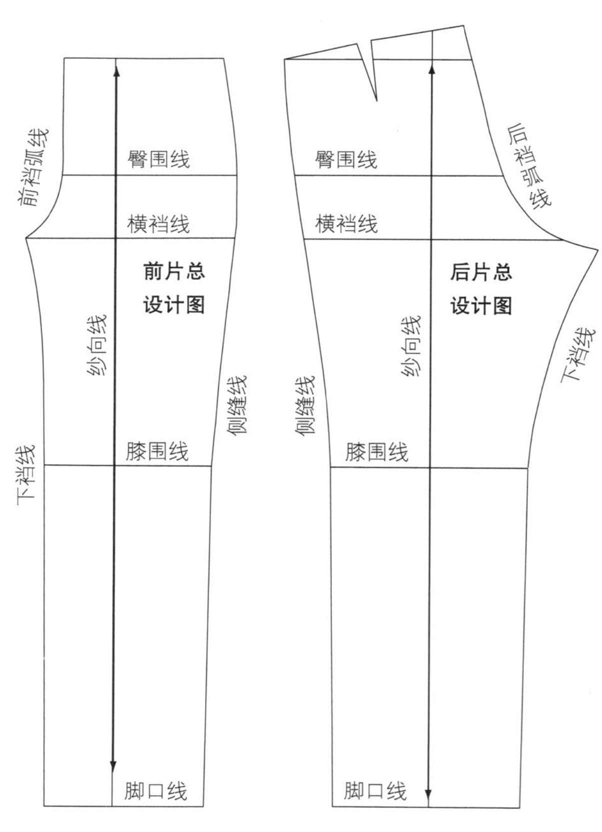

图 5-44

步骤 1

绘制裤子总设计图

选择一款男装裤子基本原型，或者按本书第 45 页的方法绘制裤子原型。裁一张比所设计裤子略长的打板纸，按本书第 49 页的说明，将裤子基本原型所有标志和相关说明复制到打板纸上（图 5-44）。

步骤 2

加深上裆、前门襟、倾斜前中线

• 将裤子原型的横裆线下降 3cm，重新画顺前裆弧线、下裆线和侧缝线。

• 通过倾斜前裆斜线，来去除原型上前片 4cm 的褶裥量。具体做法：从前中线沿腰围线向右 3cm、再竖直向上 1cm 定点，作为新前中点，过此点重新画顺前裆弧线和腰围线定点。

• 本款裤子的门襟是缝合式。从新前中点沿腰围线向右 4cm，向下平行于新前中线作一条 18cm 的直线。直线末端向上 3cm，作为门襟从直线变成弧线的转折点，画顺门襟结构线（图 5-45）。

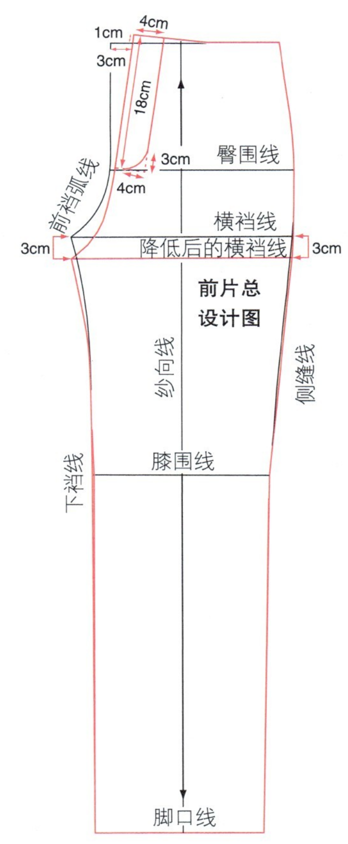

图 5-45

步骤 3

加深上裆、倾斜后裆斜线、后袋位置

• 将裤子原型的横裆线下降 3cm，重新画顺后裆弧线、下裆线和侧缝线。

• 从后腰中点向左 1cm、再向上 1cm 定点，作为新后腰中点。过此点重新画顺后腰线和后裆弧线。

• 过后片腰省的省尖点分别向两边作省中线的垂线 7cm，总长为 14cm 的后袋宽，这条线是后贴袋上边所在位置，后贴袋仅裤子右片上有（图 5-46）。

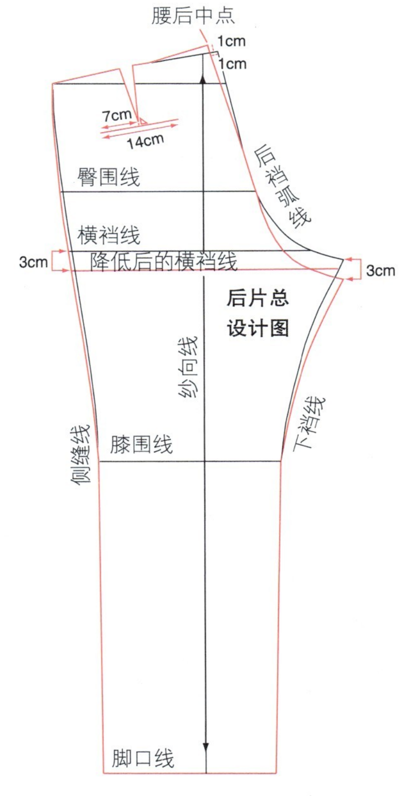

图 5-46

步骤 4

增大前片松量

> **口袋工艺**
>
> **袋布的下片袋口位置，缝用面料裁剪的袋垫布，以防袋口张开时露出里面的袋布。**

- 沿裤子前片纱向线将纸样剪开，水平展开 2.5cm。
- 在腰围侧缝处收进 1.3cm，重新画顺侧缝（图 5-47）。

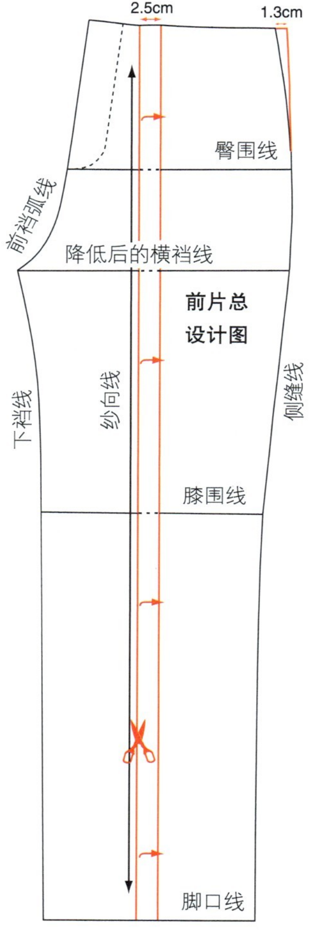

图 5-47

步骤 5

绘制单嵌线直插袋

- 从腰围沿新侧缝线向下 2.5cm 定点，过该点向左作水平线 2cm，继续向下作竖直线 15cm。将这个 2cm×15cm 的长方形去除，这是直插袋嵌线的位置（图 5-48）。

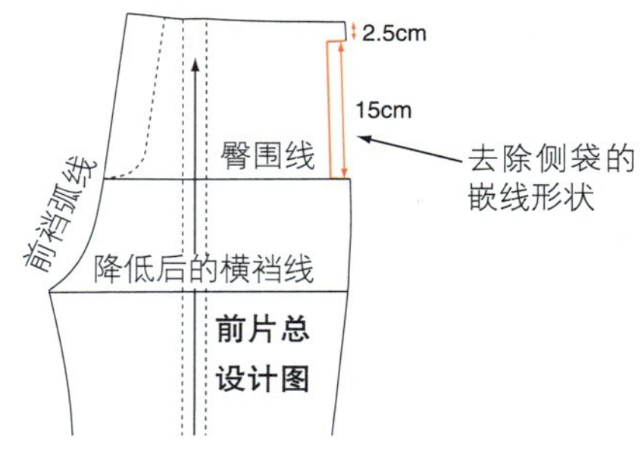

图 5-48

步骤 6

前片样板

- 按照本书第 50 页的方法，重新复制裤子前片纸样（图 5-49）。

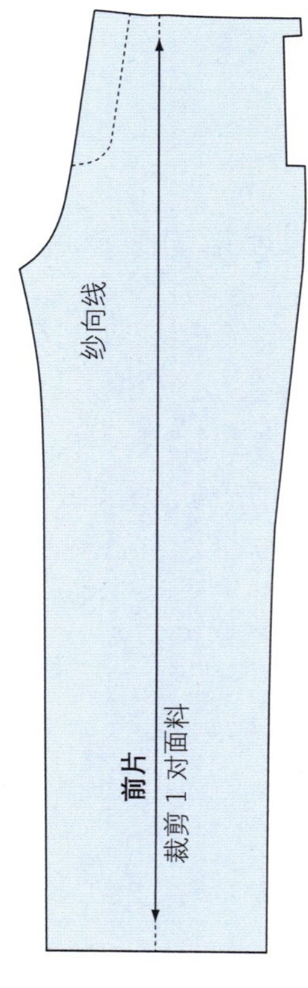

图 5-49

步骤 7

增大后片松量

增大运动裤后片的松量

运动裤是宽松结构，需要增大松量。具体做法：将后片纸样中间剪开，水平放出 2.5cm，后腰省（2cm）也作为腰部的松量，腰围在侧缝处收进 0.7cm，综合起来，后腰围共增加了 3.8cm 的松量。

- 沿裤子烫迹线将后片剪开，水平展开 2.5cm。
- 去除后腰省道，重新修顺腰围线。
- 腰围在侧缝处收进 0.7cm，重新画顺侧缝线（图 5-50）。

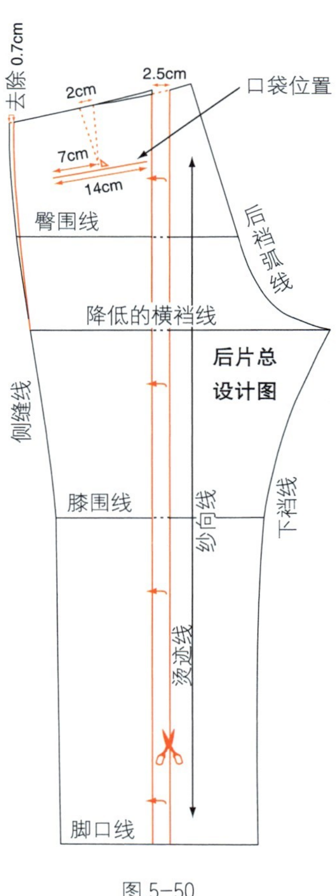

图 5-50

步骤 8

去除后中线处的 V 形角

- 先从后腰中点沿后裆斜线向下 8.5cm 定点，再沿腰围线向左 5cm 定点，然后将两点直线相连，所形成的三角区域即为后中要去除的V形角（图 5-51）。

步骤 9

后片样板

- 按照本书第 50 页的方法，复制裤子后片纸样（图 5-52）。

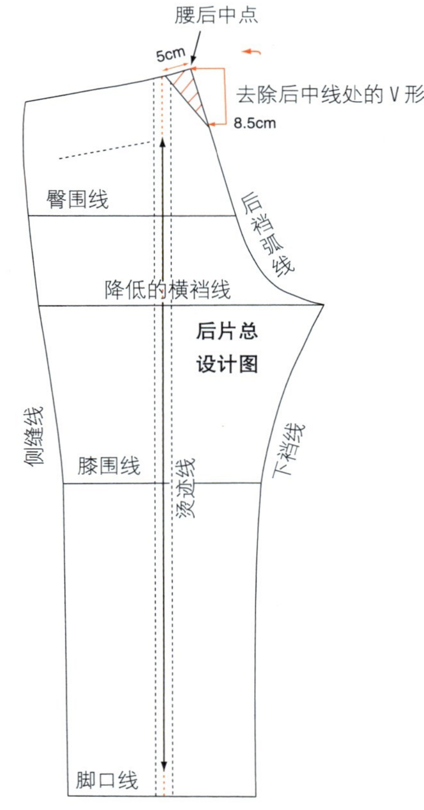

图 5-51

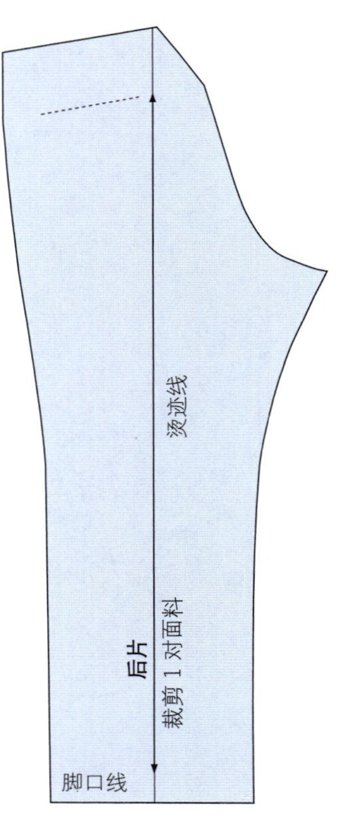

图 5-52

步骤 10

单嵌线直插袋的位置及袋布

• 从侧缝边沿腰围线向左 13cm 定点，过该点向下作竖直线，竖直线与臀围线相交后再向下取 8cm，过端点再作水平线 5cm。

• 在嵌线下端，沿侧缝线向下 3cm，与上一步 5cm 水平线的末端斜线相连。

• 将斜线四等分，在靠近侧缝线处为第一个等分点，过该点向上作 0.5cm 的垂线，在第三个等分点向下作 0.5cm 的垂线。过两个垂线的端点和斜线的中点画顺袋布（图 5-53）。

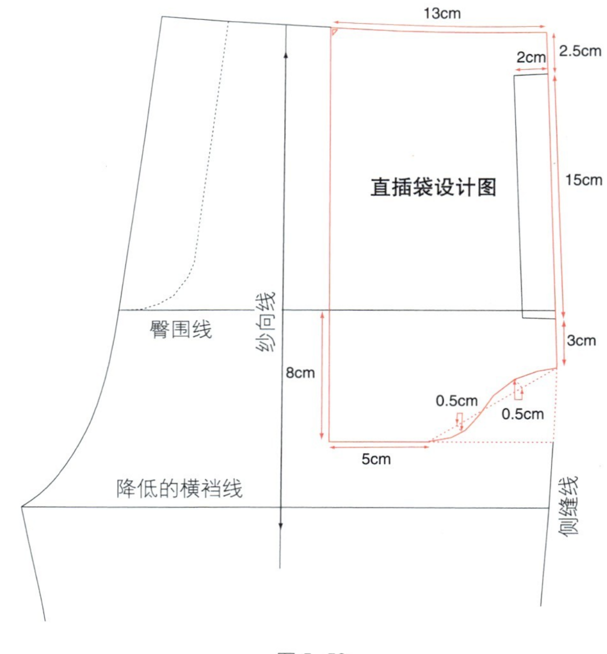

图 5-53

步骤 11

直插袋袋布样板

• 按照本书第 50 页的方法，复制直插袋袋布纸样，并对称复制出袋布的另一半，注意仅在一边去除嵌线条的形状（图 5-54）。

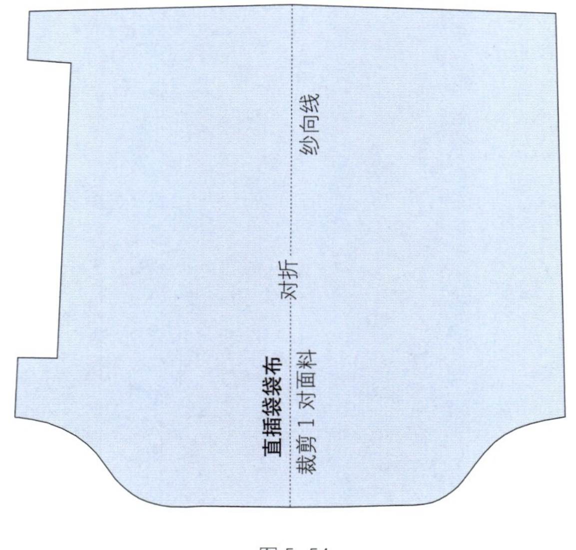

图 5-54

步骤 12

直插袋嵌线条样板

• 另取一张纸画 15cm×4cm 的长方形。

• 将宽边二等分，过中点画出对折线。

• 在长方形的周边加放 1cm 缝份（图 5-55）。

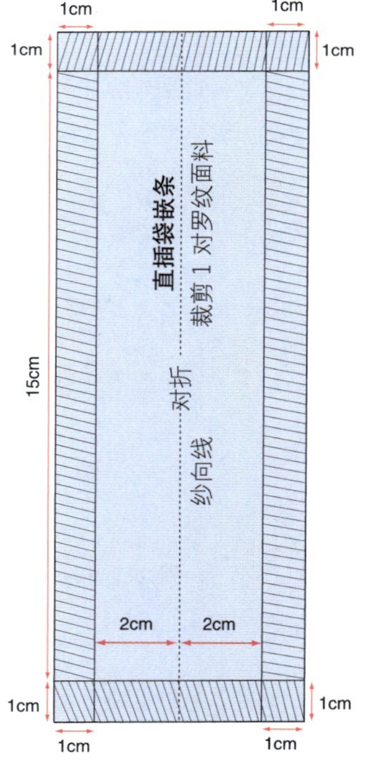

图 5-55

步骤 13

绘制后贴袋

• 以后片上所画的袋位线为基准来绘制后贴袋。袋位线向上 2cm 和向下 1cm 作袋位线的平行线，并连成一个长方形，这是袋口贴边轮廓线。

• 过贴边线下边线两端向下作 14cm 的垂线，垂线末端相连形成长方形的贴袋。长方形的下端水平和竖直方向分别缩进 4cm，将贴袋抹成圆角（图 5-56）。

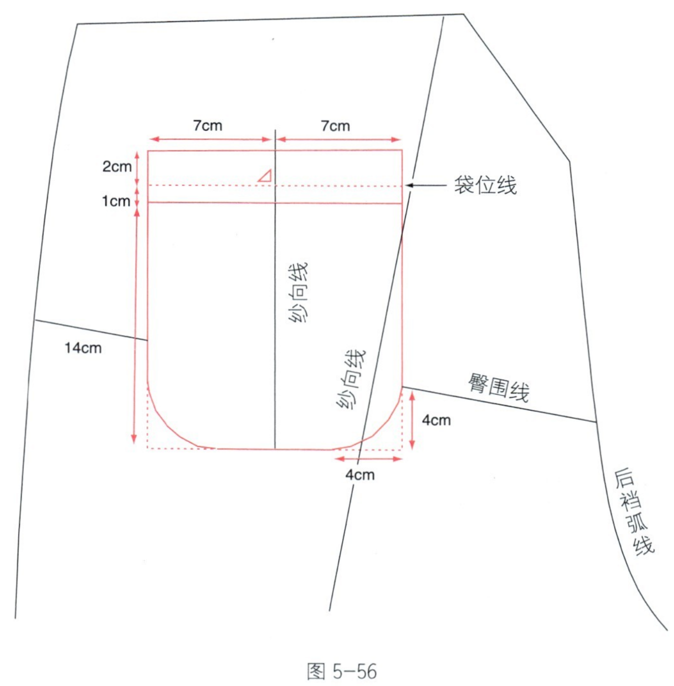

图 5-56

步骤 14

后贴袋袋布样板

• 按照本书第 50 页的方法，复制贴袋纸样，如图所示，在上边加放出贴边（图 5-57）。

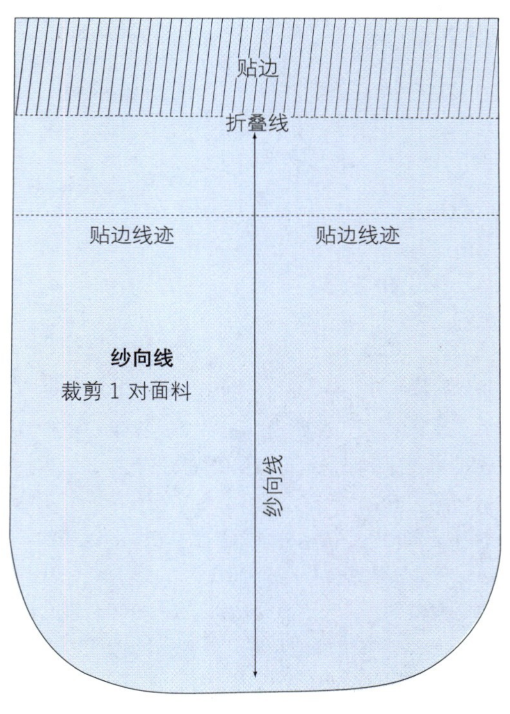

图 5-57

步骤 15

绘制后中线处 V 形插角样板

- 后中线处的 V 形插角是一个纯设计的细节。
- 画一条长 10cm 的水平线，过中点向下作 8.5cm 的竖直线。
- 将水平线的两端与竖直线的末端相连，形成一个三角形。
- 在三角形的周围加放 1cm 缝份（图 5-58）。

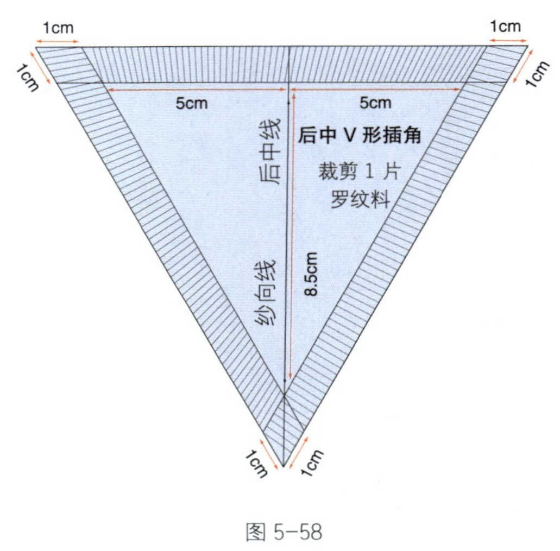

图 5-58

步骤 16

罗纹裤腰样板

- 画一个长 78cm（根据下面罗纹弹性面料的计算方法所得的裤腰头尺寸），宽 10cm（2 倍的裤腰宽度）的长方形。
- 将长方形的宽度等分，过中点作出对折线。
- 在长方形的两个下角画出束带打孔位置。
- 在长方形的周边加上 1cm 缝份（图 5-59）。

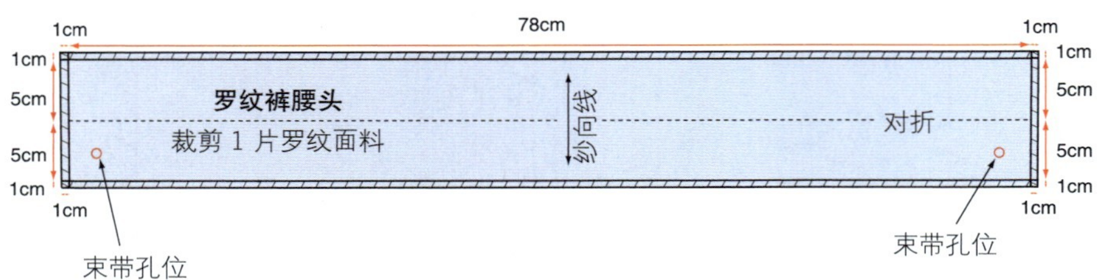

图 5-59

罗纹裤腰尺寸

在绘制针织罗纹裤腰之前，首先要计算腰围需要缩小的量，这主要依赖于所选择的针织材料的弹性。而针织罗纹材料的弹性取决于所含氨纶的比率。

标准计算方法是，从前到后测量裤子样板的腰围，用此值除以 4，所得值是要缩小的腰围量。

由于材料的弹力大小不同，有可能按标准计算出结果也未必合适。所以，在实际应用时，先用标准计算方法得到初步结果，再根据面料的实际弹性大小进行调节。

步骤 17

罗纹脚口样板

- 另取一张纸，画一个长 22cm、宽 16cm（脚口罗纹边宽度的 2 倍）的长方形。
- 将宽度等分，过中点作出对折线；
- 在长方形的周边加 1cm 缝份（图 5-60）。

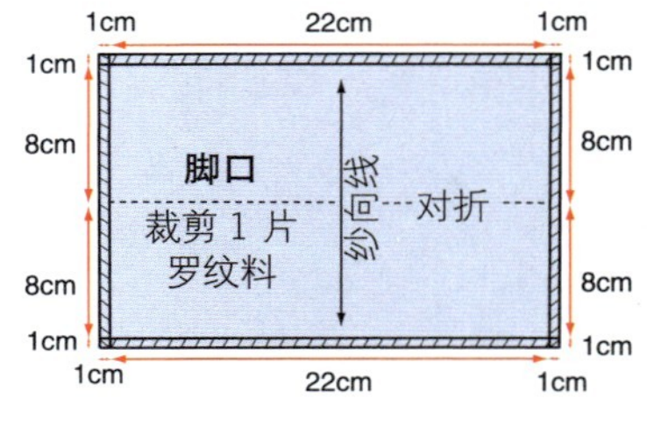

图 5-60

图 5-61

合体短裤纸样

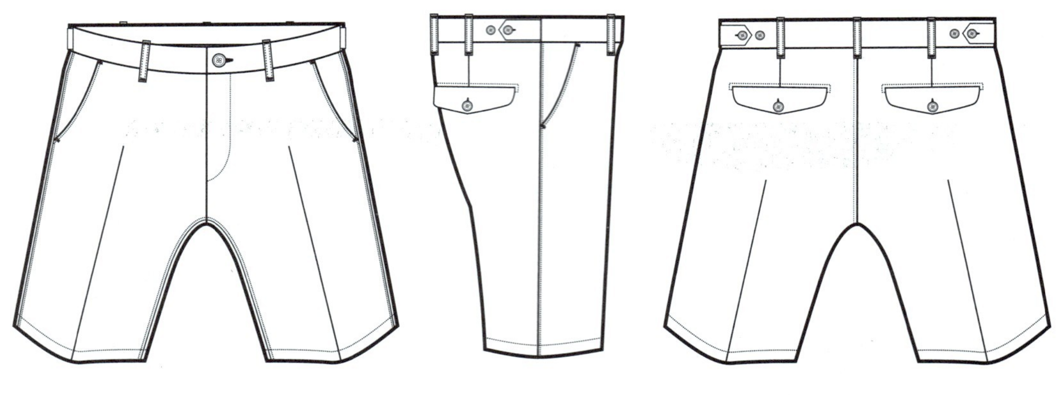

图 5-62

合体短裤（图 5-62）纸样设计要点：

倾斜前中线和前腰围线

倾斜后裆斜线

加深上裆

减短裤长

前门襟、门襟贴边、里襟

斜插袋

带袋盖单嵌线后袋

裤腰侧襻

步骤 1

绘制裤子总设计图

本款短裤是基于卡其裤的纸样而设计。绘制短裤纸样前，先选择一款卡其裤的纸样，或者按本书第 58 页的方法，由裤子基本原型绘制出卡其裤的纸样。

在卡其裤纸样上完成下列结构线的调整：

去除前片的褶裥，倾斜前中线和后裆斜线，以及前、后腰围线。

加深前、后上裆。

绘制前门襟结构线。

确定后袋位置（图 5-63）。

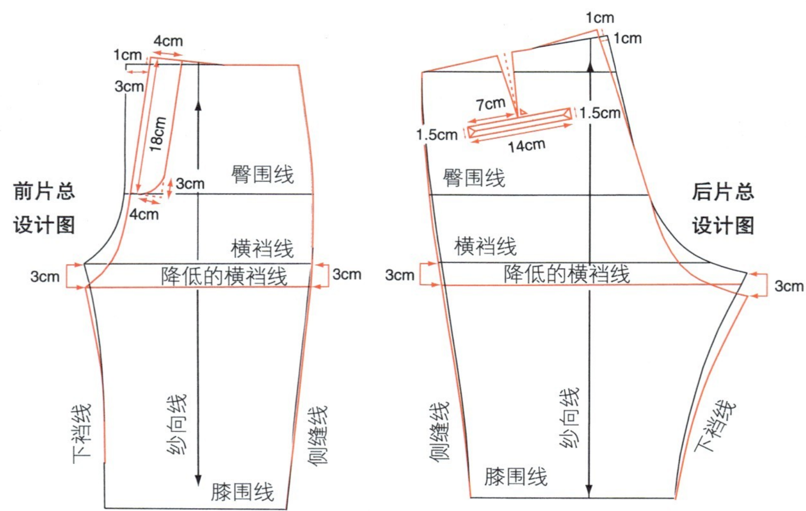

图 5-63

步骤 2

确定斜插袋位置及裤长

• 先从腰围侧缝端沿腰围线向左 4cm 定点，再沿侧缝线向下 15cm 定点，将两点直线相连作为斜插袋的开口线。再将斜插袋的开口线上端延长 0.5cm，加大斜插袋的开口，过端点与腰围线重新画顺。

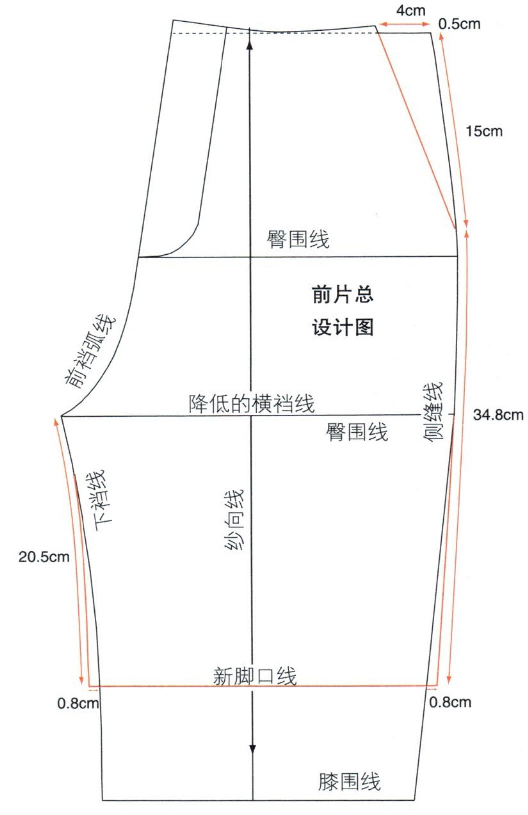

图 5-64

斜插袋的开口与手的大小

斜插袋的开口要足够大，以满足不同大小手的需要。否则袋口偏小，会影响手自如通过。

• 从斜插袋开口下端开始，沿侧缝线向下 34.8cm 定点，过该点水平向右外侧偏出 0.8cm 定点，过此点重新画顺侧缝线。

• 从前裆点开始，沿下裆线向下取 20.5cm 定点，过该点水平向左外侧偏出 0.8cm 定点，过此点重新画顺下裆线。

• 连接上述两点形成新脚口线（图 5-64）。

步骤 3

前片样板

• 按照本书第 50 页的方法，复制前片纸样（图 5-65）。

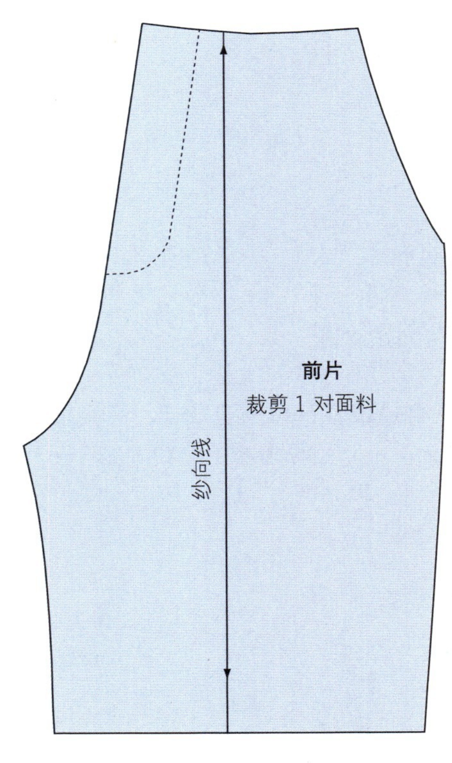

图 5-65

步骤 4

绘制斜插袋袋布

• 绘制斜插袋袋布纸样之前，先将第 2 步中还没有延长斜插袋开口线的纸样重新复制一份。

• 从斜插袋开口线上端沿腰围线向左取 12cm，作为口袋的宽度。过该点向下作 26cm 的竖直线，作为口袋的深度。

• 从斜插袋开口线下端，沿侧缝线向下 4cm，向左作 2cm 的水平线，再向下作 7cm 的竖直线，将竖直线末端与口袋深线末端直线相连，形成封闭的袋布轮廓线。

• 将袋布左上角沿腰围线向右偏进 1cm，再与袋底左端相连，使袋布的左边略带倾斜，并将袋布底端的直角抹成圆角（抹角量为 3cm×3cm）。

• 袋口贴边宽度为 3cm。距离斜插袋开口线左侧 3cm 作平行线，向上交于腰围线，向下与袋布轮廓线相交（图 5-66）。

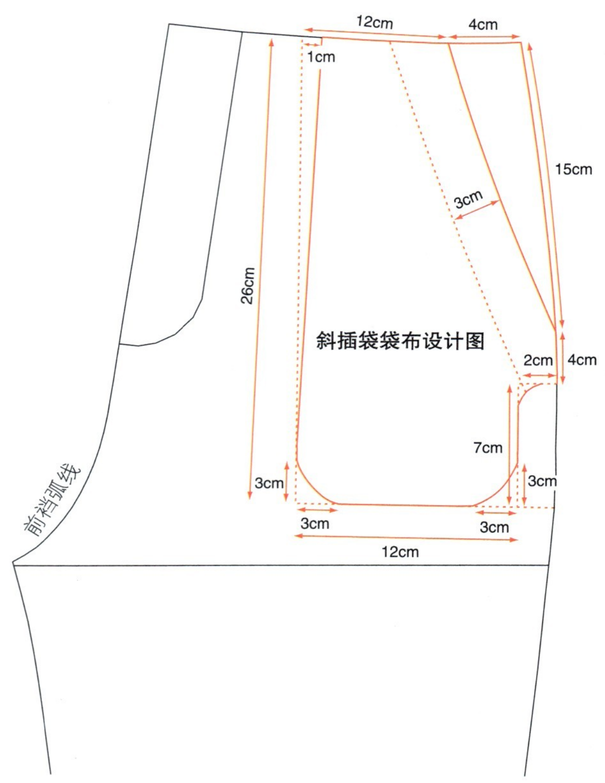

图 5-66

步骤 5

斜插袋袋布设计图

• 复制斜插袋袋布和贴边纸样，将斜插袋开口线向上延长 0.5cm，重新画顺袋布上边线（图 5-67）。

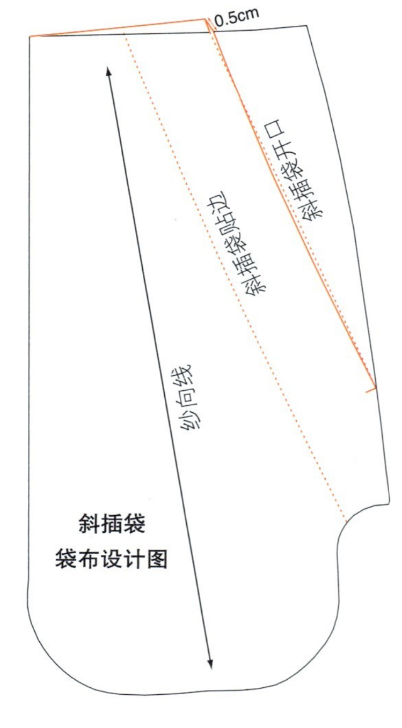

图 5-67

步骤 6

斜插袋样板

• 按照本书第 50 页的方法，复制第 5 步中的斜插袋袋布上片和袋口贴边，包括袋口上端延长的部分（图 5-68）。另外，再复制袋布下片和袋垫布，此时不包括袋口上端延长的部分（图 5-69）。

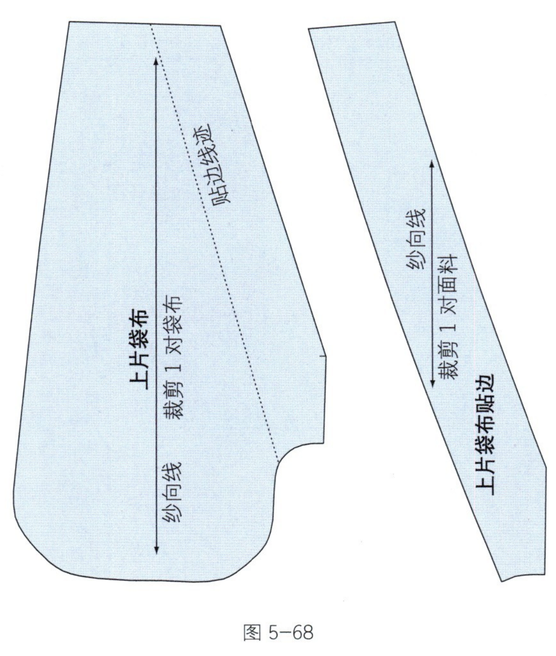

图 5-68

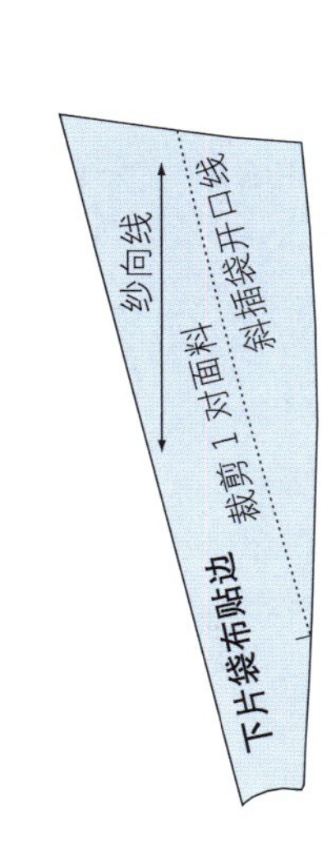

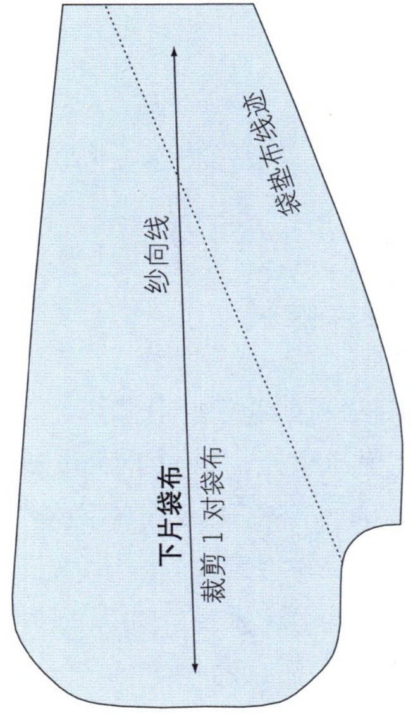

图 5-69

袋垫布

袋垫布要用面料裁剪，垫在斜插袋开口下面的袋布上，上端与裤腰缝合，侧面与侧缝缝合。在第 2 步中斜插袋的开口向上加长了，而袋垫布和袋布下片仍要按照原来未加长的结构线绘制，要保证上下袋布尺寸一致。

步骤 7

门襟贴边样板

• 按照本书第 50 页的方法，复制第 1 步所画前门襟纸样。然后将其翻转过来，在周围一圈加上 1cm 缝份，即为门襟贴边的最终样板（图 5-70）。

步骤 8

里襟样板

• 画长 18cm、宽 8cm 的长方形，用于绘制长方形的里襟。

• 将长方形宽边平分，过中点画出对折线。

• 在里襟周边加放 1cm 缝份（图 5-71）。

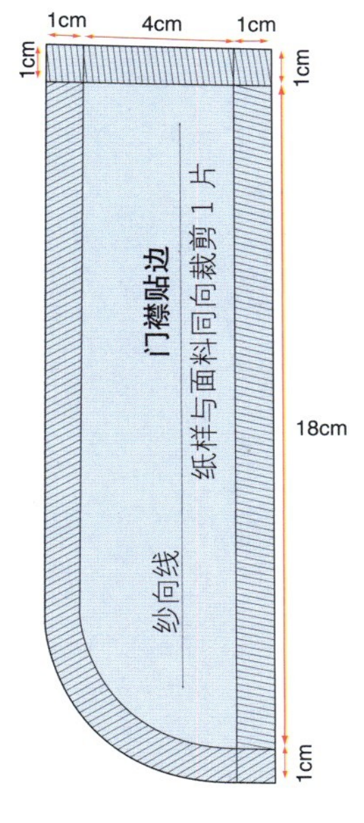

图 5-70

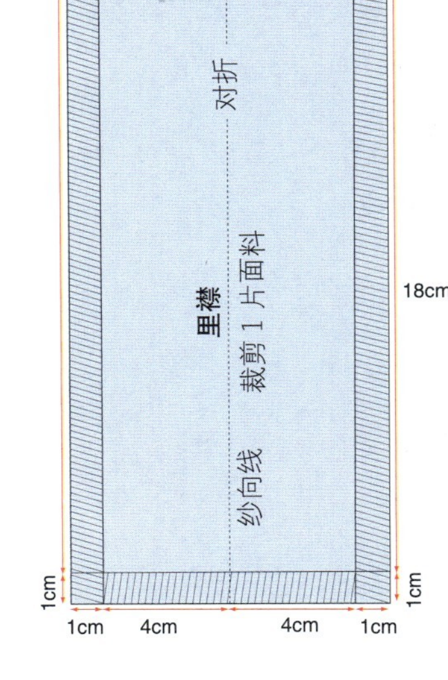

图 5-71

步骤 9

修正后片裤长

• 从腰围线开始沿侧缝线向下取 49.8cm，再水平向外偏出 0.8cm 定点，过此点重新画顺侧缝线。

• 从后裆点开始，沿下裆线向下取 20.5cm，再水平向外偏出 0.8cm 定点，过此点重新画顺下裆线。

• 连接上述两点作为新脚口线（图 5-72）。

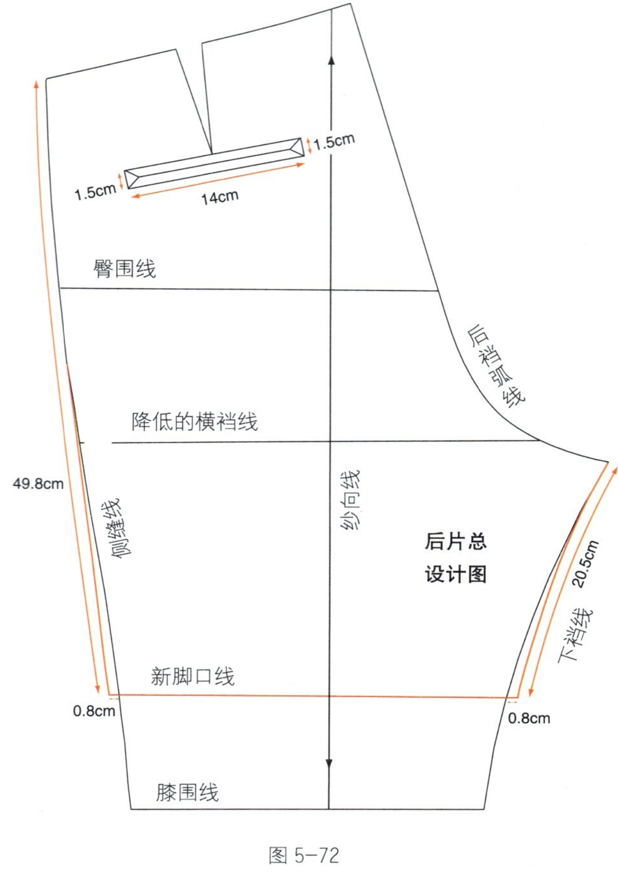

图 5-72

步骤 10

后片样板

• 按照本书第 50 页的方法，复制裤子后片纸样（图 5-73）。

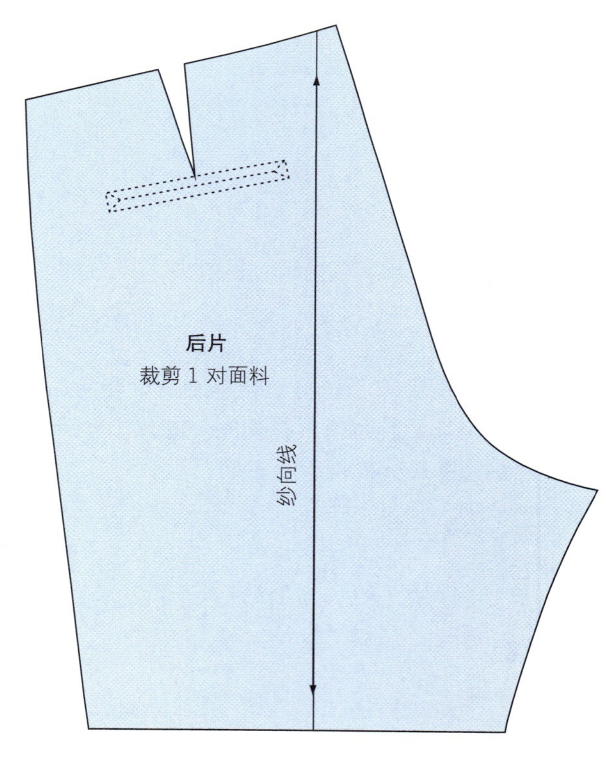

图 5-73

步骤 11

绘制后袋嵌线条及袋布

• 后袋嵌条在后腰省的省尖处。袋布直接在后片上绘制，然后再另外复制出来。

• 从腰围线开始，沿省中线向下作一条 24cm 长的直线，过直线端点向两边做 8.5cm 的垂线，再过垂线的端点向上作垂线，延长到腰围线，成为一个长方形，这个长方形将成为绘制袋布的基础。

• 过省尖点分别向左、右两边作省中线的垂线，长度为 7cm，再过垂线的端点向下作 1.5cm 的垂线，将垂线两端点直线相连形成长方形的嵌线条，嵌线条两端距袋布边 1.5cm。

• 袋布上端两边沿腰围线收进 1cm，用弧线画顺袋布两侧线条。袋布下端水平和竖直方向分别缩进 3.5cm，将两直角抹成圆角（图 5-74）。

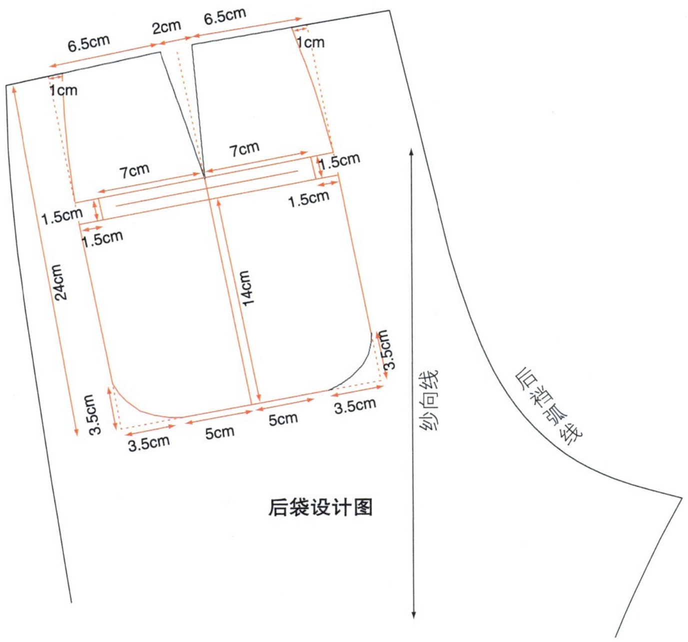

后袋设计图

图 5-74

步骤 12

后袋下片袋布样板

口袋工艺

下片袋布的袋口位置缝用面料裁剪的袋垫布，以防袋口张开时，露出里面的袋布面料。

• 复制袋布样板时需要将后腰省合并。按照本书第 50 页的方法，复制下片袋布纸样，首先将纱向线与省道的一边重合，复制省道一边嵌条以上的袋布。再将纱向线与省道的另一边重合，复制省道另一边嵌条以上的袋布。

• 再将纱向线对准省中线，继续绘制嵌条以下部分的袋布及嵌线条（图 5-75）。

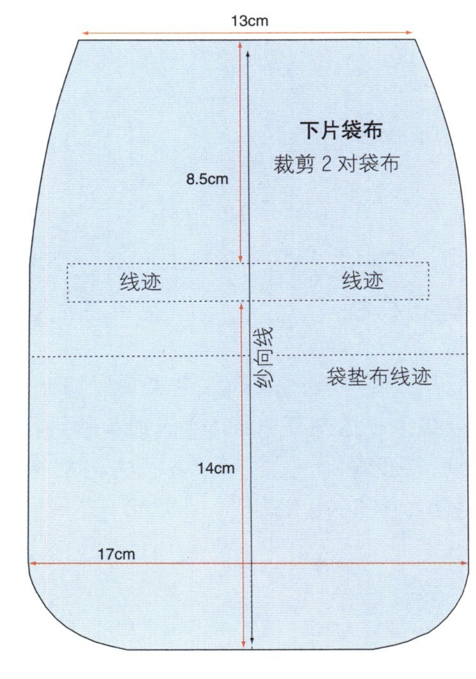

图 5-75

步骤 13

后袋上片袋布的上半部分样板

● 按照本书第 50 页的方法，复制从腰围线到嵌条上边以上部分的袋布，并在下边加放 1cm 缝份（图 5-76）。

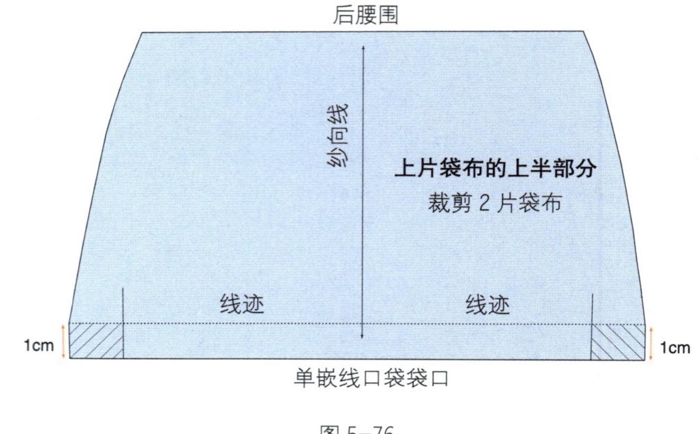

图 5-76

步骤 14

后袋上片袋布的下半部分样板

● 按照本书第 50 页的方法，重新复制嵌线下边以下部分的袋布，并在上边加放 1cm 缝份（图 5-77）。

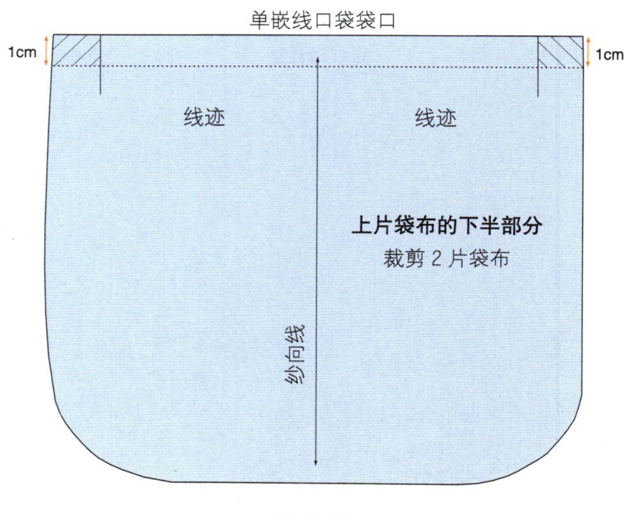

图 5-77

步骤 15

后袋袋垫布样板

● 从裤子后片将后袋嵌线条复制下来，两端加长 1.5cm，嵌线条下边向下 2cm，作嵌线条的平行线，得到一个 17cm×3.5m 的大长方形，在长方形的上下两边加放 1cm 缝份（图 5-78）。

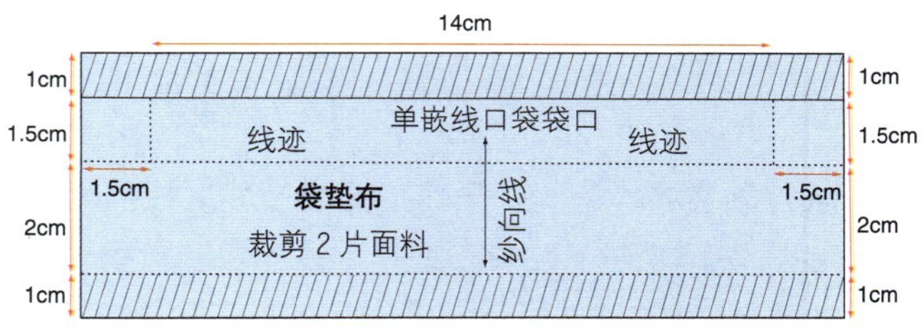

图 5-78

步骤 16

后袋嵌线条样板

• 画 14cm×3cm 的长方形，作为绘制口袋嵌线条的基础。

• 将宽边二等分，过中点画出对折线。

• 在长方形两端短边加放 1.5cm 缝份，在上下的长边加放 1cm 缝份（图 5-79）。

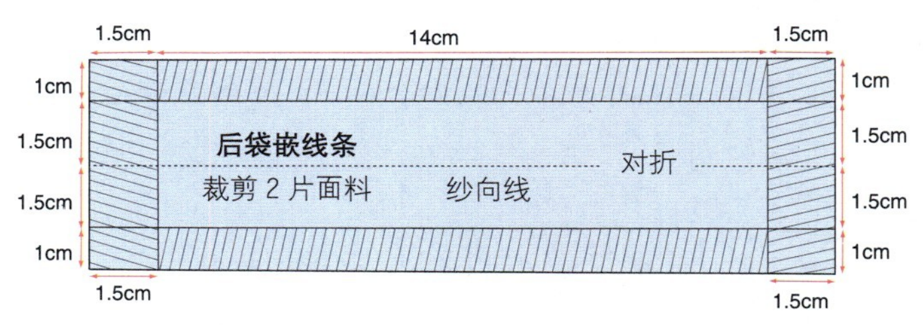

图 5-79

步骤 17

绘制后袋袋盖

• 在后袋嵌线上直接绘制袋盖的结构线。过嵌线上边两端向下作 5cm 的垂线，再继续向袋中线方向作 7cm 的垂线，两垂线相交于袋底中点。所画的线条与嵌线上边形成一个长方形。

• 从长方形两侧的底端向上 2cm，与底边中点相连，形成袋盖底端的尖角。

• 在袋盖上边加放 1cm 缝份（图 5-80）。

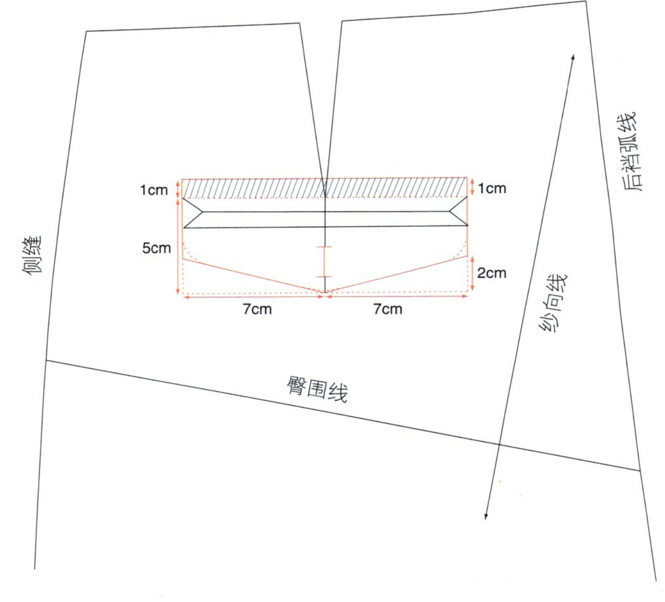

图 5-80

步骤 18

后袋袋盖样板

• 按照本书第 50 页的方法，复制袋盖纸样（图 5-81）。

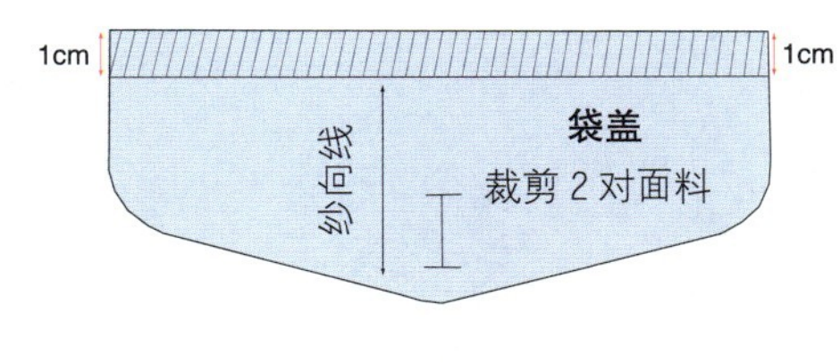

图 5-81

步骤 19

绘制裤腰头

• 画长 83cm（腰围）、宽 7cm（2 倍腰头宽度）的长方形，中间标出对折线。并在底边上标出侧缝、后中、袋位以及后腰省的位置。

• 在前中向外延长 4cm，作为里襟的宽度。

• 在长方形的上边标出侧缝的对位标记，这样更利于控制比例平衡。

• 在侧缝对位标记处画出侧襻：作长 6cm、宽 3cm 的长方形，上下两边左端向右偏 1cm，再与左边中点相连形成剑形侧襻（图 5-82）。

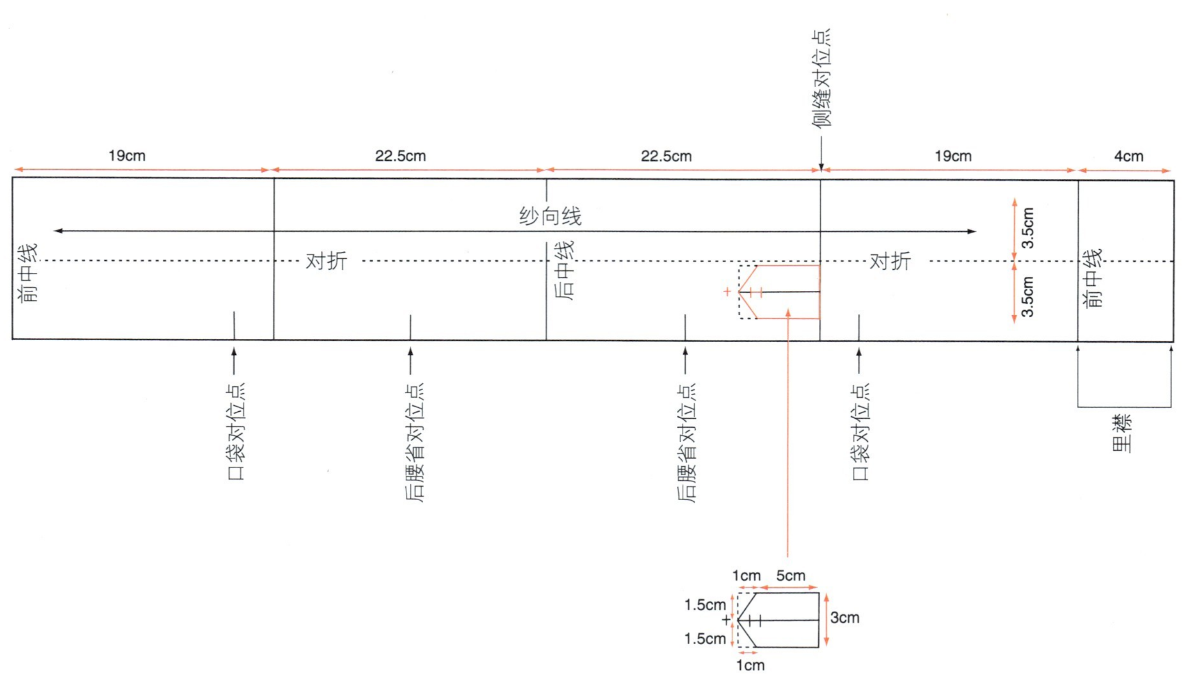

图 5-82

步骤 20

裤腰头样板

• 按照本书第 50 页的方法，复制裤腰头纸样，并在四周加放 1cm 缝份。

• 重新复制裤腰头侧襻纸样，并在四周加放 1cm 缝份（图 5-83）。

对折 纱向线 裤腰头 裁剪 1 片面料 对折

图 5-83

图 5-84

工装裤纸样

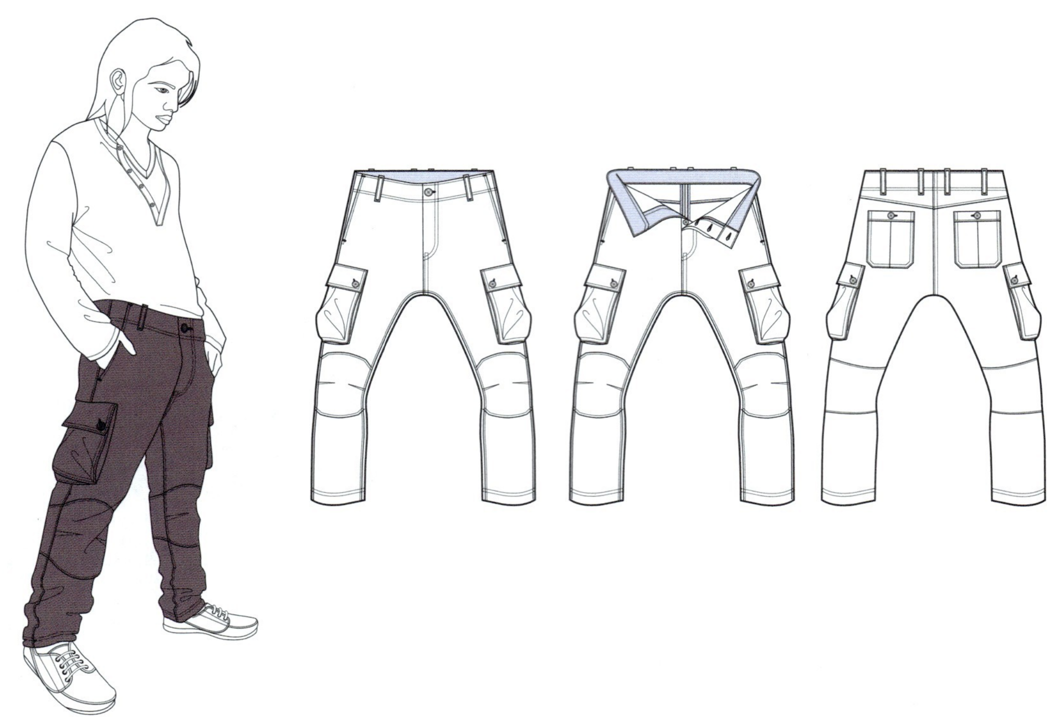

图 5-85

工装裤（图 5-85）纸样设计要点：

降低前腰线、倾斜前中线
增大后腰起翘
加深上裆
后育克
萝卜裤造型
膝盖合体造型
前门襟、门襟贴边、里襟
斜插袋
带阴裥后贴袋
侧面箱型大贴袋
多段裤腰

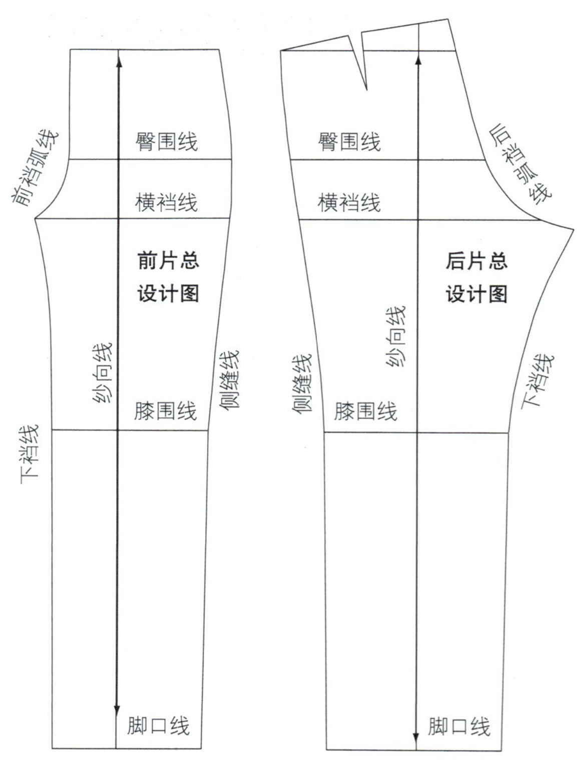

图 5-86

步骤 1

绘制裤子总设计图

选择一款男装裤子基本原型，或者按本书第 45 页的方法绘制裤子原型。裁一张比所设计裤子略长的打板纸，按本书第 49 页的说明，将裤子基本原型、标记和相关说明复制到打板纸上（图 5-86）。

步骤 2

加深上裆、降低前腰线、倾斜前中线

• 将原型裤子的横裆线下降 3cm，重新画顺前裆弧线、下裆线和侧缝线。

• 将腰前中点向右收进 3cm，再竖直向下 1.5cm 定点，作为新腰前中点，过该点重新画顺腰围线和前裆弧线，剩下 1cm 在腰后中点去除。

• 膝围线与下裆线相交处向右侧收进 2.5cm，膝围线与侧缝线相交处向左侧收进 0.5cm。脚口线上，烫迹线左右两边分别取 7cm 和 9cm，连接脚口和膝围线，重新画顺侧缝线和下裆线，得出前片裤腿造型（图 5-87）。

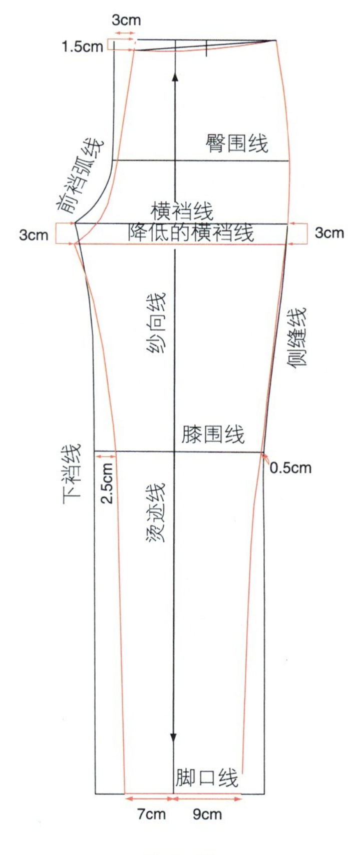

图 5-87

步骤 3

加深上裆、倾斜后裆斜线、后育克

• 将原型裤子的横裆线下降 3cm，重新画顺后裆弧线、下裆线和侧缝线。

• 腰后中点向左收进 1cm，再竖直向上 1cm 定点，作为新腰后中点，过此点重新画顺后腰线和后裆弧线。

• 从新腰后中点沿后裆弧线向下 7cm 定点，再从腰围线沿侧缝线向下 3.5cm 定点，将两点直线相连，作为后育克线。

• 将膝围线两边同时收进 2.5cm。脚口线上，烫迹线左右两边分别取 11cm 和 10cm，连接脚口和膝围线，重新画顺侧缝线和下裆线，得出后片裤腿造型（图 5-88）。

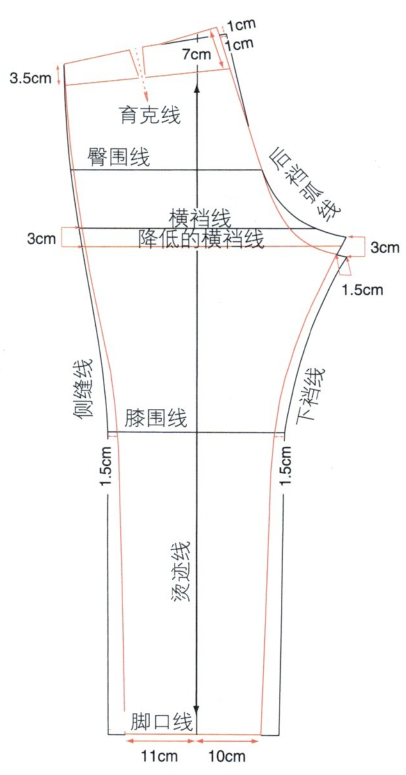

图 5-88

步骤 4

前片膝盖拼片、门襟和斜插袋位置

• 从腰围新前中点向右 4cm 定点，过该点向下做新前中线的平行线，长度 18cm。直线末端向上 3cm，作为门襟从直线转成弧线的转折点，画顺门襟结构线。

• 从侧缝端沿腰围线向左 4cm 定点，将此点与臀围线和侧缝线的交点相连，作为斜插袋的开口线。再将斜插袋开口线上端延长 0.5cm，以加大斜插袋的开口，重新画顺腰围线。

• 从斜插袋开口线下端沿侧缝线向下 6cm，再水平向左 8cm 定点，标记此点为裤子侧面下方箱型大贴袋的位置。

• 从膝围线两端分别沿侧缝线和下裆线，向上取 7cm 定点，将两点直线相连；再向下取 10cm，将两点直线相连。

• 在上下两条直线与烫迹线的交点分别向上和向下 2cm 定点，分别过两点用弧线画顺膝盖上下两条结构线（图 5-89）。

斜插袋的开口与手的大小

斜插袋的开口必须比手的宽度大，否则袋口偏小，会影响手的自如通过。

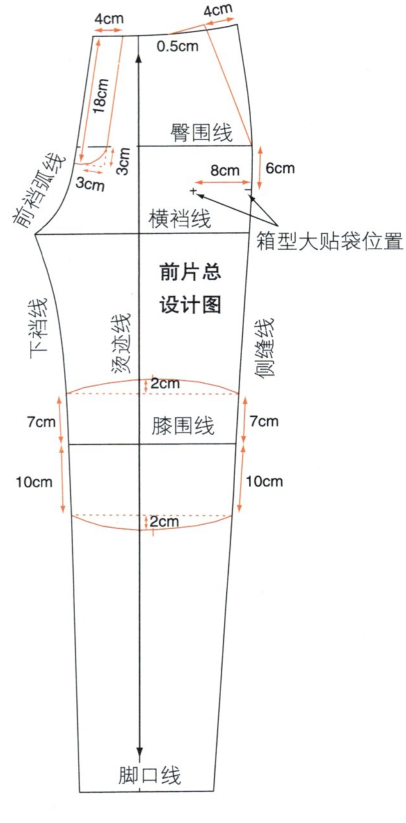

图 5-89

步骤 5

前片膝盖拼片的省道

• 将上一步前片膝盖拼片重新拓下来，在下裆线和侧缝线两边加上省道，将省道两条侧边等分，等分点为省道中点，省口大 2cm，省长 5.5cm，画出省道(图 5-90)。

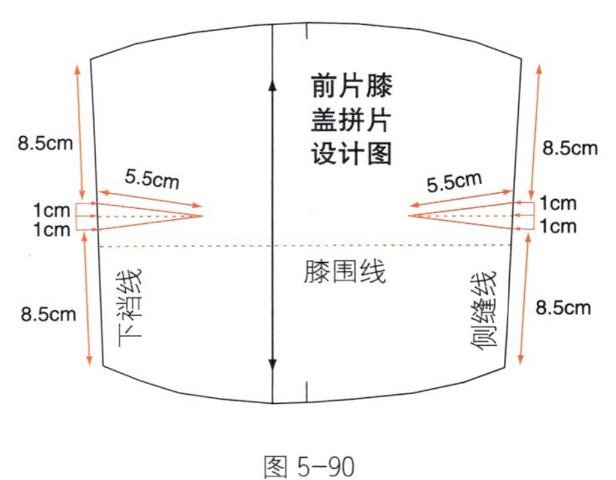

图 5-90

步骤 6

前片样板

• 按照本书第 50 页的方法，复制前片膝盖拼片纸样和膝盖以上、以下部分纸样（图 5-91）。

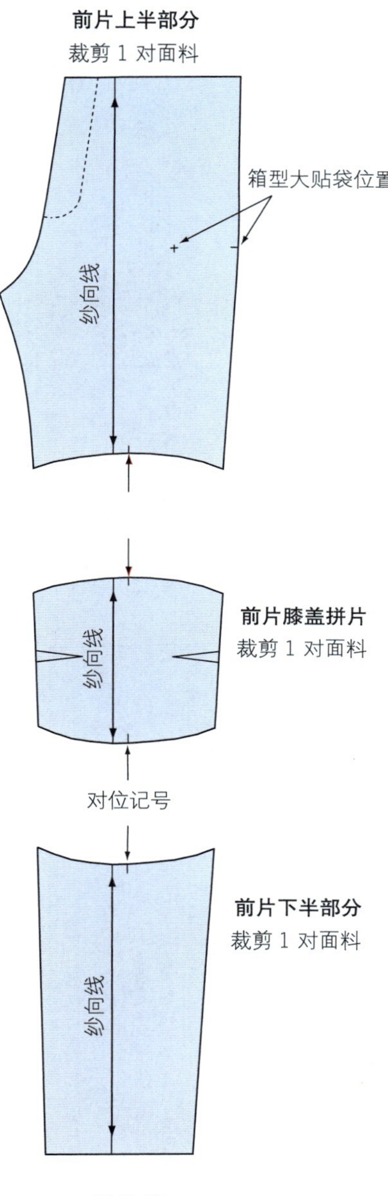

图 5-91

步骤 7

后片膝盖拼片、后育克和后袋位置

• 复制后片，沿育克线（部分）、省道线剪开，合并省道。

• 为了去除育克线以下残余的省道量，后片侧缝收进 1cm，重新画顺侧缝线。

• 过后片腰省的省尖点，分别向两边作 7cm 的直线，直线与后裆斜线垂直，这是后贴袋的位置。

• 从臀围线开始，沿侧缝线向下 6cm，再水平向右 8cm 定点，标记此点为裤子侧面下方的箱型大贴袋位置。

• 在膝围线两端，分别沿侧缝线和下裆线，向上取 7cm 定点，将两点直线相连；再向下取 10cm，将两点直线相连。

• 将上一步所绘制的后片膝盖拼片的两侧，上下分别收进 1cm，再与烫迹线的中点直线相连（图 5-92）。

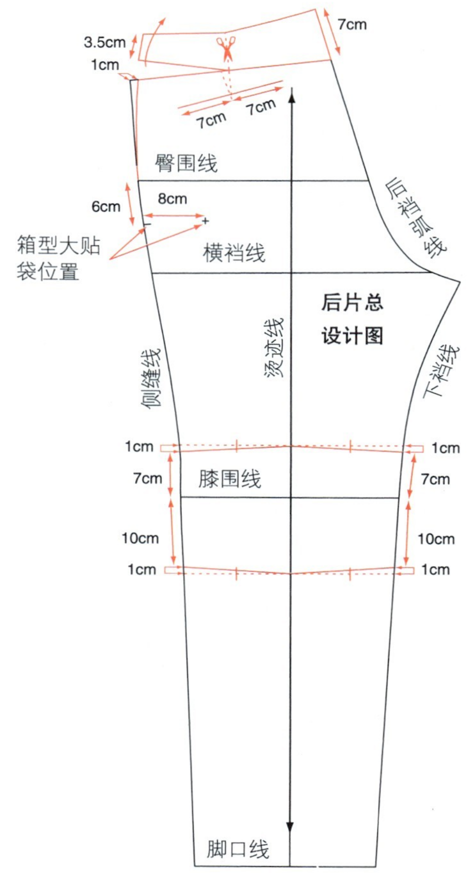

图 5-92

步骤 8

后片样板

• 按照本书第 50 页的方法，复制后片育克、膝盖拼片以及膝盖以上、以下部分纸样（图 5–93）。

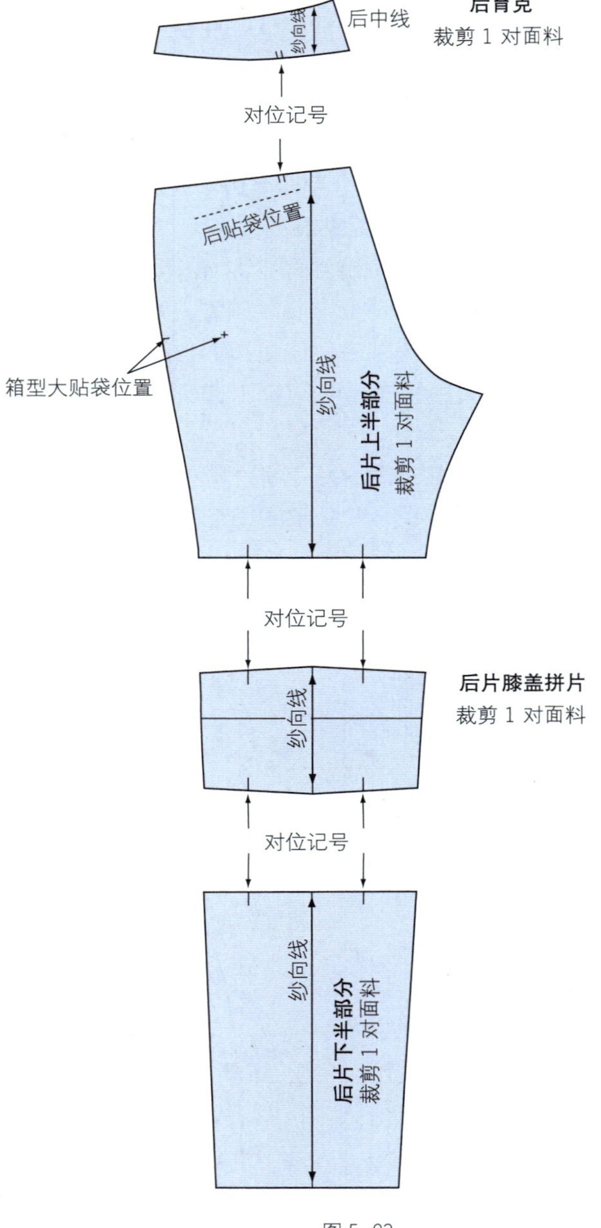

图 5–93

步骤 9

门襟和门襟贴边样板

• 按照本书第 50 页的方法，复制第 4 步所画前门襟纸样。然后将纸样翻转过来，以直线为对称轴，复制出另一侧的对称图形，在周围一圈加放 1cm 缝份。

• 纸样沿直线边折叠成双层，作为门襟锁扣眼部分。

• 将直线边左侧部分再复制一份，作为门襟贴边的纸样（图 5–94）。

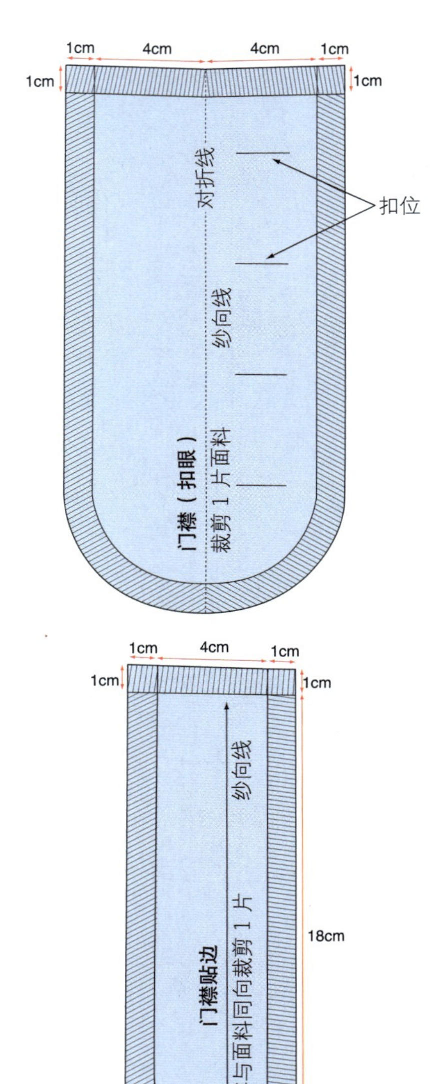

图 5–94

步骤 10

里襟样板

里襟尺寸

里襟比门襟贴边要宽大一些，可以将门襟上的拉链、缝份、门襟缝头等诸多部件全都衬在里襟上，以防穿着时接触人体产生不适感。

- 画长 19cm、宽 9cm 的长方形，用于绘制里襟。
- 将长方形的宽边平分，过中点画出对折线。
- 将里襟沿中线对折，长边与前片前中线对齐，参照腰围线，修顺里襟上端线条。
- 在里襟周边加上 1cm 缝份（图 5–95）。

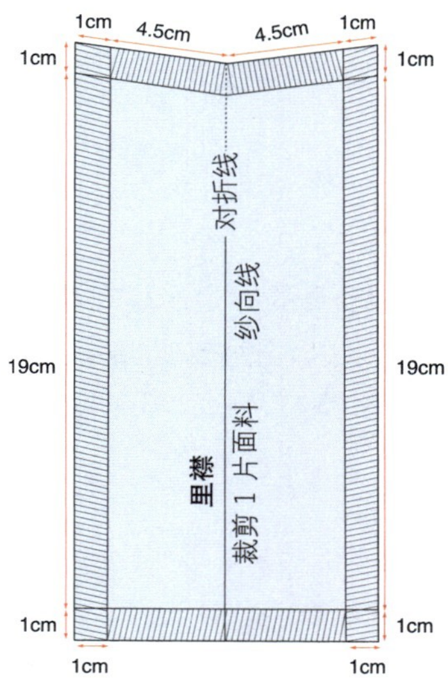

图 5–95

步骤 11

绘制斜插袋袋布

- 绘制斜插袋袋布纸样前，先将第 4 步中还没有延长斜插袋开口线之前的纸样，重新复制一份。
- 从斜插袋开口线上端开始，沿腰围线向左 12cm，作为口袋的宽度。从该点向下作 26cm 的竖直线，作为口袋的深度。
- 从斜插袋开口线下端，沿侧缝线向下 4cm，再向左作 2cm 的水平线，然后向下作 7cm 的竖直线，最后与口袋深线末端相连，形成封闭的袋布轮廓线。
- 将袋布左上角沿腰围线向右收进 1cm，再与袋底左端相连，使袋布左侧边略带倾斜。在袋布底端将直角抹成圆角（抹角量为 3cm×3cm）。
- 袋口贴边宽度为 3cm，距离斜插袋开口线左侧 3cm，作装开口线的平行线，向上交于腰围线，向下交于袋布轮廓线（图 5–96）。

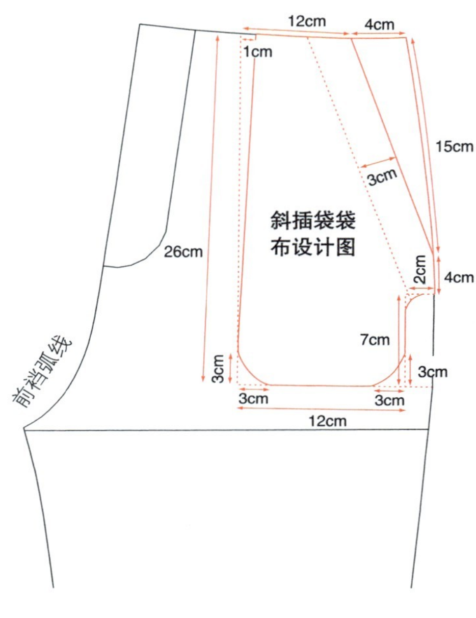

图 5–96

步骤 12

斜插袋袋布设计图

- 复制斜插袋袋布和贴边纸样。斜插袋开口线向上延长 0.5cm，重新画顺袋布上边线（图 5–97）。

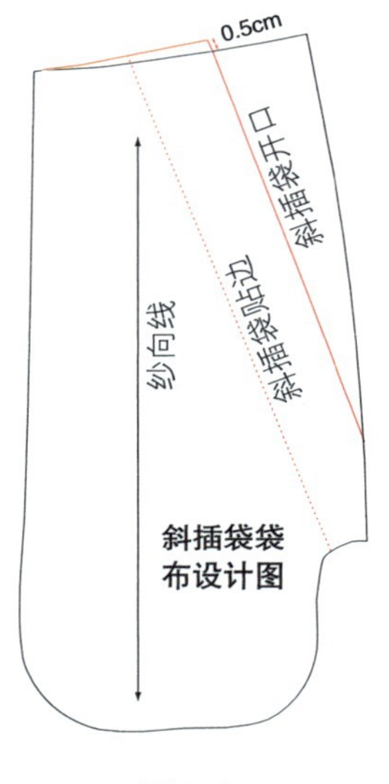

图 5–97

步骤 13

斜插袋样板

• 按照本书第 50 页的方法，复制第 12 步中的斜插袋上片袋布和袋口贴边，包括袋口上端延长的部分。另外，再复制下片袋布和袋垫布，此时不包括袋口上端延长的部分（图 5-98）。

袋垫布

袋垫布要用面料裁剪，垫在斜插袋开口下面，上端与裤腰缝合，侧面与侧缝缝合。斜插袋开口在第 4 步中加长了，而袋垫布和下片袋布要按照原来未加长的结构线绘制，要保证上、下袋布尺寸一致。

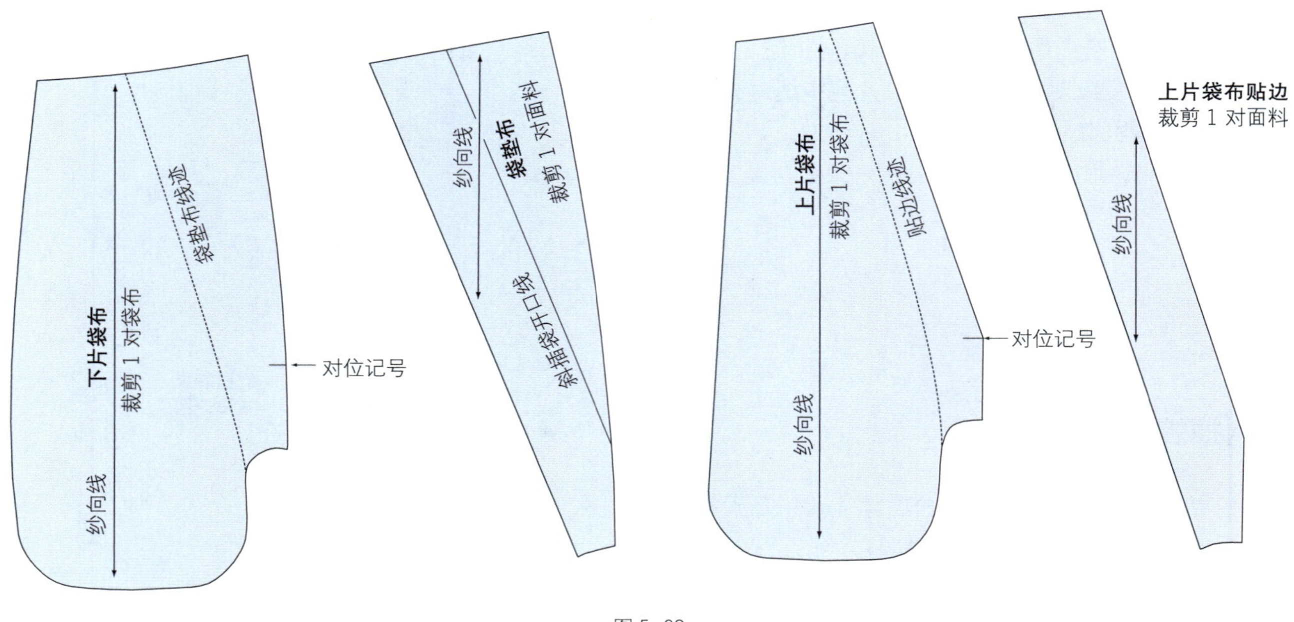

图 5-98

步骤 14

带阴裥后贴袋样板

• 画宽 18cm、高 17cm 的长方形。

• 过上边中点作中线，距离中线 1cm，分别向左右两边作中线的平行线，再与平行线间隔 1cm，作中线的平行线，所有平行线均标为折叠线。这是口袋中间阴裥的折叠线，外侧两条线向中间折叠，与中线对齐，形成阴裥。

• 在长方形左下角，分别向右 2cm、向上 2cm 定点，将两点直线相连，作出左下角造型。右边同样做法。

• 在带阳裥后贴袋周围加放 1cm 缝份（图 5-99）。

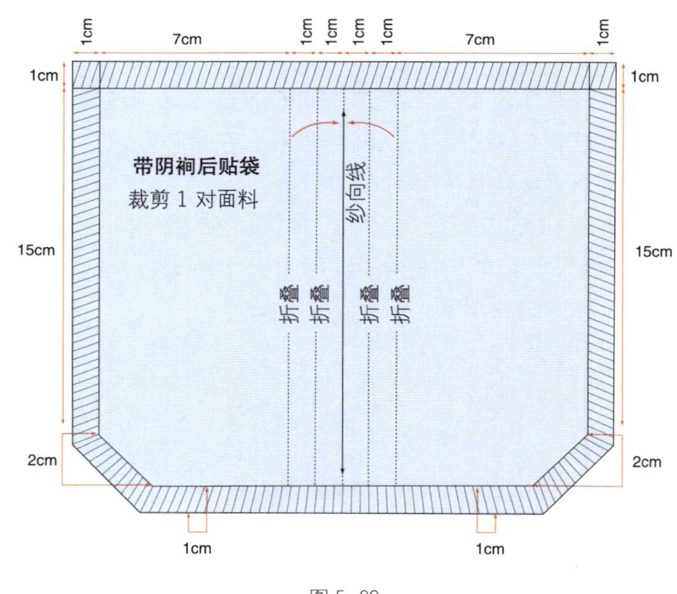

图 5-99

步骤 15

带阴裥后贴袋的袋口贴边样板

• 画 14cm×4cm 的长方形，将宽度等分，过中点画出对折线，对折后成为 2cm 宽的袋口贴边。

• 在袋口贴边周围加上 1cm 缝份（图 5-100）。

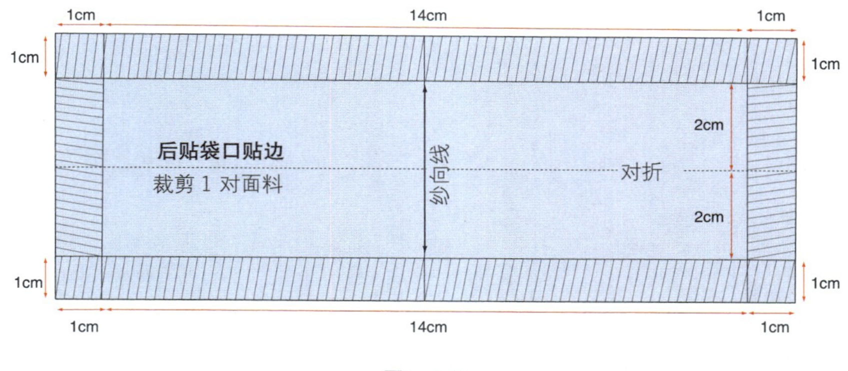

图 5-100

步骤 16

侧面的箱型大贴袋样板

• 在裤腿侧面偏下的位置，两边各有一个箱型大贴袋。首先，画一个 23cm×16cm 的长方形。

• 长方形上边向上放出 3cm，作为口袋上边贴边。

• 长方形两边向外放出 4cm，作为口袋侧边侧条，并在外放部分的中线上标上对折线。

• 长方形的底边，也和侧边一样放出 4cm，并标出对折线。

• 过长方形的左下端点，向下与底边成 45 度作直线，与下边侧条对折线相交，过交点向下作直线的垂线，与侧边侧条下边线相交。然后，过左下端点向上用同样做法，得出左下角要去除的长方块。右下角同样做法。这样处理是为了折叠成立体的箱型贴袋。

• 在箱型贴袋周围加 1cm 缝份，但两边的侧边侧条的上端不加缝份（图 5-101）。

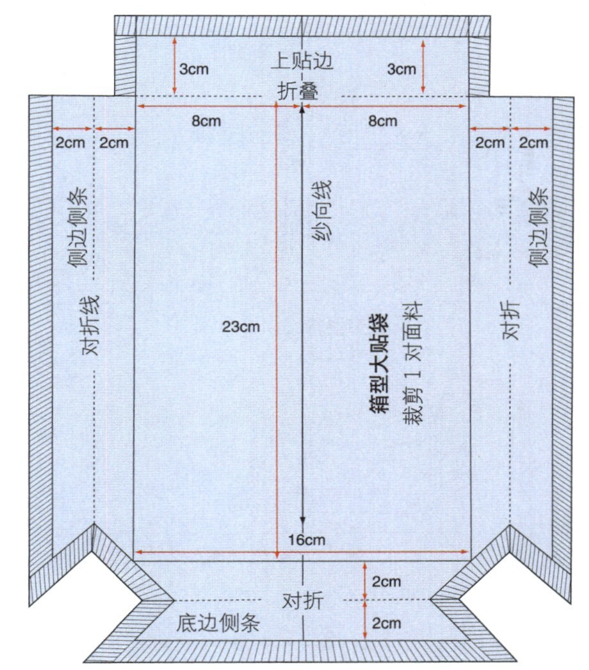

图 5-101

步骤 17

箱型大贴袋袋盖样板

• 画长 17cm、宽 12cm 的长方形。将宽度等分，过中点画出对折线。

• 在箱型贴袋袋盖周围加上 1cm 缝份（图 5-102）。

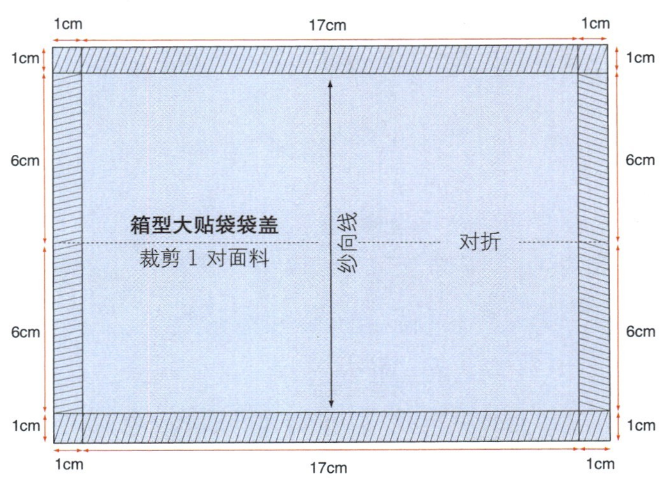

图 5-102

步骤 18

裤腰头里样板

> 本款裤腰头由腰头里和腰头面两部分组成。腰头里是一整条，腰头面则分成多段，各段分别与裤子前、后片的分割线及口袋开口位置相对应。

• 画长88.5cm（腰围加4.5cm里襟）、宽4cm的长方形。测量裤子前、后片腰围各段的尺寸，在裤腰头上标出前中线、口袋、侧缝、后中线等的对位点。

• 在腰头四周加上1cm缝份（图5-103）。

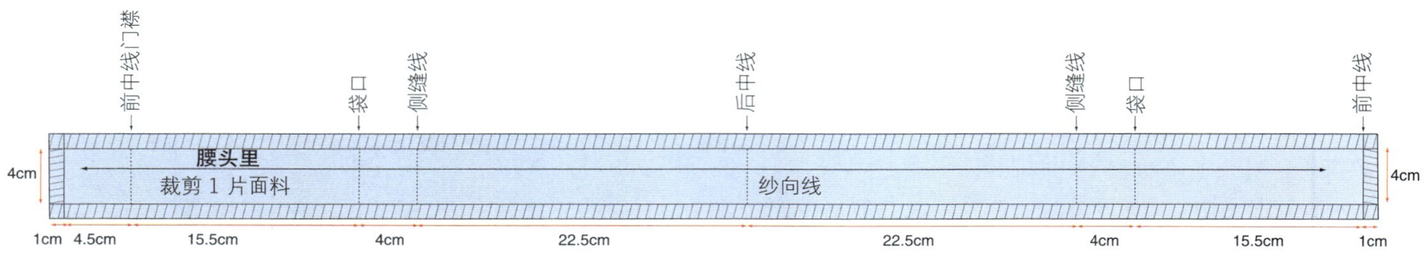

图5-103

步骤 19

裤腰头面样板

• 画几个宽度均为4cm的长方形，长度分别取裤腰头各段尺寸，即：左前（15.5cm）、左侧口袋（4cm）、左后（22.5cm）、右后（22.5cm）、右侧口袋（4cm）、含里襟的右前（20cm）。

• 在腰面所有分段的四周加放1cm缝份（图5-104）。

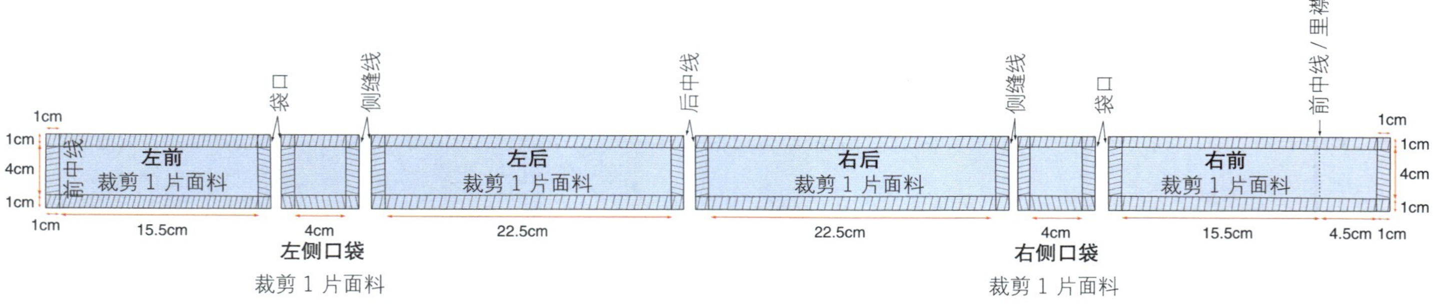

图5-104

图 5-105

牛仔裤纸样

小喇叭型

直筒型

紧身型

萝卜型

图 5-106

缩水率

本章节所绘的牛仔裤纸样没有考虑面料的缩水率。所有棉牛仔布洗后均要缩水。所以制板前首先要对面料的收缩率进行测试。测试方法是裁剪一块一米见方的面料，采用与成品服装相同的洗涤方式，洗涤后再测量其尺寸，这样就可以得到该面料长宽方向的收缩率。或者，对成品牛仔裤进行洗涤和测试，就可以得到与服装款式和工艺等因素相关的缩水率。最后基于收缩率，对纸样进行调节。

牛仔裤（图 5-106）纸样设计要点：

降低前腰线、倾斜前中线

增大后腰起翘

后育克

直筒裤、小喇叭裤、萝卜裤、紧身裤

牛仔裤口袋（平插袋）

小钱袋

后贴袋

直裤腰

步骤 1

绘制裤子总设计图

选择一款男装裤子基本原型，或者按本书第 45 页的方法绘制裤子原型。裁一张比所设计裤子略长的打板纸，按本书第 49 页的说明，将裤子基本原型、标记和相关说明复制到打板纸上（图 5-107）。

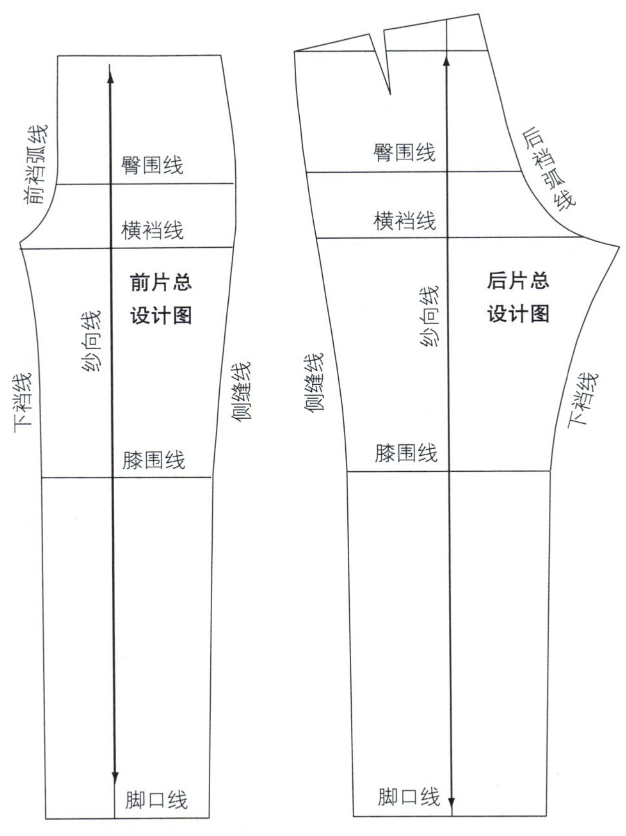

图 5-107

步骤 2

降低前腰线、倾斜前中线

• 通过倾斜前中线来去除原型纸样上前腰围 4cm 的褶裥量。将腰前中点向右收进 3cm，再竖直向下 1.5cm 定点，作为新腰前中点，过该点重新画顺腰围线和前裆线（图 5-108）。

步骤 3

增大后腰起翘

• 沿臀围线从后裆至侧缝剪开后片纸样，将臀围线以上后片上抬 2cm，重新画顺后裆斜线、侧缝线以及新位置的腰围线（图 5-109）。

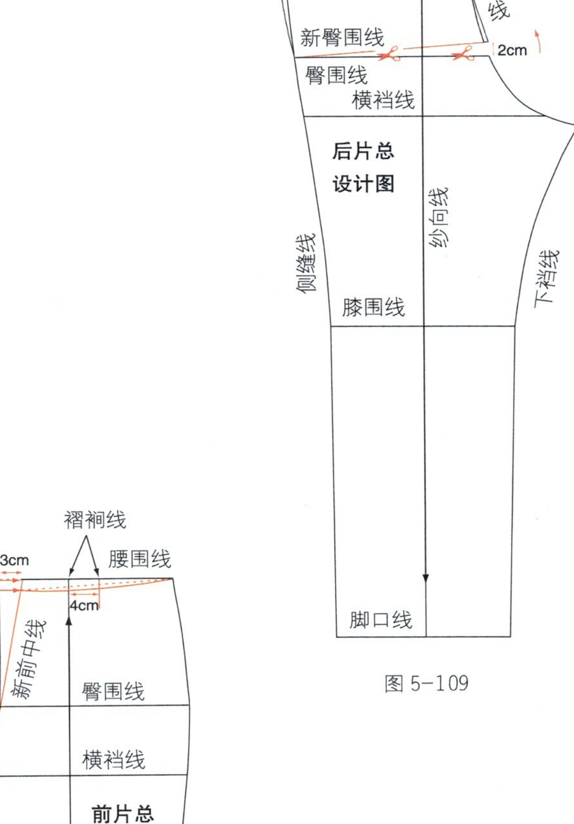

图 5-109

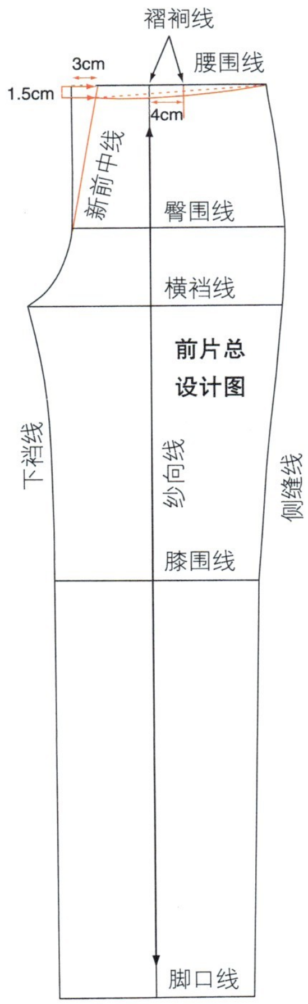

图 5-108

步骤 4

门襟、平插袋以及前片裤腿造型

• 从腰围线新前中点向右 3.5cm 定点，过该点向下作新前中线的平行线，长度 17cm。直线末端向上 2cm 定点，该点作为门襟从直线到弧线的转折点，画顺门襟结构线。

• 从侧缝端沿腰围线向左 11cm，再沿侧缝线向下取 7.5cm，构成一个长方形。在长方形的左下角，分别向上向右取 4cm，将直角抹成圆角，作为平插袋的开口线。

• 裤子原型样板的裤腿是直筒形，在此基础上，将脚口两边各收小 3cm，重新画顺脚口线到横裆线之间的下裆线和侧缝线，即为紧身型牛仔裤。

• 在裤子原型样板的基础上，将脚口两边各放大 2cm，重新画顺脚口线到膝围线之间的下裆线和侧缝线，即为小喇叭型牛仔裤（图 5-110）。

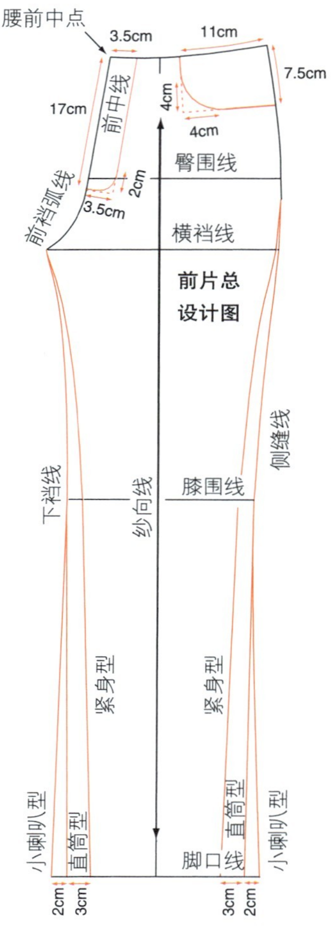

图 5-110

步骤 5

前片样板

• 按照本书第 50 页的方法，选择一款裤型，复制前片纸样（图 5-111）。

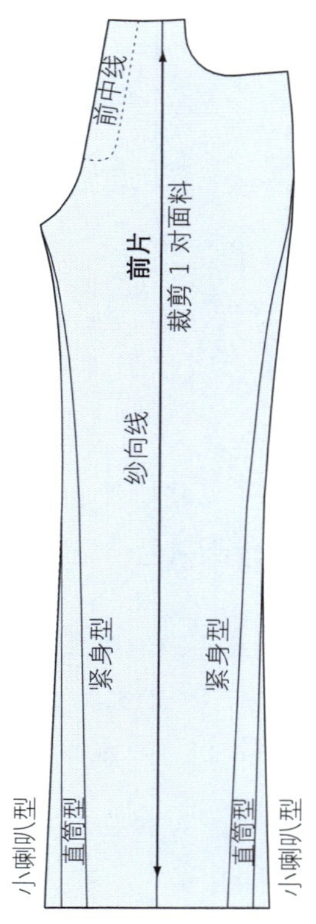

图 5-111

步骤 6

后育克设计线和后片裤腿造型

• 先从腰围线沿后裆线向下 8cm 定点，再沿侧缝线向下 3cm 定点，将两点直线相连，作为后育克的基础线。

• 腰围线的侧缝边收进 1cm，这是在将前片的褶裥量分散到后片侧缝 1cm。

• 将后育克复制到另一张纸上。沿省道线剪开，合并省道，用弧线画顺育克结构线。

• 为了去除育克线以下残余的省道量，后片侧缝收进 0.8cm，重新画顺侧缝线。

• 裤子原型样板的裤腿是直筒型，在此基础上，将脚口两边各收小 3cm，重新画顺脚口线到横裆线之间的下裆线和侧缝线，即为紧身型牛仔裤。

• 在裤子原型样板的基础上，将脚口两边各放大 2cm，重新画顺脚口线到膝围线之间的下裆线和侧缝线，即为小喇叭型牛仔裤（图 5-112）。

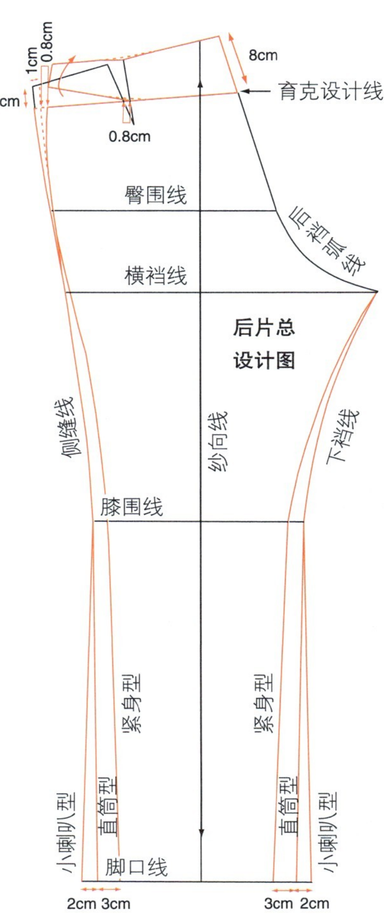

图 5-112

步骤 7

后片样板

• 按照本书第 50 页的方法，选择一款裤型，复制后片纸样（图 5-113）。

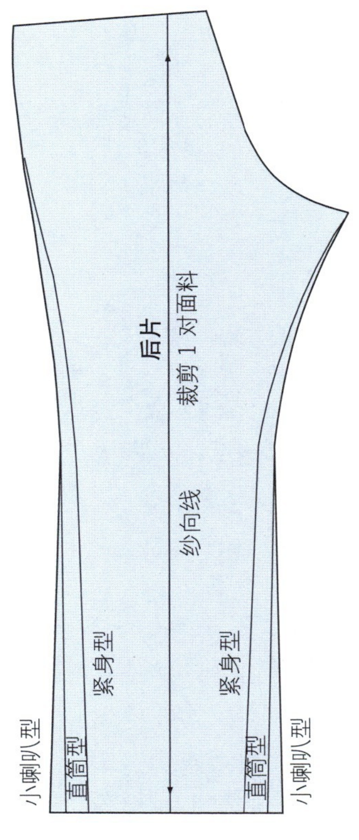

图 5-113

步骤 8

后育克样板

• 按照本书第 50 页的方法，复制后育克纸样。暂时没有加放缝份，因为牛仔裤根据缝制工艺的不同，缝份的加放大小也不同。常用缝法有外包缝和搭接缝两种，前一种的缝份是 0.8cm，后一种的缝份是 0.4cm（图 5-114）。

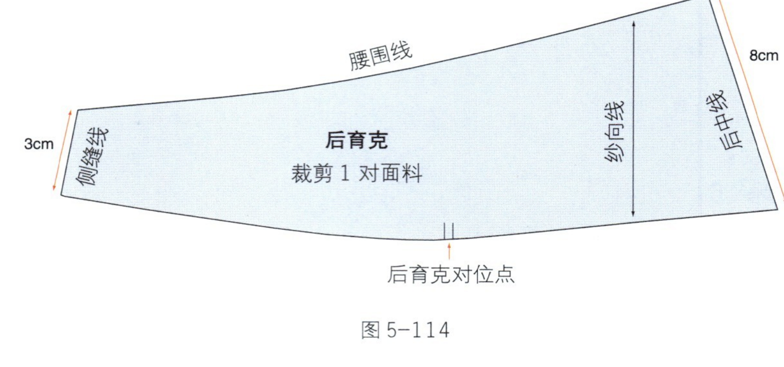

图 5-114

步骤 9

门襟贴边样板

• 按照本书第 50 页的方法，复制第 4 步的前门襟纸样。然后将纸样翻转过来，重新复制一份，在周围加上 1cm 缝份（图 5-115）。

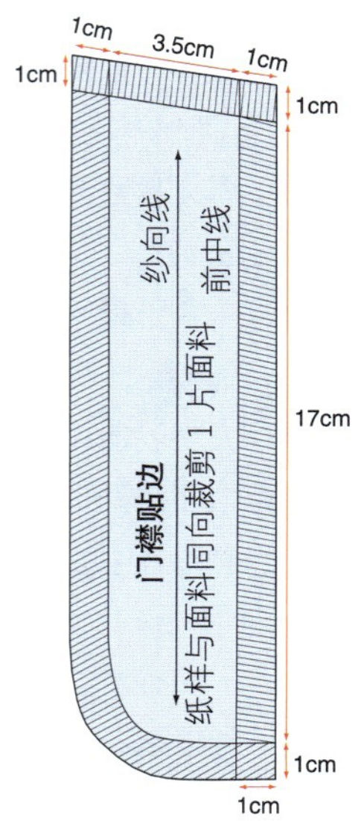

图 5-115

步骤 10

里襟样板

> **里襟尺寸**
>
> 里襟比门襟贴边要长一些，可以将门襟上的拉链、缝份、门襟缝头等诸多部件全都衬在里襟上，以防接触人体而产生不适感。

• 画长 18cm、宽 7cm 的长方形，用于绘制里襟。

• 将长方形宽边平分，过中点画出对折线。

• 将里襟沿中线对折，长边与前中线对齐，参照腰围线，修顺里襟上端线条。

• 在里襟周围加放 1cm 缝份（图 5-116）。

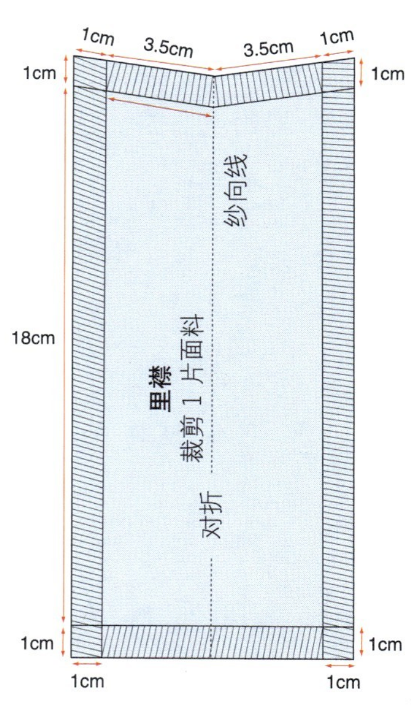

图 5-116

步骤 11

绘制平插袋袋布及袋垫布

• 将平插袋的袋口上端竖直向上延长 0.5cm，以增大袋口，重新画顺腰围线。从新开口线端点沿腰围线向左取 3.5cm，作为口袋宽度。向下作 24cm 的竖直线，作为口袋深度，再向右作 16cm 的水平线，与侧缝相交。

• 袋口贴边宽度为 3cm。距离平插袋开口线 3cm，参照开口线画出贴边线。

• 从平插袋开口线下端沿侧缝线向下 3cm（贴边宽度），再向下 7cm 定点，过此点与左下角的口袋深线用弧线画顺，作为口袋底边（图 5-117）。

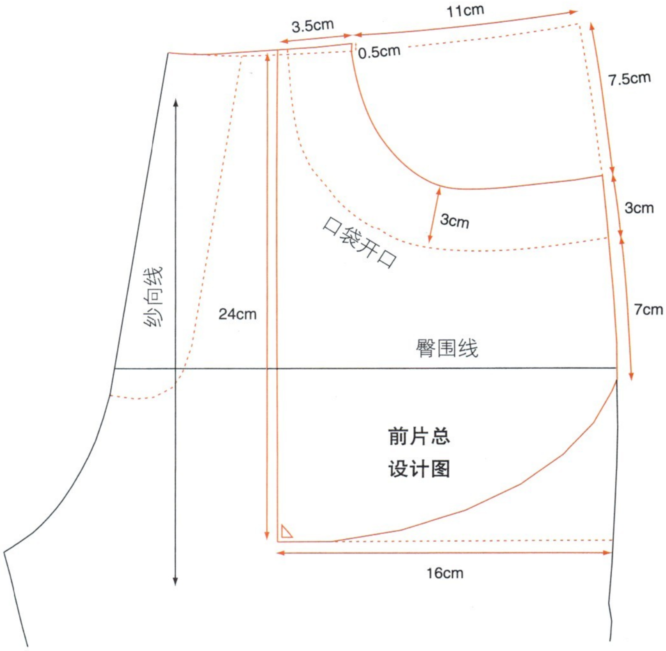

图 5-117

步骤 12

平插袋袋布及袋垫布样板

• 平插袋的袋布是一整片。重新复制上一步的袋布结构线，以左侧的口袋深线为对折线，对称复制出整个袋布，将左侧开口线以上部分去除（图 5-118）。

• 从前片设计图上复制出袋垫布纸样（图 5-119）。

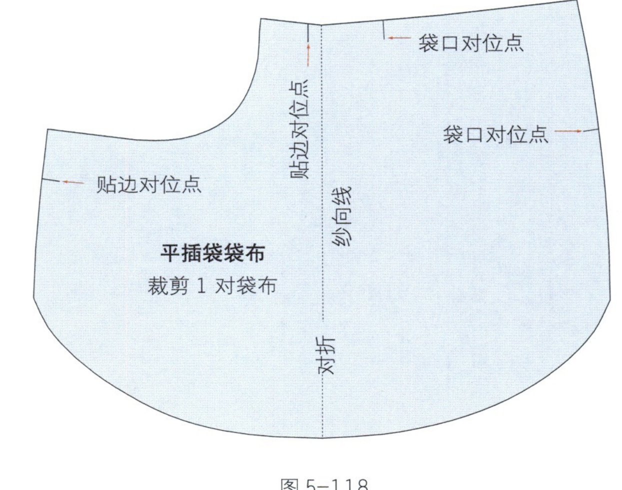

图 5-118

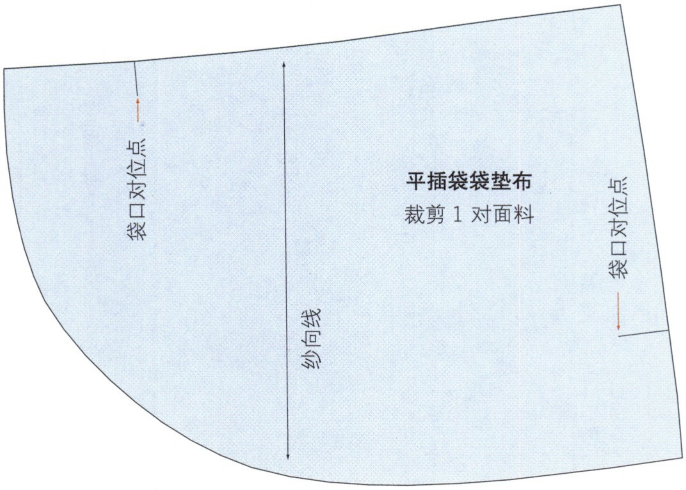

图 5-119

步骤 13

钱袋样板

• 画一个宽 6cm、长 10cm 的长方形，在宽度的一端平行画两条 1cm 宽的折叠线（图 5-120）。

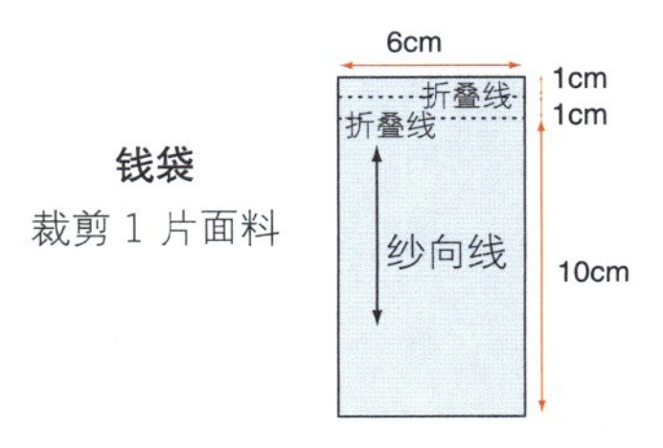

图 5-120

步骤 14

绘制后贴袋袋布

• 在后片育克线的中点，分别向两边取 7.5cm 定点，再垂直向下取 3cm 定点，将两点直线相连，作为袋口线。从袋口线的中点向下作垂线，长度 15cm，作为口袋深线。

• 垂线末端向上 2cm，再向两边作垂线，长度 6.5cm，然后与袋口线两端相连，作为口袋侧边。

• 将上面两点与口袋深线末端相连，作为口袋底边（图 5-121）。

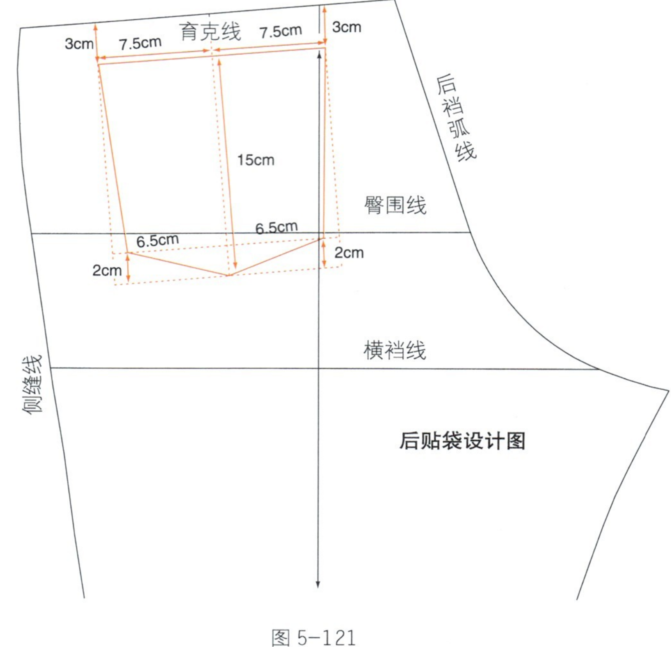

图 5-121

步骤 15

后贴袋袋布样板

• 按照本书第 50 页的方法，复制贴袋纸样，在上边加放 2cm 贴边，在其他各边加放 1cm 缝份（图 5-122）。

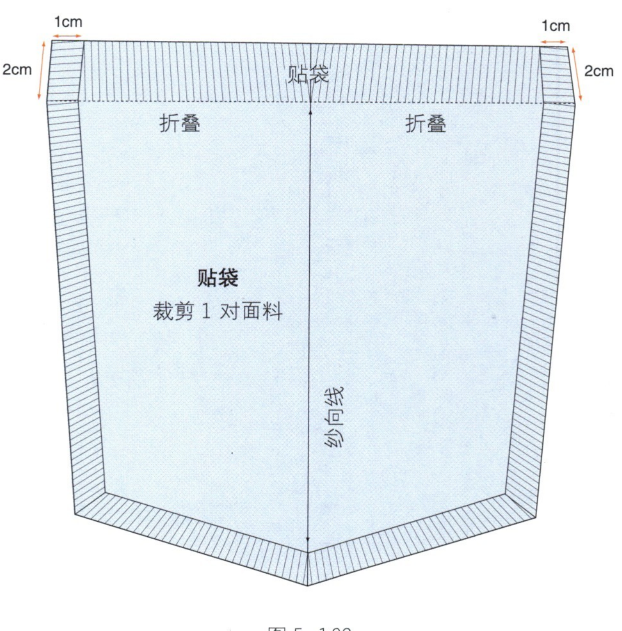

图 5-122

步骤 16

裤腰头样板

• 画长 86.5cm（腰围 81cm，加松量 2cm，再加里襟 3.5cm），宽 8cm 的长方形，中间标出对折线。在腰头右端标出里襟位置。

• 在腰头周围加放 1cm 缝份。

• 标出前中线、袋位、侧缝线和后中线的对位标记（图 5-123）。

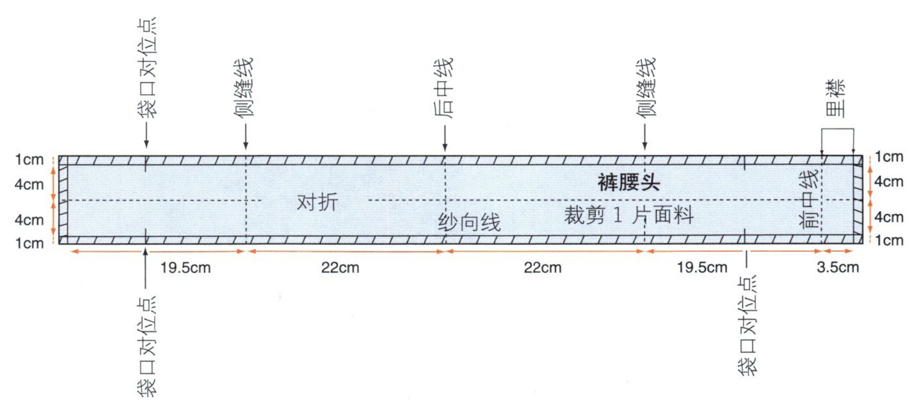

图 5-123

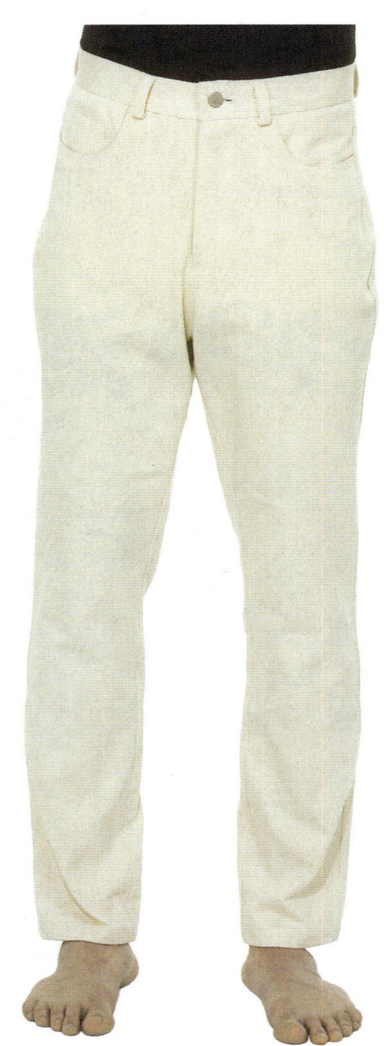

图 5-124

第六章

外套纸样设计

连帽式运动衫纸样

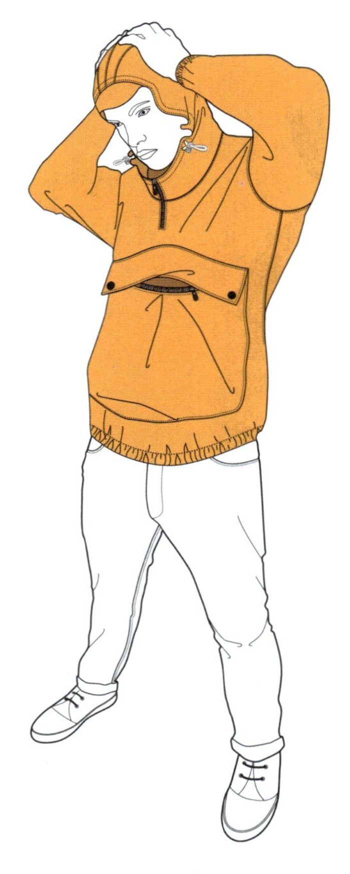

图 6-1

连帽式运动衫（图 6-1）纸样设计要点：

增加衣身松量

增大领口

带松紧的弧形下摆

肩线前移、落肩

带拉链和袋盖的腹部大贴袋

增加袖山弧线长

松紧带袖克夫

带帽檐的风帽

图 6-2

步骤 1

绘制衣身总设计图

首先选择一款男装上衣基本原型，或者按本书第 40 页的方法绘制男装上衣原型。裁一张比所设计运动衫的衣长略长的打板纸。按本书第 48 页的说明，将基本原型以及所有标志和相关文字说明复制到打板纸上。

步骤 2

增大领口、落肩、加深袖窿、增加衣身松量

• 前领口中点沿前中线降低 2cm，侧颈点沿前、后肩线向外偏出 0.5cm。参照原型领口弧线，重新画顺新的前后领口弧线。

• 前、后肩点沿肩线向外延长 2cm，向上偏出 0.5cm，作为新肩点。过新肩点用弧线重新画顺前、后肩线。

• 衣身前、后侧缝之间加放 2cm 松量。重新放置原型前、后片，再复制下来。

• 前、后片胸围线向下 3.5cm，参照原型袖窿弧线，过新肩点重新画顺袖窿弧线。前、后对位点要在新袖窿弧线上重新确定（图 6-3）。

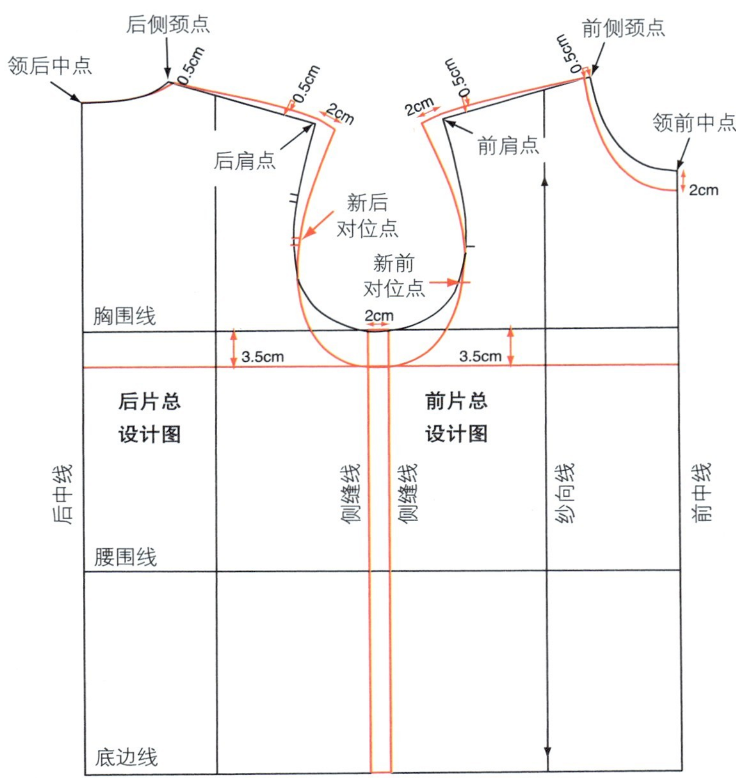

图 6-3

步骤 3

底边弧线和侧缝线

• 将原型的前、后中线向下延长 11cm，直线相连为新底边线。

• 从新底边线沿侧缝向上 3cm 定点，过此点用圆顺的弧线重新画顺下摆轮廓线。

• 前、后片侧缝在新底边线处收进 1cm，再分别与新腋下点直线相连，作为新前、后片侧缝线（图 6-4）。

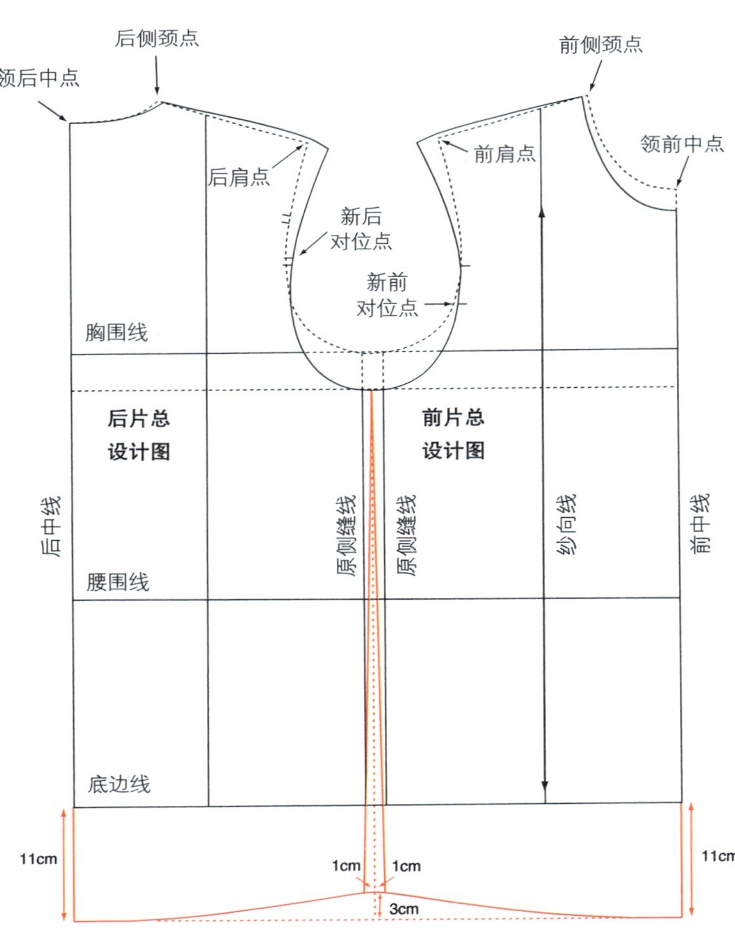

图 6-4

步骤 4

新肩线位置

• 从前侧颈点沿前领口弧线向下 3cm 定点，再从前肩点沿前袖窿弧线向下 3cm 定点，过这两点参照前肩线重新画顺新肩线，去除新肩线以上部分。

• 从后侧颈点沿后领口弧线向上延长 3cm 定点，再从后肩点沿后袖窿弧线向上延长 3cm 定点，过此两点参照后肩线重新画顺新后肩线。相当于将前肩去除的部分弥补到后肩（图 6-5）。

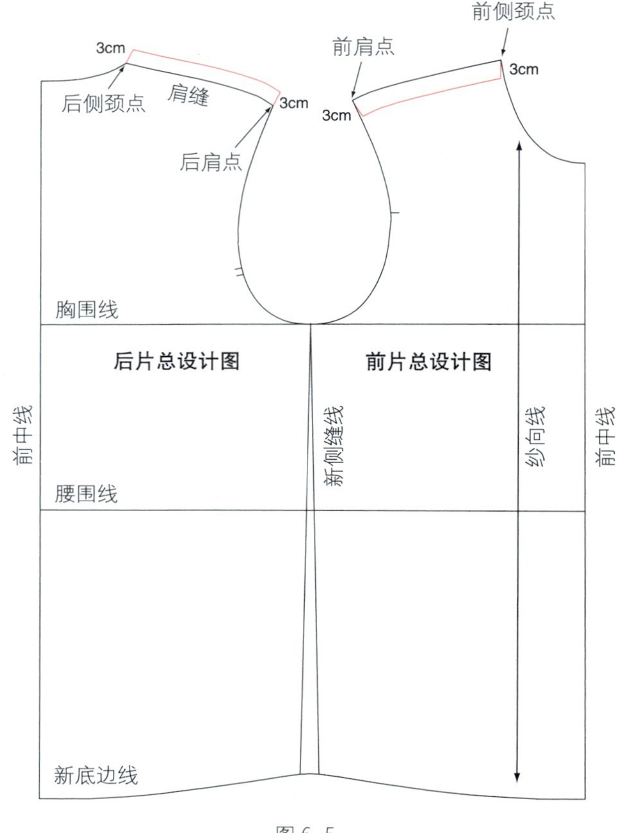

图 6-5

步骤 5

增加前片松量

• 重新复制前片纸样，采用切展法给前片衣身加入更多松量。

• 距侧缝 9cm，从底边向上平行于侧缝线作竖直线，长度 35cm，再距此线 10cm，同样作竖直线，长度 40cm。

• 从腋下点沿侧缝向下 5cm 定点，该点与 40cm 直线的上端点相连。

• 沿侧缝再向下 6.5cm 定点，该点与 35cm 直线的上端点相连。

• 沿所画直线剪开前片纸样，从底边开始剪到侧缝边，留一点不要剪断。

• 在每条剪开线处，将纸样向侧缝方向打开 5cm。

• 抹去剪开后底边出现的凸点，用平顺的弧线重新画顺底边线（图 6-6）。

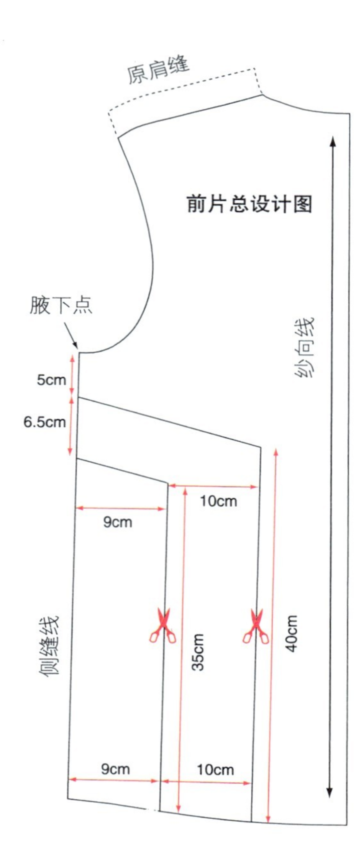

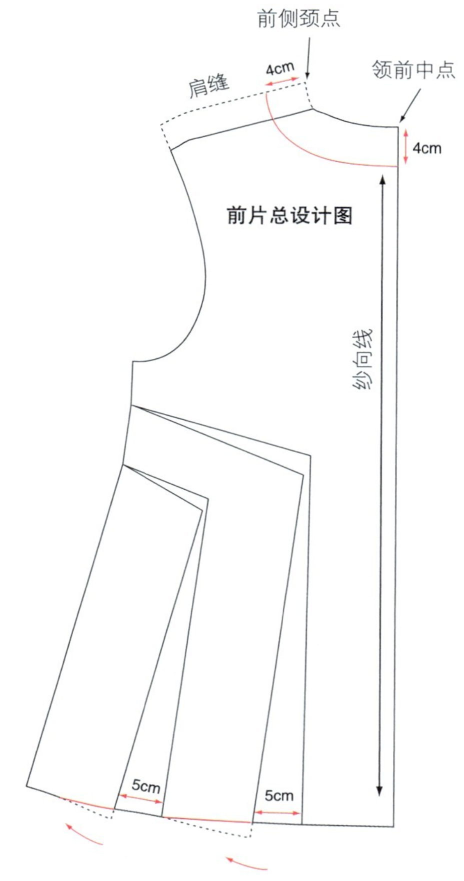

图 6-6

步骤 6

前片样板、前领口贴边、贴袋袋布、下摆贴边

• 按照本书第 50 页的方法，对称复制出整个前片纸样，在此纸样上进行前领口贴边和腹部贴袋的设计。

• 前领口贴边的作用主要是为了安装和加固前开口的拉链。从前侧颈点沿肩线取 4cm，画出距离领口弧线 4cm 的领口贴边。

• 从前中线沿领口线向左、右两边各取 0.5cm 定点，过这两个点向下作 12cm 的竖直线，形成 1cm×12cm 的长方形，这是装拉链的位置。

• 从长方形的底端沿前中线向下 4cm 定点，过该点向左、右两边作水平线，长度 4cm，这是贴边的下边，用圆顺的弧线将贴边下边与领口贴边连顺，各个拐角抹成圆角。

• 从贴边下端沿前中线继续向下 6cm 定点，过该点向左右两边作水平线，长度 16cm，这是腹部贴袋的上边，然后再过两端向下作垂线，长度 32cm，这是贴袋的两侧边，将底边直线相连，成为一个正方形。

• 前片底边向上 3cm，为松紧带贴边线，参照底边弧线画顺贴边线（图 6-7）。

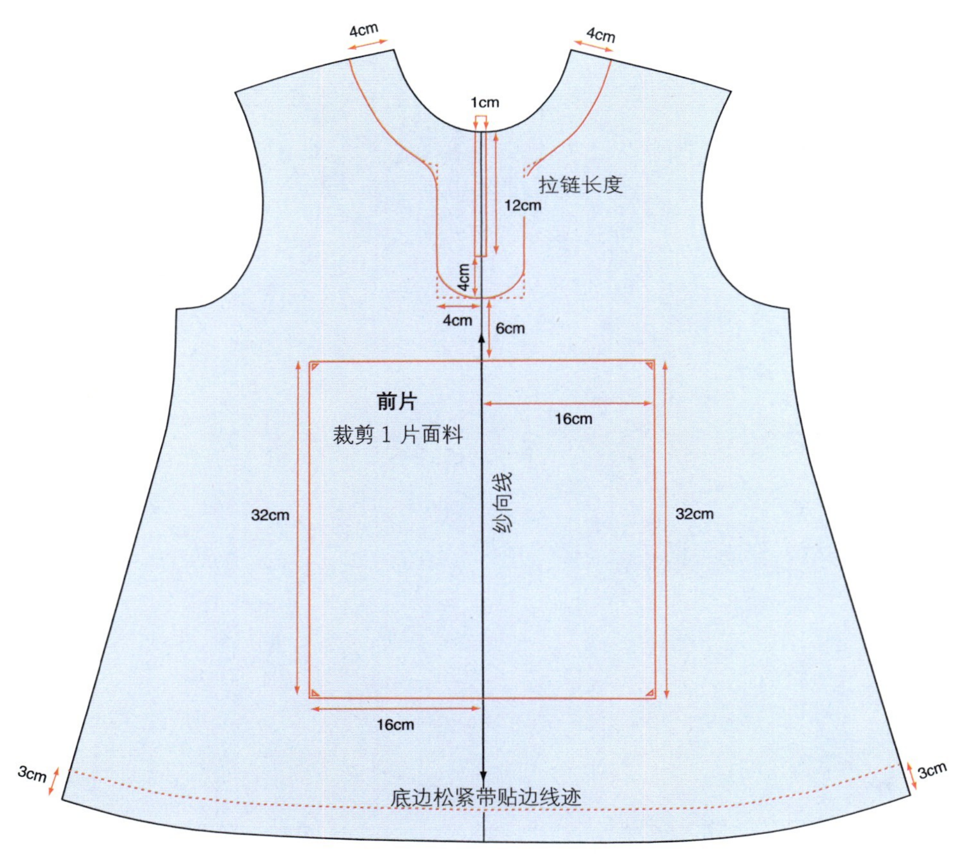

图 6-7

步骤 7

前领口贴边样板

• 按照本书第 50 页的方法，复制领口贴边纸样，在领口和肩线上加放 1cm 缝份（图 6-8）。

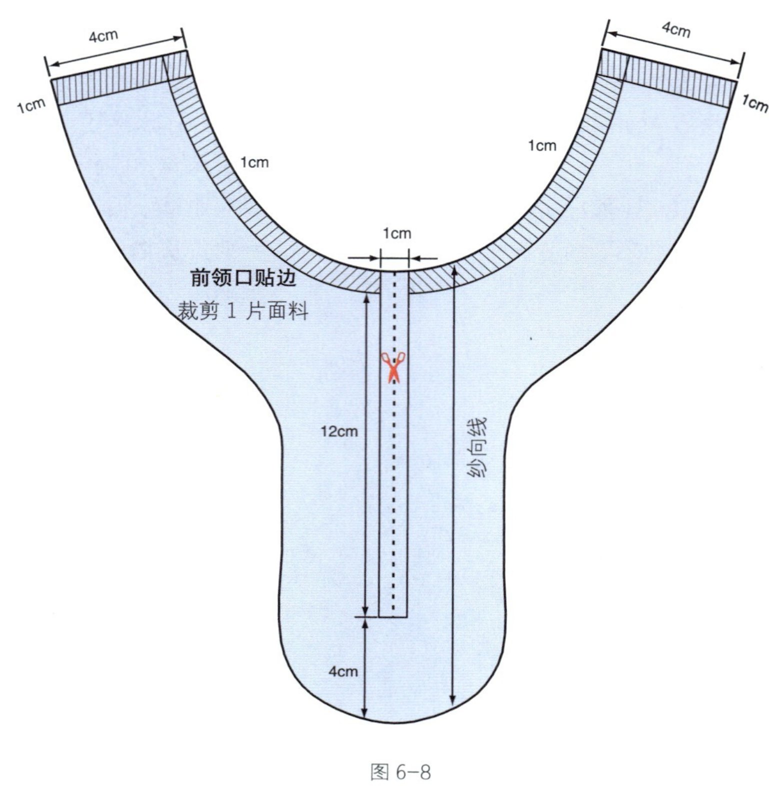

图 6-8

步骤 8

前片下摆贴边样板

• 按照本书第 50 页的方法，复制下摆贴边纸样，并在周围加放 1cm 缝份（图 6-9）。

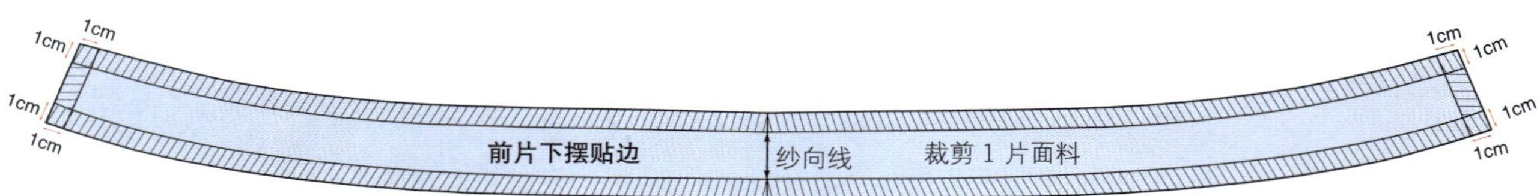

图 6-9

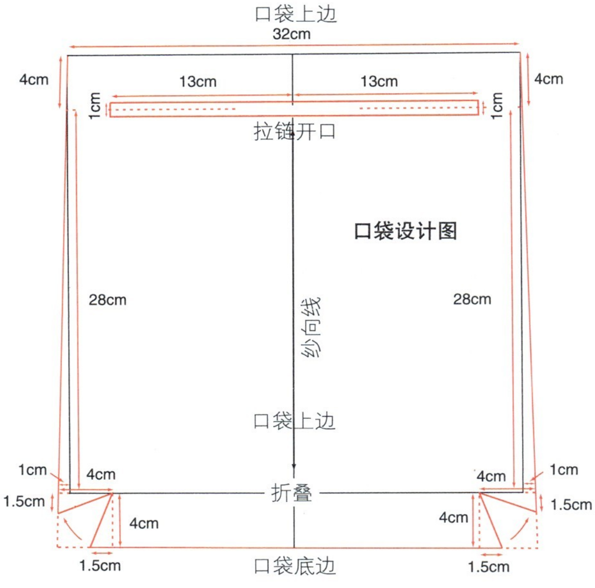

口袋上边
32cm
4cm 13cm 13cm 4cm
1cm 1cm
拉链开口
口袋设计图
28cm 28cm
纱向线
口袋上边
1cm 4cm 4cm 1cm
1.5cm 折叠 1.5cm
4cm 4cm
1.5cm 口袋底边 1.5cm

图 6-10

步骤 9

设计腹部贴袋的折角和拉链开口

● 将前片设计图上腹部的 32cm×32cm 正方形口袋复制下来，并在中线上标出纱向线。

● 拉链安装在口袋的缝合缝上。从口袋上边向下 4cm，平行于口袋上边作平行线。以此线和前中线为对称轴，作一个 1cm×26cm 的长方形，作为装拉链开口的位置。

● 绘制袋底的折角，折角使贴袋更具有立体感。将正方形的袋布下边分别向两边延长 1cm，再与袋口上边两端相连，形成略带倾斜的贴袋新侧边。再从新侧边末端沿底边向内 4cm 定点，过该点再向下作竖直线 4cm，左右两端点相连形成新底边。将原来的底边改为折叠线。将贴袋的新侧边向下延长 1.5cm，将新底边两端向外延长 1.5cm，再与袋底折叠线端点相连（图 6-10）。

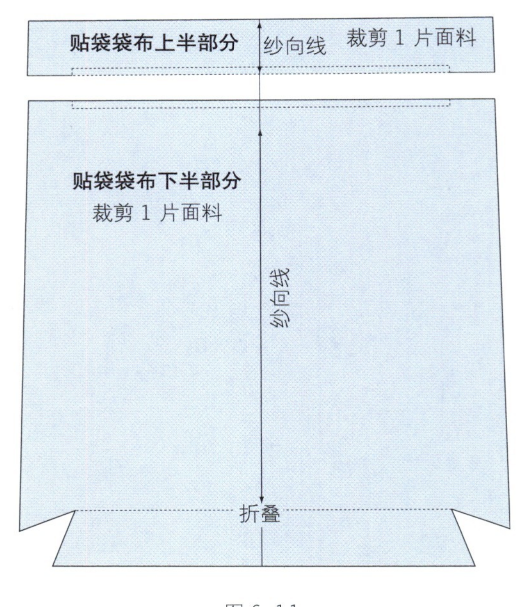

图 6-11

步骤 10

贴袋上下部分样板

● 按照本书第 50 页的方法，复制贴袋袋布下半部分纸样。

● 按照本书第 50 页的方法，复制贴袋袋布上半部分纸样（图 6-11）。

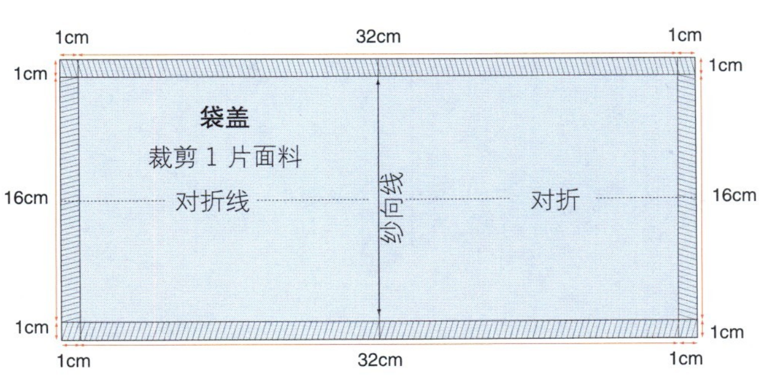

图 6-12

步骤 11

袋盖样板

● 画长 32cm、宽 16cm 的长方形，用于绘制贴袋袋盖纸样。

● 将长方形宽边等分，过中点作对折线。

● 在周围加放 1cm 缝份（图 6-12）。

步骤 12

增加后片松量、绘制后领口贴边

• 复制后片纸样，采用切展法给衣身后片加入更多松量。

• 距侧缝 9cm，从底边向上作侧缝的平行线，长度 35cm，再距此线 10cm，同样作平行线，长度 40cm。

• 从腋下点沿侧缝向下 5cm 定点，过该点与 40cm 直线的上端相连。

• 再沿侧缝向下 6.5cm 定点，过该点与 35cm 直线的上端相连。

• 沿所画直线剪开后片纸样，从下摆开始剪到侧缝边，留一点不要剪断。

• 在每条剪开线处，将纸样往侧缝方向打开 5cm。

• 去除剪开展开后下摆出现的不规则凸角，用圆顺的弧线重新画顺底边线。

• 然后绘制后领口贴边。从侧颈点沿后肩线向右 4cm 定点，再从领后中点沿后中线向下 4cm 定点，参照后领口弧线，过这两点用圆顺的弧线画出后领口贴边（图 6-13）。

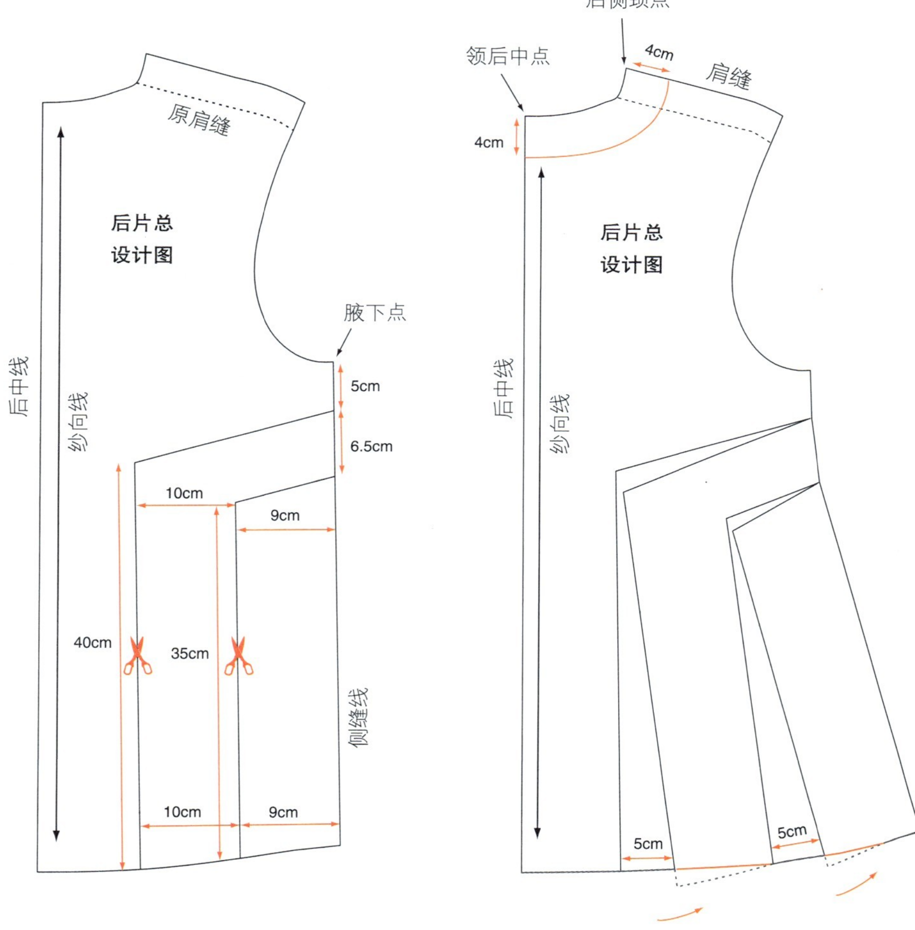

图 6-13

步骤 13

后片样板和下摆贴边

• 复制衣身后片纸样，按照本书第 50 页的方法，对称复制出后片整身纸样，在领口和肩缝加放 1cm 缝份。

• 后片下摆向上 3cm，为松紧带贴边线，参照下摆弧线画顺贴边线（图 6-14）。

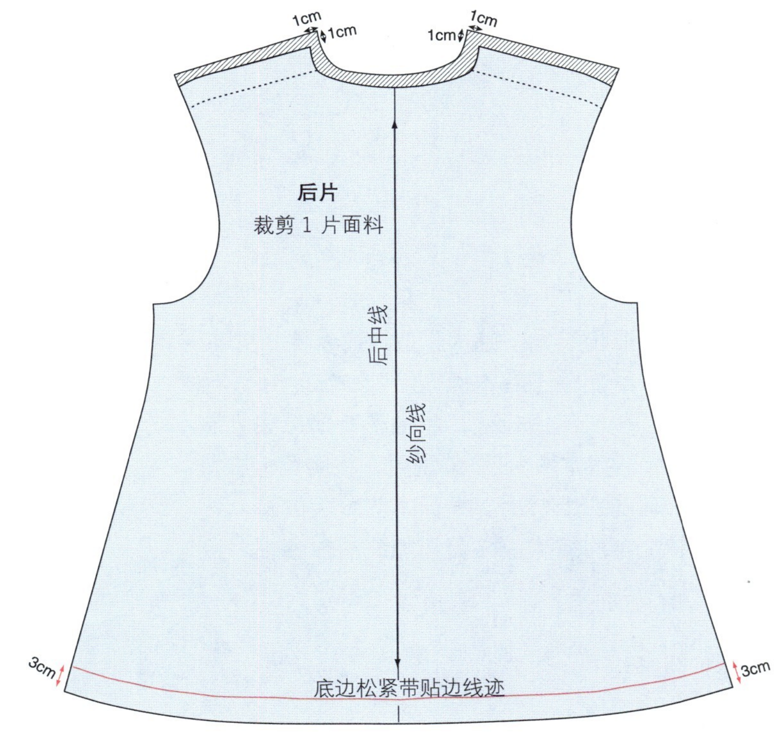

图 6-14

步骤 14

后领口贴边样板

• 复制后领口贴边纸样，按照本书第 50 页的方法，对称复制出贴边的整个纸样，并在领口和肩线上加放 1cm 缝份（图 6-15）。

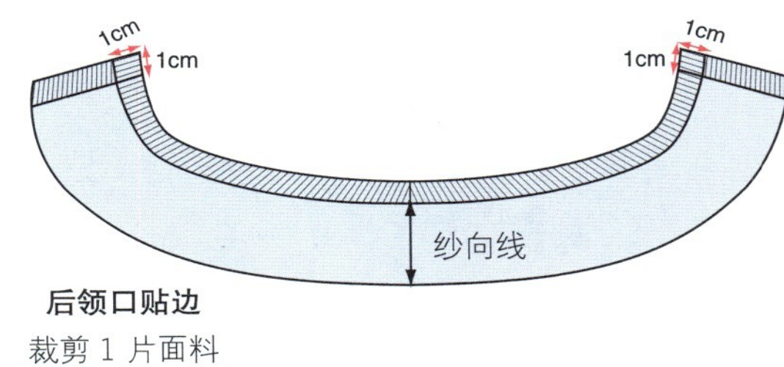

图 6-15

步骤 15

后片下摆贴边样板

• 复制底边贴边纸样，按照本书第 50 页的方法，对称复制出底边贴边的整个纸样，并在周围加放 1cm 缝份（图 6-16）。

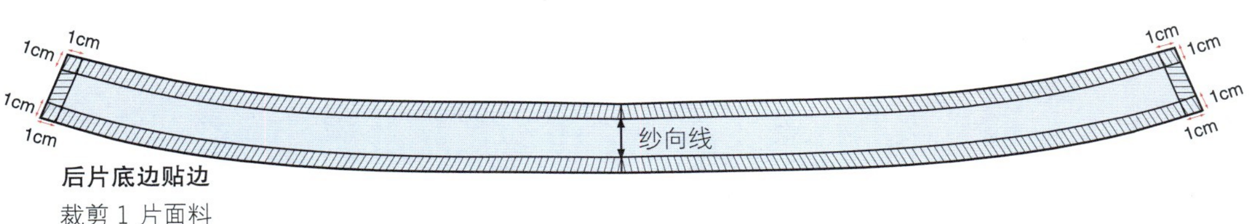

图 6-16

步骤 16

绘制袖子总设计图

选择一款男装袖子基本原型，或者按本书 42 页的方法，绘制袖子基本原型。裁一张比所设计服装的袖子略长的打板纸，将袖子基本原型复制到打板纸上。按本书 48 页的说明，将所有标志和相关说明标注在纸样上。根据本款服装的特点，袖子要体现落肩结构，并要和加深的袖窿相对应（图 6-17）。

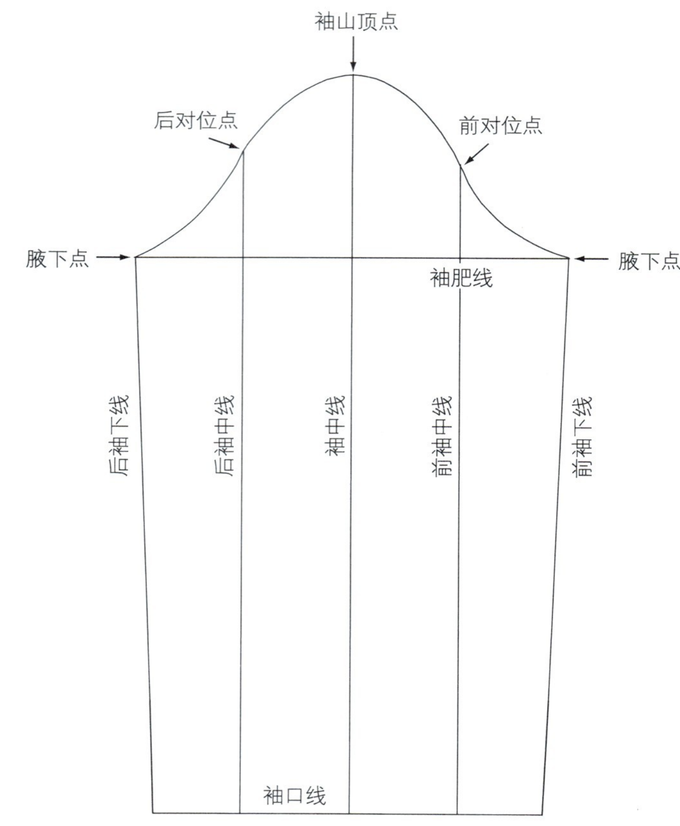

图 6-17

步骤 17

绘制袖子

• 沿袖中线将原型袖剪开，在中间加 2cm 松量。

• 将袖山顶点降低 2cm，降低量等于衣身肩点的下落量。

• 将袖肥线降低 1.75cm，即袖窿加深量的一半。再将袖肥线两端向外延长 3cm。

• 参照原型袖山弧线，重新画顺新袖山弧线。并且重新标记袖山的前、后对位点。

• 袖口线两端向外延长 3cm，与新袖肥线端点相连，重新画顺袖下线。

• 袖口线向下 3cm，画出袖口折边线，折边线要与袖下线对称。

• 在设计任何袖子时，都要校合袖子的吃缝量，再最终确定样板（图 6-18）。

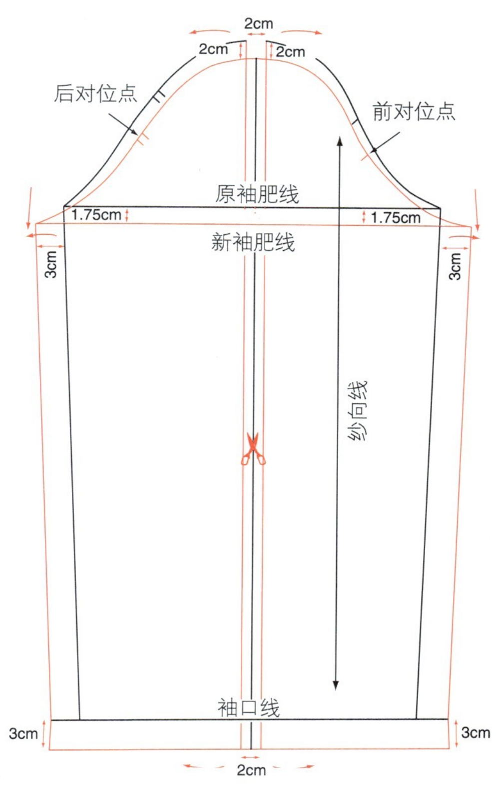

图 6-18

步骤 18

袖子样板

● 按照本书第 50 页的方法，重新复制袖子纸样（图 6-19）。

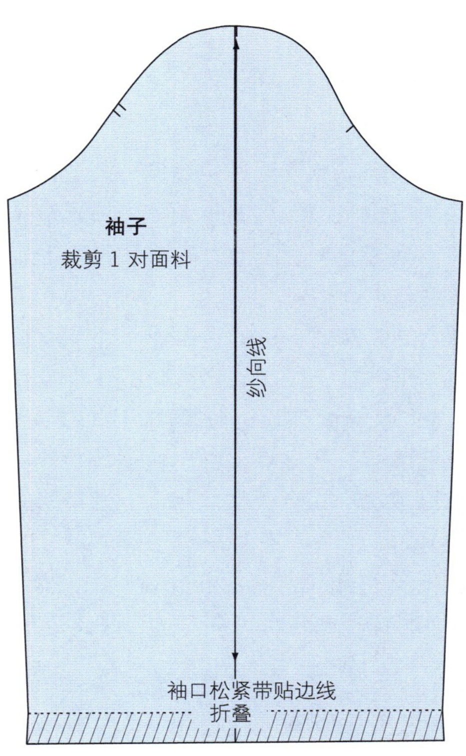

图 6-19

步骤 19

绘制风帽结构线

- 在打板纸的右下角标上点Ⓐ，过点Ⓐ向左作水平线，长度 25cm（1/2 领围），端点标为点Ⓑ。
- 从点Ⓐ向上作垂直线，长度 40cm（即 1/2 头竖直围度），端点标为点Ⓒ。将水平线和垂直线连成一个长方形，左上角标为点Ⓓ。
- 从左下角点Ⓑ竖直向上 7.5cm（颈高）定点，过该点水平向右 7.5cm，标为后中线。
- 用弧线尺从点Ⓐ到后中线作一条近似人体颈根曲线的帽底领口弧线，长度为 25cm（前、后领口弧线长度）。
- 从点Ⓐ竖直向上 9cm，再水平向外 1cm 定点，将此点用弧线与点Ⓐ相连。
- 从点Ⓓ竖直向下 13cm，再水平向右 1.5cm 定点。再从点Ⓓ水平向右 12.5cm，竖直向下 3cm 定点。
- 从点Ⓒ竖直向下 6.5cm，再水平向右 2cm 定点。
- 过上述所有标记点，画出帽子侧片轮廓线（该轮廓线的造型取决于设计、头的尺寸、开口形式以及服装用途）。
- 从帽子前开口上端沿前开口轮廓线向下 12cm 标记一点，作为帽檐对位点（图 6-20）。

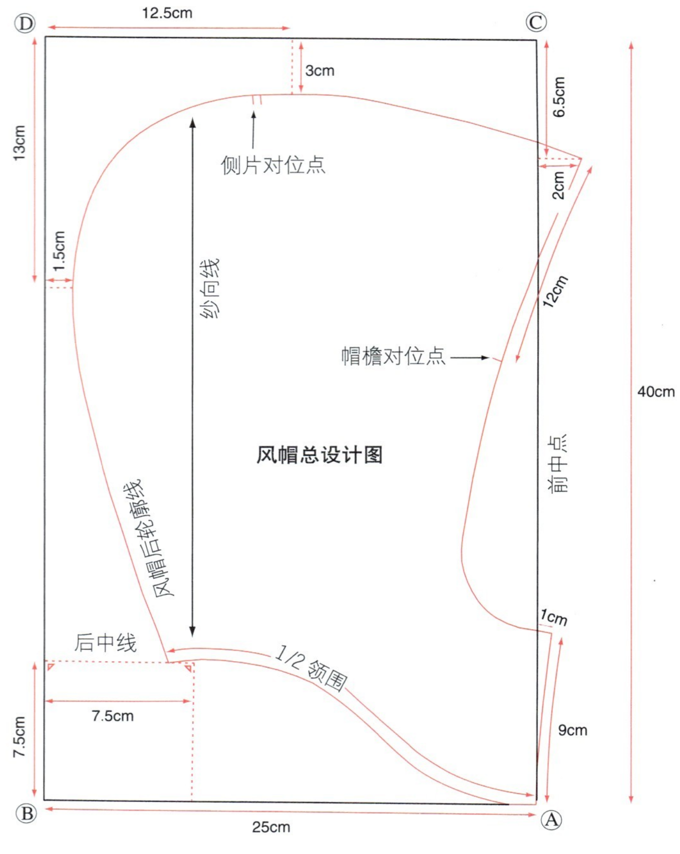

图 6-20

步骤 20

风帽侧片样板

- 按照本书第 50 页的方法，复制风帽侧片纸样（图 6-21）。

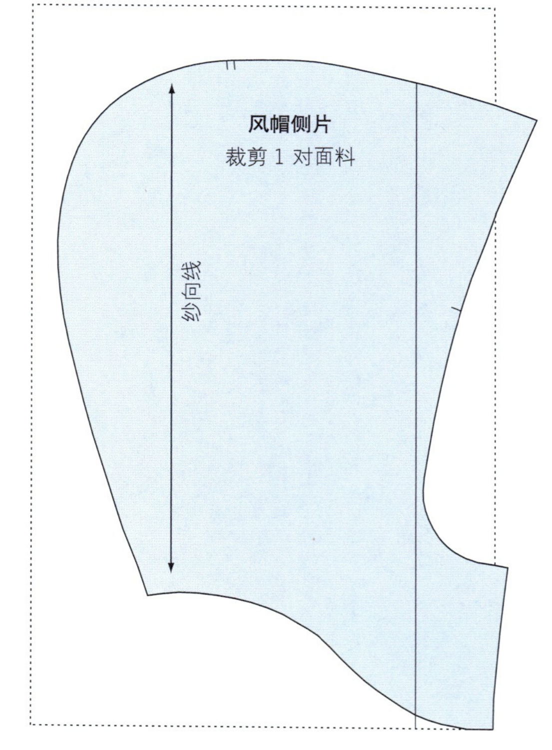

图 6-21

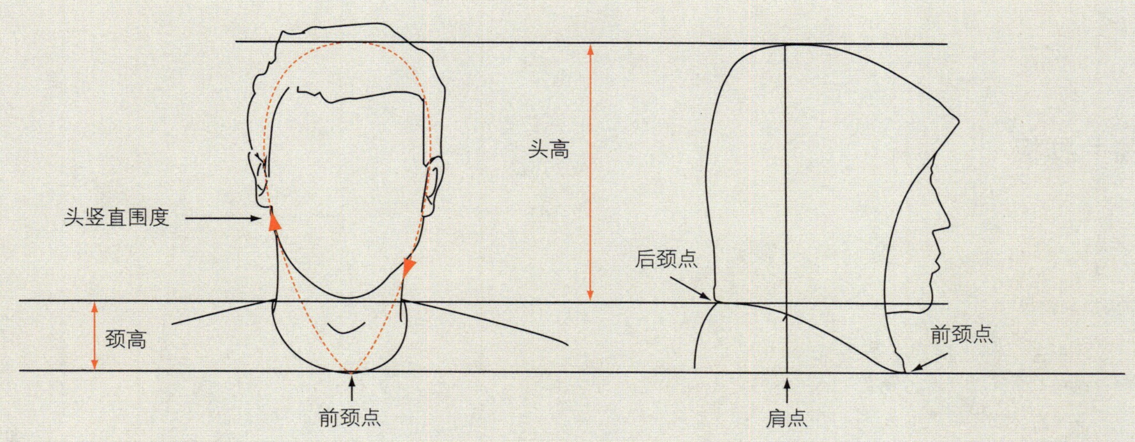

图 6-22

设计风帽所需尺寸

绘制风帽需要测量三个尺寸：

1. 头竖直围度，用于设计风帽前开口的尺寸。用皮尺从人体的前颈点开始，沿竖直方向绕头部一圈，再回到前颈点所量得的长度，本例所用尺寸为 80cm（图 6-22）。

2. 颈高，即前、后颈点之间的垂直距离。将前片衣身纸样放在后片上，前、后片胸围线和前、后中线对齐，测量前、后颈点之间的距离，这里所用颈高尺寸是 7.5cm。

3. 前、后领口弧线长度，从衣身纸样上测量（图 6-23），这里所用尺寸分别是 12.5cm 和 12.5cm。如果风帽纸样设计了中间拼片，要从侧片和前开口中减去中间拼片的尺寸。

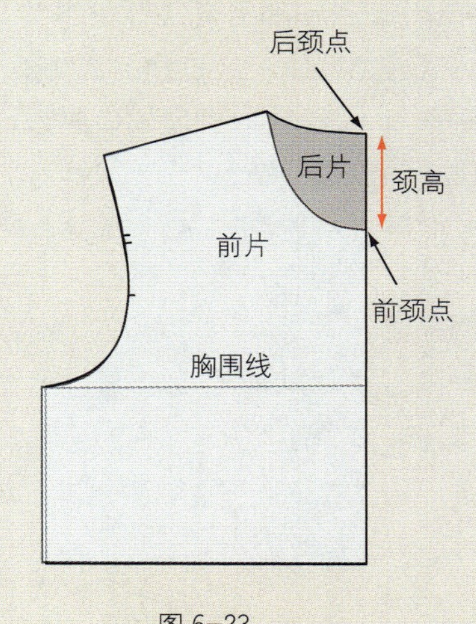

图 6-23

步骤 21

风帽中间拼片样板

风帽中间拼片的尺寸

风帽中间拼片在后领处宽度为 8cm，在前开口处宽度为 7cm。其长度可通过测量风帽总设计图上的侧片后轮廓线获得，本例为 52cm。中间拼片的形状近似人体头部形状，即在后领窝处较窄，在头顶处较宽，在前端又比较窄。与球体的平面展开图原理类似。

- 画长 52cm 的竖直线标为中线，过上端点向两边作垂线，长度 3.5cm，这是拼片前端。过下端点分别向两边水平取 4cm，参照衣身后领口弧线，用略带上凸的线条，画顺拼片颈侧端弧线。
- 沿中线从风帽拼片前端向下取 18.5cm，再向两边作水平线，长度 5.5cm，这是拼片最宽的头顶部分，打上对位标记。
- 风帽拼片从前到后，并过上一步的对位标记点，画顺拼片两侧轮廓线（图 6-24）。

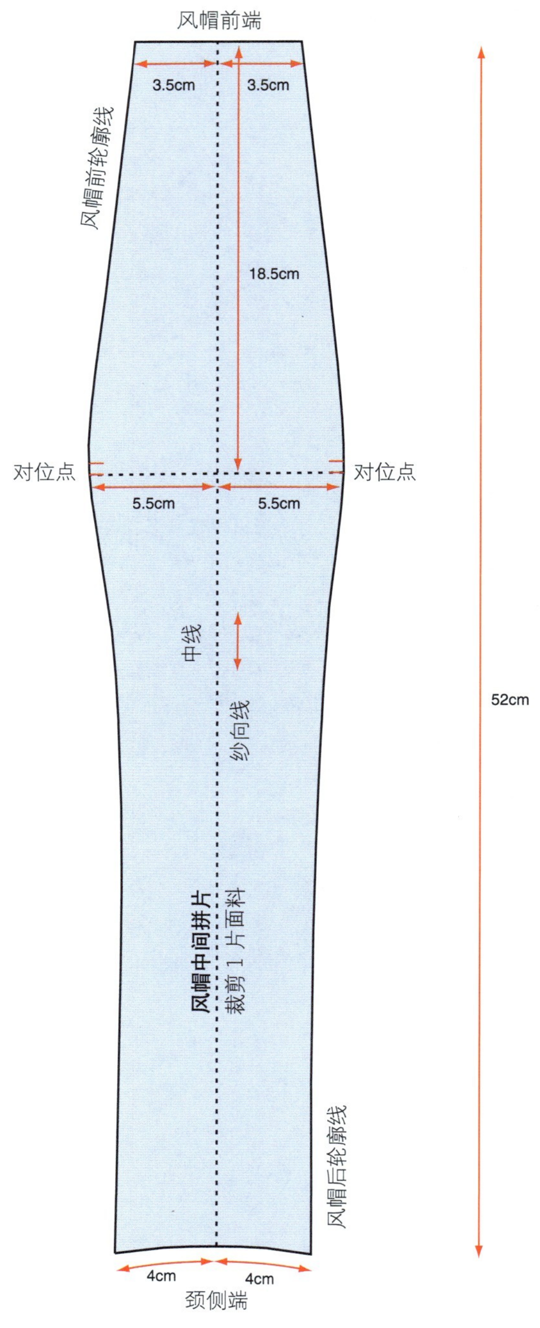

图 6-24

步骤 22

风帽帽檐样板

- 画长 23cm、宽 9cm 的长方形，将长边等分。
- 沿长方形上边从等分点向两边取 3.5cm，作标记。
- 从长方形的两侧短边，由上向下取 2cm 定点，过这两点用上凸的弧线画顺风帽前开口边。
- 再过两侧 2cm 处的点和底边中线点连接，用上凹的弧线画顺帽檐边（图 6-25）。

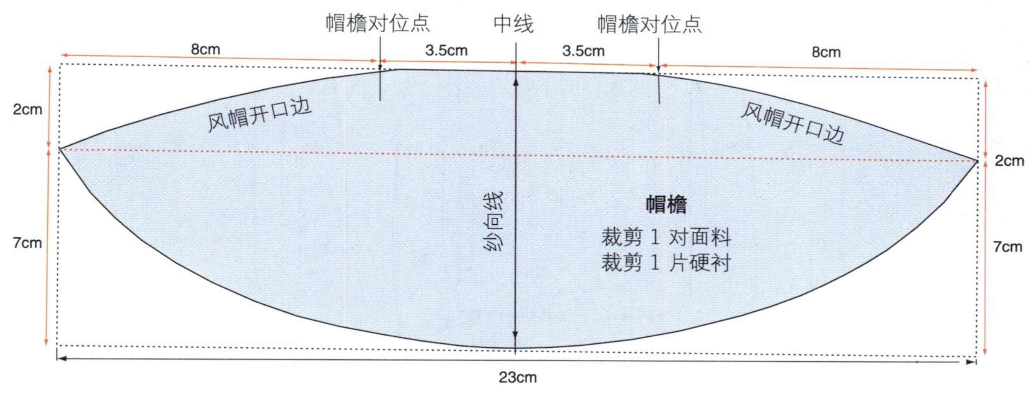

图 6-25

图 6-26

合体牛仔夹克纸样

图 6-27

图 6-28

合体牛仔夹克（图 6-27、图 6-28）纸样设计要点：

衣身前片和后侧片设计线
明门襟
减短衣长
前育克及过肩
单嵌线侧袋
信封式前胸袋
隐藏领座的翻领
带襻的下摆边
休闲型两片袖

图 6-29

步骤 1

绘制衣身总设计图

绘制本款夹克之前，先选择一款男装上衣基本原型，或者按本书第 40 页的方法绘制男装上衣原型。裁一张比所设计夹克的衣长略长的打板纸。按本书第 48 页的说明，将基本原型以及所有标志和相关说明复制到打板纸上（图 6-29）。

步骤 2

增大领口、减短衣长、前门襟以及前片衣身设计线

• 前领点沿前中线降低 2cm，参照原型领口弧线，重新画顺新领口弧线。

• 从新前领点沿前中线向下 47cm，向后中线方向作水平线，为新底边线。

• 距前中线左右各 2cm，作前中线的平行线，向上与领口线相交，向下与底边线相交，形成一个长方形，为宽 4cm 的明门襟。

• 从前领口沿门襟左边向下 9cm 定点，过此点向左作水平线，直到与前袖窿相交，这是前片育克分割线。

• 沿育克分割线，从前向后取 5.5cm，向下作竖直线与新底边线相交；再向后取 7cm，同样向下作竖直线与新底边线相交，这两条线是衣身前片的分割线。

• 从后中线开始，分别沿胸围线和新下摆线取 19cm 定点，将两点直线相连，然后用弧线向上延长与后袖窿相交，这是衣身后片的分割线（图 6-30）。

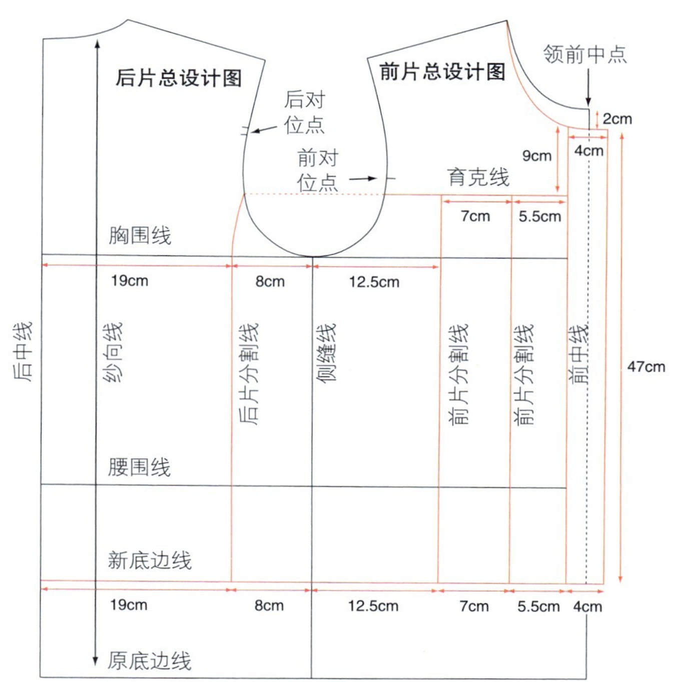

图 6-30

步骤 3

过肩、单嵌线侧袋和信封式胸袋

• 从前侧颈点沿领口弧线向下 4cm 定点。从前肩点沿袖窿向下 7cm 定点，过此点作前肩线的平行线，长度 10cm，再与前领口上的标记点直线相连。

• 从领后中点沿领口弧线取 4cm 定点。从后肩点沿袖窿向下 7cm 定点，过此点作后肩线的平行线，在长度 14cm 处定点，过该点与后领口上的标记点直线相连。

• 从前中线沿育克线向左取 3cm，作为胸袋的右侧端点，再向左取 12cm，作为胸袋袋口大，袋深 14cm，作一个长方形。

• 从底边沿侧缝线向上取 3cm，作为侧袋嵌线的下边缘，向上取 14cm 作为侧袋袋口大，嵌线条宽 2cm，作出 14cm×2cm 的长方形嵌线条。嵌线条上边再向上 3cm，作为袋布左侧上端。从侧缝开始沿底边线向右取 12.5cm，作为袋布底边宽度，再竖直向上 17cm，作为袋布右边长，再与袋布左侧上端直线相连（图 6-31）。

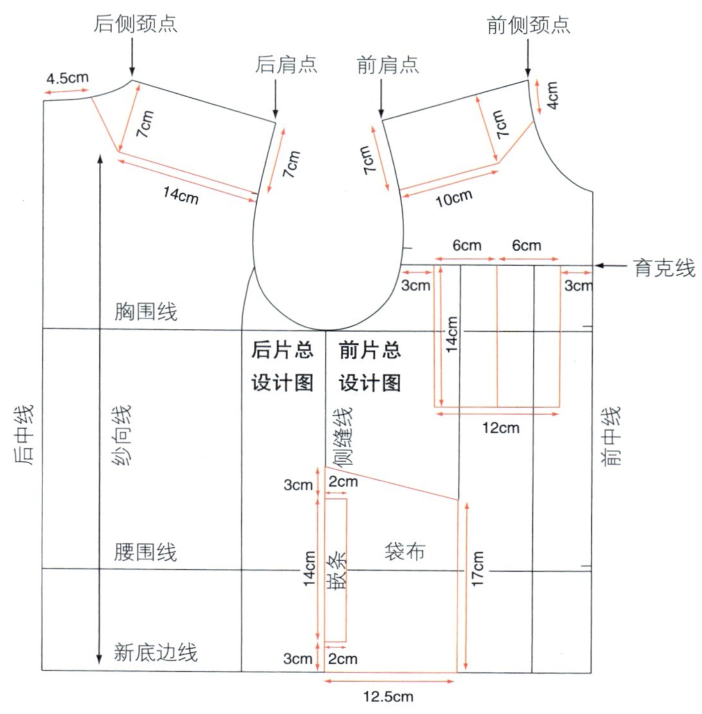

图 6-31

步骤 4

设计信封式胸袋

• 口袋所有的细节均在一张设计图上绘制，然后再分别复制出来。信封口袋装在前片面布反面，开口在育克线上。

• 首先绘制胸袋开口。沿口袋上边中点向两边各取5cm，再向下作垂线，长度1.5cm，作出10cm×1.5cm的长方形嵌线条。

• 其次绘制袋盖。袋盖位于嵌线条上面，与前片育克缝合。过袋口上边两端向下作垂线，长度3cm，再从袋口中点竖直向下4cm定点，将该点与两边的垂线端点相连，这是略带尖角的袋盖。

• 最后绘制袋布。从袋口中点竖直向下取12cm定点，过该点作水平线与口袋侧边相交。根据口袋的设计，将此线两端缩短一定长度后，再分别与袋口两端和袋底中点相连，形成信封样式的胸袋（图6-32）。

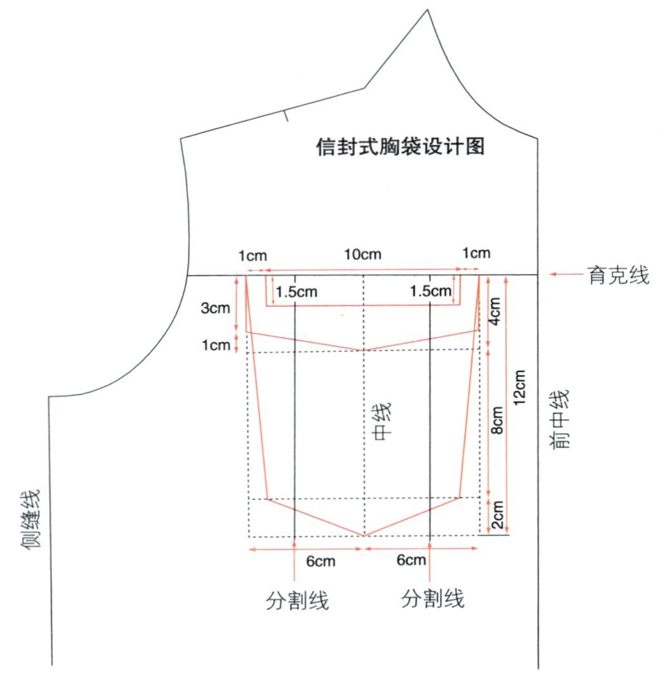

图6-32

步骤 5

前门襟样板

• 按照本书第50页的方法，复制第2步所绘门襟，再沿右边线对称复制门襟，中间标上对折线（图6-33）。

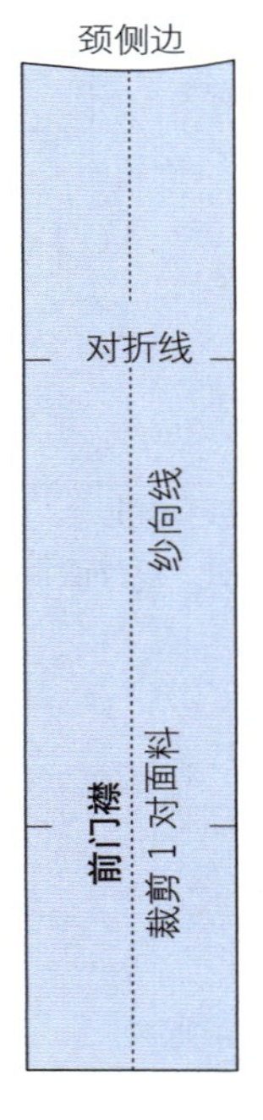

图6-33

步骤 6

过肩样板

• 本款夹克需要将第3步前、后肩设计线以上部分拼接起来，形成过肩结构。按照本书第50页的方法，先复制前片肩部设计线以上部分，再将前、后肩对齐，复制出后肩线到设计线之间的部分，得到最终的过肩样板（图6-34）。

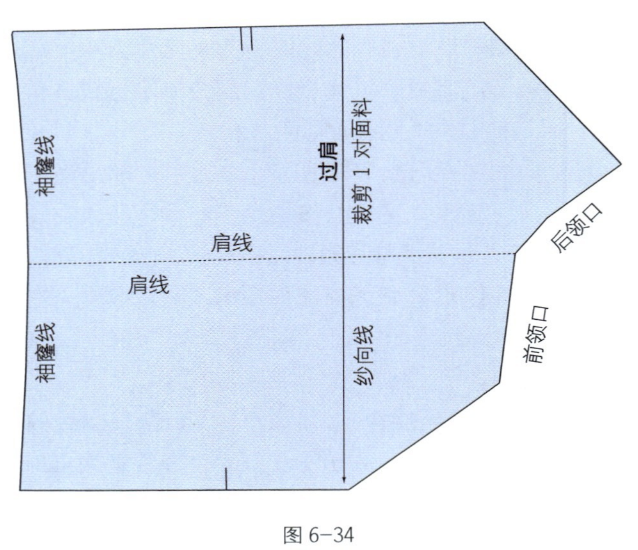

图6-34

步骤 7

后片和后侧片样板

• 复制后片纸样，按照本书第 50 页的方法，对称复制出后片完整纸样。

• 按照本书第 50 页的方法，复制后侧片纸样（图 6–35）。

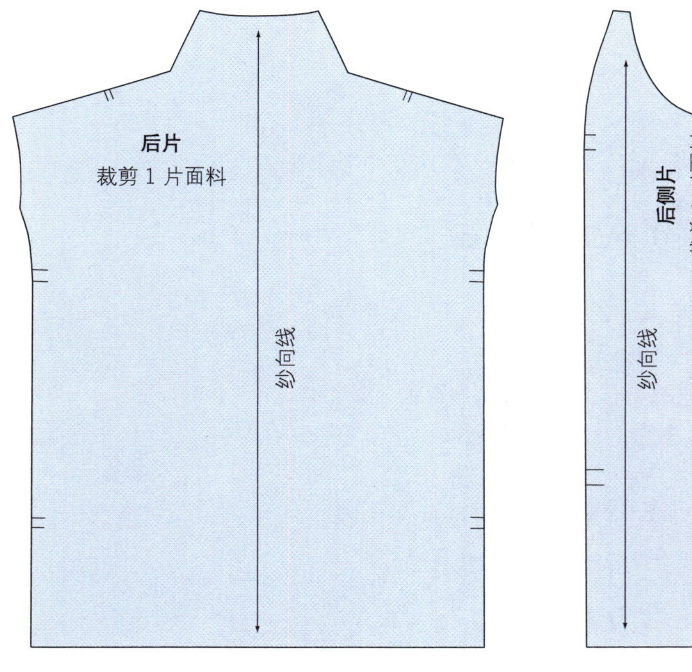

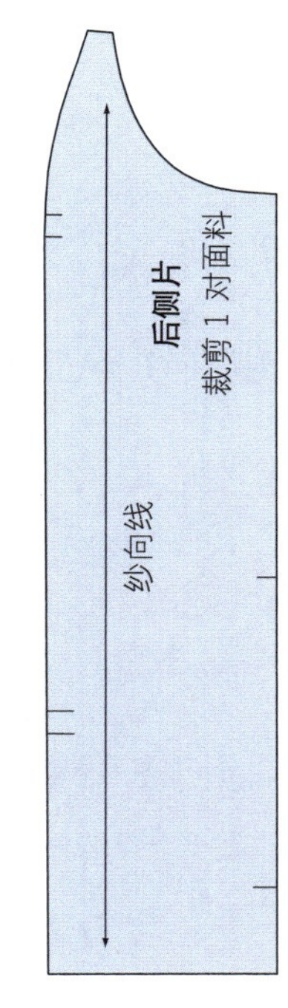

图 6–35

步骤 8

前育克样板

• 按照本书第 50 页的方法，复制出第 3 步所画的前片育克纸样，并加上对位标记（图 6–36）。

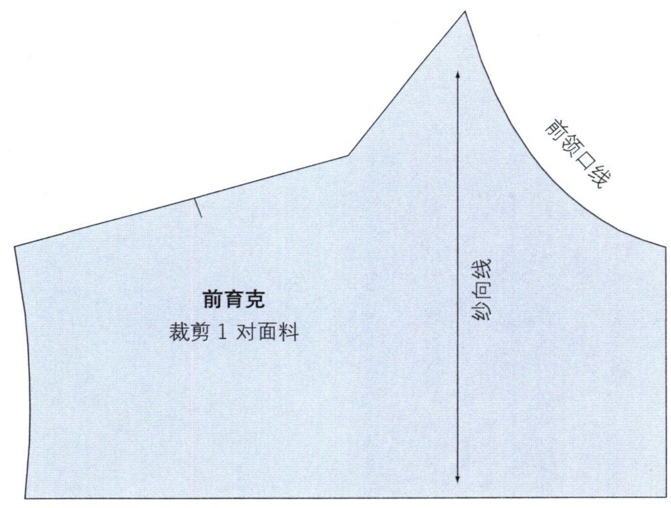

图 6–36

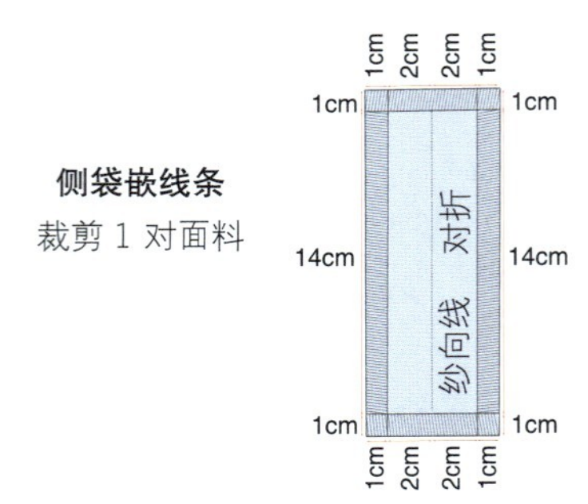

图 6-37

步骤 9

侧袋袋嵌线条及袋布样板

• 按照本书第 50 页的方法，复制第 3 步所画侧袋的所有部件。

• 将嵌线条对称复制，得到 14cm×4cm 的长方形，将中线标为对折线（图 6-37）。在周围加放 1cm 缝份。

• 上片袋布需要将嵌线条的长方形去除，并在一圈加放 1cm 缝份（图 6-38）。

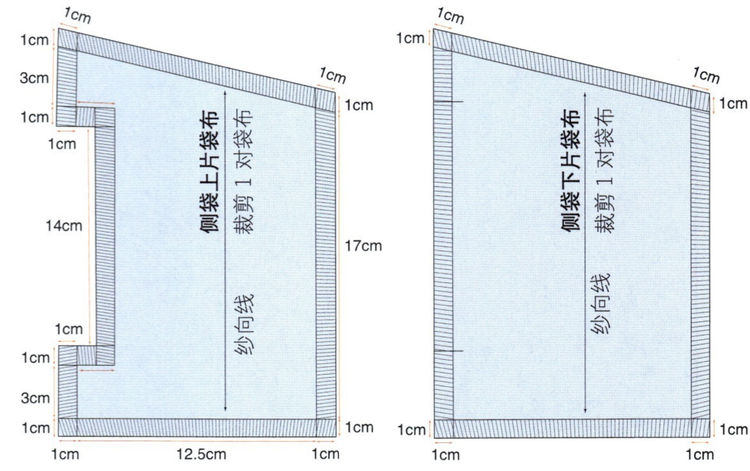

图 6-38

步骤 10

前片样板

• 按照本书第 50 页的方法，复制第 3 步图中所绘的前片，包括：前中片、前中间片和前侧片（图 6-39）。

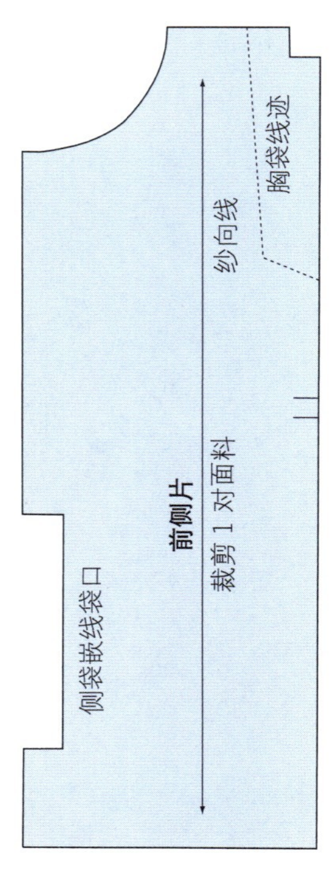

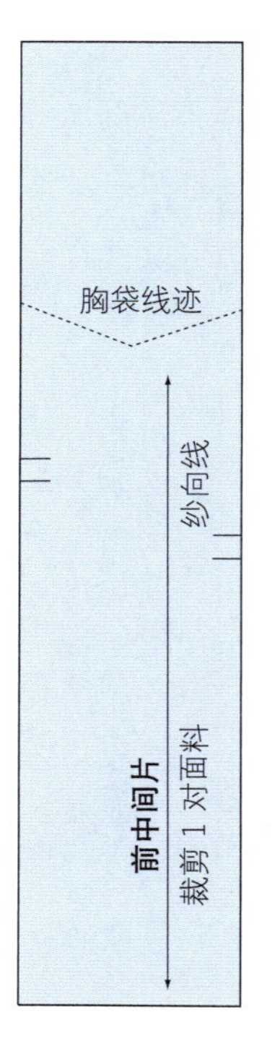

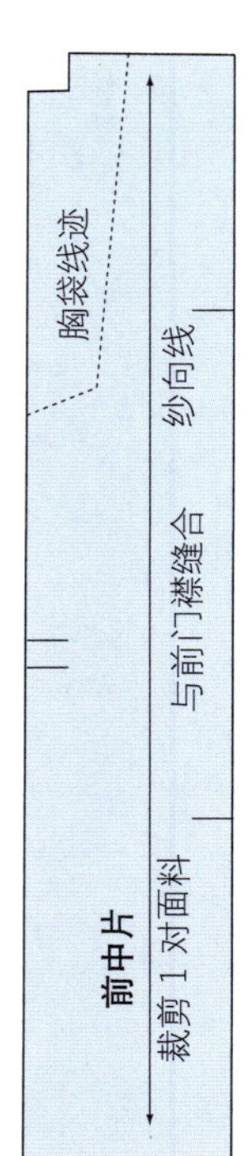

图 6-39

步骤 11

胸袋样板

• 按照本书第 50 页的方法，复制第 4 步所绘的胸袋纸样（图 6-40）。

• 在袋布和袋盖一圈加放 1cm 缝份（图 4-40、图 6-41）。

• 在贴边的上边和侧边加放 1cm 缝份（图 6-42）。

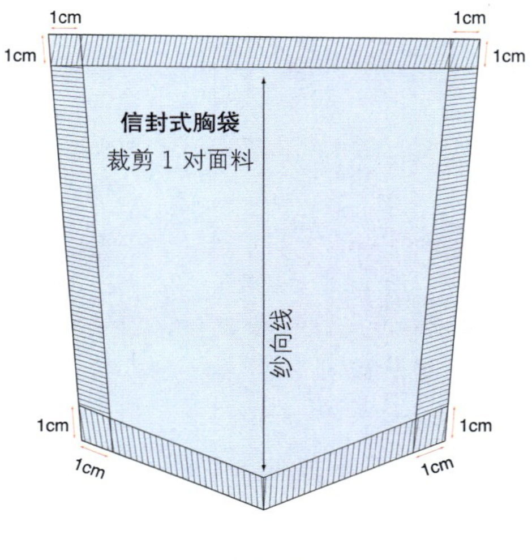

图 6-40

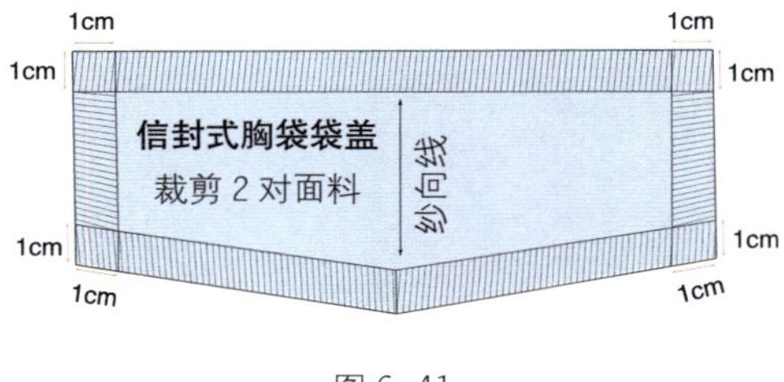

图 6-41

图 6-42

步骤 12

腰带及腰带襻

腰带和腰带襻

从第 2 步总设计图上，测量前片和后片的下摆长度，包括门襟的宽度。本款牛仔夹克设计了 4cm 的腰带，并在腰带侧缝处装有腰襻。腰襻在腰带上绘制好后再拓出来，这样便于把握比例的均衡。

- 画长 37cm、宽 8cm（2 倍腰带宽度）的长方形，作为前片腰带。标出对位点，中间画出对折线，周围加放 1cm 缝份。
- 再画长 38cm、宽 8cm（2 倍腰带宽度）的长方形，作为后片腰带。过长边中点画出后中线，周围加放 1cm 缝份（图 6-43）。
- 最后绘制腰带侧缝处的腰带襻：在腰带上画一个长 6cm、宽 3cm 的长方形，上下两边右端减短 1cm，再与右边中点相连成剑形腰带襻，完成后在周围加放 1cm 缝份（图 6-44）。

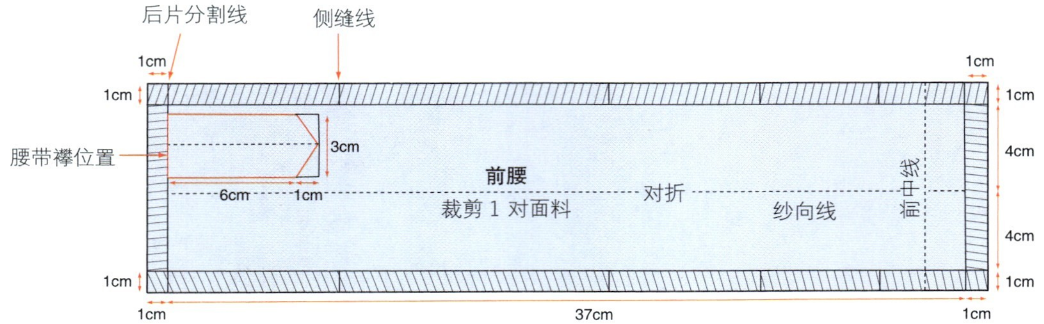

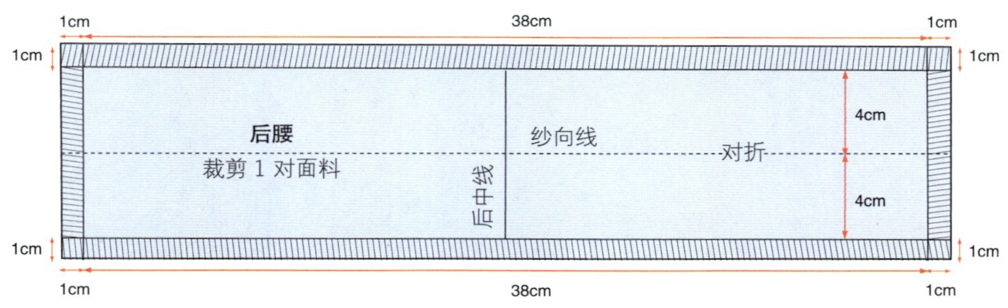

图 6-43

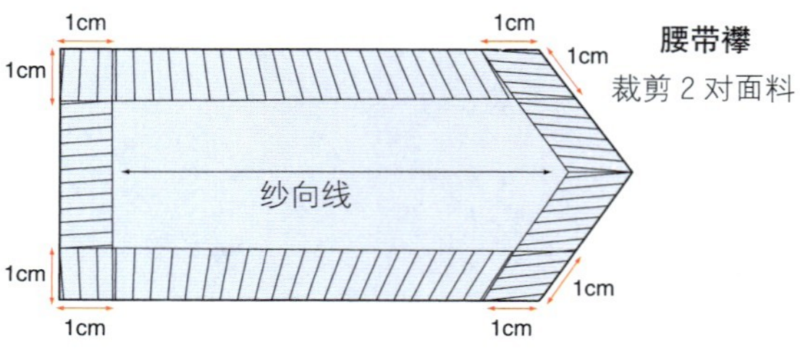

图 6-44

隐藏领座的翻领

• 首先从领后中开始制图，打板纸上起始点为Ⓐ，表示领后中点。过点Ⓐ画一条水平线到点Ⓑ，长25.5cm。

• 从点Ⓐ沿水平线向右取 8.5cm（后领口弧线长），作肩线对位标记。

• 从点Ⓐ向上作竖直线，长度 3cm，端点标为点Ⓖ，再继续向上作竖直线，长度 5cm，端点标为点Ⓓ。

从总设计图上测量领口弧线长

领子制图时先绘制半身的领子，再对称复制成整个领子纸样。制图前首先要测量总设计图中的领口弧线长：

• 从第 2 步的总设计图中，测量前后领口弧线长，本例后领口弧线长为 8.5cm，前领口弧线长为 17cm（其中包括了 1/2 叠门宽）。

• 两个值加起来，得到半身的领口弧线长为 25.5cm。

• 从点Ⓓ向右作水平线，长度 25.5cm，端点标为Ⓔ。

• 从点Ⓑ竖直向上 1cm，标点Ⓕ，过点Ⓕ用略带弧度的曲线画顺底边线，弧线长 8.5cm，端点标为Ⓒ。

• 从点Ⓔ水平向右延伸 1cm，与点Ⓕ直线相连。再从点Ⓔ竖直向上延伸 1cm，用弧线重新画顺翻领外口线。并将两线延长，使其相交，形成翻领领角。

• 将点Ⓖ与点Ⓒ用上凸的弧线画顺，作为绘制领座的基础线。

• 将以上所绘制的设计图重新拷贝到另外一张纸上，并将领座剪下来。沿长度方向将其四等分，画出竖直的等分线。

• 剪下来的翻领上，也按照领座的等分线画出线条（图 6-45）。

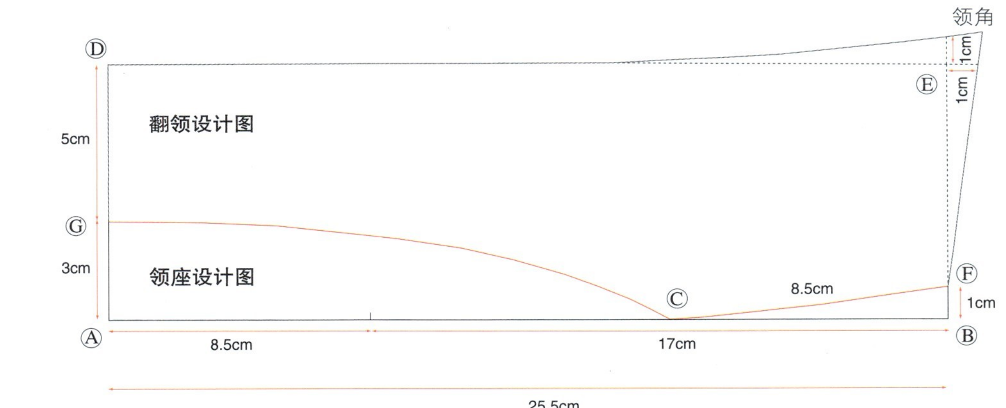

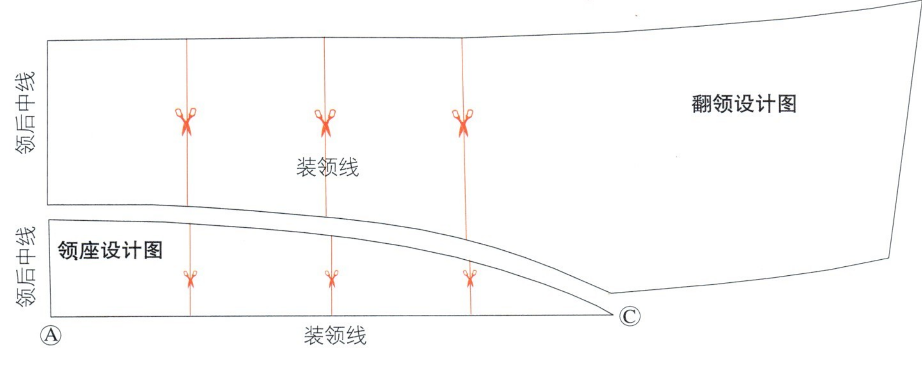

图 6-45

步骤 14

调节翻领和领座的曲度

• 从翻领外口线沿等分线剪开，在末端留一点不剪断。从领后中线开始，在每个剪开线处打开 0.4cm，用圆顺的弧线重新画顺领外口线。再从领后中线平行去除 0.9cm，这是调节领座上口线之后缩小的量。

• 将领座上的等分线也剪开，在领底处留一点不剪断。从领后中线开始，在每个剪开线处合并 0.3cm。这样处理后使领座更贴近人体颈部，领子更合体（图 6–46）。

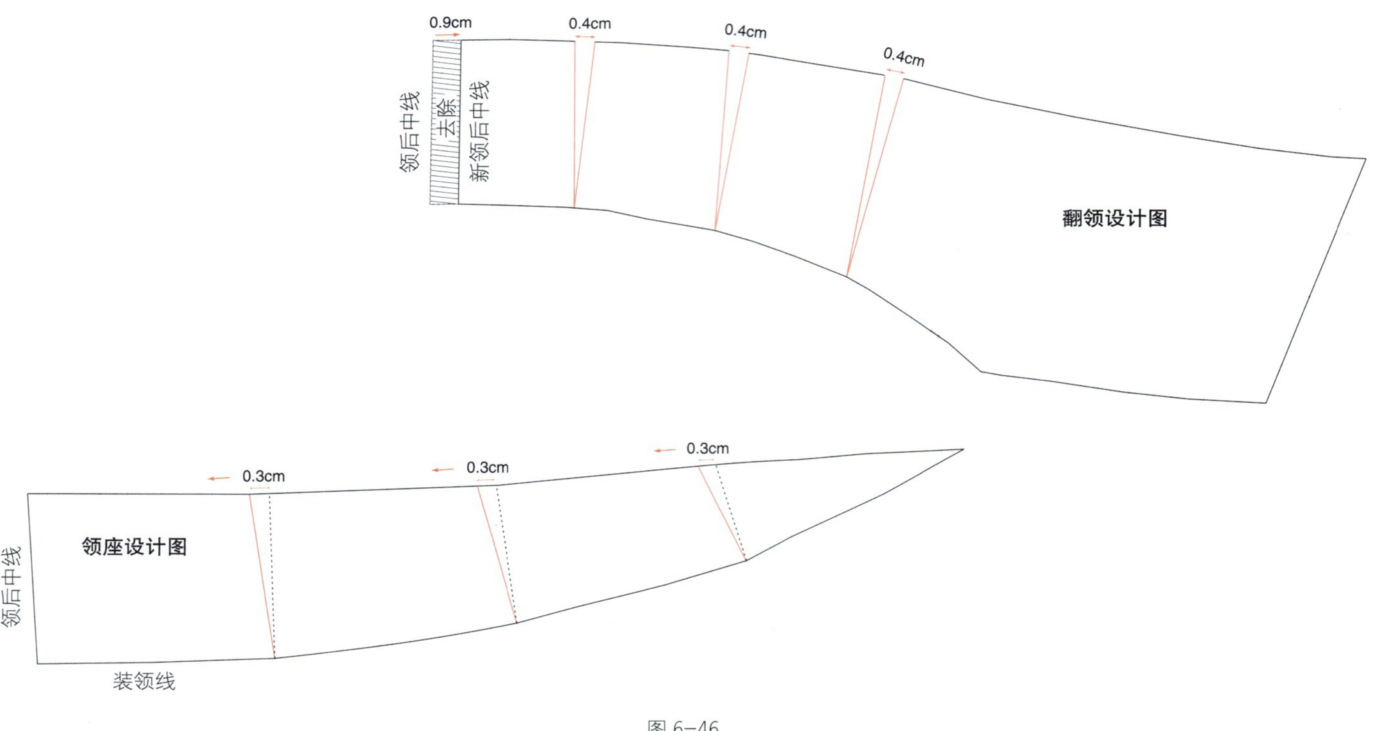

图 6–46

步骤 15

领座样板

• 将领座纸样重新复制一份。按照本书第 50 页的方法，对称画出整个领座的纸样，并在周围加放 1cm 缝份（图 6–47）。

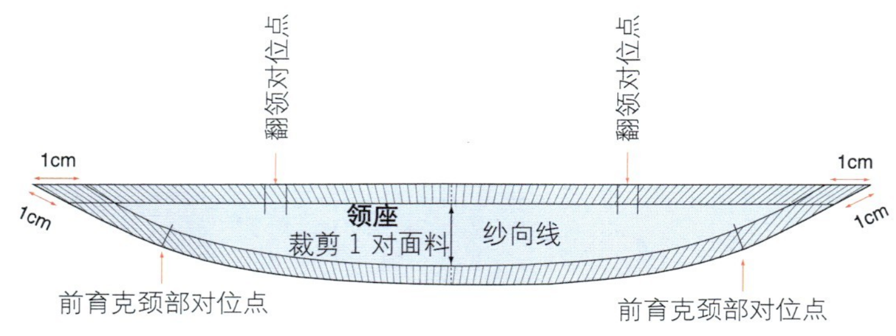

图 6–47

步骤 16

翻领样板

• 将翻领纸样重新复制一份。按照本书第 50 页的方法，对称画出整个翻领的纸样，并在周围加放 1cm 缝份（图 6-48）。

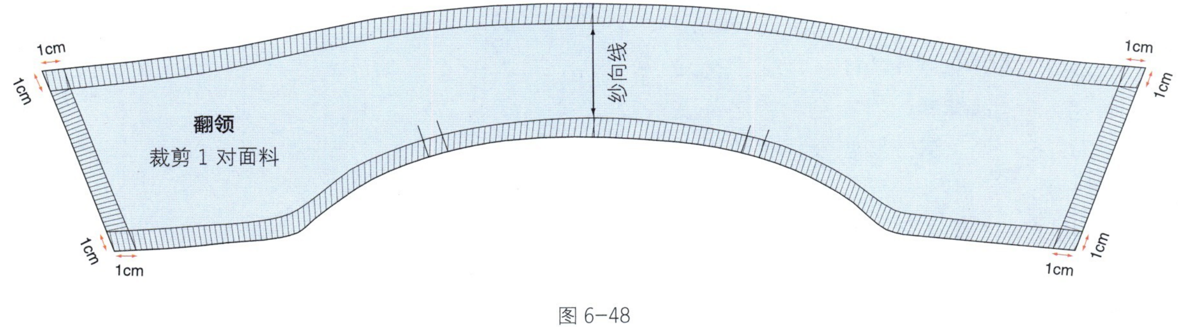

图 6-48

步骤 17

绘制袖子总设计图

选择一款男装袖子基本原型，或者按本书第 42 页的方法，绘制袖子基本原型。裁一张比所设计服装的袖子略长的打板纸，将袖子基本原型复制到打板纸上。按本书第 48 页的说明，将所有标志和相关说明标注在纸样上。本款夹克是休闲式两片袖。

• 本款袖子在袖头处有袖克夫，所以首先减短袖长，留出袖克夫的量。从原型袖口线平行向上 9cm 画出新袖口线。

• 为了确定大小袖分割线的位置，先从第 2 步的总设计图上测量前肩点到前育克的袖窿弧线长，再测量后肩点到后片分割线的弧长。本例所测量两个数据之和为 27cm，剩余袖窿弧线长为 24cm。从袖山顶点开始，将所测得的袖窿数据对应在袖山弧线上量出，标出分割线对位点（图 6-49）。

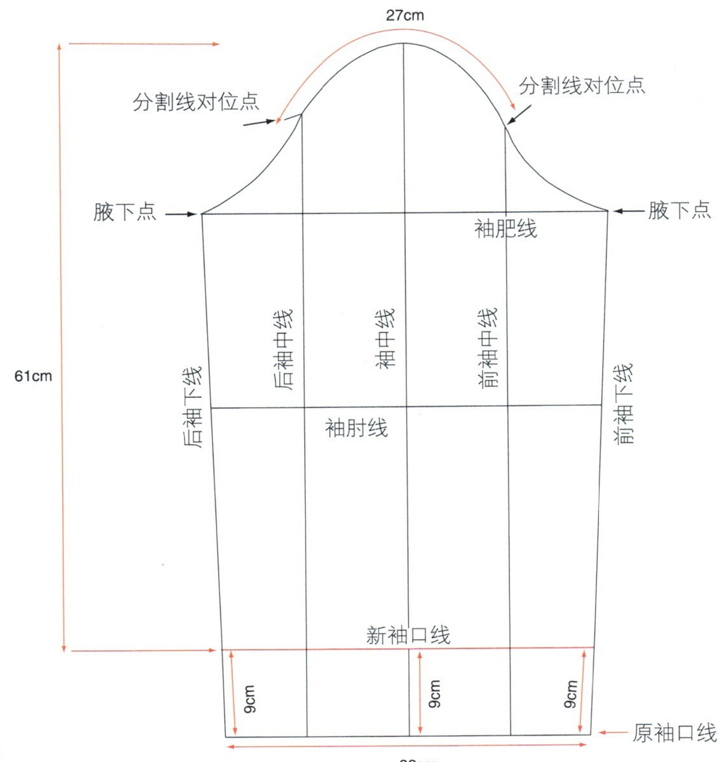

图 6-49

休闲两片袖

本款休闲夹克采用的是休闲型的两片袖，不像合体型两片袖，由于装垫肩的缘故需要修改袖山弧线。本款休闲两片袖的袖山弧线没有进行任何改变，仅在原型袖的基础上略加改动即可。两片袖要将一片原型袖拆分成大袖和小袖两片，本例的大小袖分割线分别对应前片的育克分割线和后侧片的分割线。

步骤 18

设计两片袖

• 后袖下线与肘线的交点标为Ⓐ，与新袖口线的交点标为Ⓑ。

• 前袖中线与肘线的交点标为Ⓓ，与新袖口线的交点标为Ⓒ。

• 后袖中线与肘线的交点标为Ⓘ，以Ⓘ点为轴点，将四边形ⒶⒷⒸⒹ逆时针旋转，旋转到新袖中线在袖口线上距离原袖中线 3cm 处。这一步需要用拷贝纸将四边形复制下来，做完后再绘制到原图上。

• 从后片分割线对位点向下作竖直线与袖肥线相交。以后袖中线为对称轴，将竖直线左侧的袖山弧线镜像复制到右侧。用同样方法处理前片分割线对位点以下部分的袖山弧线（图 6-50）。

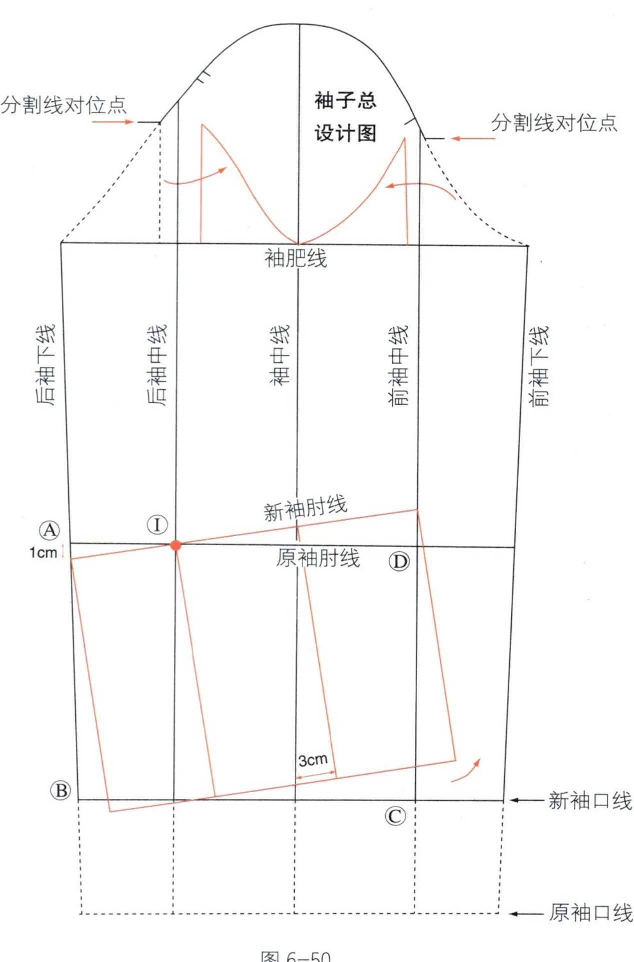

图 6-50

步骤 19

绘制大、小袖轮廓线

• 距离前袖下线左侧 9cm 的竖直线，与旋转后的袖口线的交点，作为两片袖的前袖口位置，将该点与前片分割线对位点直线相连，作为大袖的前袖缝。

• 从前袖口沿袖口线取袖口大 13cm，定出后袖口点。将后袖口点与袖山上的后片分割线对位点弧线相连，作为大袖的后袖缝，该弧线在肘线处，经过后片对位点竖直向下与肘线的交点。

• 从后片对位点水平向右 4cm，与后袖口点弧线相连，作为小袖的后袖缝，该弧线在肘线上距离大袖后袖缝 2cm。

• 从前片对位点水平向左 1.5cm，与前袖口点弧线相连，作为小袖的前袖缝，该弧线在肘线上距离大袖前袖缝 2cm（当对原型袖窿进行加深处理后，这个作图方法也会有所改变）（图 6-51）。

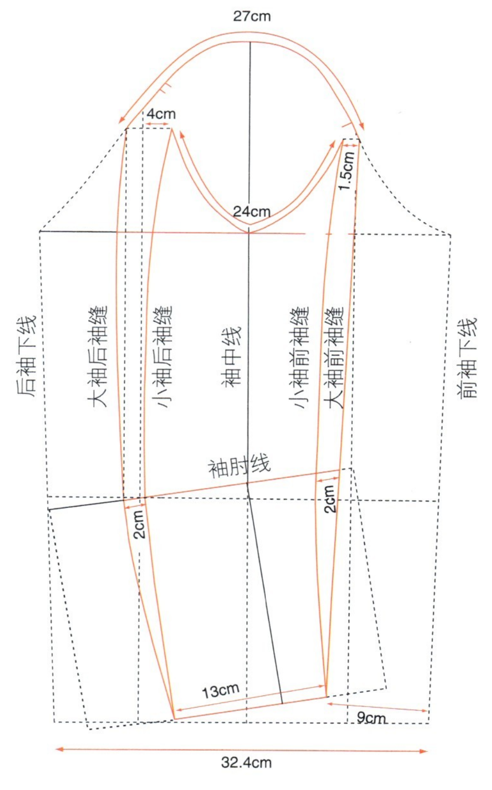

图 6-51

步骤 20

小袖样板

• 按照本书第 50 页的方法，复制小袖纸样，并在前、后袖缝上打上对位标记（图 6-52）。

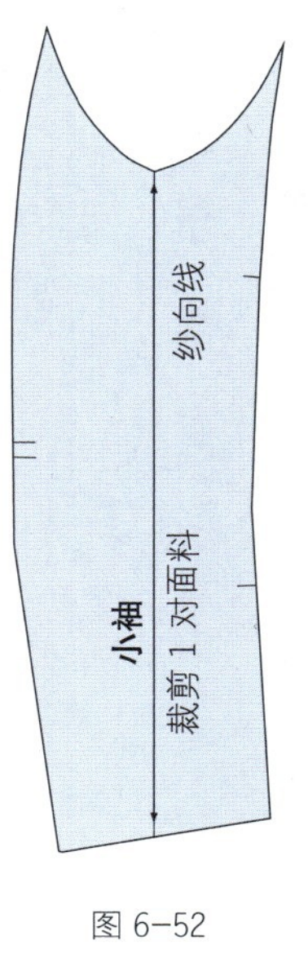

图 6-52

步骤 21

大袖样板

• 按照本书第 50 页的方法，复制大袖纸样，并在前、后袖缝上打上对位标记（图 6-53）。

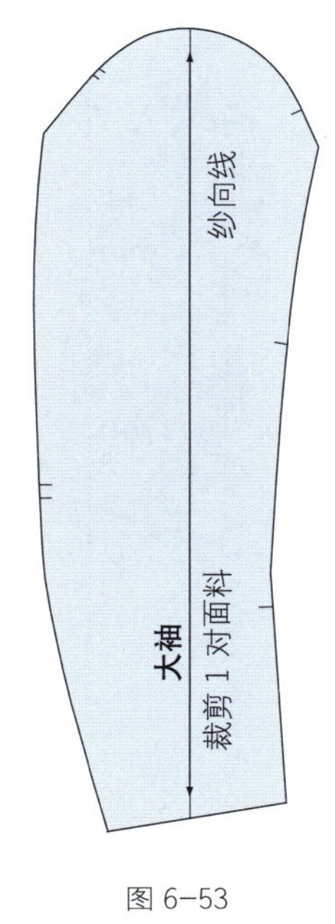

图 6-53

步骤 22

袖克夫样板

• 画长 26cm、宽 8cm（袖克夫宽度的 2 倍）的长方形，在四周加放 1cm 缝份（图 6-54）。

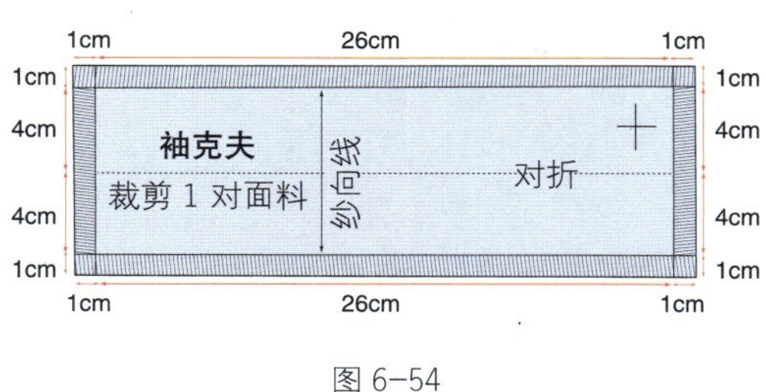

图 6-54

图 6-55

堑壕外套纸样

图 6-56

堑壕外套（图 6-56）纸样设计要点：

衣身侧缝线后移

双排扣

增加衣长

加深袖窿

后中开衩

防风布和肩襻

嵌线侧袋

隐藏领座的翻领

合体型两片袖

全衬里

堑壕外套的合体性

传统的堑壕外套是穿在西装或礼服的外面。其胸围、领口、袖窿、袖山、袖长等均要放大一些，以容纳内层的服装。而现代的着装理念倾向休闲化，不再严格地将堑壕外套定义为外层穿着的大尺寸外套。设计本款堑壕外套时，除了要考虑所设计的外套是正装，还是休闲装外，还要考虑其穿着形式。

步骤 1

绘制衣身总设计图

绘制本款外套之前，先选择一款男装上衣基本原型，或者按本书第 40 页的方法绘制男装上衣原型。裁一张比所设计外套的衣长略长的打板纸。按本书第 48 页的说明，将基本原型以及所有标志和相关说明复制到打板纸上(图 6–57 ）。

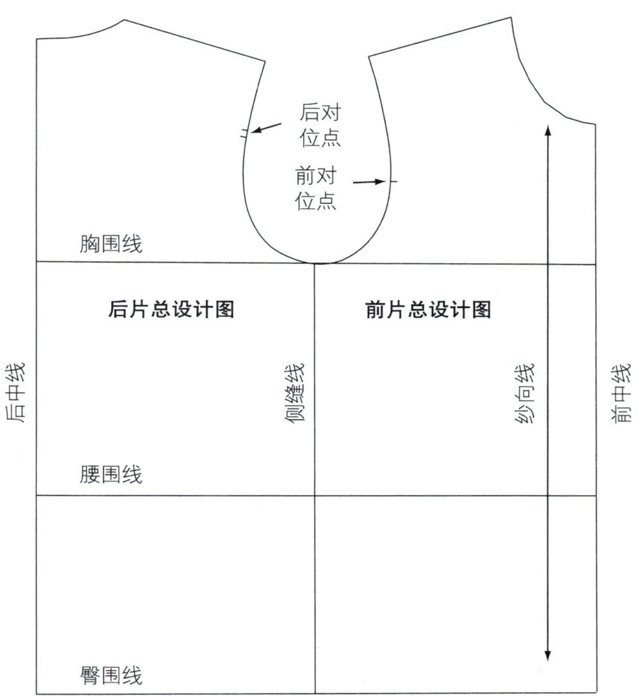

图 6–57

步骤 2

加深袖窿、增加衣长、双排扣门襟

• 将胸围线向下平移 2.5cm，作为新袖窿深。参照原型的袖窿弧线，重新画顺新袖窿弧线。前、后对位点在新袖窿上要重新标定。

• 将原型的前、后中线和侧缝线分别向下延伸到所设计的外套长度。

• 直线连接前、后中线的末端，画出新底边线。

• 为了绘制双排扣门襟，从领前中点向外作水平线，长度 7.5cm。

• 在底边线重复上一步。

• 将上两步的水平线末端直线相连，得出双排扣所需的门襟宽度 (图 6–58)。

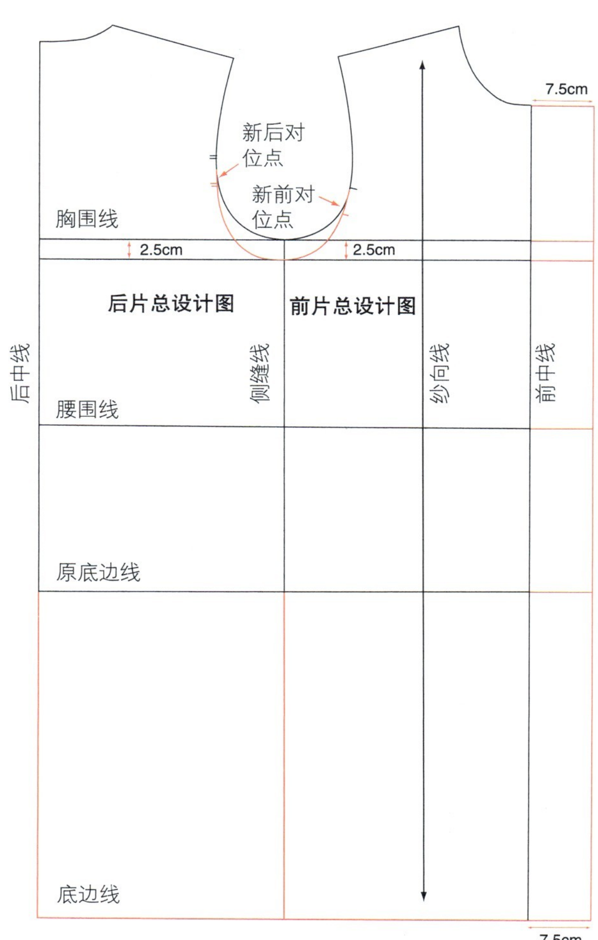

图 6–58

步骤 3

下摆贴边、后开衩、嵌线侧袋位置

下摆贴边、后开衩、嵌线口袋位置

多数堑壕外套均设计有后开衩，后开衩的作用是让人体活动自如，或者就坐时不受限制。穿着包裹严密的服装，会让人在就坐时感到受限而不舒服。后开衩的长度通常依据衣长而决定。外套的衣长越长，开衩相应也越长。

后开衩上边线设计成斜线，这样没有水平直线看起来那么笨拙。另外，斜线还给人一种将注意力移开的视觉效果。在进行设计时，要研究各种各样的开衩形式。有些后开衩上端的斜线在正面缉了明线，而有些只在服装内侧缝合，外面没有线迹。

- 底边线水平向下偏 4cm，作为下摆贴边的宽度。
- 绘制后开衩：从原底边线沿后中线向上 5cm 定点，过该点向左作水平线 6cm，为后开衩的上边。
- 下摆贴边向左延长 6cm，上下两直线端点相连。
- 从后开衩的上边右端沿后中线再向上 1.5cm 定点。
- 将该点与后开衩上边左端直线相连，形成倾斜的开衩上边。
- 单嵌线口袋位置：从前中线沿原底边线向左取 23cm，再竖直向上 3cm，定出嵌线的右下角点；作一个长 18cm、宽 2cm 的长方形为嵌线条，嵌线的倾斜角度由自己设计。
- 在袋口嵌线条的每一个角打上对位孔（图 6-59）。

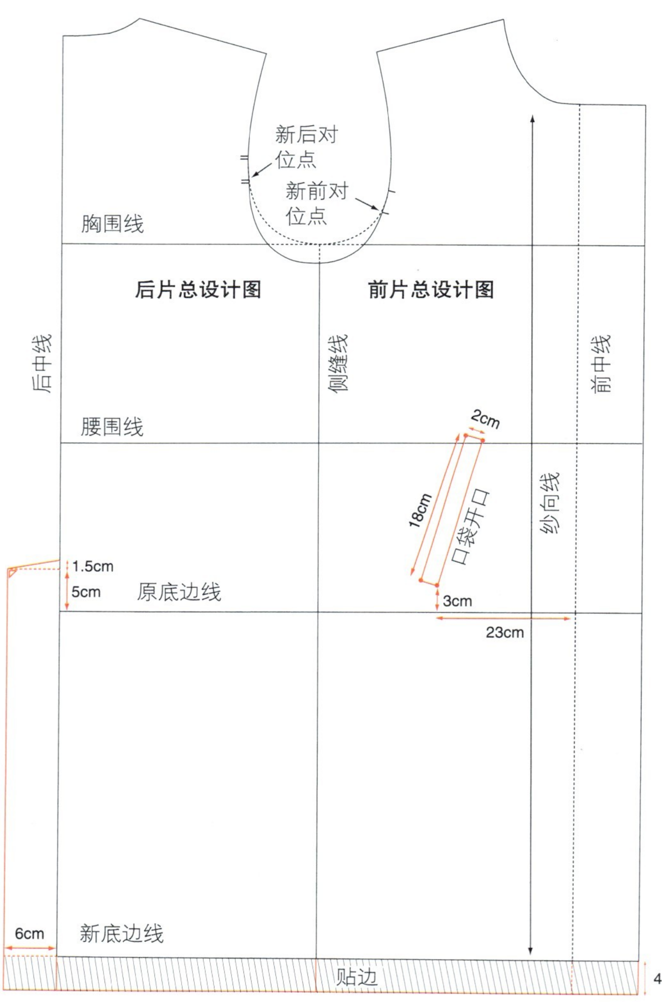

图 6-59

步骤 4

绘制衣身造型线

外套造型

要设计合体的外套，通常要将侧缝线向后偏移来达到造型的目的。将前片向后延伸后，就可产生两条新的分割线。通过分割线来去除相应部位的多余量，以产生合体效果，达到造型的需要。另外，可以通过造型线在下摆处的交叉重叠，达到放摆、增加下摆松量的目的。

- 从侧缝开始沿后袖窿弧线向上取 10.5cm 定点，过此点作竖直线，直到与底边线相交，这是前、后片新分割线的位置。
- 在竖直线与腰围线的交点处，前片收腰 1.5cm，后片收腰 3.5cm。
- 用圆顺的弧线画顺袖窿到腰围线之间的前、后片分割线。
- 新后片分割线标为后片造型线。
- 新前片分割线标为前片造型线。
- 继续画顺腰围线和底边线之间的后片造型线，在下摆处后片造型线与竖直线相切。
- 从竖直线与底边线的交点开始，沿底边线向左取 7cm 定点。过此点画顺腰围线到底边线之间的前片造型线（图 6–60）。

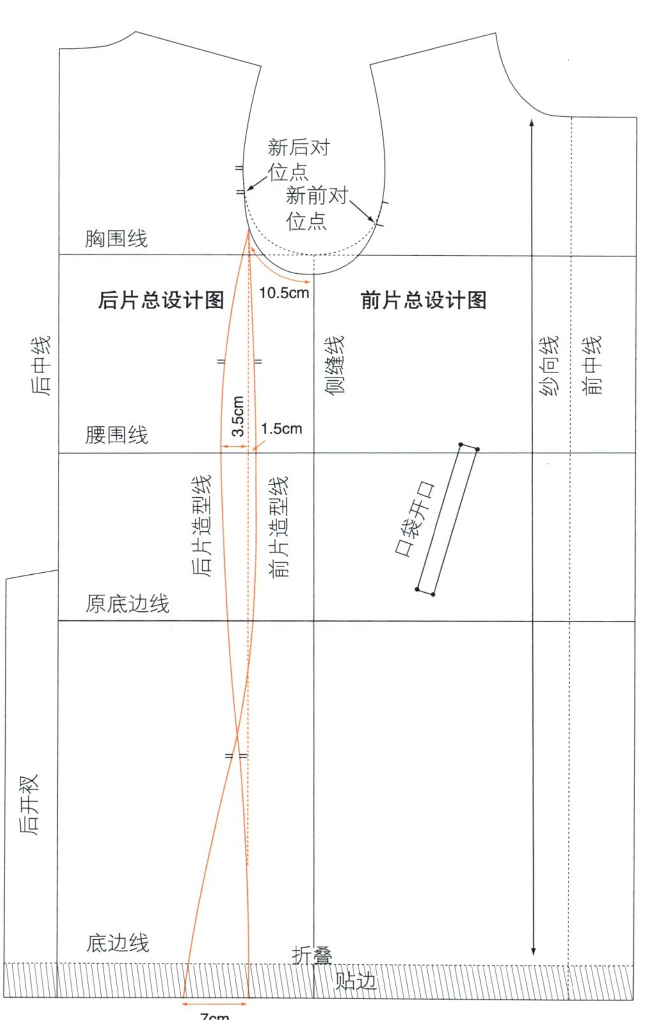

图 6–60

隐藏领座的翻领、驳头、腋下省位置

翻折止点和翻折线

翻折止点是指从这一点要开始，前片衣身将翻折下来形成驳头，简写为 BP（break point）。BP 越低，领子开口越大。

领子尺寸和驳头形状

本款外套的前领口弧线长为 14.5cm（不包括延伸的双排扣叠门），后领口弧线长为 9.5cm。在绘制驳头和翻领时，首先要在纸样上确定串口线的位置，设计出领子、驳头的大小和形状，斟酌其比例是否协调，造型是否满意。评价和设计驳头较好的方法，是在纸样上沿翻折线将驳头翻折到衣身上，按其穿着效果设计修改驳头线条和形状，直到满意为止。

• 驳头造型：将前领口线的末端竖直向上取 1cm，再水平向右 1cm 定点；将该点分别与前领中点和翻折止点直线相连，用略带弧度的线画顺驳口线。

• 将肩线向颈侧点延长 2.5cm，端点标为Ⓒ。

• 将翻折止点与点Ⓒ用虚线相连，作为翻折线。

• 将翻折线的点Ⓒ向上延长 9.5cm（后领口弧线长），端点标为Ⓐ。

• 过点Ⓐ向左侧作垂线，长度 2.5cm，端点标为Ⓑ。

• 用虚线连接点Ⓑ和点Ⓒ。

• 过点Ⓑ再向左作 BC 的垂线，端点标为Ⓓ。

• 过点Ⓓ向下作 BD 的垂线，在侧颈点附近用略带弧形的线与前领口线衔接圆顺。

• 将直线 BD 再向右延长，长度等于所设计的翻领宽度，端点标为Ⓔ。

• 从点Ⓔ向前领口方向画出所设计的翻领外口线，要保证点Ⓔ处为直角。

• 在领子与肩线相交的地方，打上肩线对位点。

• 腋下省的位置：从原侧缝线沿前袖窿弧线向上 4.5cm 定点，将该点与侧袋袋口的下 1/4 点相连，即为腋下省的位置（图 6-61）。

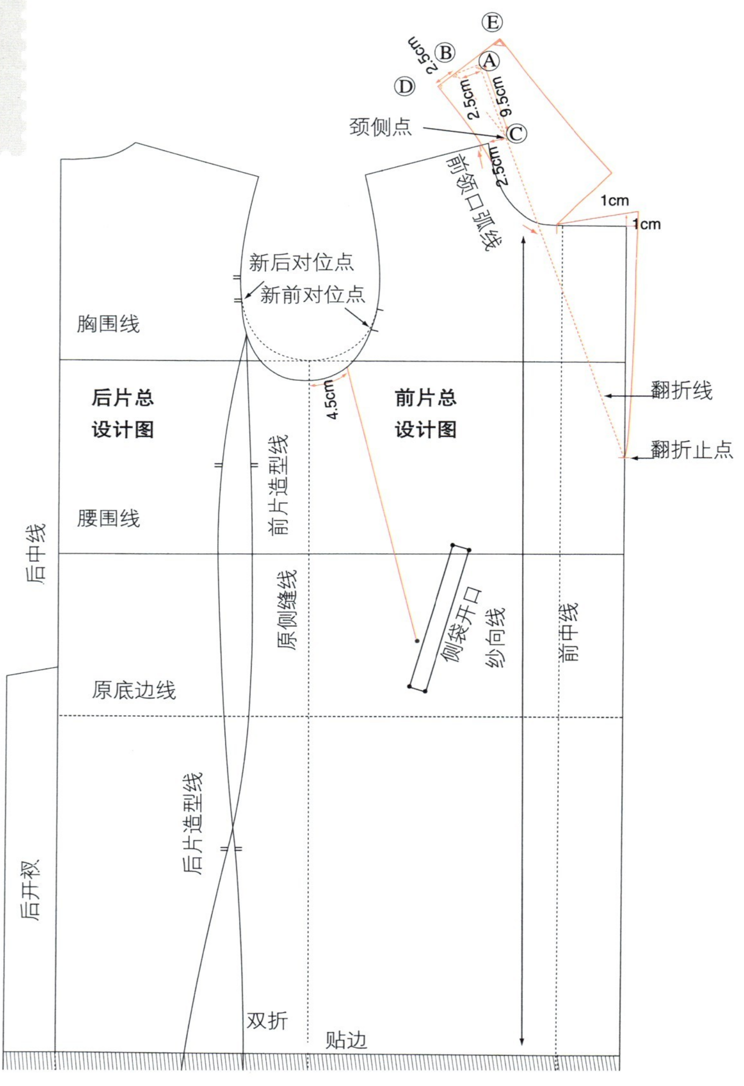

图 6-61

步骤 6

绘制腋下省

旋转纸样

在前片的腋下到口袋之间设计一个省道，能改变衣身腋下到腰围间的造型，让外套更显合体。这个省道可以通过纸样剪开或旋转的方法来处理。

- 将设计图上的前片纸样复制到另一张打板纸上。
- 为了打开省道，用另一张纸再复制出部分前片：从袋口的省尖开始，沿省道线到腋下，再沿逆时针方向，复制前片袖窿、侧缝，直到省尖正对的下摆位置为止。
- 确定上下两张纸样线条对齐，将两纸样的省尖点打孔定位。
- 用锥子按住两张纸样的省尖点，逆时针方向旋转上片纸样，使省口打开 3cm。
- 重新复制旋转后的上片纸样以及下片省道右边未旋转前片部分。
- 旋转后将前片侧缝附近的底边线下落些，用弧线将底边线画顺。当省道缝合后下摆就会水平（图 6–62）。

步骤 7

前片样板

- 按照本书第 50 页的方法，重新复制前片纸样（图 6–63）。

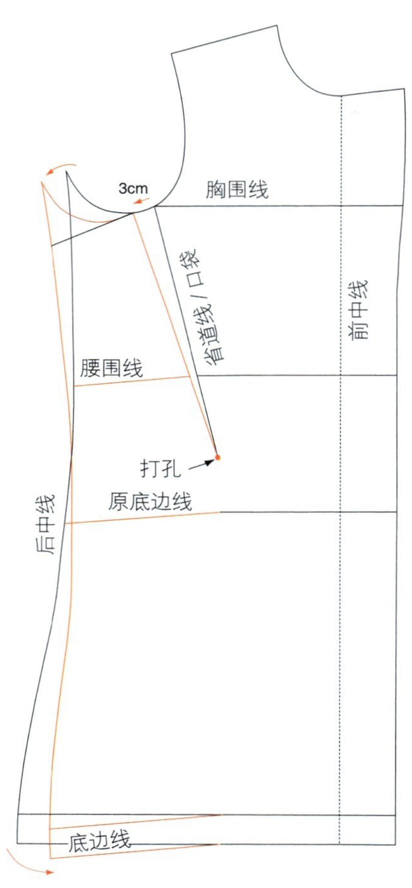

图 6–62

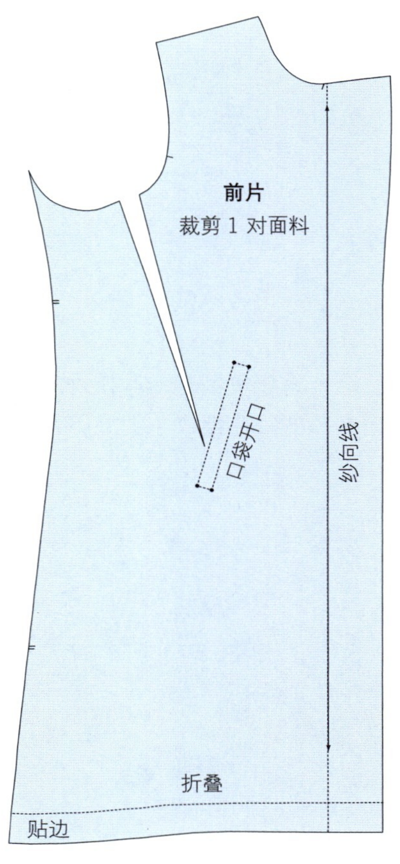

图 6–63

步骤 8

带隐形领座的翻领

• 将打板纸对折，对折线对准前片总设计图上的领后中，复制出领子（包括对位标记），这是领子的总设计图。

• 绘制领座：沿后中线向上取 2.5cm（领座宽度）定点，从该点作圆顺的曲线，直到翻折线与领口线的交点处。这样能确保领子翻下来后，不会露出领座。

• 在领座上口线上，打上与翻领的对应标记（图 6-64）。

隐藏领座翻领造型

本款堑壕外套翻领具有一个分体领座。它的作用是使领子外翻后，后领座部分更贴近脖颈、更稳定平服，穿着舒适合体。

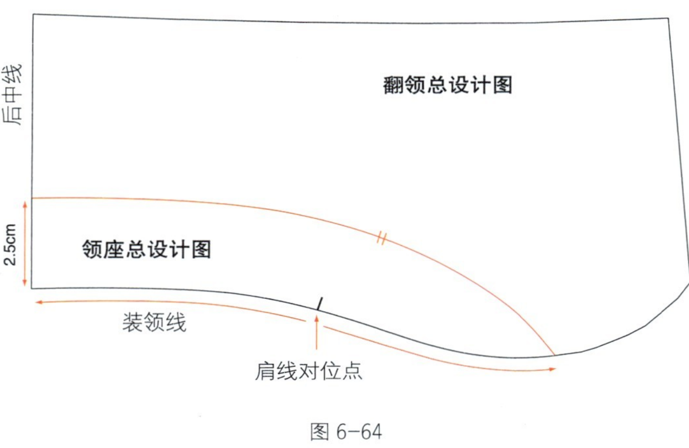

图 6-64

步骤 9

领座样板

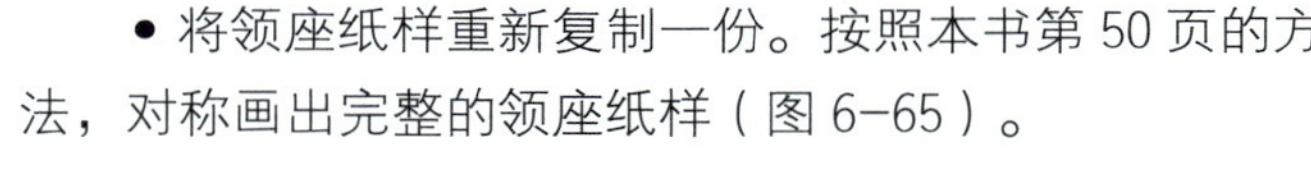

• 将领座纸样重新复制一份。按照本书第 50 页的方法，对称画出完整的领座纸样（图 6-65）。

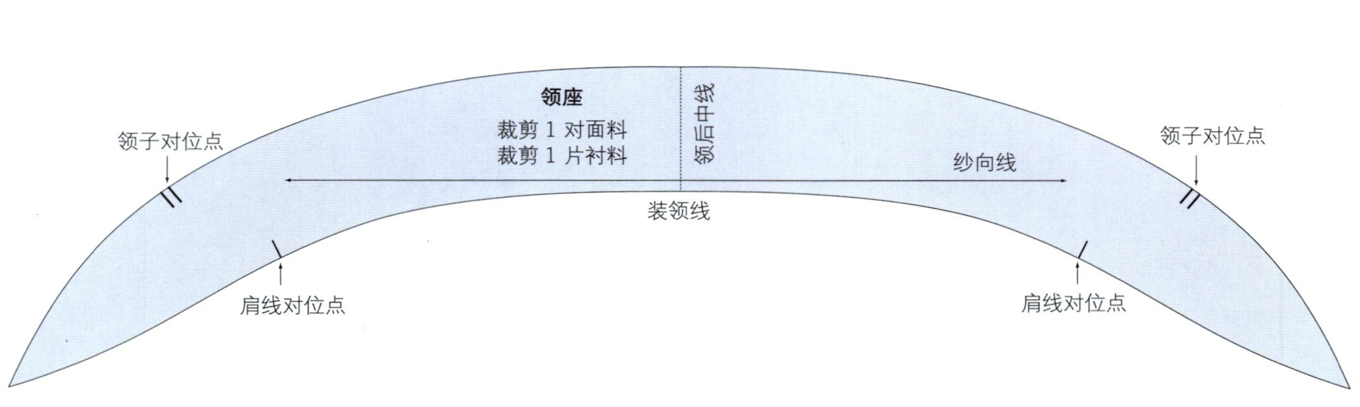

图 6-65

步骤 10

用切展法绘制翻领

切展法

为了使翻领平顺服帖地搭在肩膀上，需要增加翻领外口线的长度。这里采用切展法进行操作。

切展法是指将纸样按上面的某条线剪开，在剪开线处打开所需的量。通过这种方法可以改变纸样或服装某部位的空间量，从而获得新的造型。

- 将翻领纸样重新复制一份。
- 测量其外口线的长度，将其五等分。
- 沿等分线从翻领外口线剪开，在末端留一点不剪断。
- 从样衣上测量翻领外口线所需的长度，将纸样的外口线均匀展开到与其相同的长度。
- 重新复制切展后的翻领，画顺领外口线。
- 完成后观察领型，发现领尖点偏方形，可以根据设计风格加以改动。将领外口弧线在领尖点处向右延伸 2cm，再与领前中点直线相连（图 6-66）。

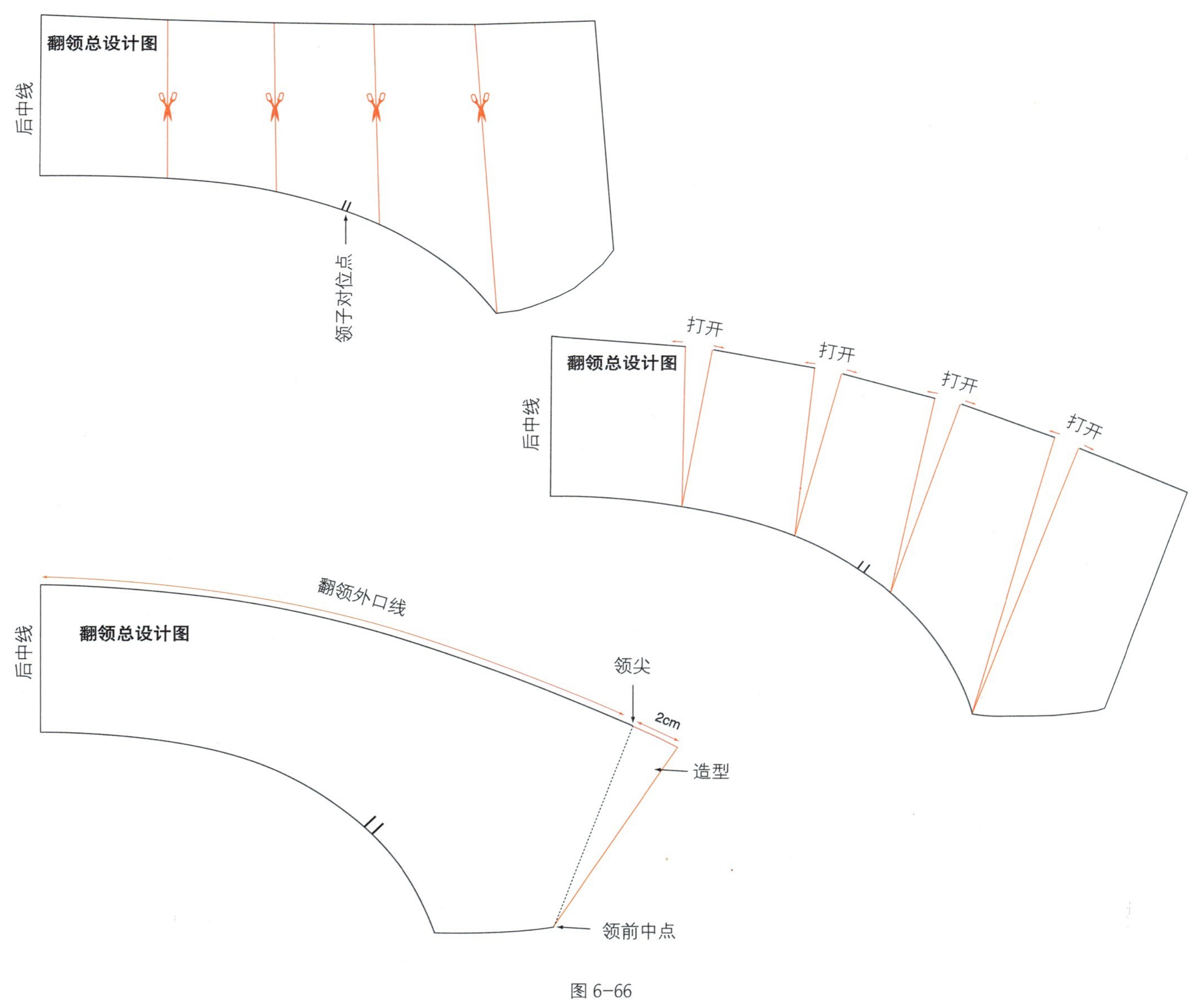

图 6-66

步骤 11

翻领样板

• 将翻领纸样重新复制一份。按照本书第 50 页的方法，对称画出整个翻领的纸样（图 6-67）。

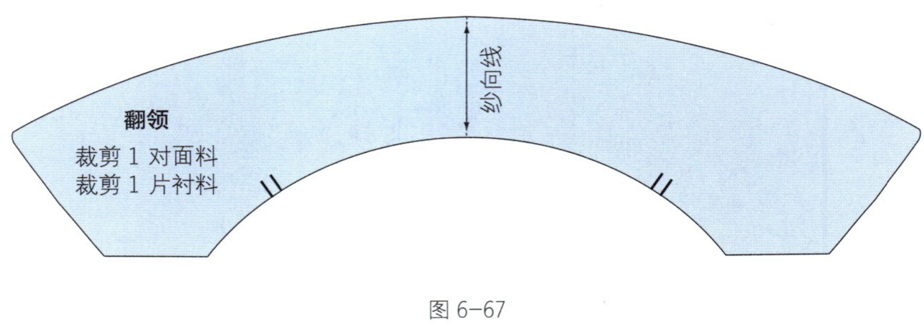

图 6-67

步骤 12

绘制前片过面

• 在前片纸样上直接绘制过面。

• 从止口线开始沿胸围线向左取 9.5cm 定点，再沿腰围线和底边线向左取 8.5cm 定点。

• 从侧颈点沿肩线取 5cm 定点。

• 将以上各点平顺的连接起来，在胸围处略带弧度，腰围到底边之间为直线（图 6-68）。

前片过面

前片过面要设计的比双排扣叠门更宽一些，因为扣眼和纽扣需要双层面料给予支撑，从而增加强度。

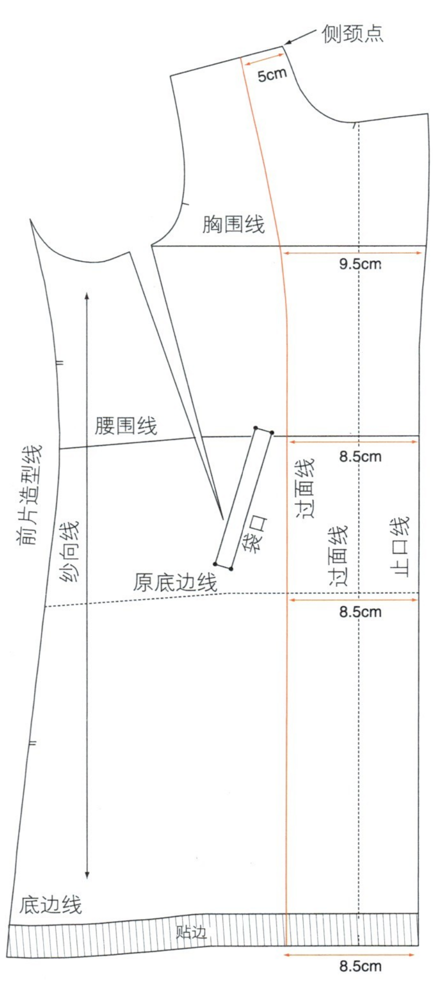

图 6-68

步骤 13

前片过面样板

• 按照本书第 50 页的方法，将过面纸样复制一份。并在周边加放 1cm 缝份（图 6-69）。

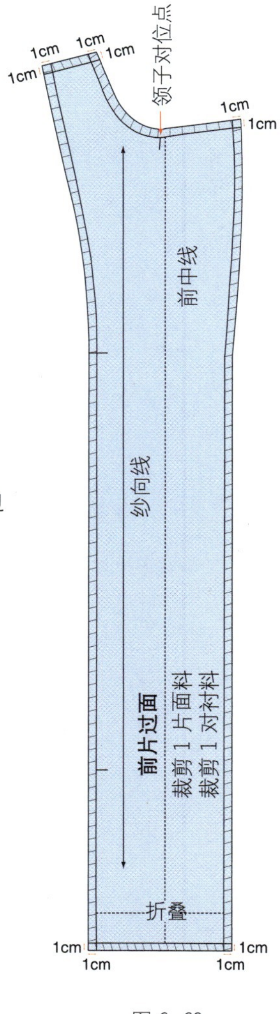

图 6-69

步骤 14

后片样板

• 按照本书第50页的方法，复制后片纸样(图6-70)。

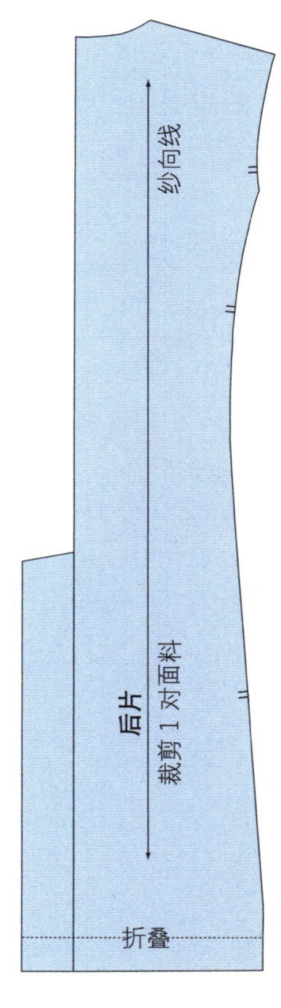

图 6-70

步骤 15

绘制侧袋嵌线条及袋布

• 将前片上的袋口嵌线形状以及前片的纱向线复制到另一张打板纸上，作为口袋的设计图。

• 分别将嵌线的上下边标上“上边线迹”和“下边线迹”，袋布要基于这些线条来绘制。

• 过“上边线迹”两端向上作 1cm 的垂线，将两垂线端点直线相连，然后两端再向左、右各延长 1.5cm，作为袋布的上边线。

• 从袋布上边开始向右下方绘制出手套型的袋布形状，袋布轮廓线要与袋布上边线呈直角。

• 绘制完袋布后要校核袋布是否超过了过面线或扣位，否则要重新修改。

• 袋口嵌线条将与下边线迹缝合。过“下边线迹”两端向上作 5cm 的垂线，将两端点直线相连，直线的上端向右延长 1cm，再与“下边线迹”下端斜线相连，作为袋口嵌条的结构线（图 6-71）。

口袋形状

不像前面所画的袋布大多都是长方形，本款堑壕外套的袋布形状像是不带手指的棉手套形。袋布的深度和宽度由前面在设计图上所画的袋口大小决定，或者由口袋所处的位置和内部可用的空间决定。

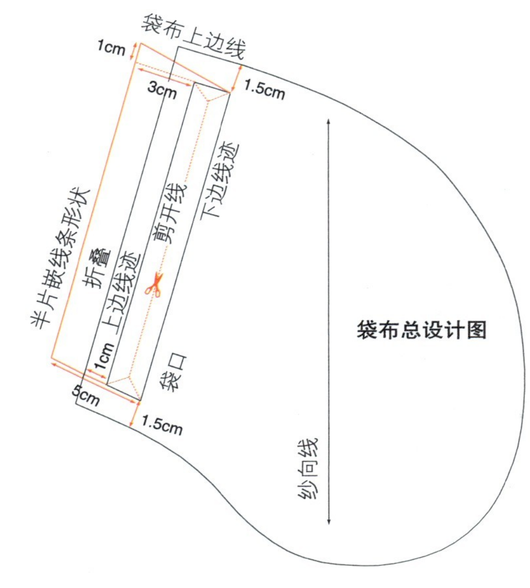

图 6-71

步骤 16

口袋嵌线条样板

• 将上一步所画的半片嵌线条纸样复制一份。按照本书第 50 页的方法，对称复制出另一半嵌线条纸样（图 6-72）。

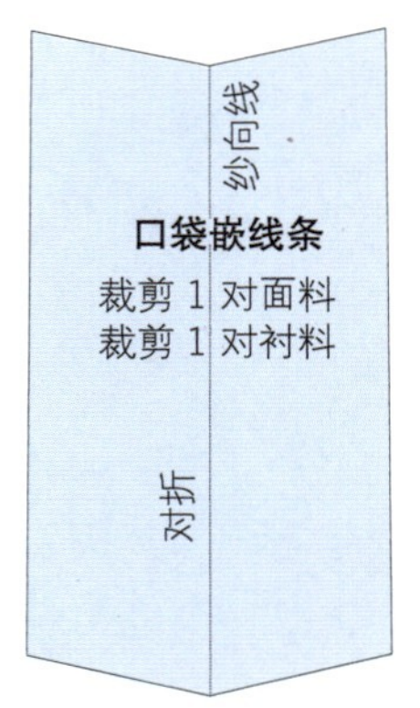

图 6-72

步骤 17

上片袋布样板

• 按照本书第 50 页的方法，复制出上片袋布纸样（图 6-73）。

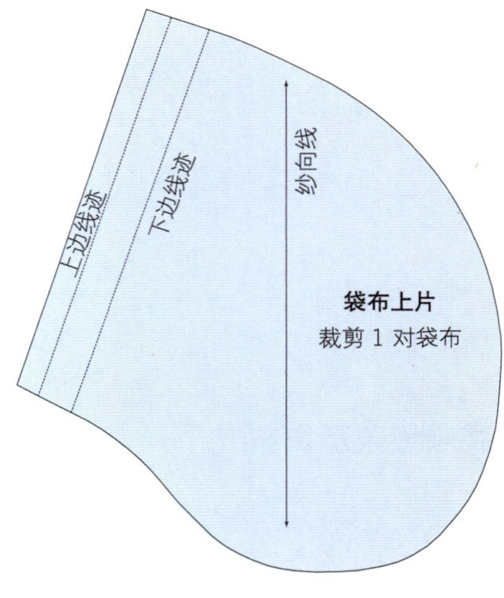

图 6-73

步骤 18

袋布下片样板

• 按照本书第 50 页的方法，先复制出上片袋布纸样，在上片纸样的基础上绘制下片袋布，下片比上片小一些。距离“下边线迹”左侧 1cm，作平行线，为下片袋布的上边线迹（图 6-74）。

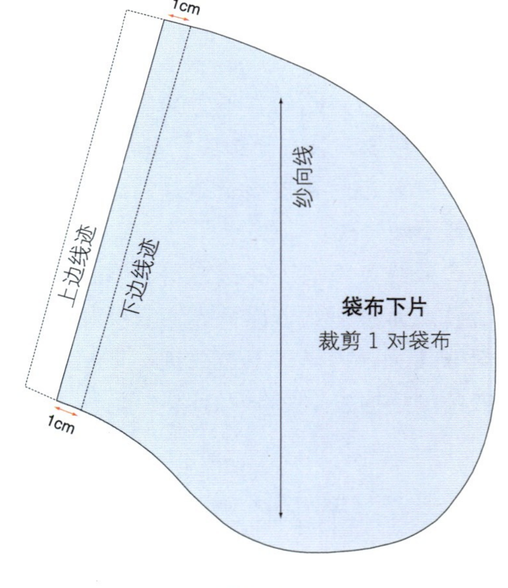

图 6-74

步骤 19

防风布和肩襻总设计图

> **防风布**
>
> 堑壕外套肩上的防风布是经典款式的一个特征，许多其他款式的外套也有类似的设计。防风布通常位于袖窿深线以上，从前胸到后背覆盖整个肩部。防风布可以与衣身分离，也可与衣身缝合起来，形式多样。

- 裁一张打板纸，其长度比前、后片胸围线以上部分之和略长一些。
- 在纸的中间位置画一条直线。
- 将前、后片的肩线对齐拼合在一起，与上一步所画直线对齐。
- 将前、后片的胸围线以上部分复制下来，包括袖窿弧线。
- 这是防风布的总设计图，在这上面进行具体细节的设计（图 6-75）。

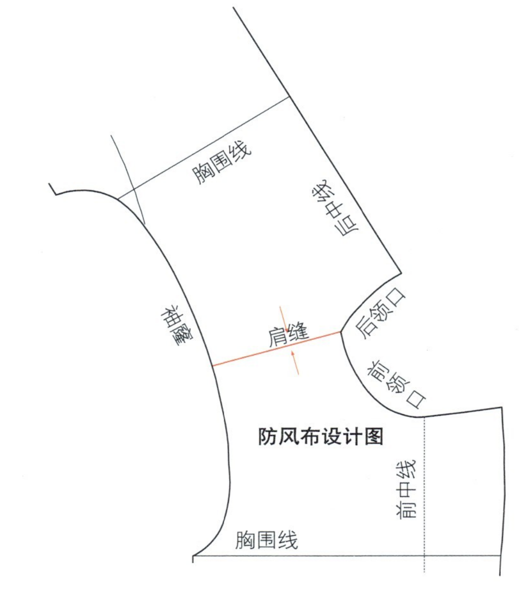

图 6-75

步骤 20

绘制防风布和肩襻

- 从肩线开始绘制防风布及肩襻。首先从侧颈点沿肩线取 0.5cm 定点，过此点向下作肩线的垂线，长度 25cm。
- 过垂线的端点向左再作垂线，长度 9cm，端点会到达胸围线以下，标记端点。从前袖窿与胸围线的交点开始，沿胸围线向右 3cm，再向上 2cm 定点，该点为防风布的前侧点。
- 将上面两点用略微带弧度的线条相连，即为防风布的前面部分。
- 将肩线向左延长 2cm。从后胸围线与袖窿的交点开始，沿胸围线向右 1cm，再向肩缝方向 1cm 定点，该点为防风布的后侧点。将此点与肩线延长线的端点以及防风布的前侧点相连。
- 从后中线沿胸围线取 9.5cm，再垂直向胸围线下 3cm 定点，该点为防风布后片的尖端点。
- 将后中线与胸围线的交点，沿后中线向后领中点方向取 1cm，与后尖端点弧线相连。
- 将防风布后尖端点与后侧点弧线相连。

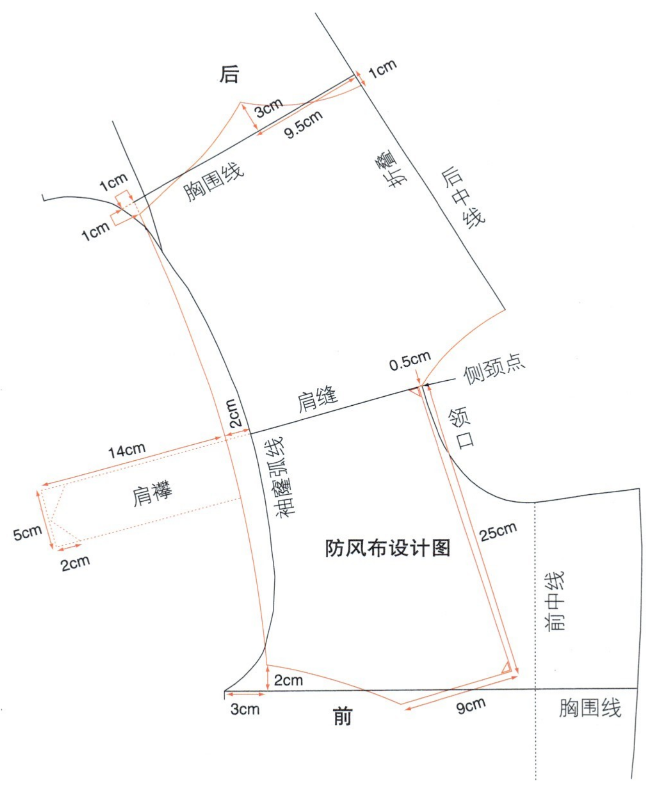

图 6-76

- 绘制肩襻：将肩线继续向左延长 14cm，过端点向下作垂线，长度 5cm，再作垂线折回到袖窿线上，形成一个长方形。将长方形上下边的左端减 2cm，再与左边中点相连，形成剑形的肩襻（图 6-76）。

步骤 21

防风布样板

• 复制上一步所画的防风布纸样。按照本书第 50 页的方法，对称复制出整个防风布纸样，包括对位标记和肩襻位置（图 6–77）。

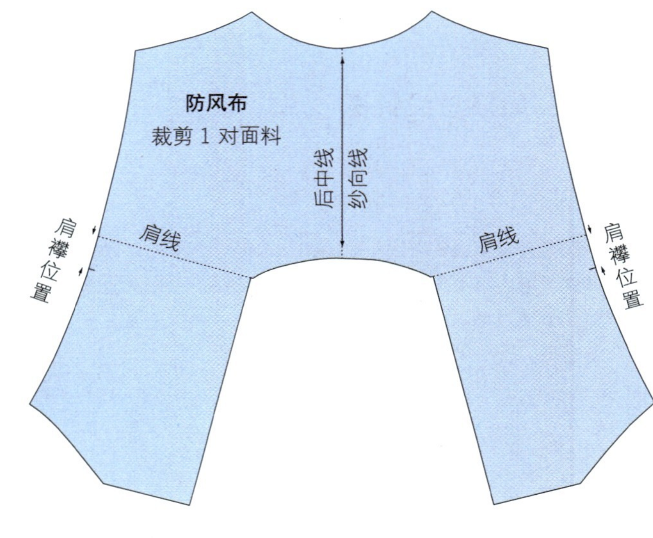

图 6–77

步骤 22

肩襻样板

• 按照本书第 50 页的方法，复制肩襻纸样（图 6–78）。

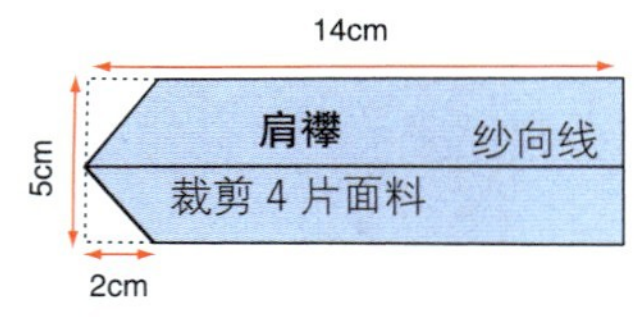

图 6–78

步骤 23

合体两片袖

合体两片袖所需数据

绘制合体两片袖之前，需要获得下列数据：

• 袖窿弧线长 54cm 和吃缝量 4cm，两者之和为 58cm（从基本原型上测量这两个数据）。

• 袖长 =70cm（从肩端点到肘点，再到腕关节的长度，在此基础上还可加入设计因素对袖长的要求）。

• 肩端点到肘点的长度 =41cm。

• 上臂最大围 =36.5cm（沿臂根一周测量胳膊的围度，可以根据需要加入一定的活动量）。

• 袖口 =32cm（这款袖子是基本型的锥形，作为合体的外套，没有必要再减小袖口）。

• 袖山高 =18.5cm。

• 裁一张比所设计的袖长（或者模特的臂长）略长的打板纸。

• 在纸的中间画一条竖直线，长度 70cm（袖长），标为袖中线。竖直线的上下端分别标为①和②。

• 从点①沿袖中线向下 18.5cm（或者取 1/3 袖窿弧长 ±0.5cm，不包括吃缝量），标出点③。

• 从点①沿袖中线向下 41cm，标出点④。

• 过点①向左、右两边作水平线，长度为：袖窿弧长（58cm）/6+1cm=10.6cm，水平线左、右两端分别标为点⑤和点⑥。

• 从点②向左、右两边作水平线，长度 10.6cm，水平线端点分别标为点⑦和点⑧。

• 连接点⑤⑥⑦⑧，形成一个长方形。

• 从点⑥竖直向下取袖山高 /3=6.1cm，定点，标为后对位点；从后对位点向左作水平线 2.5cm，标出点Ⓐ，这是小袖后袖缝的上端点。

• 过点③作水平线，与直线⑤⑦交于点Ⓑ，与直线⑥⑧交于点Ⓒ，这是袖肥线。

• 从点Ⓑ沿袖肥线向左、向右各取 2.5cm，定点，分别标为点Ⓔ和点Ⓓ。从点Ⓒ沿袖肥线向左、向右各取 1cm，定点，分别标为点Ⓕ和点Ⓖ。

• 从点Ⓑ竖直向上取袖山高 /2−2cm=7.25cm，定点，标为前对位点（之所以要减去 2cm，不直接取 1/2 袖山高，是为了让前袖山呈长方形，而非正方形）。

• 过点④作水平线，与直线⑤⑦交于点Ⓗ，与直线⑥⑧交于点Ⓘ，这是袖肘线。

• 从点Ⓗ沿袖肘线向左取 1cm、向右取 4cm，定点，分别标为点Ⓙ和点Ⓚ。

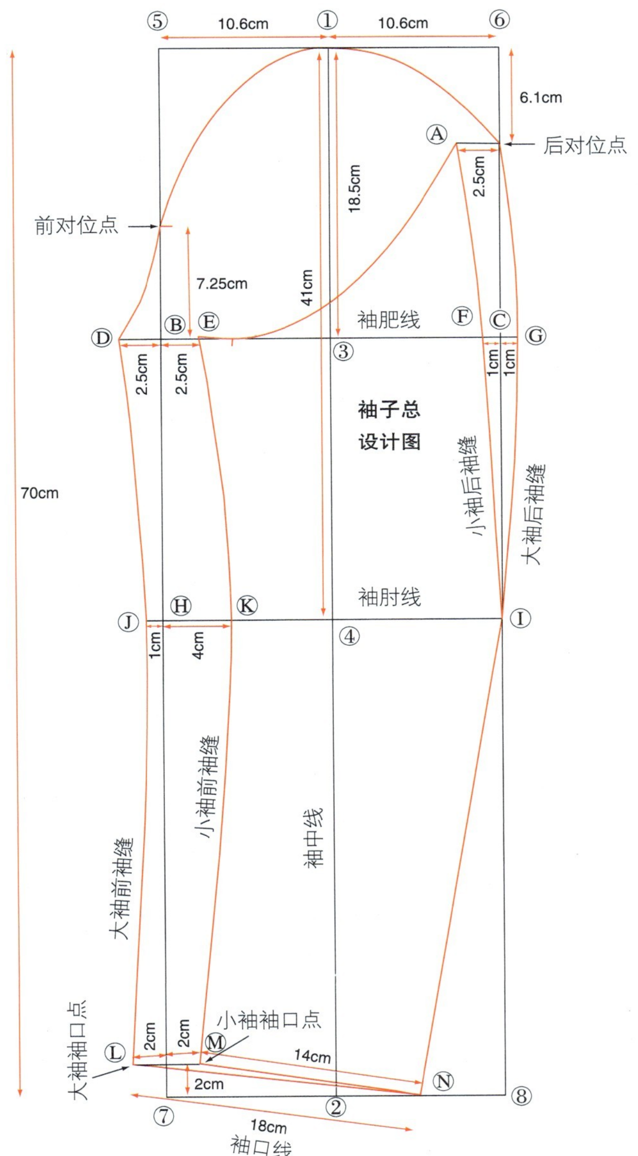

图 6−79

• 从点⑦沿竖直线向上 2cm 定点，过该点水平向左取 2cm，标出点Ⓛ，即大袖袖口点；再水平向右取 2cm，标出点Ⓜ，即小袖袖口点。

• 袖口大为 32cm，大袖 18cm、小袖 14cm。这将使袖缝靠近手臂内侧，从外侧不易被看到。

• 从点Ⓛ作 18cm 的大袖袖口线，末端与直线⑦⑧交于点Ⓝ。从点Ⓜ作 14cm 的小袖袖口线，末端也交于点Ⓝ。

• 弧线连接ⓁⒿⒹ三点，画顺大袖的前袖缝线。

• 弧线连接ⓂⓀⒺ三点，画顺小袖的前袖缝线。

• 用弧线尺画出大袖的袖山弧线，从点Ⓓ到前对位点用下凹的弧线，从前对位点到顶点①，再到后对位点用上凸的弧线画顺。

• 测量所画弧线的长度，并与袖窿弧长相比较。本例此段弧线长 37cm，校核后调节到所需要的长度。

• 用下凹的弧线画出点Ⓐ、点Ⓔ之间的小袖袖山弧线。

• 同样，校核该弧线的长度，将其调节到对应袖窿的长度，本例此段为 21cm。

• 从后对位点到点Ⓖ，再到肘线上的点Ⓘ，直至袖口的点Ⓝ，用弧线画顺，这是大袖的后袖缝线。

• 从点Ⓐ到点Ⓕ，再到肘线上的点Ⓘ，直至袖口的点Ⓝ，用弧线画顺，这是小袖的后袖缝线，从点Ⓘ到袖口的点Ⓝ，大小袖缝重合成一条线（图 6−79）。

步骤 24

大袖样板、贴边和袖衩

袖口贴边

在给袖口处加上贴边之前，一定要再一次确定袖长尺寸。

• 按照本书第 50 页的方法，复制大袖纸样，在袖缝上打上对位标记。

• 袖口两端垂直向下延长 3cm，直线相连，即为大袖贴边，缝制时要折叠到袖口内侧。

• 在后袖口将贴边线向右延长 3cm，即为袖衩的宽度。

• 沿后袖缝线向上 10cm，向右作 10cm×3cm 的长方形。

• 继续向上 1.5cm，与袖衩上边右端相连，形成一个略带角度的袖衩上边线，类似于衣身后中线处的开衩。

• 袖衩和贴边向内翻折后，可按 45° 斜线缝合，再与里子缝合（图 6-80）。

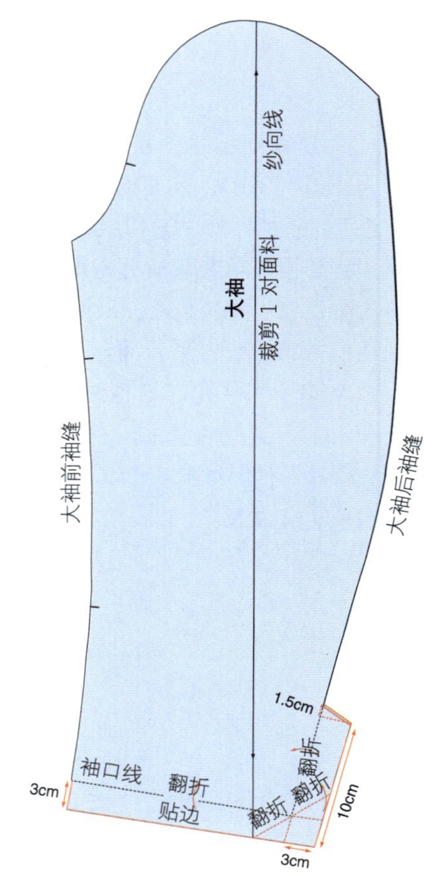

图 6-80

步骤 25

小袖样板、贴边和袖衩

• 按照本书第 50 页的方法，复制小袖纸样，在袖缝上打上对位标记。

• 袖口两端垂直向下延长 3cm，直线相连，即为小袖贴边。

• 在后袖口将贴边线向左延长 3cm，即为袖衩的宽度。

• 沿后袖缝线向上 10cm，向左作 10cm×3cm 的长方形。

• 继续向上 1.5cm，与袖衩上边左端相连，形成一个略带角度的袖衩上边线，类似于衣身后中线处的开衩。

• 袖衩和贴边向内翻折后，可按 45° 斜线缝合，再与里子缝合（图 6-81）。

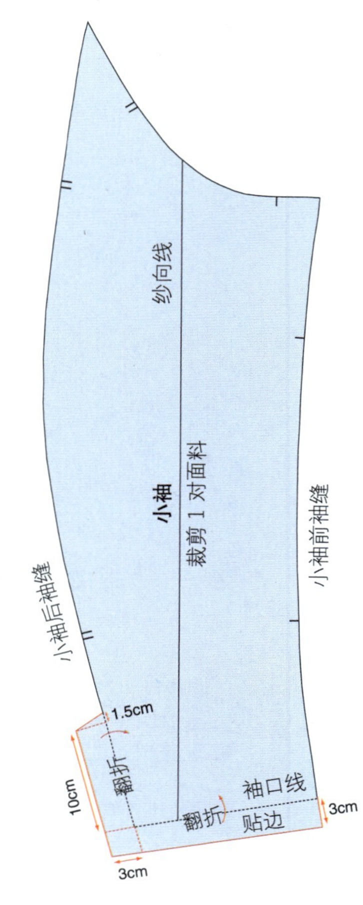

图 6-81

步骤 26

大袖里子样板

• 按照本书第 50 页的方法，复制大袖纸样。

• 袖口贴边去除 1cm，只留下 2cm 的贴边。

• 袖山顶点竖直向上 0.5cm 定点，标记此点。

• 前袖缝端点水平向左0.5cm，再竖直向上 0.5cm 定点，标记此点。

• 后袖缝端点水平向右 0.5cm 定点，标记此点。参考原袖山弧线，过以上标记点重新画顺里子的袖山弧线。

• 从前后袖缝的新端点到袖口，重新画顺里子的前后袖缝线（图 6-82）。

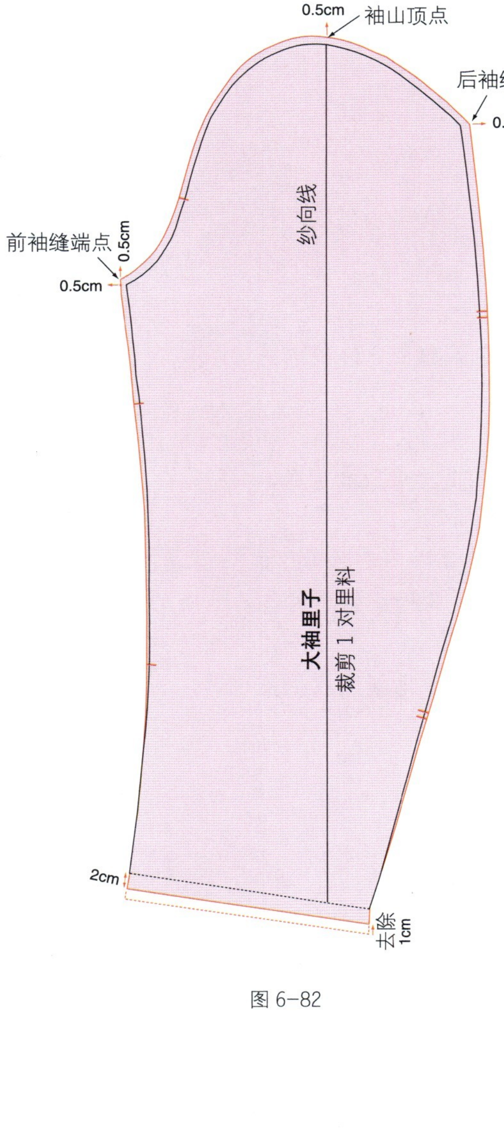

图 6-82

步骤 27

小袖里子样板

• 按照本书第 50 页的方法，复制小袖纸样。

• 袖口贴边去除 1cm，只留下 2cm 的贴边。

• 前袖缝端点水平向右 0.5cm，再竖直向上 0.5cm 定点，标记此点。

• 后袖缝端点竖直向上 0.5cm，再水平向左 0.5cm 定点，标记此点。

• 过以上标记点重新画顺里子的袖山弧线。

• 从前、后袖缝的新端点到袖口，重新画顺里子的前后袖缝线（图 6-83）。

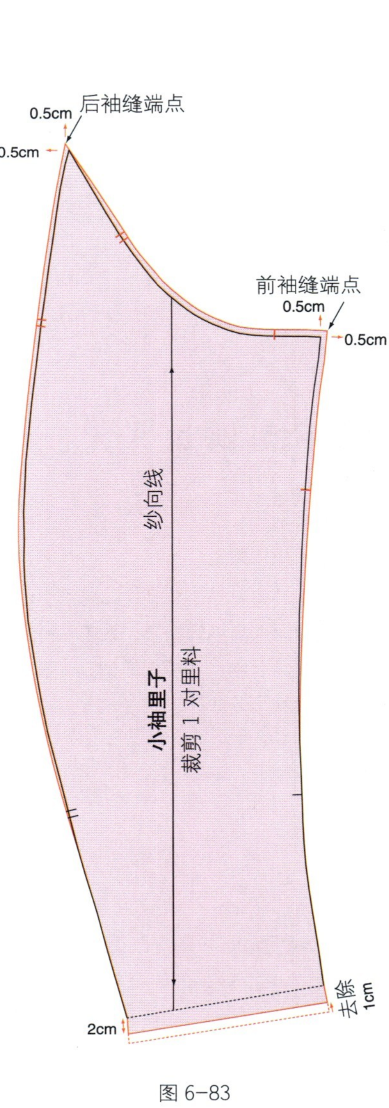

图 6-83

步骤 28

前片里子样板

• 按照本书第 50 页的方法，复制除过面之外的前片纸样。

• 下摆贴边去除 2.5cm。

• 将肩点向左延长 0.5cm，再垂直向上 0.5cm 定点，该点即为新肩点，重新画出里子肩线。

• 从前片造型线上端点垂直袖窿弧线向右作 0.5cm 垂线定点，过此点重新画顺腋下部分的袖窿弧线，并与前片造型线的延长线相交。

• 重新画顺省道以上部分袖窿弧线，与新肩点相交（图 6-84）。

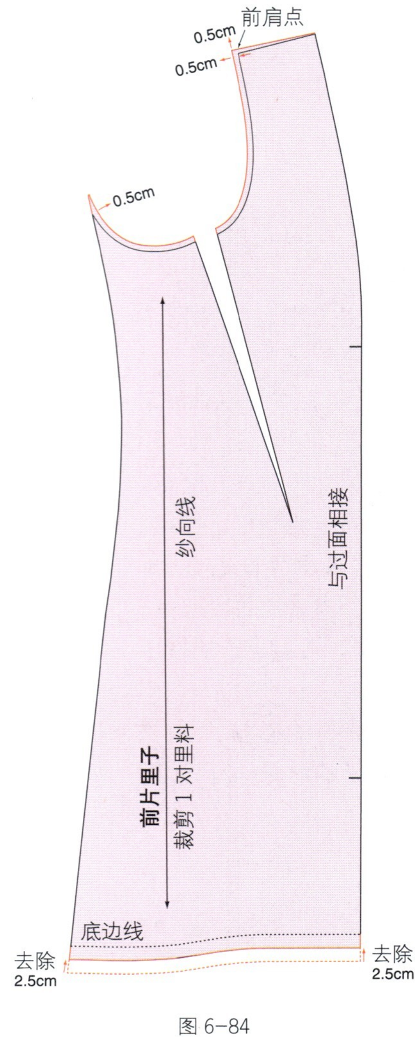

图 6-84

步骤 29

绘制后领口贴边

后领口贴边

后领口贴边的作用主要是增加领子的强度和稳定性。与前面的过面在肩线处相接，采用粘衬的面料。

图示为半身的领口贴边，先将其复制下来，然后再根据里子的尺寸加以调整。

• 按照本书第 50 页的方法，复制后片纸样，从领后中点沿后中线向下 5cm 定点，再从侧颈点沿肩线向右 5cm 定点，参照领口弧线，将两点用弧线画顺（图 6-85）。

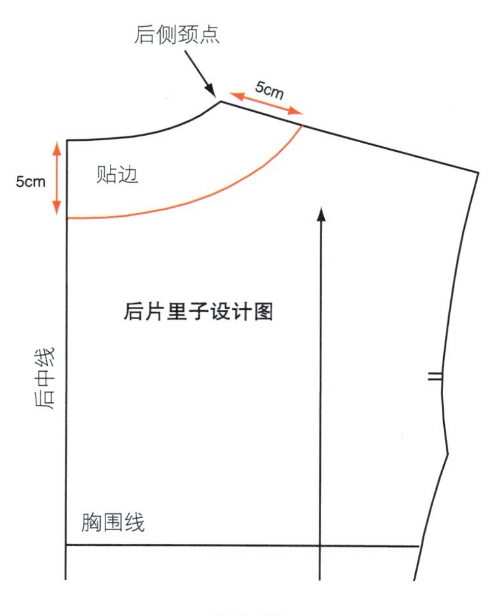

图 6-85

步骤 30

后领口贴边样板

• 复制后领口贴边纸样，按照本书第 50 页的方法，对称复制出整个贴边样（图 6-86）。

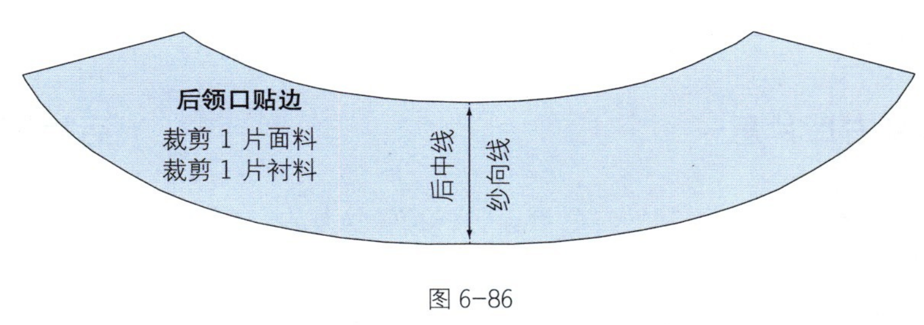

图 6-86

步骤 31

绘制左后片里子

• 利用第 29 步绘制后领口贴边的后片纸样来绘制里子纸样。将贴边的底边线向左水平延长 1.5cm，胸围线也向左延长 1.5cm，两线端点直线相连，再倾斜到腰围线端点，这使里子后背增加了松量。标记此线为新后中线。

• 将后肩点水平向右 0.5cm，再竖直向上 0.5cm，作为新肩点，过该点重新画出里子肩线。

• 将袖窿末端水平向右 0.5cm 定点，参照原袖窿弧线，与新肩点相连，重新画顺里子袖窿弧线。

• 由于后片左侧的开衩，在缝制时是翻折到反面与里子缝合的，所以在左侧里子上，首先要去除后开衩部分，再沿后中线镜像去除对侧的后开衩。

• 面料的底边贴边要翻折到反面与里子缝合。将里子的底边贴边去除 2.5cm，剩余量足够里子的长度及活动松量（图 6-87）。

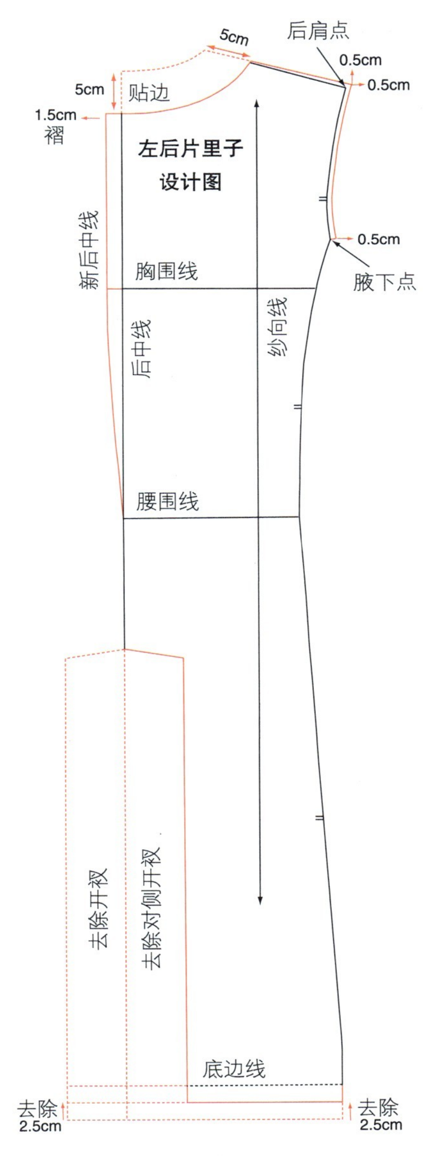

图 6-87

步骤 32

绘制右后片里子

● 将第 31 步绘制的左后片里子样板镜像复制，得到右后片里子纸样。

● 后中线处补上左侧镜像去除的后开衩部分。

● 在右后片里子纸样上打上对位标记（图 6-88）。

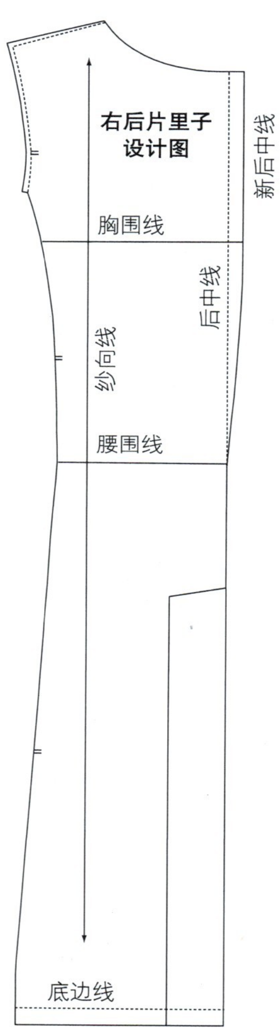

图 6-88

步骤 33

后片里子样板

● 按照本书第 50 页的方法，复制后片里子纸样（图 6-89）。

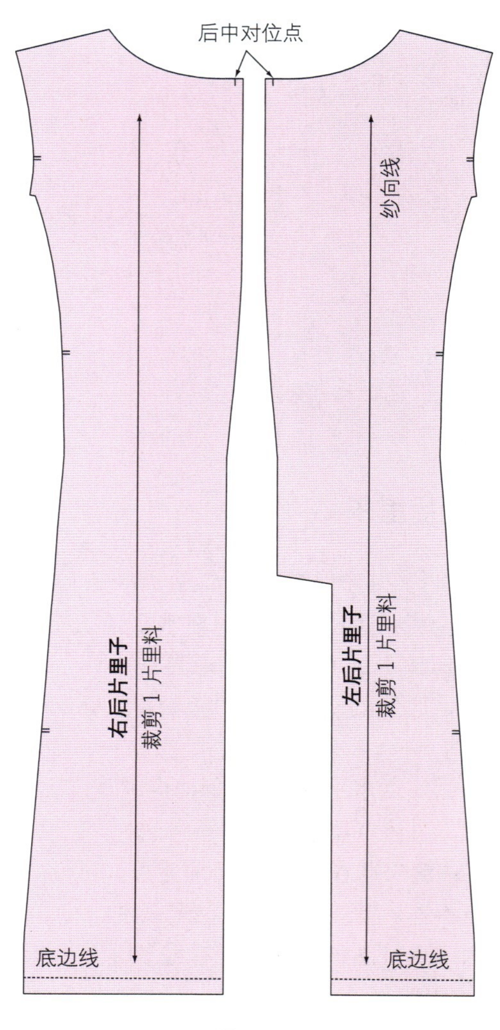

图 6-89

图 6-90

单排扣休闲西装纸样

图 6-91

图 6-92

单排扣休闲西装（图 6-91、图 6-92）纸样设计要点：

衣身分割线及侧片
单排扣叠门
增加衣长
后中开衩
肩线后移
嵌线胸袋
带袋盖贴袋
翻驳领
合体两片袖及袖衩
无衬里

步骤 1

绘制衣身总设计图

绘制本款西装之前，先选择一款男装上衣基本原型，或者按本书第 40 页的方法绘制男装上衣原型。裁一张比所设计西装的衣长略长的打板纸。按本书第 48 页的说明，将基本原型以及所有标志和相关说明复制到打板纸上（图 6-93）。

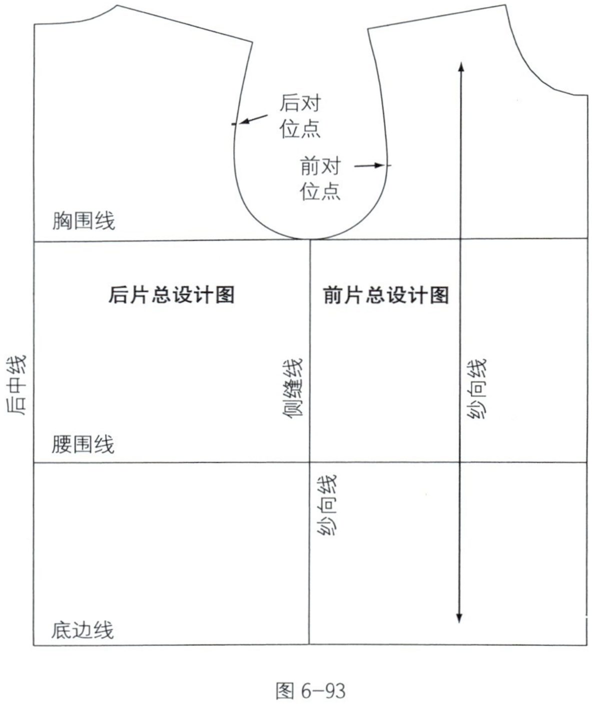

后对位点
前对位点
胸围线
后片总设计图
前片总设计图
后中线
侧缝线
纱向线
前中线
腰围线
纱向线
底边线

图 6-93

步骤 2

增加衣长

- 将原型的前、后中线和侧缝线分别向下延长8cm。
- 将上面三条线的端点直线相连，作为新底边线（图6-94）。

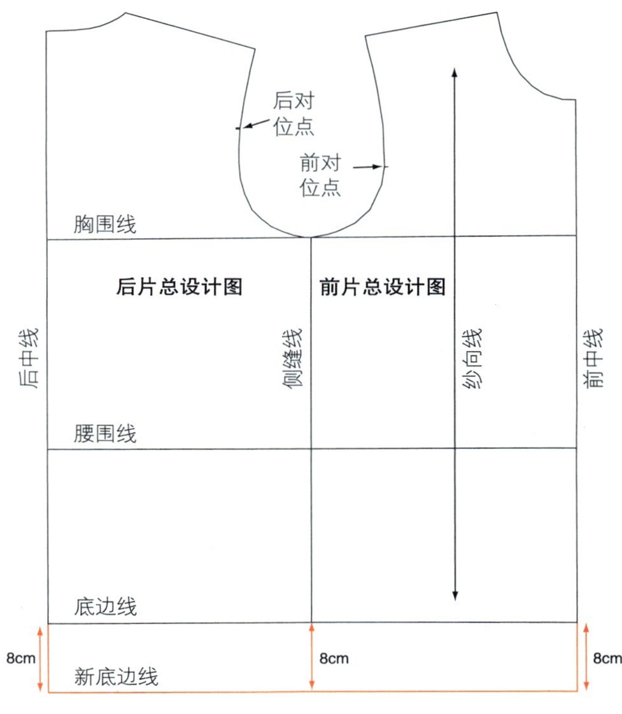

图 6-94

步骤 3

绘制衣身造型线

> 在决定衣身各处的收放量时，一定要做一些市场调研，研究同类产品的相关尺寸和造型特点。在模特或人台上反复试验，得出衣身前、后片最佳的配比关系。这些工作很重要，将会影响西装最终的比例和协调。

- 从前中线开始，分别沿胸围线、腰围线和原型底边线向左取12.8cm定点，将三条线的定点位直线相连，作为前腰省的省中线。
- 前腰省的上端距胸围线10.5cm，下端距原底边线12.8cm。
- 前腰省，在腰围线上将前腰省中线两边各收0.7cm，总省大为1.4cm。
- 画出省道各边。
- 后中线，新底边线、腰围线和领后中点分别在后中线处收进0.7cm、1.5cm和0.5cm。
- 过上述三点用弧线画顺后中线。弧线从新的领后中点开始，在后背处向外凸、在腰围处向内收，在下摆处又向外凸。
- 侧缝收腰使西装更合体，同时也为后续侧片的形成做准备。前、后侧缝线在腰围线上均收进1.7cm，从腋下点到原底边线用弧线画顺（图6-95）。

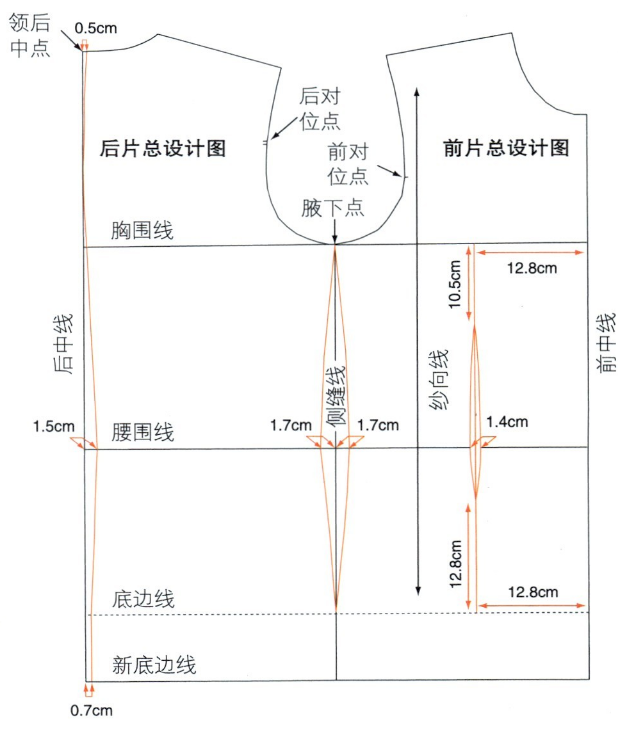

图 6-95

步骤 4

绘制衣身侧片

侧片

在目前的前片和后片基础上，对衣身进行进一步分割，使其成为前片、侧片和后片，即经典的三开身西装结构。在前面步骤中，前、后片的侧缝已经进行了收腰处理。要产生侧片，需要将原侧线合并，在新位置确定分割线。由于侧缝已经收去部分松量，所以在新分割线上，只需要在后片和侧片之间进一步收去多余的松量，即可产生合体结构的西服。

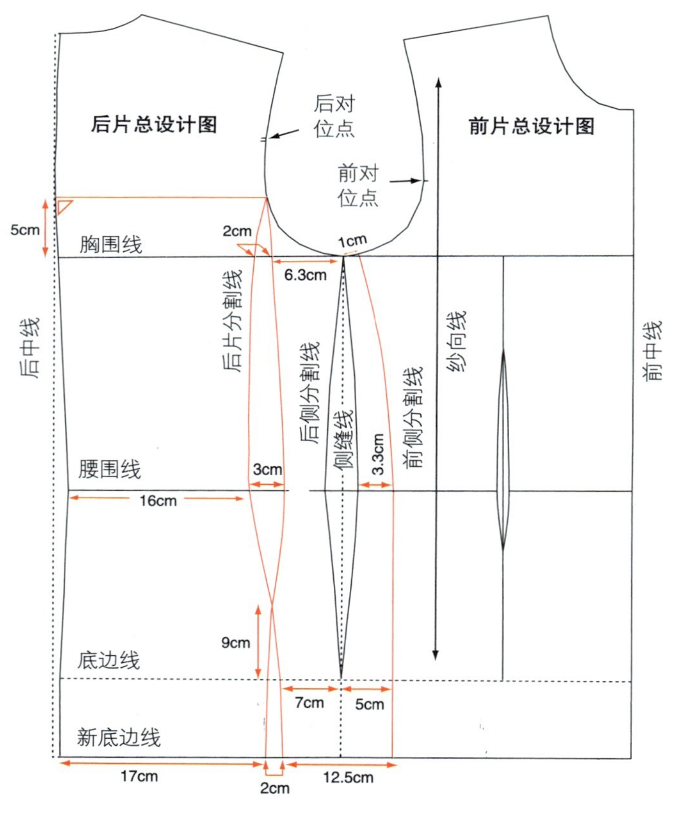

图 6-96

- 先确定前侧分割线，从后中线开始，沿底边线向前依次取 17cm、2cm、12.5cm 定点，标记这三点，他们分别是三条分割线的末端。
- 从前侧缝线沿腰围线向右 3.3cm，作标记；从腋下点沿前袖窿弧线取 1cm，作标记；从侧缝线沿原底边线向右取 5cm，作标记。
- 将上一步所作的标记点连起来，腰围线以下为直线，腰围线上渐渐弯曲，转向袖窿，这是前侧分割线，通过这条线新侧片的一部分从前片分离出来。
- 再确定后侧分割线，从后中开始，沿腰围线向右依次取 16cm、3cm，作标记。
- 从腋下点沿胸围线向左依次取 6.3cm 和 2cm，作标记。
- 后侧分割线的起始点位于后袖窿对位点以下。从胸围线开始沿后中线竖直向上 5cm 定点，过此点作水平线与后袖窿相交，交点即为后侧分割线的起始点。
- 从起始点开始，过上述所作的标记点，画顺侧片和后片的分割线，两条分割线相交于原底边线上 9cm 处（图 6-96）。

步骤 5

肩线和前下摆造型

> **肩斜**
>
> 在分离出前片之前，改变肩线的角度，使肩线不会从正面被看到，即无肩缝效果。

- 将后肩点沿袖窿弧线向下 1cm，作为新后肩点。再将前肩点沿袖窿弧线向上顺延 1cm，作为新前肩点。分别将新肩点与侧颈点直线相连，产生新肩线。
- 将前中线在底边处向下延长 2cm，与侧缝线端点用弧线画顺（图 6-97）。

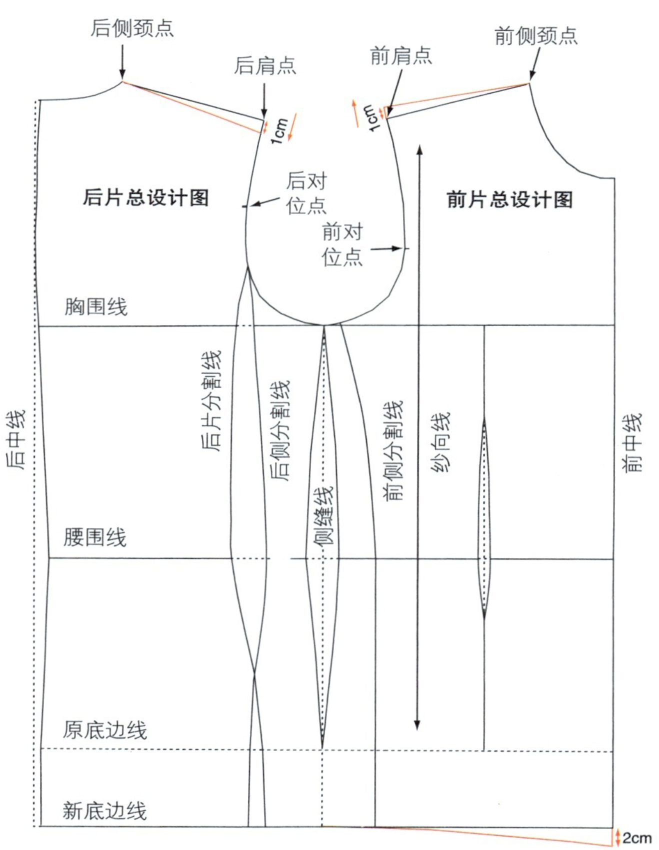

图 6-97

步骤 6

叠门

• 重新复制前片纸样，按照本书第 50 页的方法，将所复制纸样翻转过来，重新描线得出左前片，前胸袋要装在左前片上。

• 从领前中点和底边线分别向左作水平线，长度 2cm，将两水平线的端点直线相连即为叠门宽（图 6-98）。

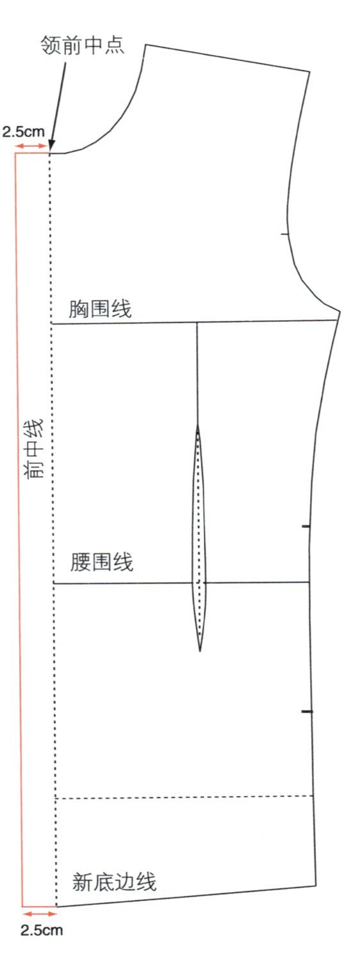

图 6-98

步骤 7

撇胸结构

前胸造型

将前片胸围线以上部分，均匀向后倾斜后，前片结构将更符合男子胸部体型特征。

• 在胸围线以上间隔 4cm，作 5 条平行于胸围线的直线（图 6-99）。

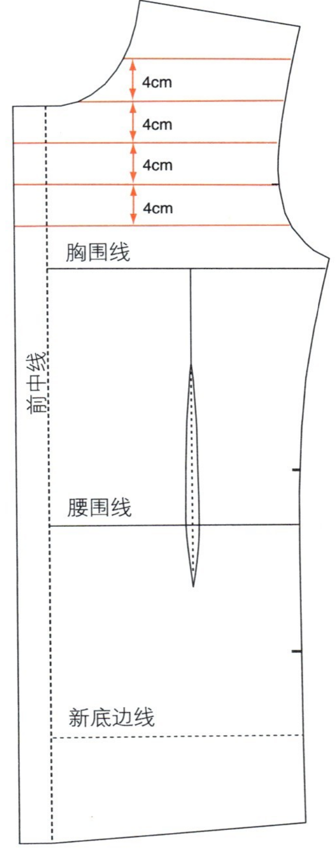

图 6-99

步骤 8

胸袋和贴袋

• 胸袋位置：将前片腰省的省中线与胸围线的交点，水平向左取 5cm，为胸袋嵌线的左下端。

• 将前片腰省的省中线与胸围线的交点，水平向右 6cm，再竖直向上 1.8cm 作为胸袋嵌线的右下端。

• 将两端点直线相连，为 11cm 的嵌线袋口下边。垂直向上取 1.5cm 宽作长方形。

• 贴袋位置：贴袋位于腰围线以下的前片和侧片上，盖住腰省的下端省尖。绘制口袋时不要包括省道的量。

• 在腰围线上距省边 2cm，再竖直向下 1.5cm 取点，作为口袋的左上端。

• 继续竖直向下取 1.5cm 为嵌线条宽度，再向下 16.5cm 为贴袋深度。

• 袋口大为 15cm，袋口线将超出前片跨到侧片上。

• 将口袋的底角抹成圆角（图 6-100）。

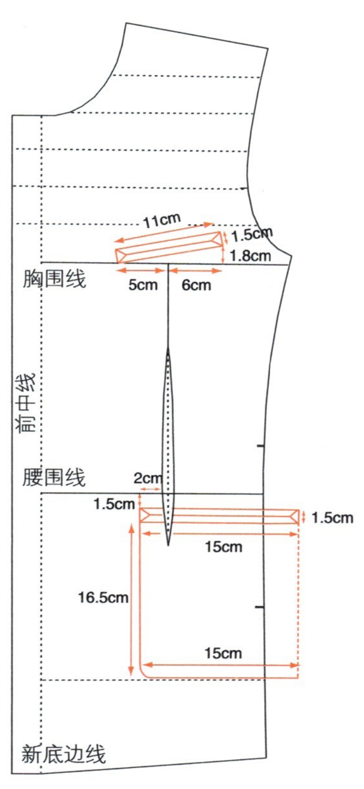

图 6-100

步骤 9

撇胸结构的处理

• 沿第 7 部所画的 5 条水平线，从前中向侧面，或者从领口向袖窿方向剪开，端点留一点不剪断，在每个剪开线处打开 0.4cm，一共打开 2cm。

• 将切展后的前片纸样贴在另一张纸上，重新复制前片，用圆顺的弧线画顺剪开部分（图 6-101）。

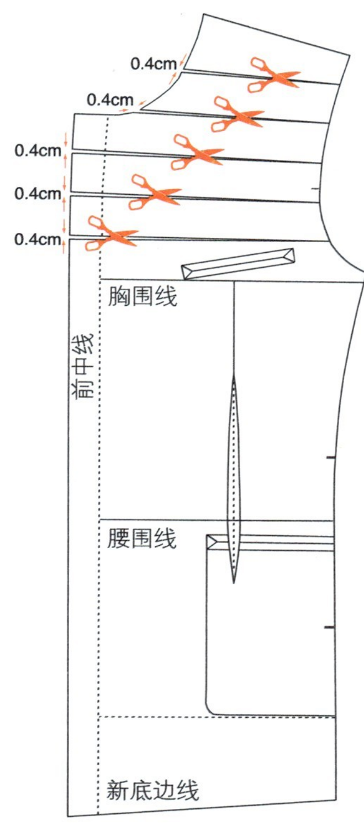

图 6-101

步骤 10

翻驳领

翻折止点和翻折线

根据设计在纸样上斟酌翻折止点的具体位置。翻折止点是指从这一点开始，前片衣身将翻折下来形成驳头，简写为 BP（break point）。BP 越低，领子颈部开口越大。

- 将肩线向颈侧方向延长 2.5cm，端点标为Ⓒ。
- 从腰围线开始沿止口线向上 12cm 定点，即为翻折止点，将翻折点用虚线与点Ⓒ相连，即为翻折线。
- 将翻折线的点Ⓒ端向上延长 9cm，标为点Ⓐ。
- 过点Ⓐ作垂线，长度 2.5cm，标出点Ⓑ。
- 用虚线连接点Ⓑ和点Ⓒ，过点Ⓑ再向右作直线 BC 的垂线，长度 2.5cm，垂线端点标为点Ⓓ。
- 将直线 BD 向左延长 4.5cm，作为后中翻领宽度，延长线端点标为点Ⓔ。
- 从点Ⓔ按设计画出翻领外口线，要保证点Ⓔ处为直角，驳领角为 4cm。
- 将领前中点沿水平方向收进 1cm，再与翻折止点用弧线相连，画顺驳头轮廓线。
- 过点Ⓓ点向下作 BD 的垂线，将侧颈点沿肩线向外 0.5cm 定点，过此点用略带弧度的线条将垂线和领口线衔接圆顺（图 6-102）。

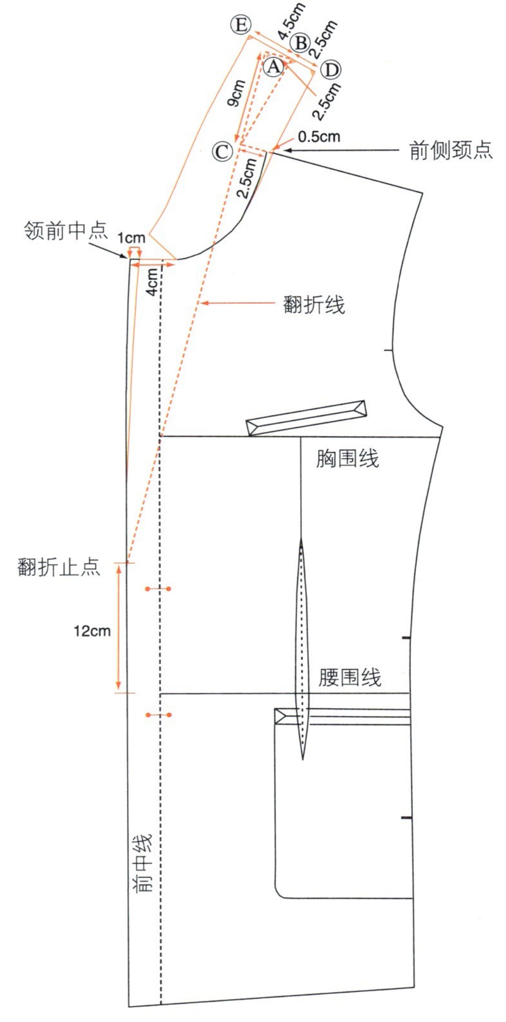

图 6-102

校核领型

绘制完领子后，在纸样上沿翻折线将驳头翻折过来，评价领子的造型，这一步是至关重要的。斟酌设计和造型，修改到满意为止。上述方法在合体型领子的基本结构制图中应用广泛。而领子的款式变化在各种纸样书中均有列举，可以从中选择自己喜欢的。

步骤 11

绘制前片过面

• 从领底线沿肩线取 4cm，作为过面在前肩处的处置。

• 从止口线开始沿腰围线和底边线取 9cm，标记两点。

• 从腰围线沿止口线向下 10cm 取点，从该点开始让前片止口线由直线转成弧线，一直画顺到底边线的标记点，完成圆形底边。

• 从底边沿侧缝向上 4cm，向左作平行于底边的直线，长度 10cm，标记一点而后参照上一步所画的圆形底边线，用弧线将它与腰围线上的标记点连顺，然后竖直向上连到胸围线，再用弧线与肩线上的标记点相连（图 6-103）。

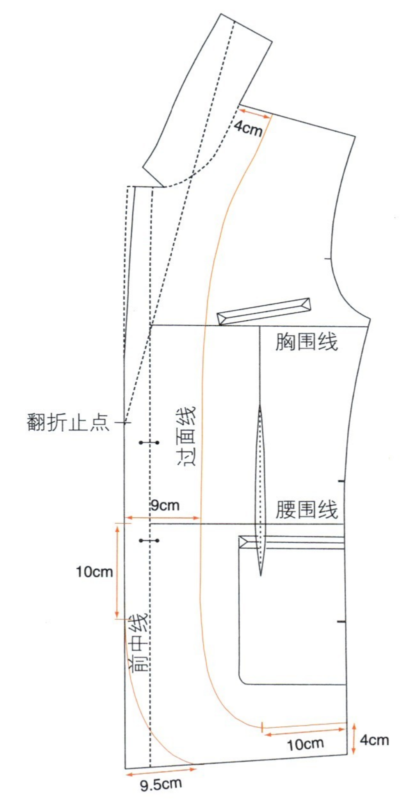

图 6-103

步骤 12

前片样板

• 按照本书第 50 页的方法，复制左、右前片纸样。

• 胸袋只在左前片上画出，贴袋在左、右前片上均要标出（图 6-104）。

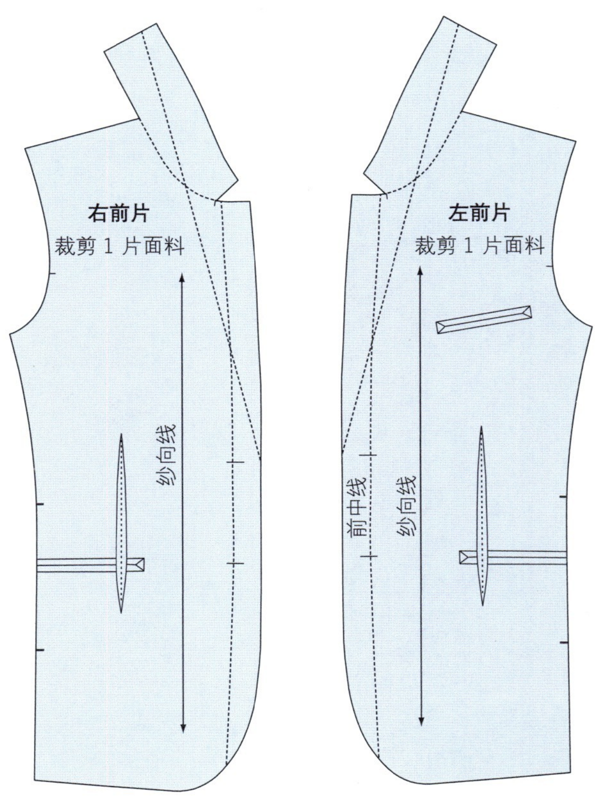

图 6-104

步骤 13

前片过面样板

• 按照本书第 50 页的方法，复制过面纸样（图 6-105）。

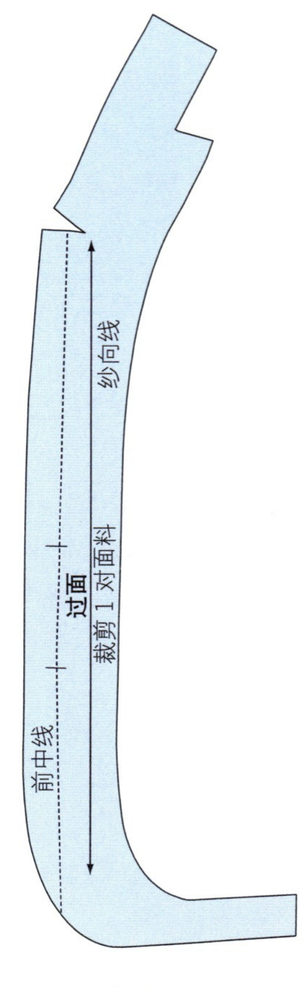

图 6-105

步骤 14

绘制侧片及贴边

• 按照本书第 50 页的方法，复制侧片纸样。

• 通过省道合并，将原侧缝中的收腰量转移到前、后分割线上。沿前、后侧缝线剪开，再沿腰线剪开。

• 将纸样向中间旋转，合并原侧缝上的收省量。

• 将侧片的前、后分割线向下延长 4cm，再把延长线的两个端点相连，即为侧片贴边（图 6-106）。

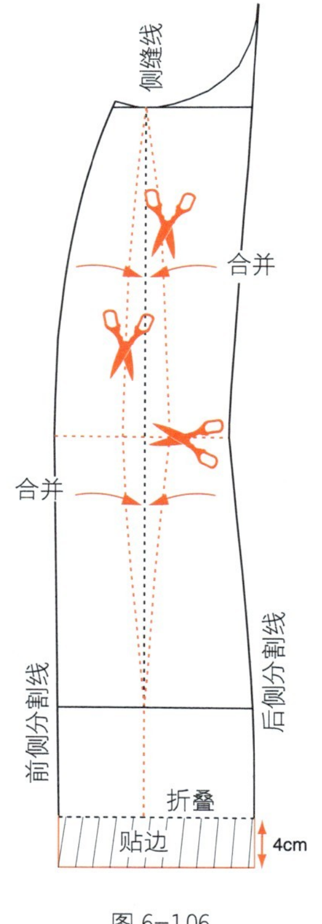

图 6-106

步骤 15

完善侧片

• 复制合并后的侧片纸样。

• 将新侧片的腰围线和底边线与前片的对齐。

• 将贴袋的后半部分在侧片上画出（图 6-107）。

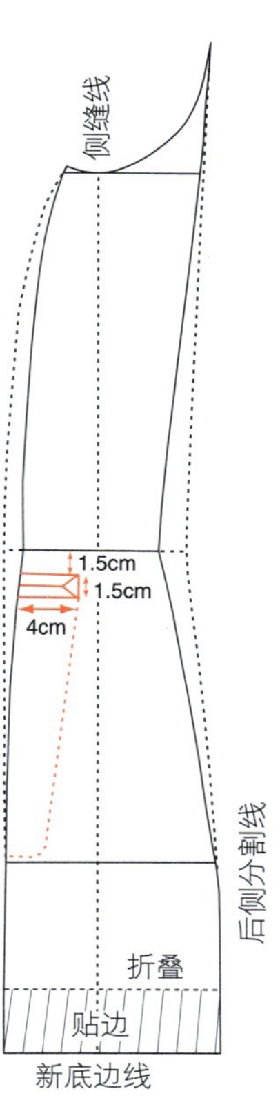

图 6-107

步骤 16

后开衩和后领口贴边

• 按照本书第 50 页的方法，复制后片纸样。

• 将底边线竖直向下延长 4cm，作为下摆贴边的宽度，贴边向后中延长 4cm。

• 从贴边的左端点向上作垂直线，长度 20cm，即为开衩长度，再作水平线与后中线相交，交点沿后中线向上 1.5cm 定点，再与 20cm 的直线端点相连，即为开衩上边斜线。

• 为与前面的过面相匹配，后领口贴边宽度取 4cm。从领后中点沿后中线向下 4cm 定点，再从侧颈点沿肩线取 4cm 定点，参照后领口弧线，将两点用弧线连顺（图 6-108）。

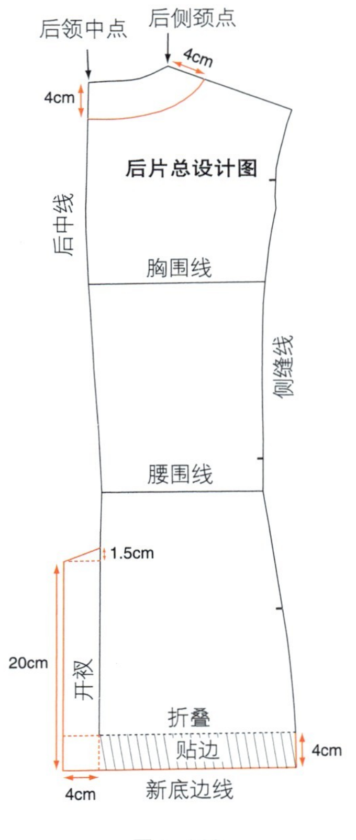

图 6-108

步骤 17

后片样板

• 按照本书第 50 页的方法，复制后片纸样（图 6-109）。

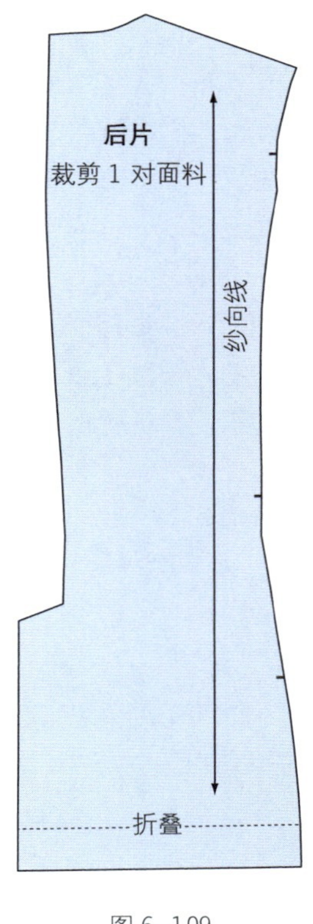

图 6-109

步骤 18

后领口贴边样板

• 复制后领口贴边纸样，按照本书第 50 页的方法，对称复制出整个贴边（图 6-110）。

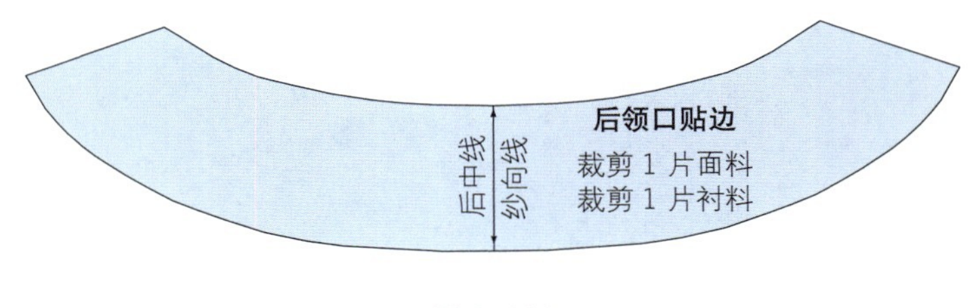

图 6-110

步骤 19

绘制胸袋袋布

● 将第 8 步所绘制的 11cm×1.5cm 的长方形胸袋开口复制到另一张打板纸上，包括前片的纱向线。

● 袋口"上边线迹"分别向左右两边延长 1cm 和 1.5cm；袋口"下边线迹"分别向左右两边延长 1.5cm 和 1cm。

● 过左边两端点向下作竖直线，长度 13.5cm；过右边两端点向下作竖直线，长度 15.5cm，将两直线末端水平相连即为袋布的宽度（图 6-111）。

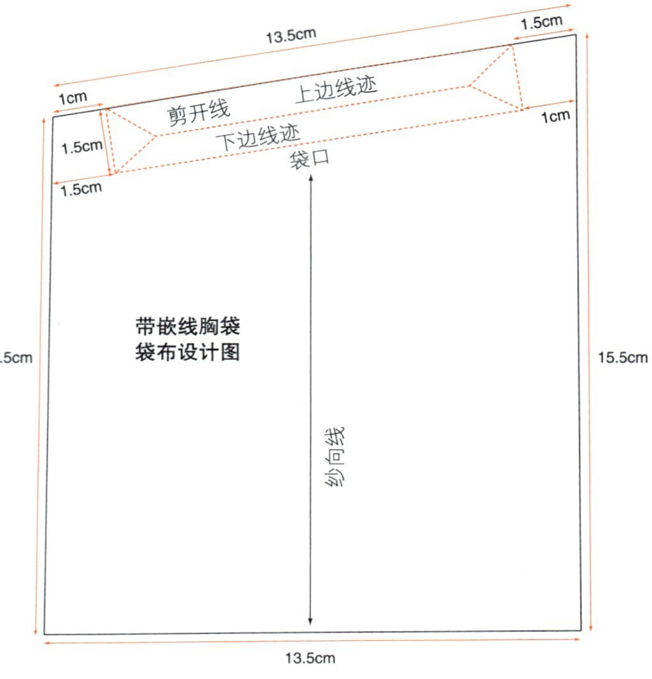

图 6-111

步骤 20

胸袋袋布样板

● 按照本书第 50 页的方法，复制出袋布纸样，在上边加放 1cm 缝份，即为上片袋布样板（图 6-112）。

● 重新复制袋口"下边线迹"以下部分的袋布，在上边加放 1cm 缝份，即为下片袋布样板（图 6-113）。

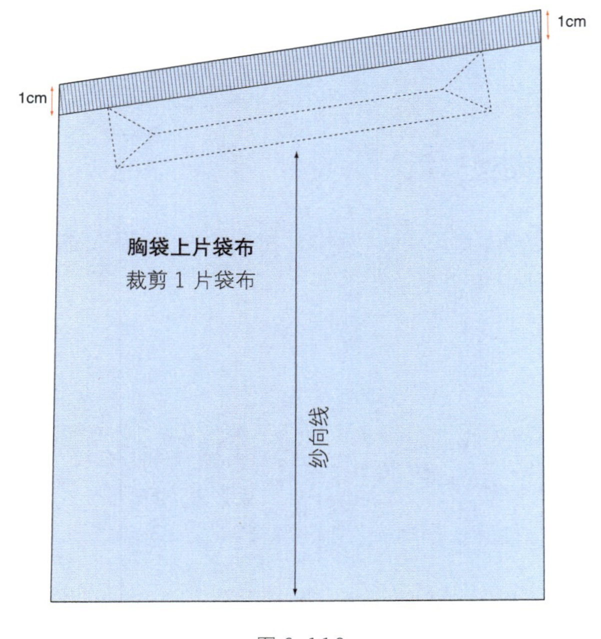

图 6-112

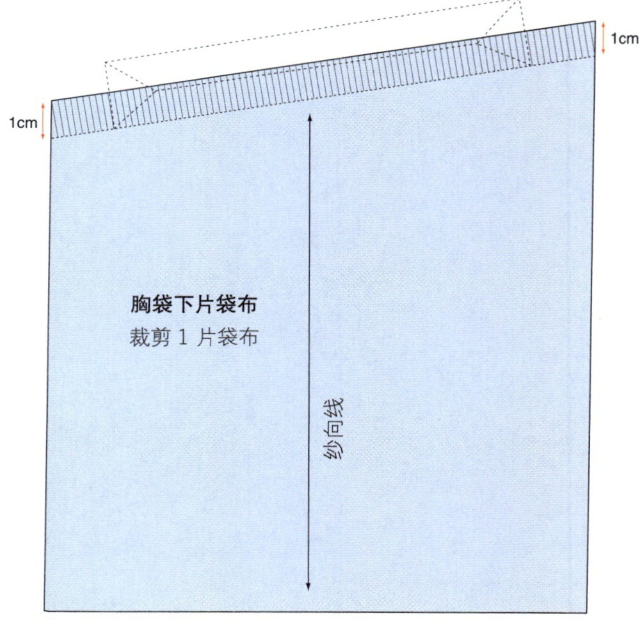

图 6-113

步骤 21

胸袋嵌线条样板

嵌线

如果带嵌线口袋的袋口线是倾斜的，则嵌线的结构线要能反映口袋的倾斜度。嵌线的长度可与袋口等长或略大一些，嵌线均用双层面料，并且要黏衬以增加袋口强度。

• 复制第 19 步所绘的长方形胸袋开口的一条长边和前片的纱向线，即得到了一条 11cm 长的直线，其倾斜角度与胸袋相同，并将该直线标为对折线。

• 从对折线的两端向上取 2.5cm 作纱向线的平行线，将两线末端相连，形成一个平行四边形。

• 以对折线为对称轴，向下镜像复制该平行四边形。

• 嵌线条上下两条长边加放 1.5cm 缝份，左右两条短边加放 1cm 缝份（图 6-114）。

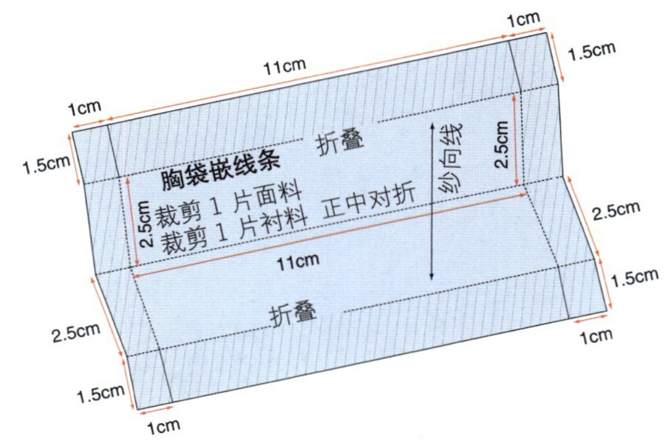

图 6-114

步骤 22

贴袋袋布样板

• 绘制宽 15cm、高 19.5cm 的长方形。

• 分别沿长方形的两个侧边从上向下取 3cm 定点，连接两点，标上折叠线，即为袋布上口的贴边。

• 将长方形袋布的底角抹成圆角，并在两侧和底边加放 1cm 缝份（图 6-115）。

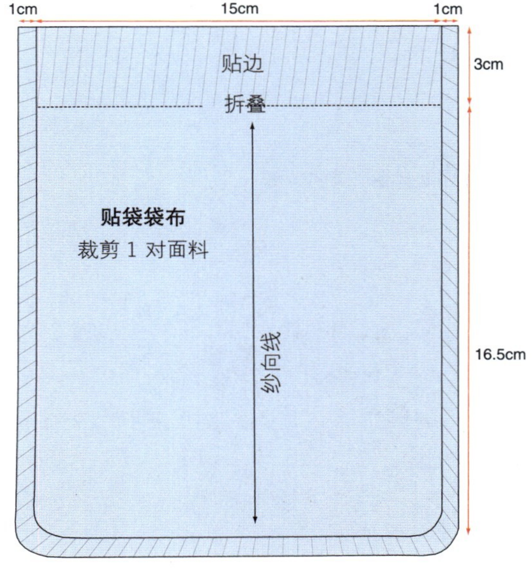

图 6-115

步骤 23

贴袋袋盖样板

• 绘制一个宽 15.5cm、高 6cm 的长方形。

• 分别沿长方形的两个侧边从上向下取 1.5cm 定点，连接两点，标上折叠线。制作时这部分与贴袋袋口的“上边线迹”缝合。

• 将长方形袋盖的底角抹成圆角，并在两侧和底边加放 1cm 缝份（图 6-116）。

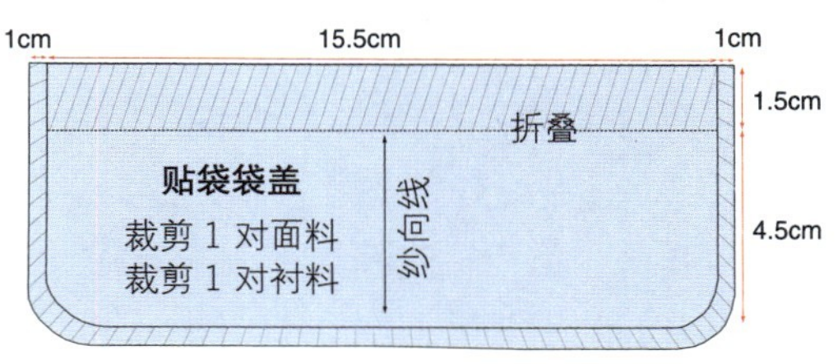

图 6-116

步骤 24

贴袋滚边样板

滚边

滚边缝在袋盖的上边，起装饰作用，本例滚边宽度为 0.5cm。

• 绘制长 15cm、宽 2cm 的长方形。

• 过长方形短边的中点，作对折线。

• 在上下两长边加放 0.5cm 的缝份，在左右两短边加放 1cm 缝份（图 6-117）。

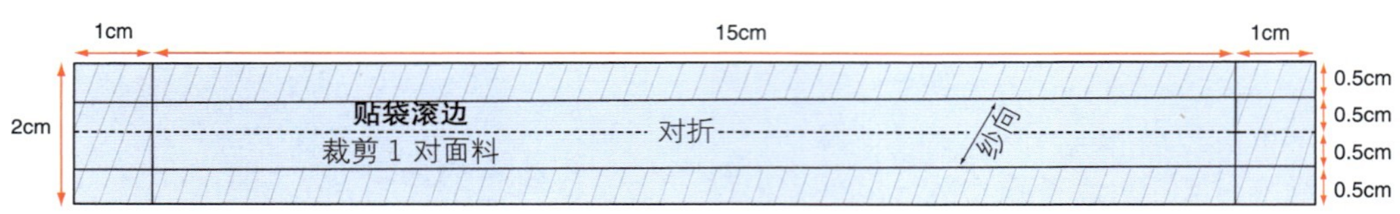

图 6-117

步骤 25

合体两片袖

绘制两片袖所需的数据

• 袖窿弧线长 51cm + 吃缝量 2cm = 53cm（从基本原型上测量这两个数据）。

• 袖长 64cm（从肩端点到后肘点，再到腕关节所量得的长度，在此基础上还可加入设计因素对袖长的要求）。

• 肩端点到肘点的长度 =35cm。

• 袖肥 =40.8cm（沿臂根量得的最大围度，根据需要加入一定的松量）。

• 袖口 =30cm（在基本袖原型的袖口 32cm 的基础上减 2cm）。

• 袖山高 =17cm。

• 裁一张比所设计的袖长（或者模特的臂长）略长的打板纸。

• 在纸的中间画一条长 64cm（袖长尺寸）的竖直线，标为袖中线，上下端分别标为点①和点②。

• 从点①沿袖中线向下取 17cm（袖山高，或者取 1/3 的袖窿弧线长，不包括吃缝量），末端标为点③。

• 从点①沿袖中线向下取 35cm（肘长），端点标为④。

• 过点①向左右两边作水平线，长度为：袖窿弧线长 /6+1cm=9.8cm，端点分别标为⑤和⑥。

• 从点②向左右两边作水平线，长度 9.8cm，端点分别标为⑦和⑧。

• 连接点⑤⑥⑦⑧，形成一个长方形。

• 从点⑥竖直向下取 1/3 袖山高（17cm/3=5.6cm），标为后对位点，从后对位点向左作水平线，长度 2.5cm，水平线的端点标为Ⓐ，这是小袖后袖缝的上端。

• 过点③作水平线，分别与直线⑤⑦交于点Ⓑ，与直线⑥⑧交于点Ⓒ，这是袖肥线。

• 从点Ⓑ沿袖肥线分别向左右各取 2.5cm 定点，标为点Ⓔ和点Ⓓ。从点Ⓒ沿袖肥线分别向左右各取 1cm 定点，标为点Ⓕ和点Ⓖ。

• 从点Ⓑ竖直向上取袖山高 /2-2cm=6.5cm，标为前对位点（之所以要减去 2cm，不直接取为 1/2 袖山高，是为了让前袖山呈长方形，而非正方形）。

• 从点④作水平线，分别与直线⑤⑦交于点Ⓗ，与直线⑥⑧交于点Ⓘ，这是袖肘线。

• 从点Ⓗ沿袖肘线向左取 1cm、向右取 4cm 定点，分别标为点Ⓙ和点Ⓚ。

• 从点⑦沿竖直线向上 2cm 定点，过此点向左作水平线，长度 2cm，端点标为Ⓛ，此为大袖袖口点，再向右作水平线，长度 2cm，端点标为Ⓜ，此为小袖袖口点。

• 袖口大为 30cm，大袖袖口为 17cm、小袖袖口为 13cm。这能使大袖的前袖缝靠近手臂内侧，从外面不易被看到。

• 从点Ⓛ向直线⑦⑧作长度为 17cm 的斜线（大袖袖口），交点为Ⓝ。从点Ⓜ向直线⑦⑧作 13cm 的斜线（小袖袖口），也交于点Ⓝ，这是大、小袖的袖口线。

• 用弧线连接ⓁⒿⒹ三点，画顺大袖的前袖缝线。

• 用弧线连接ⓂⓀⒺ三点，画顺小袖的前袖缝线。

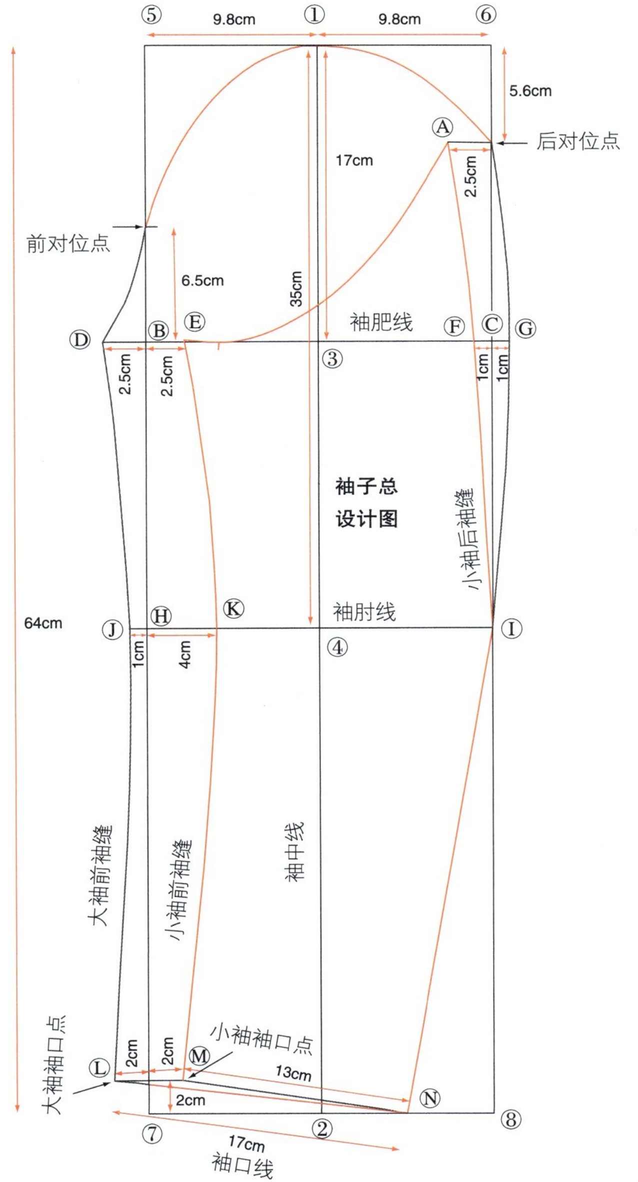

图 6-118

• 用弧线尺画出大袖的袖山弧线长，从点Ⓓ开始到前对位点，用下凹的弧线画顺，从前对位点到顶点①，再到后对位点用上凸的弧线画顺。

• 测量所画的袖山弧线长，与对应的前后片袖窿弧线长相比较。调整袖山弧线的曲度，直到与对应的袖窿弧线长相等为止。

• 用下凹的弧线画出ⒶⒺ之间的小袖袖山弧线。

• 同样，校核小袖袖山弧线的长度，将其调节到与前后片袖窿的对应段长度相同。

• 从后对位点到点Ⓖ，再到肘线上的点Ⓘ，直至袖口的Ⓝ点，依次连顺即为大袖后袖缝线。

• 从点Ⓐ到点Ⓕ，再到肘线上的点Ⓘ，直至袖口的Ⓝ点，依次连顺即为小袖的后袖缝线。从点Ⓘ到袖口点Ⓝ，大、小袖缝重合成一条线（图 6-118）。

步骤 26

大袖样板及袖衩

• 按照本书第 50 页的方法，复制大袖纸样。

• 袖口两端向下延长 3cm，用直线相连成长方形，即为大袖贴边。

• 在后袖口处，将贴边线向右延长 3cm，平行于后袖缝，从贴边端点向上作直线，长度 10cm，形成一个 10cm×3cm 的长方形，为袖衩。

• 袖衩的左端点继续沿后袖缝向上 1.5cm，与袖衩上边右端相连，形成倾斜的开衩上边线，类似于衣身后中开衩。

• 袖衩和贴边向内翻折后，制作时按 45° 斜线缝合（图 6-119）。

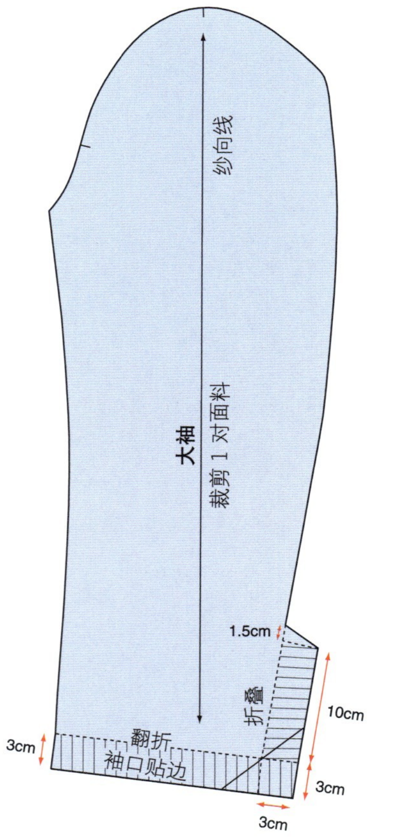

图 6-119

步骤 27

小袖样板及袖衩

• 复制小袖纸样，按照本书第 50 页的方法，将其翻转后再复制出来。

• 袖口两端向下延长 3cm，用直线相连成长方形，即为小袖贴边，在后袖口处，将贴边线向左延长 3cm。

• 平行于后袖缝，从贴边线端点向上作直线，长度 10cm，形成一个 10cm×3cm 的长方形。

• 沿后袖缝再向上 1.5cm，与袖衩上边左端相连，形成倾斜的袖衩上边线，类似于衣身后中开衩。

• 袖衩和贴边向内翻折后，制作时按 45° 斜线缝合（图 6-120）。

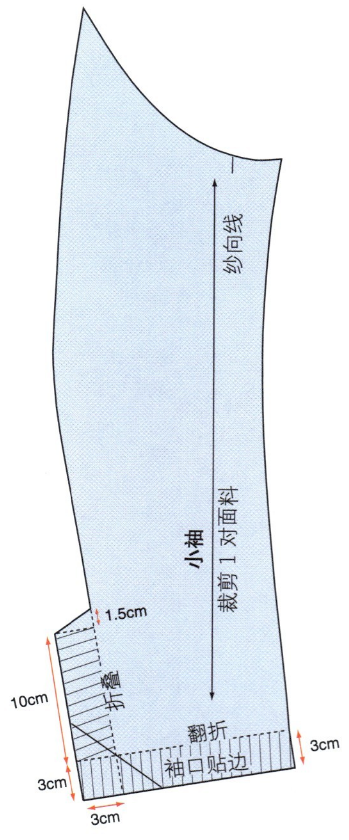

图 6-120

图 6-121

双排扣休闲西装纸样

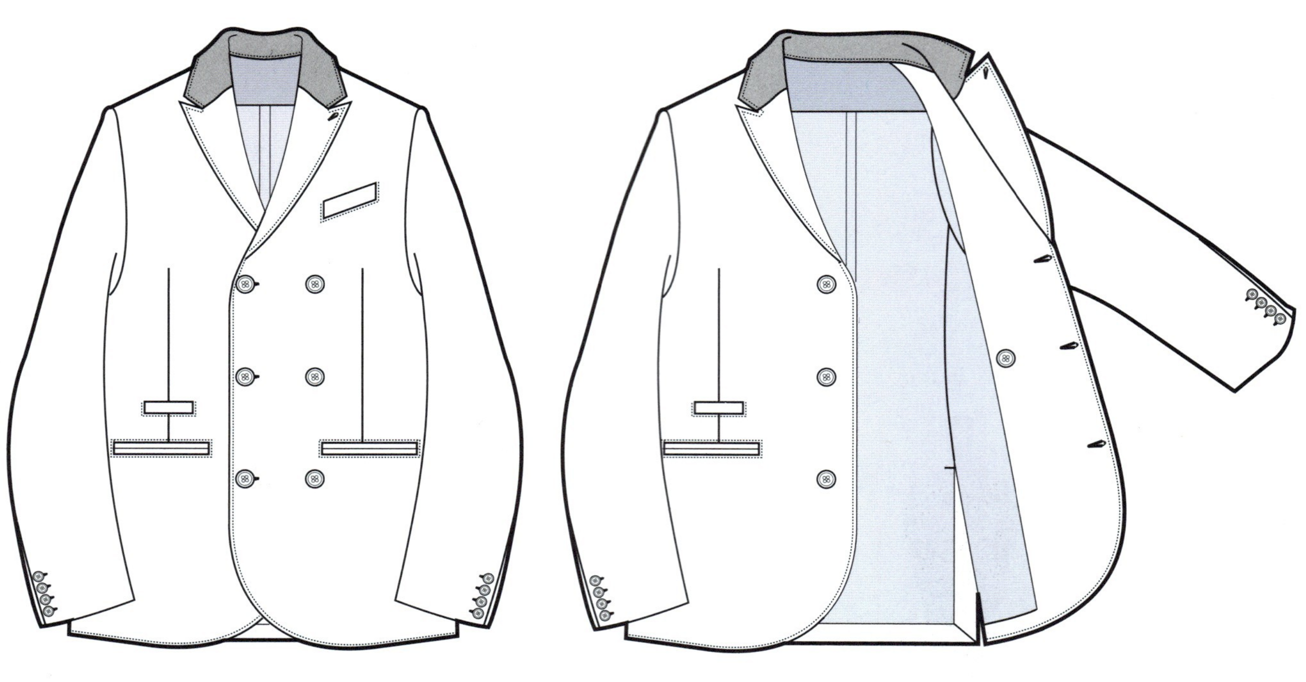

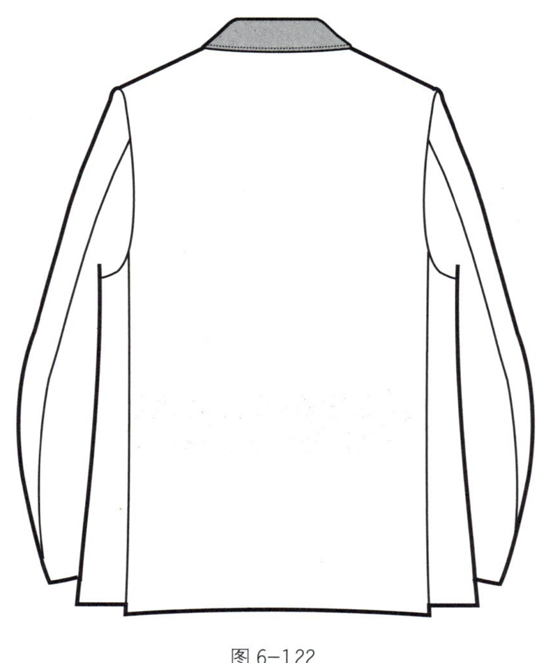

图 6-122

双排扣休闲西装（图 6-122）纸样设计要点：

衣身分割线及侧片

双排扣叠门及撇胸

增加衣长

侧开衩

后移肩线

加深袖窿

嵌线胸袋

双嵌线侧袋

小钱袋

隐藏领座的翻驳领

合体两片袖及袖衩

全衬里

步骤 1

绘制衣身总设计图

绘制本款西装之前，先选择一款男装上衣基本原型，或者按本书第 40 页的方法绘制上衣原型。裁一张比所设计西装的衣长略长的打板纸。按本书第 48 页的说明，将基本原型以及所有标志和相关说明复制到打板纸上（图 6-123）。

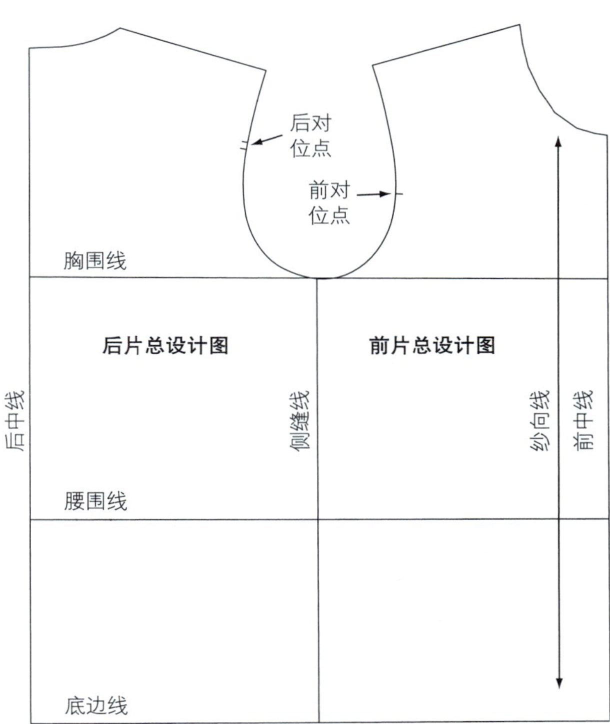

图 6-123

> **休闲西装**
>
> 在基本原型的基础上绘制休闲西装，需要对原型样板的前片、侧片、后片以及肩线等部位，进行造型的处理，具体方法见单排扣休闲西装（见 252~267 页）。

步骤 2

增加衣长

- 将原型的前、后中线和侧缝线分别向下延长 5cm。
- 将三条延长线的端点直线相连，即为新底边线（图 6-124）。

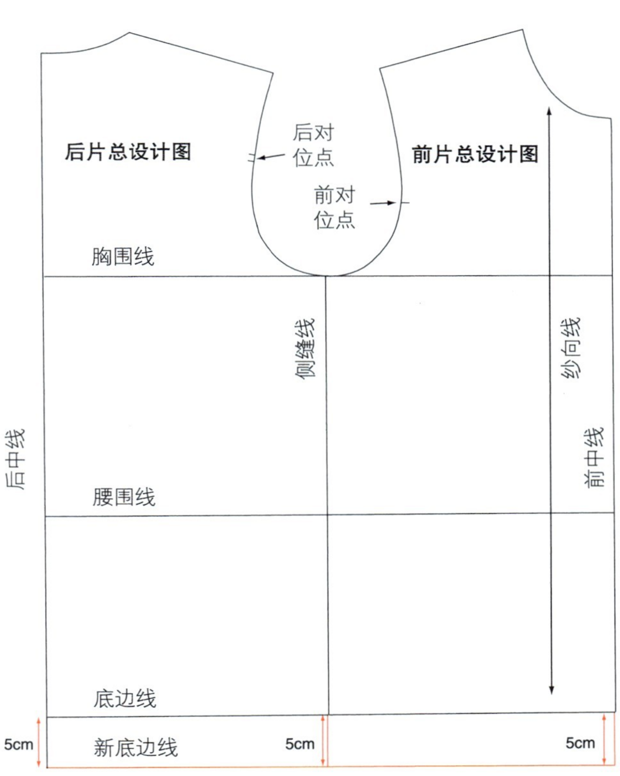

图 6-124

步骤 3

新肩线和双排扣叠门

• 将后肩点沿后袖窿弧线向下 1cm 作为新后肩。将前肩点沿前袖窿弧线向上顺延 1cm 作为新前肩点。前、后新肩点分别与前、后侧颈点直线相连产生新肩线。

• 将领前中点沿前中线向下 1.5cm 作为新领前中点，重新画顺前领口线。

• 过新领前中点向右作水平线，长度 5cm，底边线水平向右延长 5cm，将两线端点直线相连即为双排扣的止口线（图 6-125）。

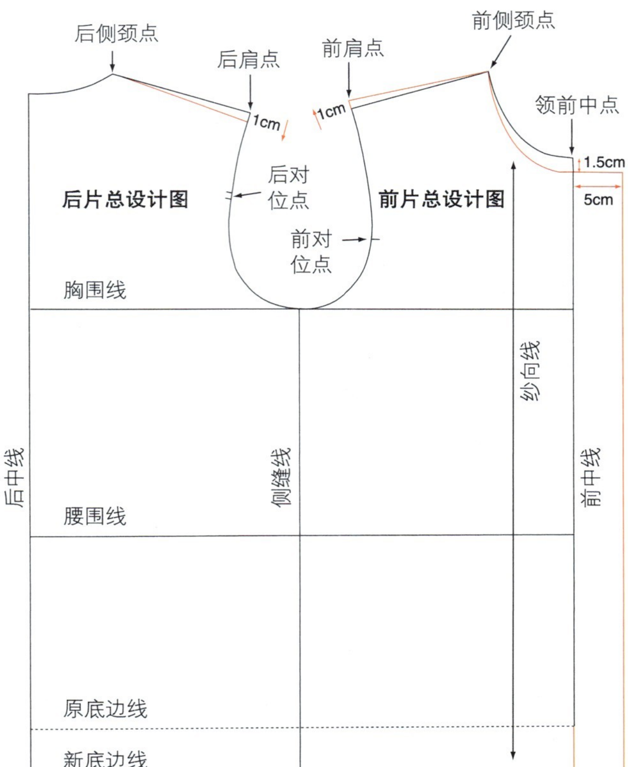

图 6-125

步骤 4

加深袖窿、后中造型线

• 将腋下点沿侧缝线向下 2cm 即为新袖窿深。参照原型的袖窿弧线，重新画顺新袖窿弧线，前、后对位点在新袖窿上重新确定。

• 后中造型线：将新底边线、腰围线和领后中点分别水平向右取 0.5cm、1.5cm 和 0.5cm 定点。

• 将上述三点用直线相连，产生新后中线（图 6-126）。

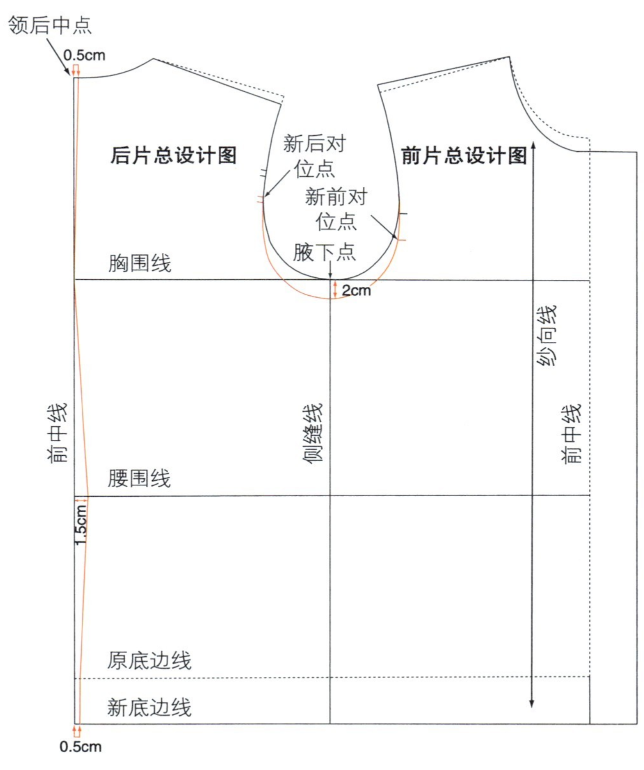

图 6-126

步骤 5

绘制衣身侧片

• 侧缝收腰使西装更合体，同时也为后续侧片的形成做准备。前、后侧缝线在腰围线上左右各取 1cm 定点。

• 用直线将收腰点连接到新腋下点和原型底边线。

• 确定前侧分割线：从前片侧缝线，沿底边线向右 5cm，作标记；沿腰围线向右 4cm，作标记；从腋下点沿前袖窿弧线取 1.5cm，作标记。

• 将上一步的标记点用直线相连，为前侧分割线，通过这条线将新侧片从前片分离出来。

• 由于侧缝已经收去部分松量，只需在后侧缝上收掉剩余的松量，就可达到合体西装的要求。这一步可在后片和新侧片之间的分割线上来完成。

• 后侧分割线：从后中线开始，沿腰围线依次向右取 16.5cm、1cm、1cm，标记这三点。

• 从后中线开始，沿胸围线依次向右取 19cm、1cm，标记这两点；沿原底边线向右取 18cm，作标记。

• 后侧分割线的起始点位于后袖窿对位点和腋下点之间的袖窿上。从原胸围线沿后中线竖直向上 4.5cm 定点，过此点作水平线与后袖窿相交，交点即为后侧分割线的起始点。

• 从起始点开始，过上述所取的标记点，用略带弯曲的弧线画顺后侧和后片分割线（图 6-127）。

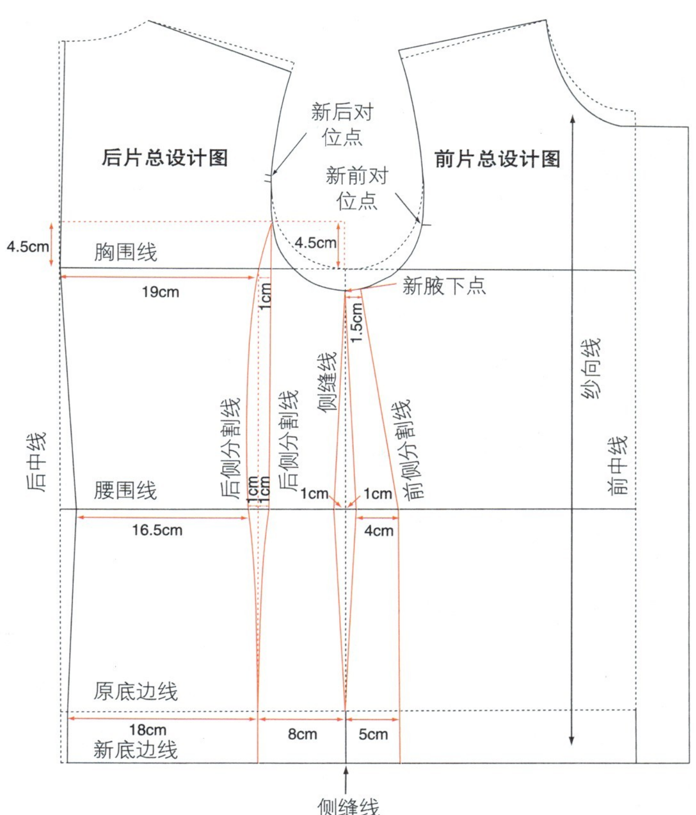

图 6-127

步骤 6

撇胸结构线

> **前胸造型**
>
> 将前片胸围线以上部分，均匀向后倾斜，会使前片结构更符合男子胸部体型特征。

• 胸围线以上间隔 4cm，作 5 条平行于胸围线的水平线（图 6-128）。

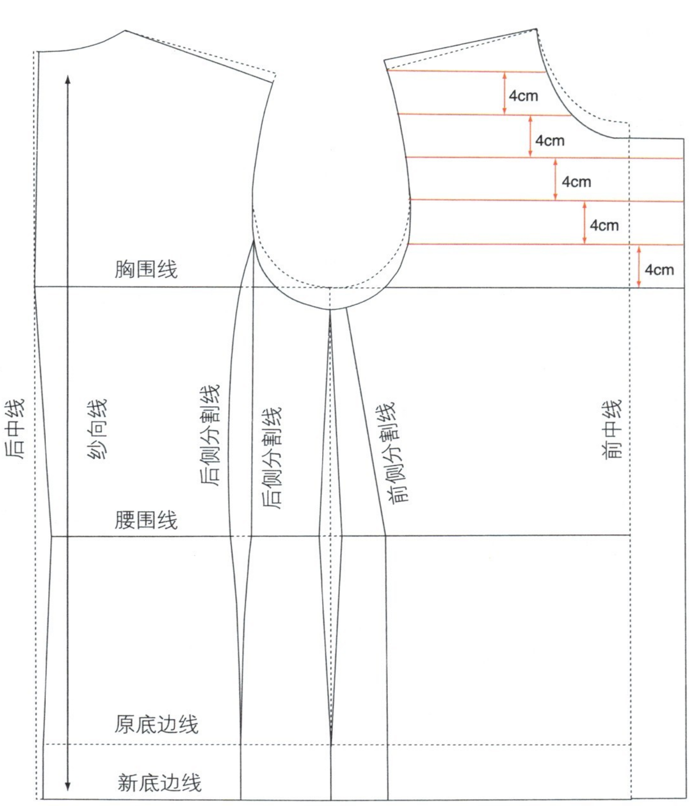

图 6-128

步骤 7

绘制胸袋和侧袋

• 胸袋袋位：从前中沿胸围线向左 8.5cm 定点，作为袋口的最低点。

• 从最低点向左作斜线，长度 9cm，斜线末端距胸围线 1.5cm。以斜线为底边，作 9cm×1.5cm 的长方形。

• 前腰省为锥型，位于胸围线下面和侧袋前端。绘制侧袋尺寸时不要包括省道量。

• 从前中线沿胸围线向左 12.5cm 定点，过该点向下作竖直线，直到原底边线，即为省中线，省尖点在胸围线下 5cm。

• 从前侧分割线沿腰围线向右 9cm 定点，再向右取 1.5cm 的省大，与省尖点直线相连完成省道。

• 在腰围线以下取 1.5cm 定点，从前侧分割线开始过该点画长 14.5cm、宽 1.5cm 的长方形，作为侧袋开口（图 6-129）。

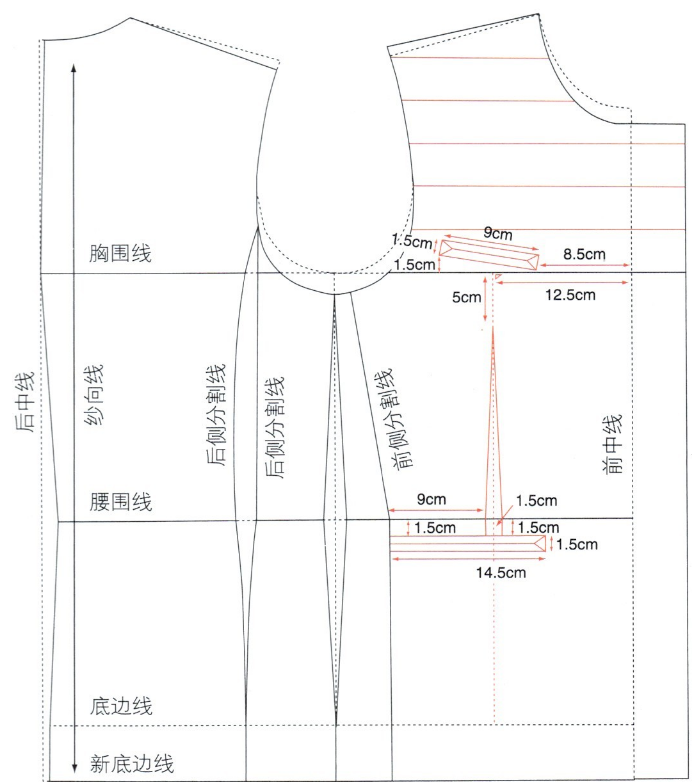

图 6-129

步骤 8

撇胸和省道结构处理、下摆造型

• 将前片纸样复制下来，包括所有结构线。

• 将第 6 步所画的 5 条水平线，从前中线向侧面，或者从领口向袖窿方向剪开，在剪开线处打开 0.4cm，一共打开 2cm。

• 将切展后的前片纸样贴在另一张纸上，复制前片，用圆顺的弧线画顺剪开部分。

• 当前腰省缝合后，袋口上边就会比下边短。为了弥补省道量，将袋口上边水平向左延长 1.5cm（省道量），再与前袖窿底点相连，重新画顺前侧分割线。

• 将前中线在底边向下延长 2cm，与前侧分割线末端用弧线画顺。

• 将前片纸样再复制到另一张纸上（图 6-130）。

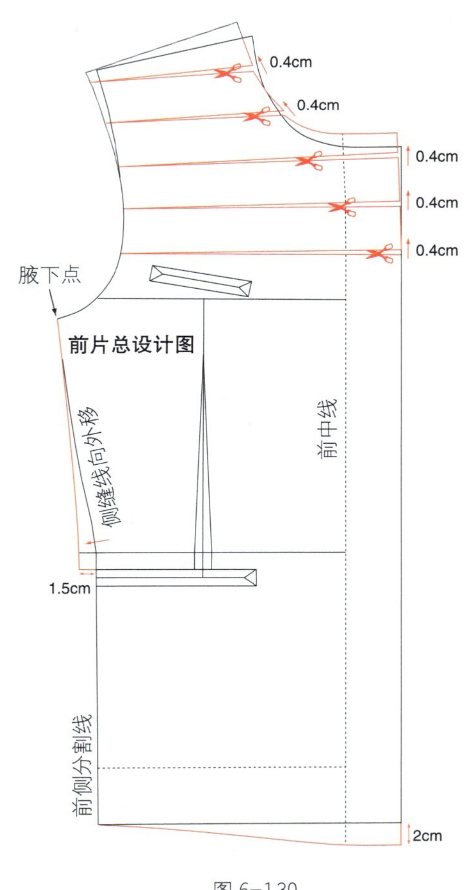

图 6-130

步骤 9

翻驳领、钱袋和下摆造型

翻折止点和翻折线

根据服装的比例和造型，在纸样上确定领子的翻折止点。翻折止点是指从这一点开始，将前片衣身翻折下来形成驳头，简写为 BP（break point）。BP 越低，领子颈部开口越大。

• 将肩线向颈侧方向延长 2.5cm，端点标为点Ⓒ。

• 从腰围线开始，沿止口线向上 17cm 为翻折止点，与点Ⓒ相连即为翻折线。

• 将翻折线的点Ⓒ向上延长 8cm，端点标为点Ⓐ。

• 过点Ⓐ作垂线，长度 2.5cm，端点标为点Ⓑ。

• 连接点Ⓑ和点Ⓒ，过点Ⓑ再向左作直线ⒷⒸ的垂线，长度 3cm，端点标为点Ⓓ。

• 将直线ⒷⒹ向右延长 4cm，端点标为Ⓔ，后中线领总宽度 7cm。

• 从点Ⓔ垂直于领后中线画出翻领外口线，截止在领口线前端 6cm 处，该点为领子对位点。

• 将领口线前端向左取 1cm 定点，过该点向下与翻折止点弧线相连，画顺驳头轮廓线。再向上延长 3cm，与领子对位点相连。

• 过肩线侧颈点向左 1cm 定点，过点Ⓓ向下垂直画出装领线并过该点，用略带弧度的线条画顺到领口线，再继续向下作 3cm 和 4.5cm 的直线，将圆形领口修改成钝角形领口。

• 钱袋位于侧袋上面，横跨在腰省上。从腰围线向上 1cm，画一个宽 1.5cm、长 6cm 的长方形，6cm 的袋口分别在省道前边 2cm，省道后边 4cm。

• 在底边沿止口线向上 22cm，沿新底边线向左 9.5cm，过这两点用弧线尺画顺圆形底边（图 6-131）。

校核领型

绘制完领子后，在纸样上沿翻折线将驳头翻折下来，评价领子的造型，这一步是至关重要的。对驳头进行修改，直到满意为止。上述方法在合体型领子的基本结构制图中广泛应用。而领子的款式变化在各种纸样书中均有列举，可供参考。

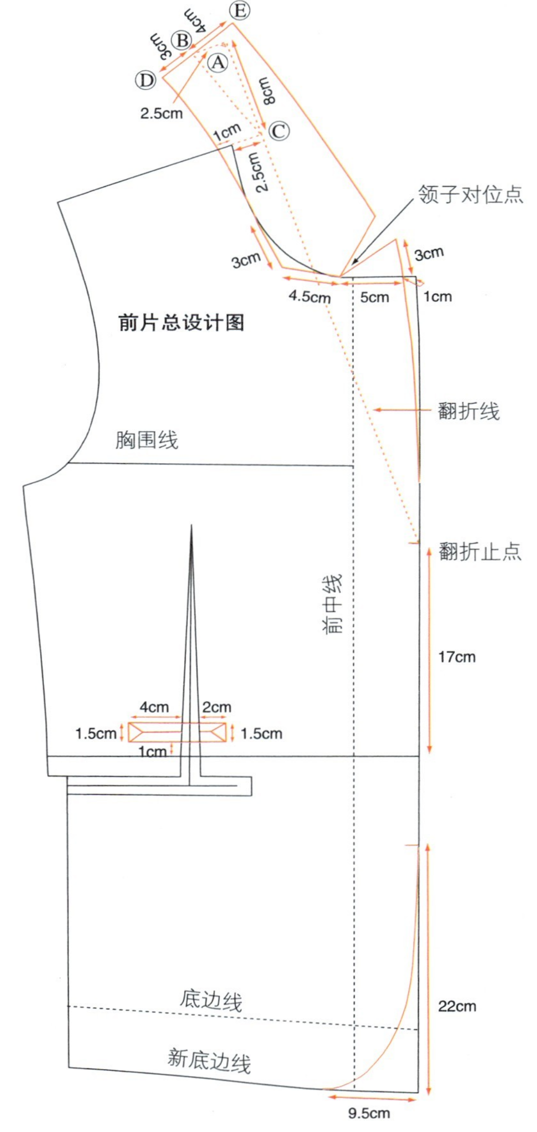

图 6-131

步骤 10

前片样板

• 按照本书第 50 页的方法，复制右前片纸样，不包括胸袋和领子。

• 按照本书第 50 页的方法，复制右前片纸样，再将其翻转到反面重新描线，去除钱袋，加上胸袋开口位置，即为左前片样板（图 6-132）。

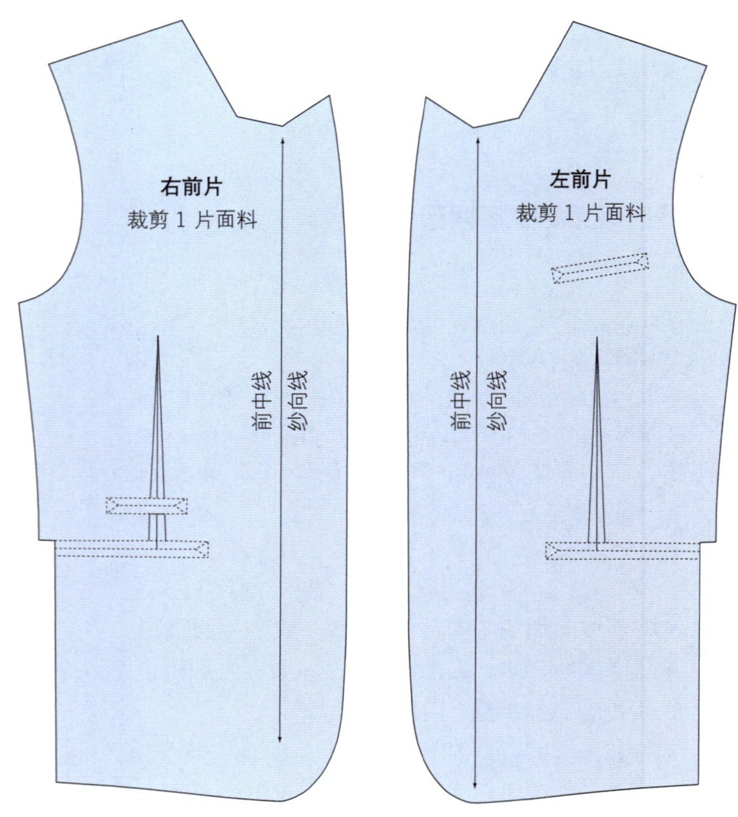

图 6-132

步骤 11

过面样板

• 在右前片上绘制过面结构线。

• 从侧颈点沿前肩线向左取 4cm，这是过面在肩线上的位置。

• 从止口线开始沿胸围线和腰围线向左取 12cm，标记两点。

• 从底边线沿前侧分割线向上取 4cm 定点，过该点向右作平行于底边的直线。

• 将肩线到胸围线的标记点，用略带弧度的线条画顺，继续向下用直线画到腰围标记点，再向下与上一步距底边 4cm 的平行线相交。

• 按照本书第 50 页的方法，复制过面纸样（图 6-133）。

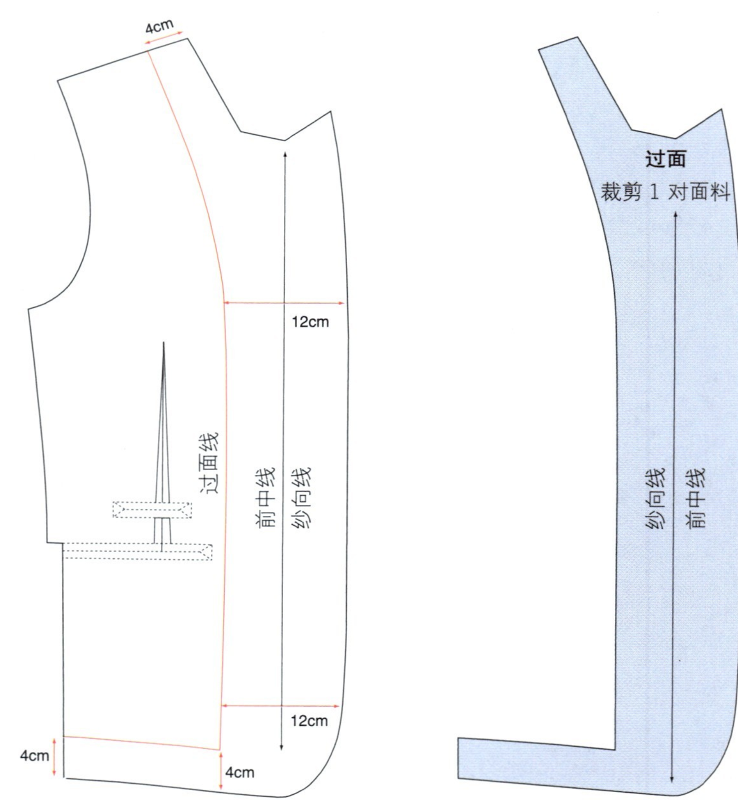

图 6-133

步骤 12

隐藏领座的翻驳领

• 将第 9 步绘制的领子结构线重新拷贝下来。

• 绘制领座：从领后中线向上 2cm 定点，再从前领角点沿装领线向后取 4cm 定点，将两点用弧线画顺，即为领座上口线。

• 从领后中线开始，依次沿装领线取三个 2cm，再沿翻领外口线依次取三个 3.5cm，将上下对应点用直线相连，使领子分成 4 部分，所连直线为切展线。

• 重新复制领座纸样，沿后中线对称复制出领座的另一半，包括切展线。

• 沿切展线剪开，在末端留一点不剪断。在每个剪开线处合并 0.3cm，使领座向上弯曲。

• 重新复制翻领部分，从翻领外口线沿切展线剪开，在末端留一点不剪断。从领后中线开始，在每个剪开线处打开 0.4cm，使翻领向下弯曲。

• 从翻领的后中线平行去除 0.9cm，这是领座切展后缩短的量（图 6-134）。

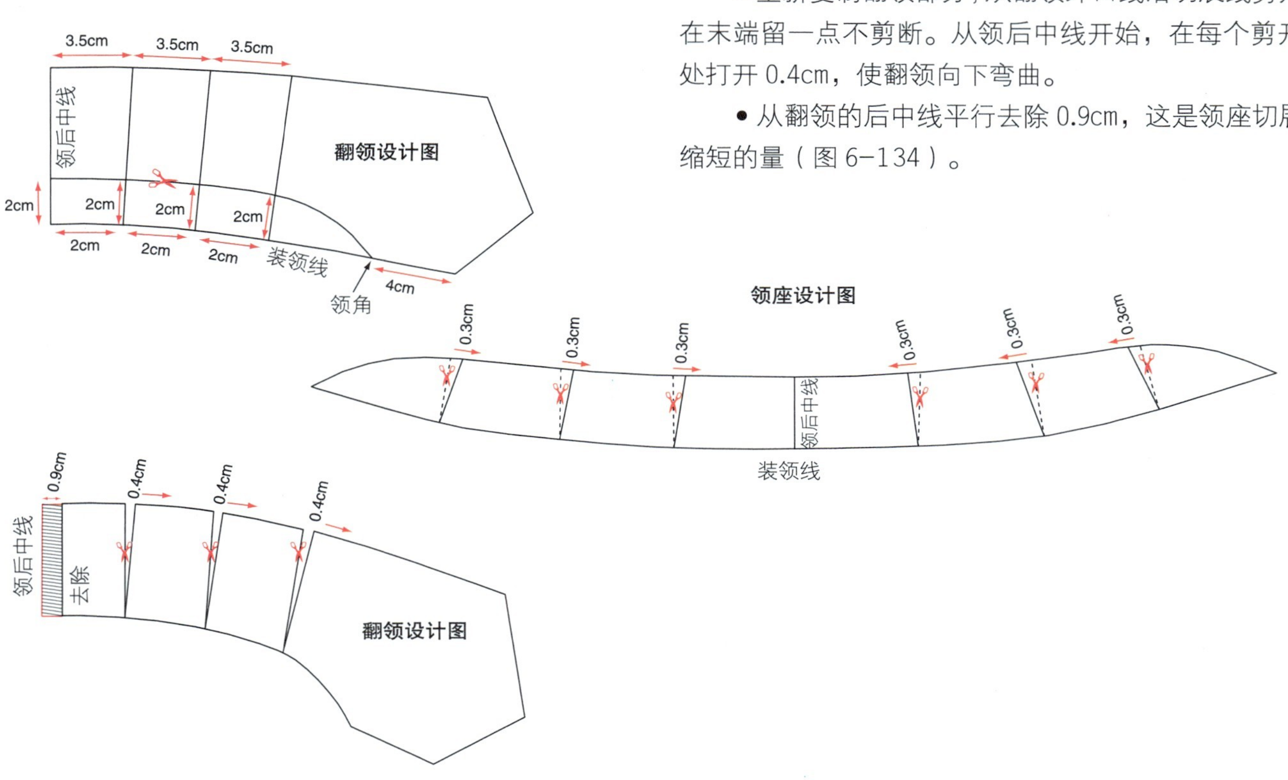

图 6-134

步骤 13

领座和翻领样板

• 复制翻领领面纸样。按照本书第 50 页的方法，对称画出整个翻领样板（图 6-135）。

• 按照本书第 50 页的方法，重新复制领座纸样（图 6-136）。

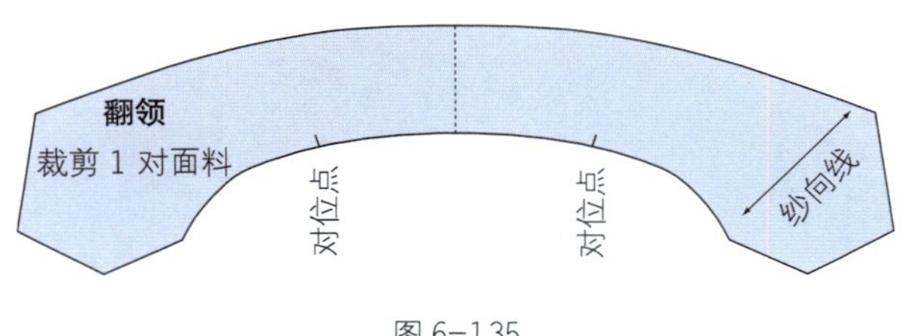

图 6-135

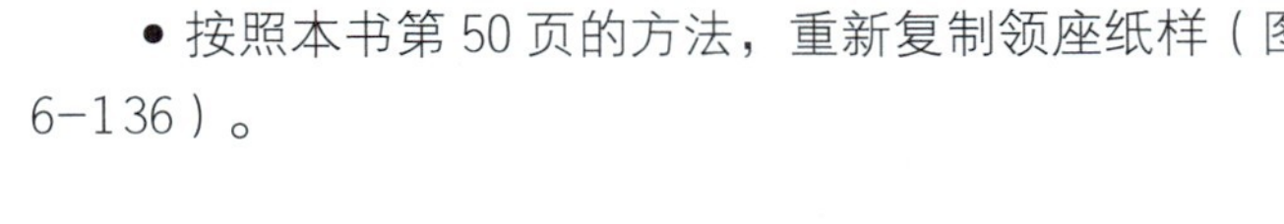

图 6-136

步骤 14

绘制侧片结构和贴边

- 按照本书第 50 页的方法，复制侧片纸样。
- 通过省道合并，将原侧缝的收腰量（省道量）转移到侧片的前、后分割线上。将纸样沿前、后侧缝线剪开，再沿腰围线剪开，在纸的边缘留一点不要剪断，确保操作时不会改变各边的长度。
- 将纸样向中间的竖直线旋转，合并原侧缝上的收腰量，重新画顺侧片前、后分割线。
- 侧片的前、后分割线在下摆处向下延长 4cm，将延长线的两端点直线相连，即为侧片贴边（图 6-137）。

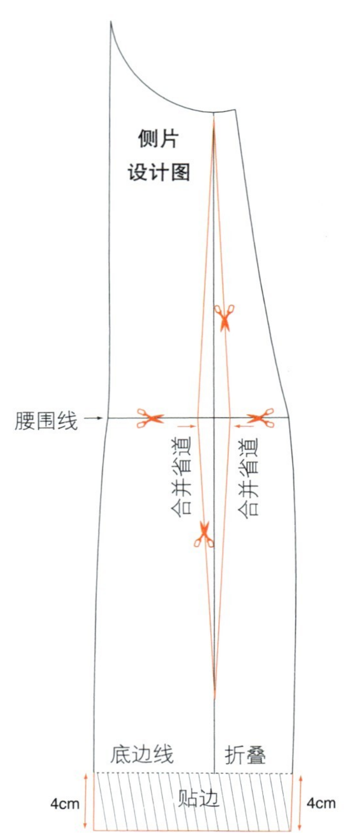

图 6-137

侧开衩结构

侧开衩由两部分构成，一部分位于衣身侧片上，这部分是双层面料，其结构线沿衩中间的对折线对称。另一部分位于衣身后片上，是单层的，缝制时沿后侧分割线翻折到反面，起贴边的作用。开衩的后片位于侧片上。

步骤 15

绘制侧开衩

- 从侧片底边线作后侧分割线的垂线，长度 4cm，再将垂线延长 4cm，过端点向上再作 4cm 的垂线（贴边宽度），并将垂线向上延长 20cm（开衩长度），再垂直向右作水平线，与后侧分割线相交，即为开衩上边线。
- 过开衩上边线的中点向下作垂直线，与底边相交，为开衩对折线。
- 将对折线向下延长 4cm，为下摆贴边的宽度。
- 将开衩两侧向上延长 1.5cm，再分别与上边线的中点相连，形成斜角型开衩的上边线（图 6-138）。

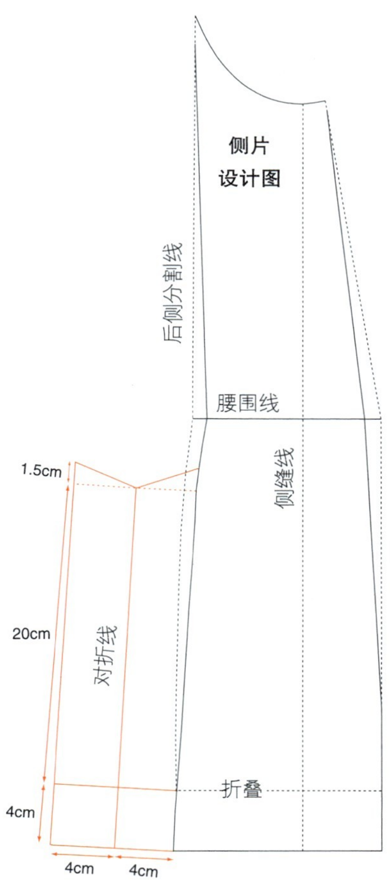

图 6-138

步骤 16

侧片样板

• 按照本书第 50 页的方法，复制侧片纸样（图 6-139）。

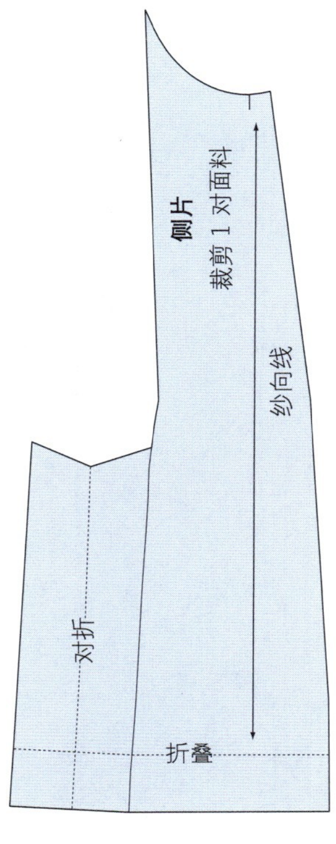

图 6-139

步骤 17

后片开衩、下摆和领口贴边

• 从总设计图上将后片纸样复制一份。

• 将后片两侧向下延长 4cm，两端用直线相连，即为后片下摆贴边线。

• 将下摆贴边线向右侧延长 4cm，再垂直向上 4cm（贴边宽度），垂线继续向上 20cm（开衩长度），然后垂直向左作水平线，与后片分割线相交，交点沿后侧分割线向上取 1.5cm，再与开衩上边右端相连。

• 为与前面的过面相匹配，后领口贴边宽度也为 4cm。从领后中点沿后中线向下 4cm 取点，再从侧颈点沿肩线向下取 4cm 定点，参照领口弧线，用弧线将两点连顺（图 6-140）。

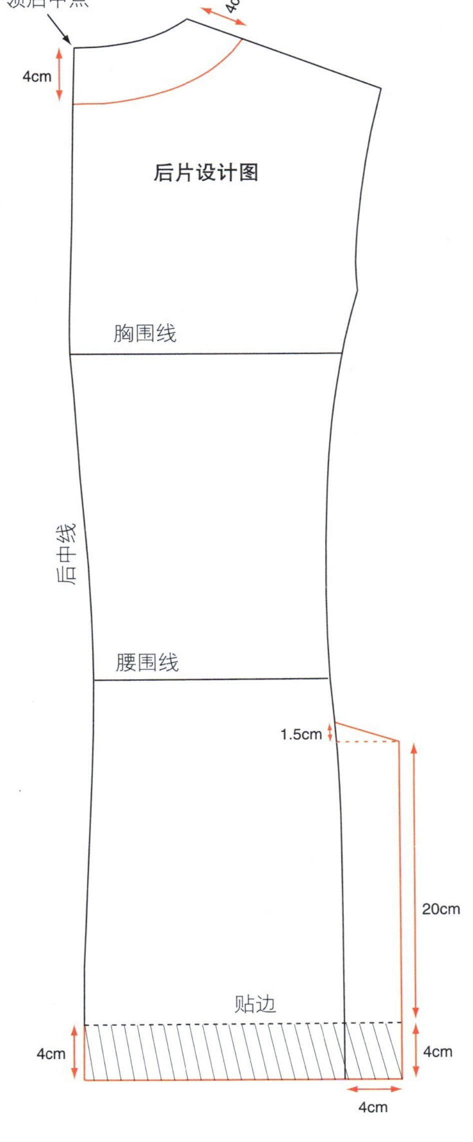

图 6-140

步骤 18

后片和后领口贴边样板

• 按照本书第 50 页的方法，复制后片纸样（图 6-141）。

• 复制后领口贴边纸样，按照本书第 50 页的方法，对称复制出整个贴边样板（图 6-142）。

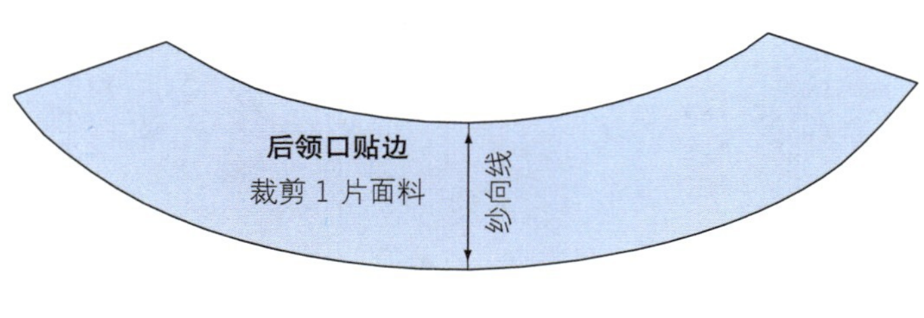

图 6-142

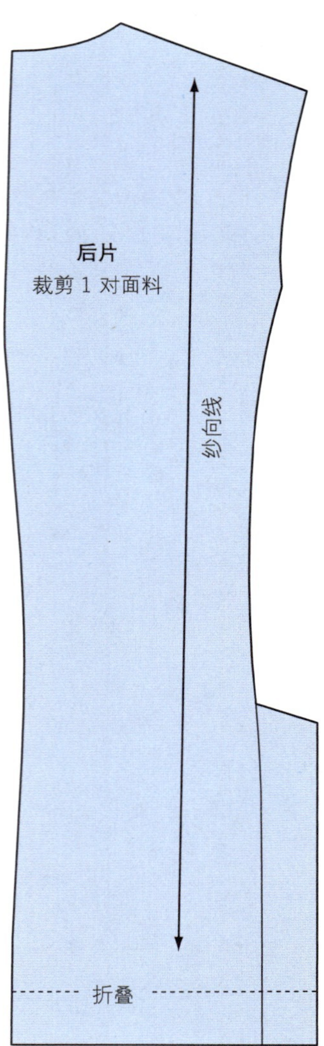

图 6-141

步骤 19

绘制胸袋袋布

• 将第 7 步所绘制的 9cm×1.5cm 的长方形胸袋开口，复制到另一张打板纸上，包括前片的纱向线。

• 将袋口"上边线迹"分别向左、右两边延长 1cm、1.5cm；将袋口"下边线迹"分别向左、右两边延长 1.5cm、1cm。

• 过左边两端点向下作竖直线，长度 12.5cm，过右边两端点向下作竖直线，长度 14.5cm，将两竖直线末端水平相连即为袋布的宽度（图 6-143）。

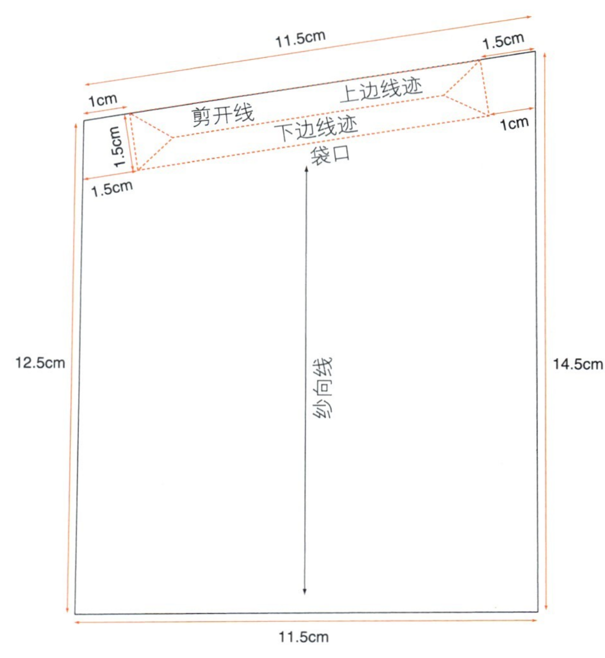

图 6-143

步骤 20

胸袋袋布样板

• 按照本书第 50 页的方法，复制出袋布纸样，在上边加放 1cm 缝份，即为上片袋布样板（图 6-144）。

• 再重新复制袋口“下边线迹”以下的袋布纸样，在上边加放 1cm 缝份，即为下片袋布样板（图 6-145）。

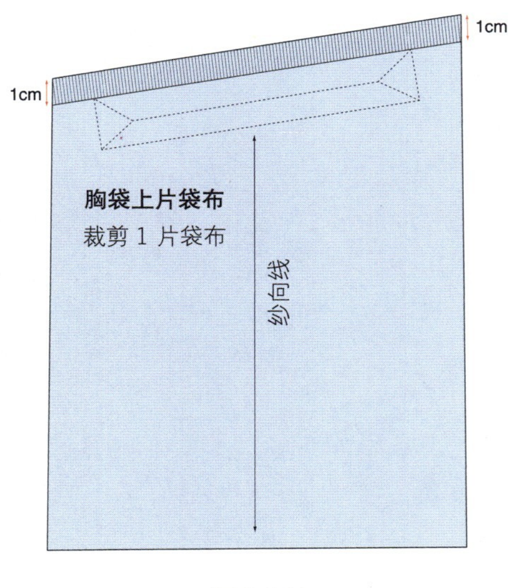

图 6-144

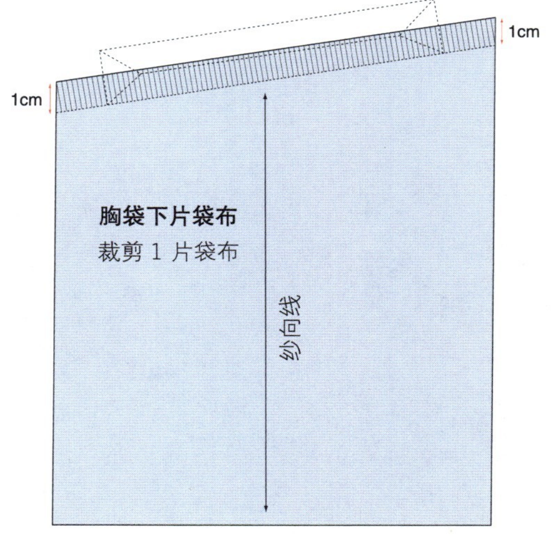

图 6-145

步骤 21

胸袋嵌线条样板

> **嵌线**
>
> 如果带嵌线口袋的袋口线是倾斜的，则嵌线条的结构线要能反映出口袋的倾斜。嵌线条的长度可与袋口等长或略长一些，嵌线条采用双层面料，并且需要黏衬以增加袋口强度。

• 复制第 7 步所绘的长方形胸袋开口的一条长边（9cm）和前片的纱向线，将 9cm 的直线标为对折线。

• 从对折线的两端向上作纱向线的平行线，长度 2.5cm，将两线末端相连，形成一个平行四边形。

• 以对折线为对称轴，向下对称复制该平行四边形。

• 为上、下两条长边加放 1.5cm 缝份，左、右两条短边加放 1cm 缝份（图 6-146）。

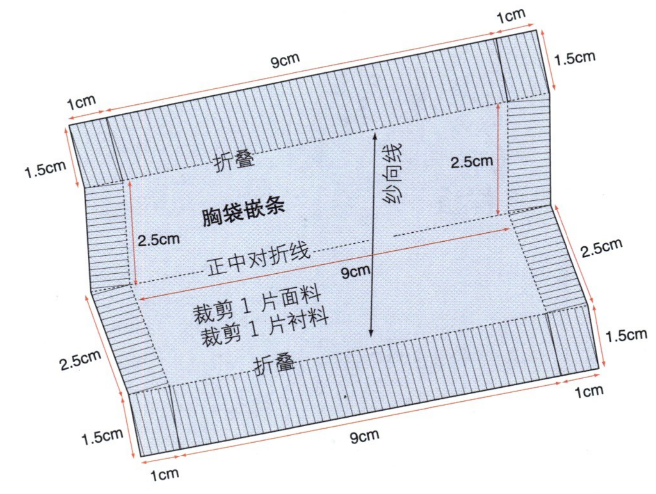

图 6-146

步骤 22

钱袋袋布样板

• 画一个宽 6cm、高 6.5cm 的长方形（钱袋袋布尺寸），上边标为"下边线迹"；在周围一圈加上 1cm 的缝份，即为钱袋下片袋布样板（图 6-147）。

• 再画一个同样尺寸的长方形，同样，将上边标为"下边线迹"（图 6-148）。

• 长方形两边向上延长 1.5cm，将两端点用直线相连。

• 将最上边标为"上边线迹"；在周围一圈加上 1cm 的缝份，即为钱袋上片袋布样板（图 6-148）。

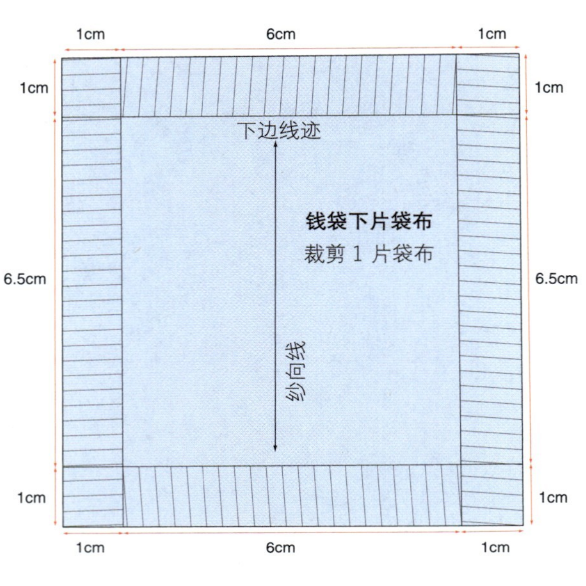

图 6-147

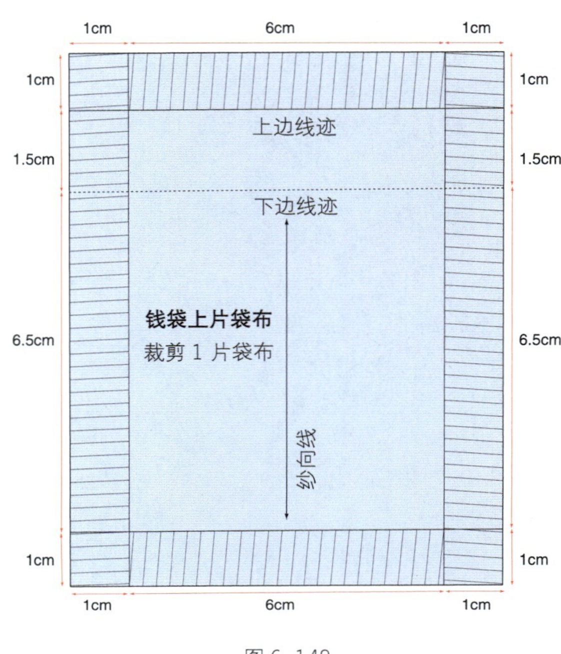

图 6-148

步骤 23

钱袋嵌线条样板

• 画一个长 6cm、宽 4cm 的长方形，作为钱袋的嵌线条。

• 将宽度等分，过中点画出对折线。

• 左、右两条短边加放 1cm 缝份，上、下两条长边加放 1.5cm 缝份，即为钱袋嵌线条最终样板（图 6-149）。

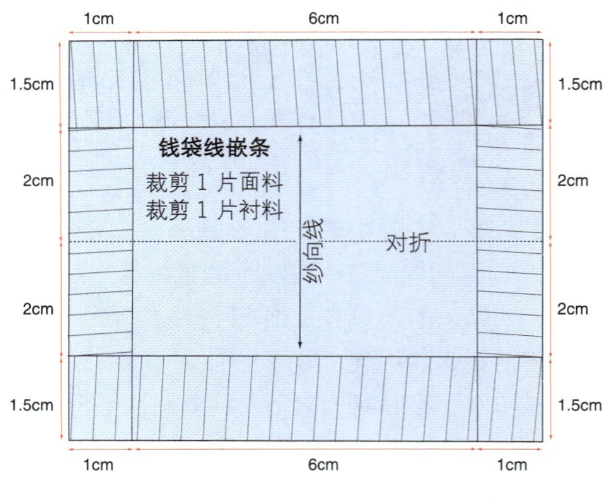

图 6-149

步骤 24

侧袋袋布样板

• 画一个宽 14.5cm、高 16cm 的长方形（侧袋袋布尺寸），上边标为“下边线迹”；在周围一圈加放 1cm 缝份，即为侧袋下片袋布样板（图 6-150）。

• 再画一个同样尺寸的长方形，同样，将上边标为“下边线迹”。

• 长方形两边向上延长 1.5cm，将两端点用直线相连，标为“上边线迹”；在周围一圈加放 1cm 缝份，即为侧袋上片袋布样板（图 6-151）。

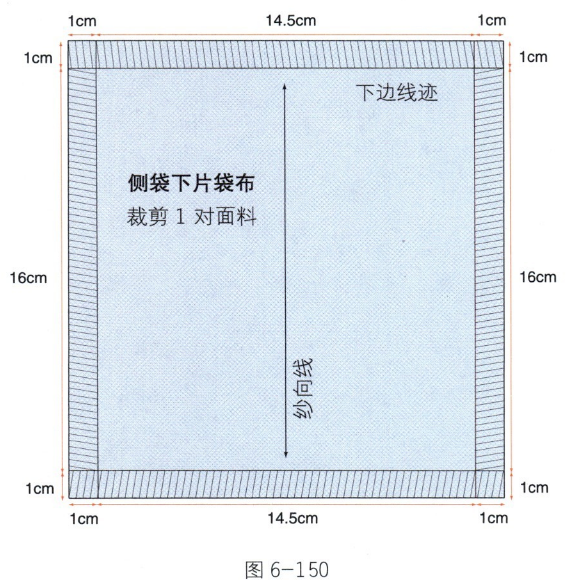

图 6-150

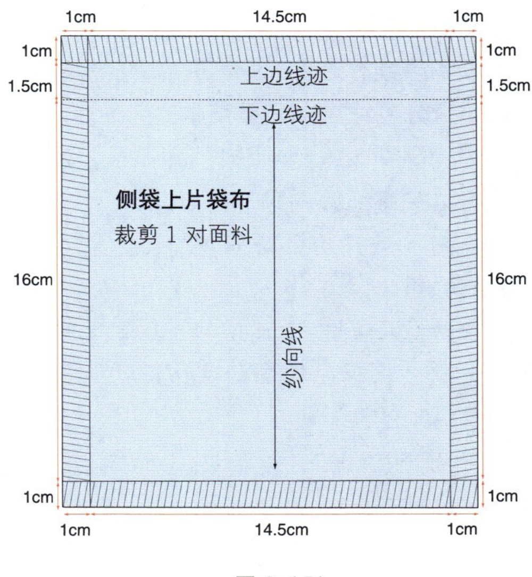

图 6-151

步骤 25

侧袋嵌线条样板

• 画一个长 14.5cm（侧袋袋口大）、宽 1.5cm 的长方形，作为侧袋嵌线条。

• 将宽度等分，过中点画出对折线。

• 在周围一圈加放 1cm 缝份，即为侧袋嵌线条最终样板（图 6-152）。

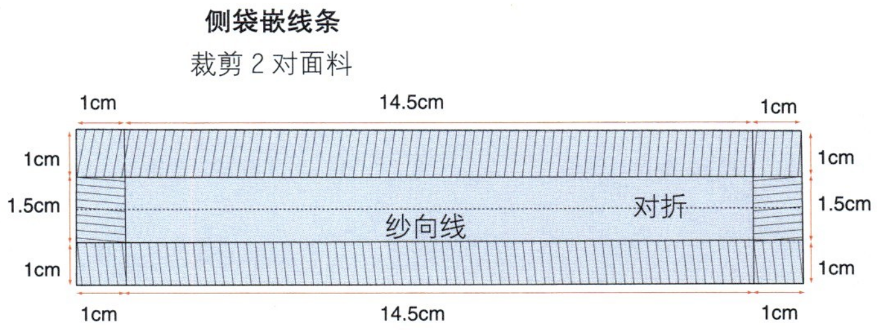

侧袋嵌线条

裁剪 2 对面料

1cm 14.5cm 1cm

1cm 1cm

1.5cm 纱向线 对折 1.5cm

1cm 1cm

1cm 14.5cm 1cm

图 6-152

步骤 26

前片里子样板

• 按照本书第 50 页的方法，复制第 11 步的前片纸样，去除过面，剩下部分即为前片里子。

• 对里子袖窿加放松量，以便于活动。将肩点向左延长 0.5cm，再垂直向上 0.5cm，即为新肩点，将新肩点与前侧颈点用直线相连。

• 将前片分割线上端点垂直向上 0.5cm，再水平向左 0.5cm，即为新腋下点。参照原袖窿弧线，过新肩点和新腋下点，将前袖窿弧线画顺。

• 从新腋下点开始重新画顺前侧分割线，直到底边处与原分割线重合。

• 将底边线平行向下延长 2cm，作为里子底边折叠量，这部分向上折转后与面料底边贴边相缝合，增加量提供了衣身纵向的活动量。

• 从里子的新底边线向上 1cm 画出折叠线（图 6-153）。

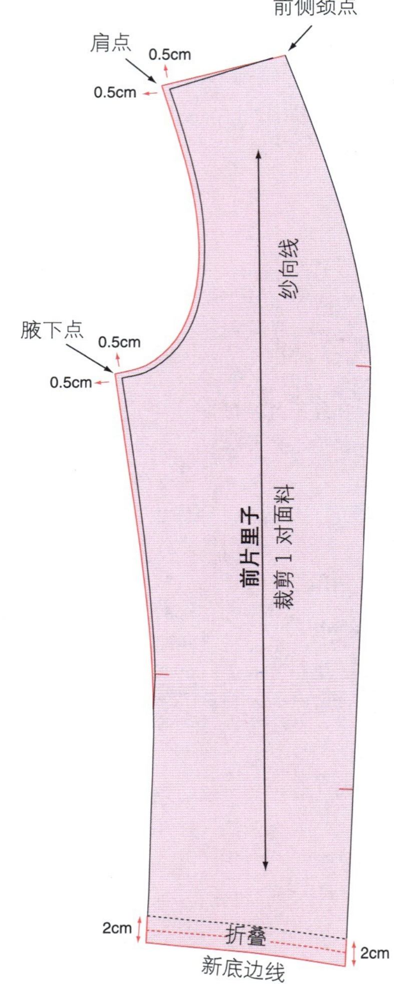

图 6-153

步骤 27

后片里子样板

• 按照本书第50页的方法，复制第17步的后片纸样，去除下摆贴边和后领口贴边，剩下部分为后片里子。

• 对里子的肩部和袖窿等处加放松量，使里子便于活动。

• 将后片侧开衩沿后片分割线折叠到另一侧，在后片上描出开衩的轮廓线，去除侧开衩以及对称侧的后开衩形状。

• 将后领口线向后中线方向水平延长 2cm，向下作竖直线，长度 31.5cm，再向右作水平线与后中线相交，这是里子后背的褶裥量。

• 后肩点水平向右延长 0.5cm，再竖直向上 0.5cm，即为新肩点，将新肩点与侧颈点直线相连。

• 将袖窿底点水平向右延长 0.5cm 作为新腋下点，参照原袖窿弧线，与新肩点弧线相连，画出里子新袖窿弧线。

• 从新腋下点重新画顺后侧分割线，直到下摆处与原分割线重合。

• 将底边线平行向下延长 2cm，作为里子底边折叠量，这部分向上折转后与面料底边贴边相缝合，增加量提供了服装纵向的活动量。

• 从新底边线向上 1cm 画出折叠线（图 6-154）。

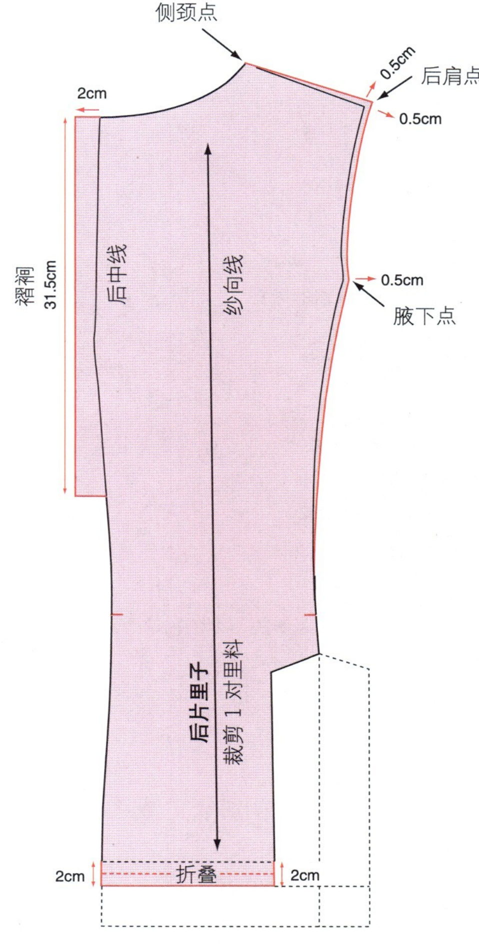

图 6-154

步骤 28

侧片里子样板

• 按照本书第50页的方法，复制第15步的侧片纸样，去除下摆贴边和侧开衩，剩下部分为侧片里子。

• 对里子的腋下部位加放松量，使里子便于活动。将前、后分割线的顶端分别向上 0.5cm，再水平向右 0.5cm，参照原袖窿弧线，将里子袖窿弧线向外偏出 0.5cm。

• 过新前、后腋下点，重新画顺前、后分割线。

• 将底边线平行向下延长 2cm，作为里子下摆折叠量，这部分向上折转后与面料下摆贴边相缝合，增加量提供了服装纵向的活动量。

• 从新底边线向上 1cm 画出折叠线（图 6-155）。

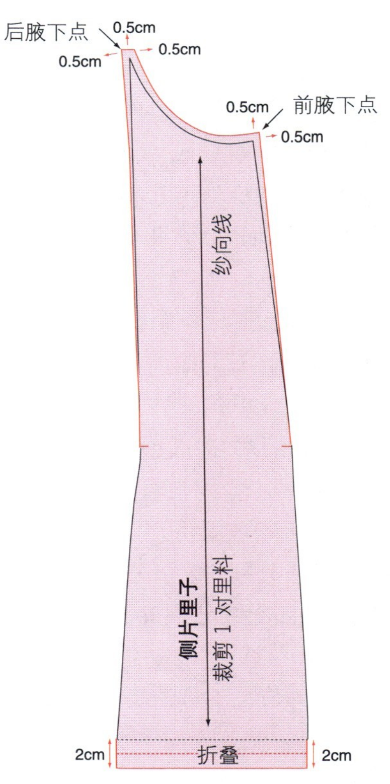

图 6-155

步骤 29

合体两片袖

绘制两片袖所需的数据

下面列出了合体两片袖所需要的数据：

袖窿弧线长 53cm ＋ 吃缝量 4cm ＝ 57cm(从衣身原型上测量这两个数据)。

袖长 64cm(从肩端点到后肘点，再到腕关节量得的长度，在此基础上还可加入设计因素对袖长的要求)。

肩端点到肘点的长度 =35cm。

袖肥 =40.8cm(沿臂根测量胳膊的最大围度，根据需要加入一定的松量)。

袖口 =30cm(将基本袖原型的袖口 32cm 减小 2cm)。

袖山高 =17.6cm。

• 裁一张比所设计的袖长(或者模特的臂长)略长的打板纸。

• 在打板纸中间画一条长 64cm(袖长尺寸)的竖直线，标为袖中线，上、下端分别标为点①和点②。

• 从点①沿袖中线向下取 17.6cm(袖山高，或者取 1/3 袖窿弧线长，不包括吃缝量)，末端标为点③。

• 从点①沿袖中线向下取 35cm(肘长)，末端标为点④。

• 从点①分别向左、右两边作水平线，长度取：袖窿弧线长(57cm)/ 6=9.5cm，再加 1cm 的松量后为 10.5cm，左右两端点分别标为点⑤和点⑥。

• 从点②向左、右两边作水平线，长度 10.5cm，端点分别标为点⑦和点⑧。

• 连接点⑤⑥⑦⑧，形成一个长方形。

• 从点⑥竖直向下取 1/3 袖山高(17.6cm/3=5.8cm)，标为后对位点；从后对位点向左作水平线，长度 2.5cm，端点标为Ⓐ，这是小袖后袖缝的上端。

• 从点③作水平线，分别与直线⑤⑦交于点Ⓑ，与直线⑥⑧交于点Ⓒ，这是袖肥线。

• 从点Ⓑ沿袖肥线分别向左、右各取 2.5cm，标为点Ⓔ和点Ⓓ。从点Ⓒ沿袖肥线分别向左、右各取 1cm，标为点Ⓕ和点Ⓖ。

• 袖窿弧线上前对位点的取法是将袖山高(17.6cm)除以 2(得出 8.8cm)，再减去 2cm 为 6.8cm。之所以要减去 2cm，不直接取 1/2 袖山，是为了让前袖山呈长方形，而非正方形。从点Ⓑ竖直向上取 6.8cm，标为前对位点。

• 从点④作水平线，分别与直线⑤⑦交于点Ⓗ，与直线⑥⑧交于点Ⓘ，这是袖肘线。

• 从Ⓗ点沿袖肘线分别向左延长 1cm、向右延长 4cm，标为点Ⓙ和点Ⓚ。

• 从点⑦沿竖直线向上 2cm，水平向左延长 2cm 定点，标为点Ⓛ，这是大袖袖口点；水平向右延长 2cm，标为点Ⓜ，这是小袖袖口点。

• 袖口大为 30cm，大袖袖口尺寸为 17cm、小袖袖口尺寸为 13cm。这能使大袖的袖缝靠近手臂内侧，从外面不易被看到。

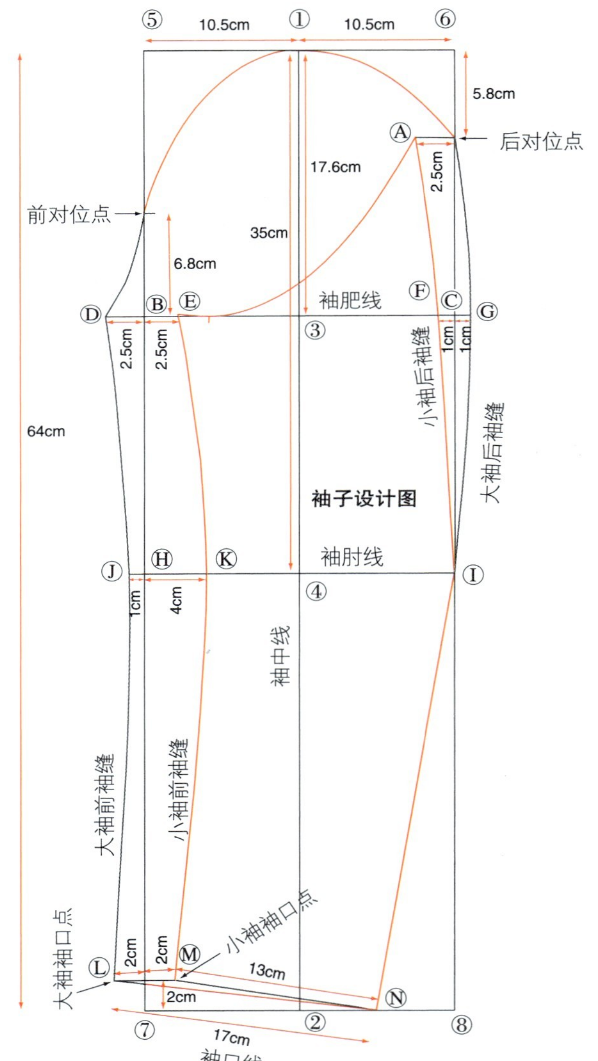

图 6-156

• 从点Ⓛ向直线⑦⑧作长度为 17cm 的斜线（大袖袖口），交点为Ⓝ。从点Ⓜ向直线⑦⑧作 13cm 的斜线（小袖袖口），也交于点Ⓝ，这是大、小袖的袖口线。

• 用弧线连接ⓁⒿⒹ三点，画顺大袖的前袖缝线。

• 用弧线连接ⓂⓀⒺ三点，画顺小袖的前袖缝线。

• 用弧线尺画出大袖的袖山弧线，从点Ⓓ开始到前对位点，用下凹的弧线画顺，从前对位点到顶点①，再到后对位点用上凸的弧线画顺。

• 测量所画袖山的弧长，与前、后片袖窿的对应弧长相比较。这里袖山弧线长应为 35.2cm，调节袖山弧线的曲度，直到满足要求为止。

• 用下凹的弧线画出点ⒶⒺ之间的小袖袖山弧线。

• 同样，校核小袖袖山弧线的长度，将其调节到与前、后片对应袖窿的长度相同，本例应为 22.5cm。

• 从后对位点到点Ⓖ，再到肘线上的Ⓘ点，直至袖口的点Ⓝ，依次连顺即为大袖后袖缝线。

• 从点Ⓐ到点Ⓕ，再到肘线上的点Ⓘ，直至袖口的Ⓝ点，依次连顺即为小袖的后袖缝线，从点Ⓘ到袖口点Ⓝ，大小袖缝重合成一条线（图 6-156）。

步骤 30

大袖样板及袖衩

• 按照本书第 50 页的方法，复制大袖纸样。

• 袖口两端垂直向下延长 3cm，直线相连成长方形，即为大袖贴边。

• 在后袖口处，将贴边线向右延长 3cm，平行于后袖缝，过贴边线端点向上作直线，长度 10cm，形成一个 10cm×3cm 的长方形，即为袖开衩。

• 袖衩上边的左端点继续沿后袖缝向上延 1.5cm 定点，与袖衩上边右端相连，形成倾斜的开衩上边线，类似于衣身后中线开衩结构。

• 制作时，袖衩和贴边向内翻折后，按 45° 斜线缝合（图 6-157）。

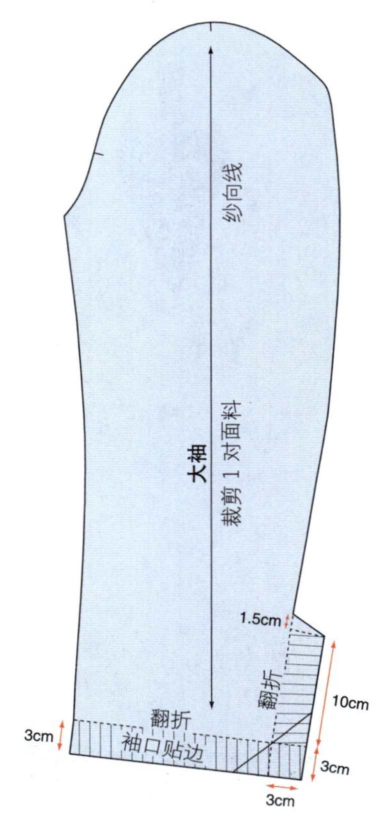

图 6-157

步骤 31

小袖样板及袖衩

• 复制小袖纸样，按照本书第 50 页的方法，将其翻转后再复制出来。

• 袖口两端垂直向下延长 3cm，直线相连成一个长方形，即为小袖贴边。

• 在后袖口处，将贴边线向左延长 3cm，平行于后袖缝，过贴边线的端点向上作直线，长度 10cm，形成一个 10cm × 3cm 的长方形。

• 袖衩上边右端沿后袖缝再向上取 1.5cm 定点，该点与袖衩上边左端相连，形成一个倾斜的袖衩上边线，类似于衣身后中线开衩结构。

• 制作时，袖衩和贴边向内翻折后，按 45° 斜线缝合（图 6-158）。

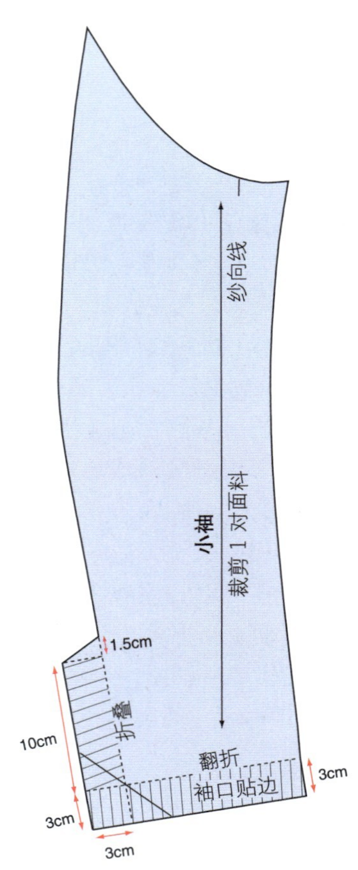

图 6-158

图 6-159

步骤 32

两片袖里子样板

袖里子的尺寸匹配

处理衣身里子时将袖窿调节大了，为与之相匹配，袖里子的袖山弧线也要相应增大，才能与袖窿相匹配。在袖口处，袖里子也要适当增加长度，以提供纵向的活动量，避免胳膊向上活动时里子牵制面料。

- 按照本书第 50 页的方法，从袖子总设计图上复制大袖纸样。
- 袖山顶点竖直向上 0.5cm，标记此点；将前、后袖缝端点分别水平向左、右延长 0.5cm，再竖直向上 0.5cm，标记这两点；以原袖山弧线为参考，过以上标记点重新画顺里子的袖山弧线。
- 从新前、后袖缝端点到袖口线，重新画顺大袖里子的前、后袖缝线。
- 按照本书第 50 页的方法，重新复制小袖纸样。
- 前、后袖缝端点分别水平向右、左延长 0.5cm，再竖直向上 0.5cm，标记这两点，过标记点重新画顺小袖里子的袖山弧线。
- 从新前、后袖缝端点到袖口线，重新画顺小袖里子的前、后袖缝线。
- 大小袖的袖口两端均向下延长 2cm，直线相连即为里子袖口线。里子袖口线向上 1cm，画出翻折线（图 6-160）。

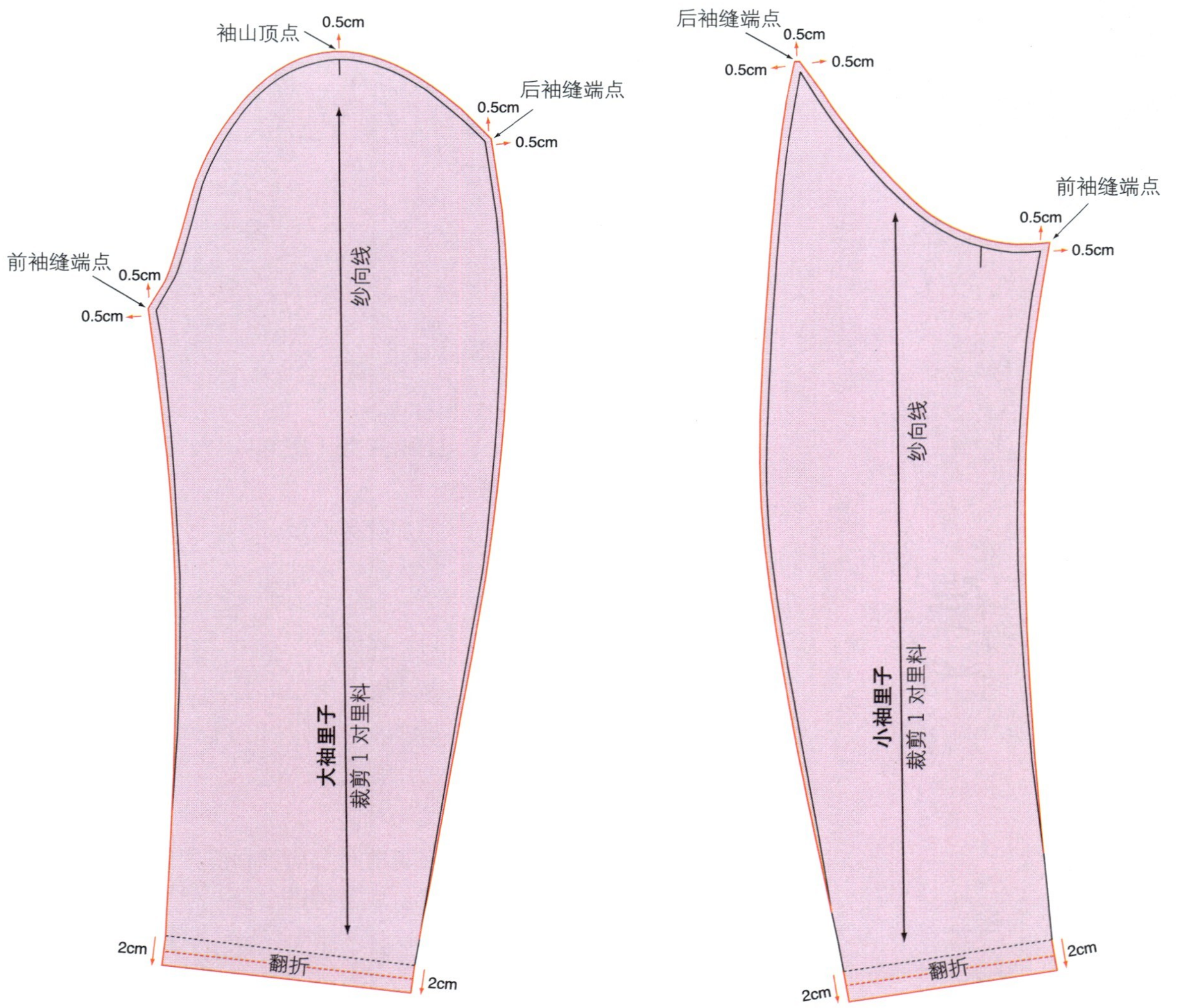

图 6-160

上蜡夹克纸样

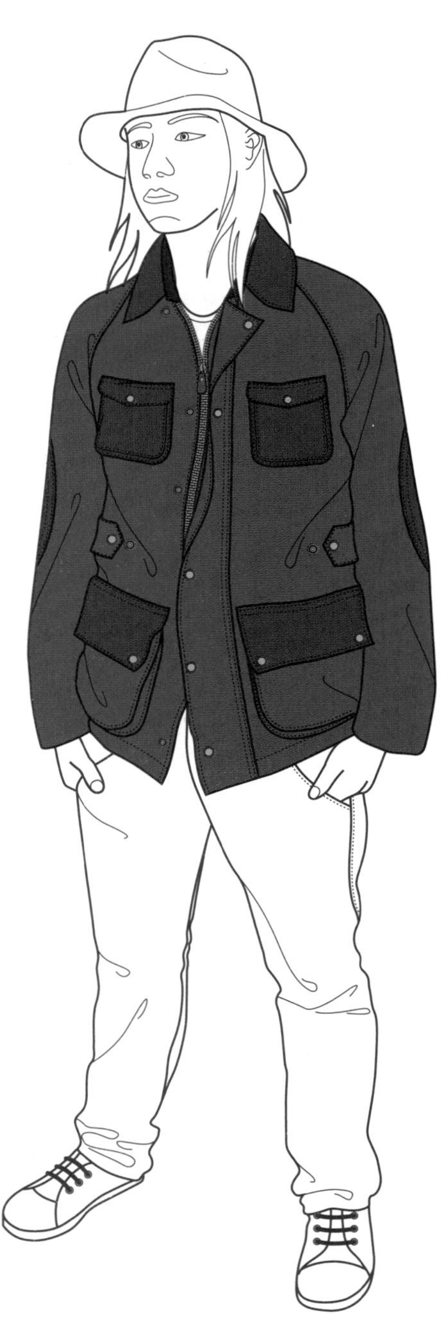

图 6-161

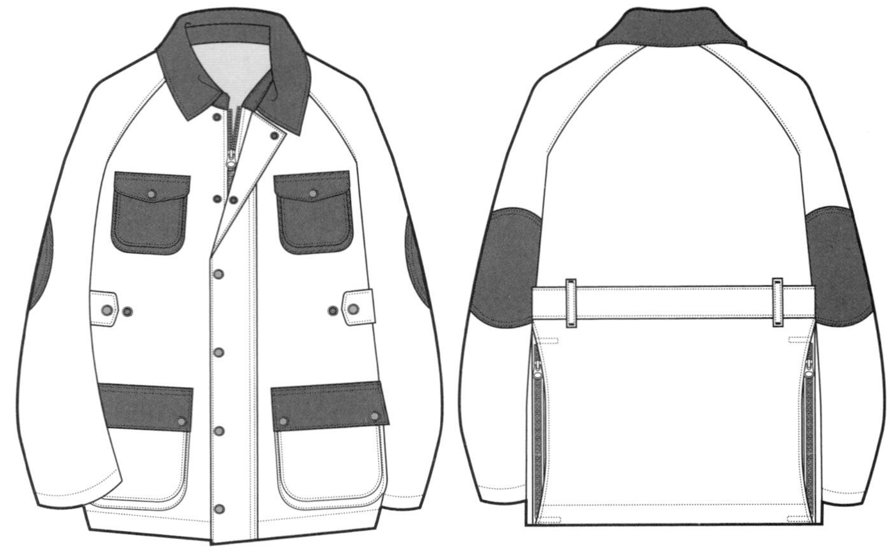

图 6-162

上蜡夹克（图 6-161、图 6-162）纸样设计要点：

增加衣身松量
增大领口
明门襟
增加衣长
侧开衩
腰带
减小肩斜
加深袖窿
带袋盖箱型前胸和前侧袋
信封式带拉链后袋
立翻领
插肩袖及袖肘贴片
全衬里

步骤 1

绘制衣身总设计图

先选择一款男装上衣基本原型，或者按本书第 40 页的方法绘制上衣原型。裁一张比所设计夹克的衣长略长的打板纸。按本书第 48 页的说明，将基本原型以及所有标志和相关说明复制到打板纸上（图 6-163）。

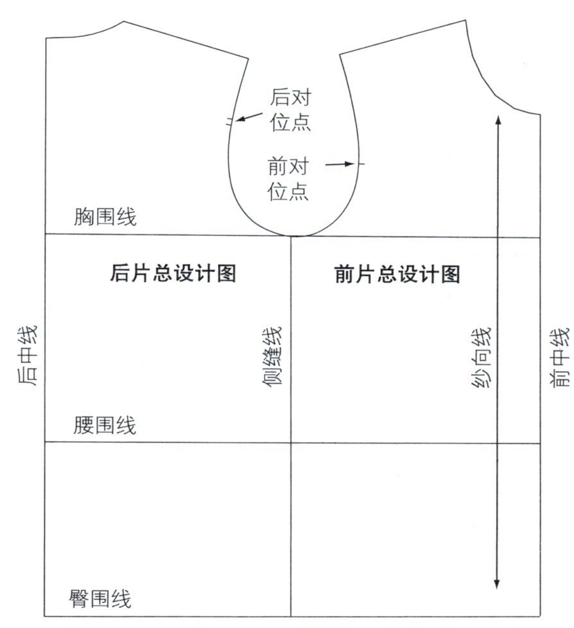

图 6-163

步骤 2

增大领口、减小肩斜、加深袖窿、增加衣长、增加衣身松量

• 领前中点沿前中线向下取 2cm 定点，前、后侧颈点沿前、后肩线收进 0.5cm，参照原型领口弧线，重新画顺前、后领口弧线。

• 衣身前、后侧缝加放 2cm 的松量。重新放置原型前、后片再复制下来。

• 将前、后肩点沿袖窿弧线向上延长 0.5cm，再沿肩线向外延长 1cm，作为新肩点。

• 胸围线平行向下取 3.5cm，即为新袖窿深线。参照原型袖窿弧线，重新画顺袖窿弧线，在新袖窿上修正前、后对位点。

• 将前、后中线向下延长 11cm，两线端点水平相连即为新底边线（图 6-164）。

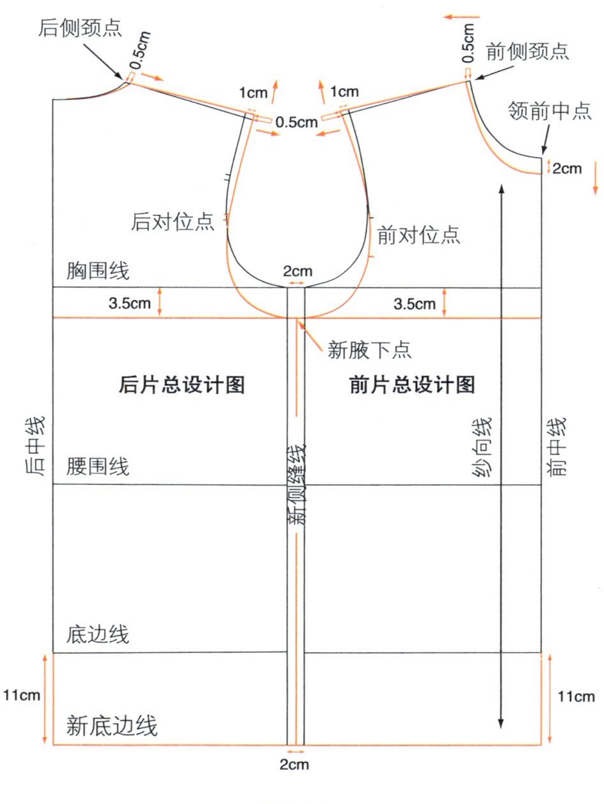

图 6-164

步骤 3

插肩线和前门襟

• 从后侧颈点沿后领口弧线向后中线方向取 4cm，再从前侧颈点沿前领口弧线向下取 4cm，标记这两点。

• 从新腋下点开始，分别沿前、后袖窿弧线向上取 9.5cm，标记这两点。

• 将前、后袖窿上的标记点分别与前、后领口上的标记点直线相连，作为插肩线的辅助线。

• 从后领口沿辅助线向下 13.5cm 定点，过该点向上作辅助线的垂线，长度 1cm；同样，从前领口沿辅助线向下 12cm 定点，过该点向上作辅助线的垂线，长度 1cm。

• 用上凸的弧线，过上一步所作的 1cm 垂线的端点，重新画顺插肩线。

• 将插肩线以上部分的衣身纸样复制下来，用于绘制插肩袖，并在前、后插肩线上打上对位记号。

• 从领前中点分别向左、右两边作水平线，长度 3cm。同样，在底边线前中点也向左、右两边作水平线，长度 3cm。将上下水平线的端点相连，成为 6cm 宽的前门襟（图 6-165）。

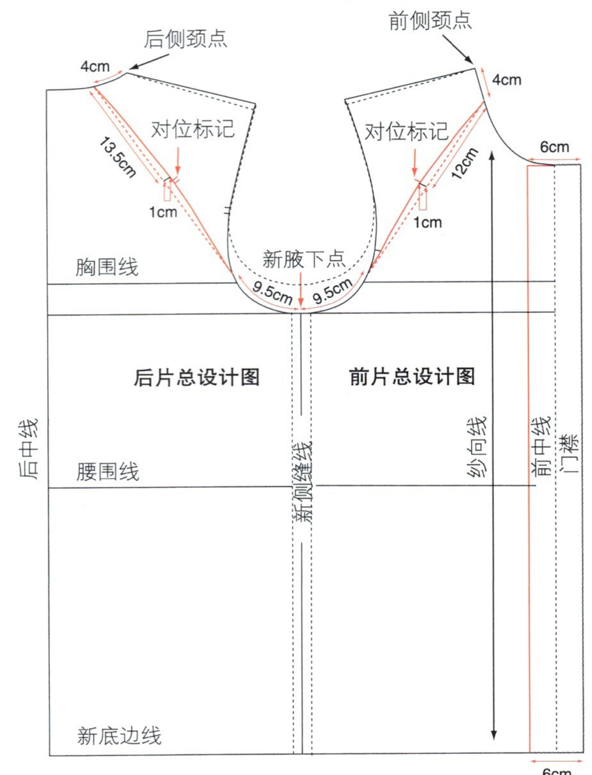

图 6-165

步骤 4

门襟线迹、下摆贴边、侧衩、腰带位置

• 复制上一步所绘制的前片，但不包括插肩线以上部分。

• 前中线向左 3cm 画线，用点线作前中线的平行线，为门襟的缝纫线迹。

• 底边线向上 3cm 画线，用点线作下摆线的平行线，为底边贴边的线迹。

• 从前中线开始，沿底边线向左 5cm 定点，过该点向下 3cm，即为下摆贴边的起始位置，作平行于底边线的贴边线。

• 侧衩：将下摆贴边向左延长 4cm，再继续延长 4cm，即为侧衩的宽度。

• 向上作底边线的垂线，长度 25cm（侧衩长度），再向右作水平线，与侧缝线相交。

• 将侧开衩两侧向上延长 2cm，再分别与开衩上边线的中点相连，形成斜角型开衩上边。

• 腰带位置：从腰围线开始，沿侧缝线分别向上、下各取 2.5cm，为腰带的宽度，向右作宽 5cm、长 11.5cm 的长方形，再将长方形的上、下两边的前端减 1cm，与长方形右边中点相连，即为腰带头（图 6-166）。

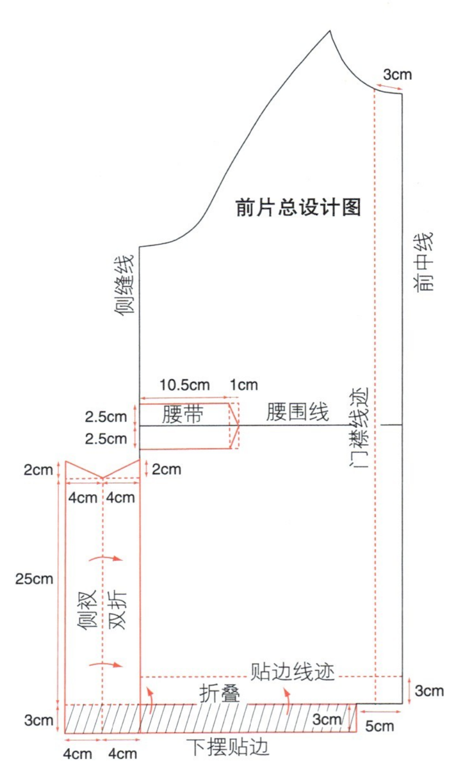

图 6-166

步骤 5

贴袋位置

• 将上一步所绘前片纸样复制一份。

• 前胸贴袋位置：距腰围线 9.5cm、距前中线 5.5cm，为胸袋右下端点位置，标记此点。

• 从该点向上作高 13cm、宽 12cm 的长方形，为贴袋袋布。将长方形下面两角抹成圆角。

• 胸袋的袋盖位于贴袋上边 1cm 处，两边比贴边宽出 0.5cm。距袋布上边 1cm，作长 13cm、宽 5cm 的长方形，长方形两侧下端减 1.5cm 后，与胸袋底边中点直线相连，即为信封式的袋盖。

• 前侧袋位置：距贴边线迹 1.5cm、距前中线 5cm，为前侧袋右下端位置，标记此点。

• 从该点向上作宽 19cm、高 17cm 的长方形，为贴袋袋布。将长方形下面两角抹成圆角，抹角量为 3cm。

• 前侧袋的袋盖位于贴袋上边 1cm 处，两边比贴袋宽出 0.5cm。距袋布上边线 1cm，作长 20cm、宽 6.5cm 的长方形，即为前侧袋的袋盖（图 6-167）。

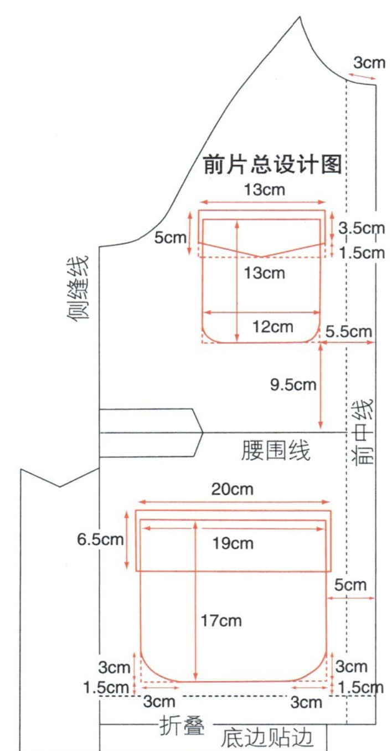

图 6-167

步骤 6

前片样板及门襟贴边

• 按照本书第 50 页的方法，复制前片纸样，并标注出口袋和腰带的位置。

• 距前中线 5cm，作平行于前中线的竖直线，上下分别与领口线和底边线相交，为门襟贴边（图 6-168）。

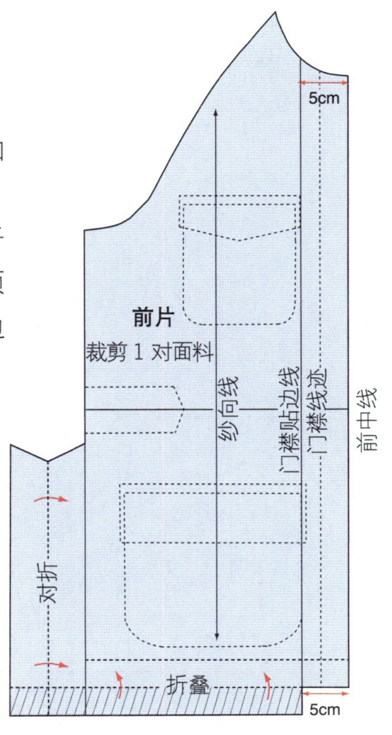

图 6-168

步骤 7

门襟贴边样板

• 按照本书第 50 页的方法，复制出上一步所画的门襟贴边，并打上对位标记，在周围加放 1cm 缝份（图 6-169）。

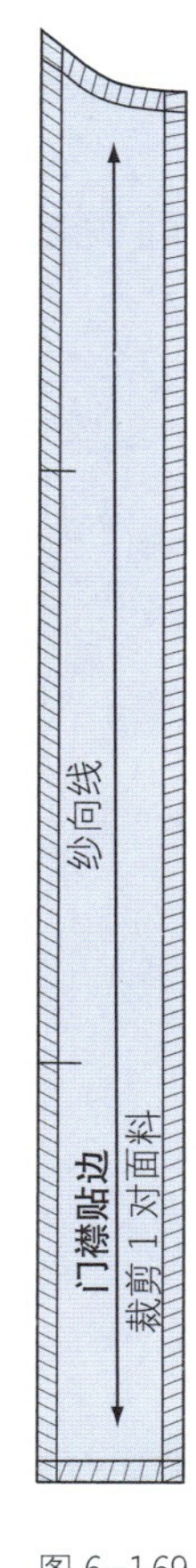

图 6-169

步骤 8

胸袋样板及插条

• 按照本书第 50 页的方法，复制胸袋袋盖纸样，在周围加放 1cm 缝份（图 6-170）。

• 按照本书第 50 页的方法，胸袋袋布纸样，在侧边和底边加放 1cm 缝份，在上边加放 2cm 的贴边，制作时将其翻折到袋布反面（图 6-171）。

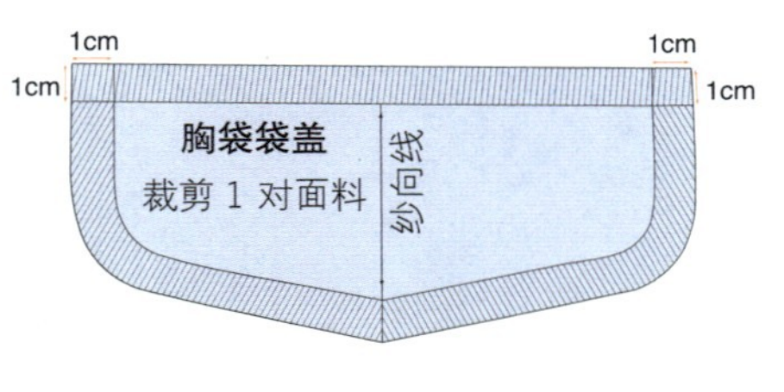

图 6-170

• 测量袋布除上边以外一圈的尺寸，用于绘制箱型贴袋侧面的插条，本例为 36cm。作一个长 36cm、宽 3cm 的长方形，在周围一圈加放 1cm 缝份（图 6-172）。

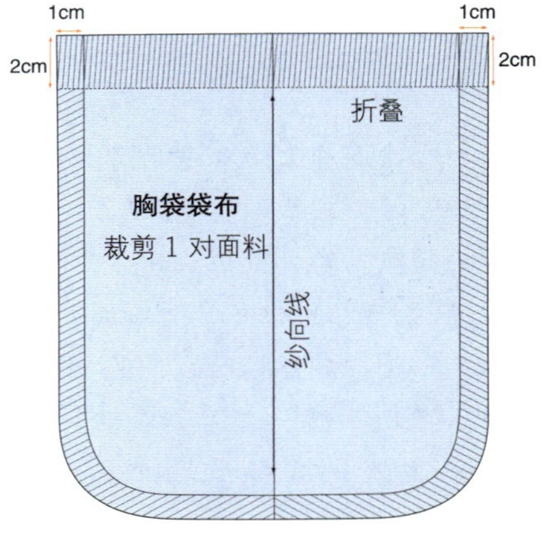

图 6-171

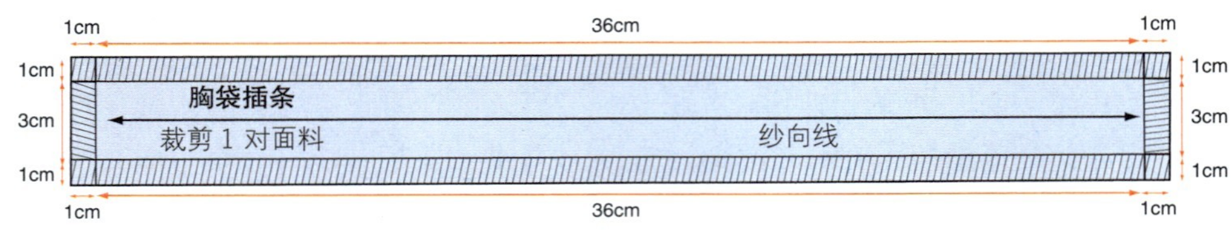

图 6-172

步骤 9

前侧袋样板及插条

• 按照本书第 50 页的方法，复制腰袋袋盖纸样，将长边作为对折边，再对称复制袋盖纸样，并在周围一圈加放 1cm 缝份（图 6-173）。

• 按照本书第 50 页的方法，复制前侧袋袋布纸样，在侧边和底边加放 1cm 缝份，上边加放 3cm 的贴边，制作时将贴边翻折到袋布反面（图 6-174）。

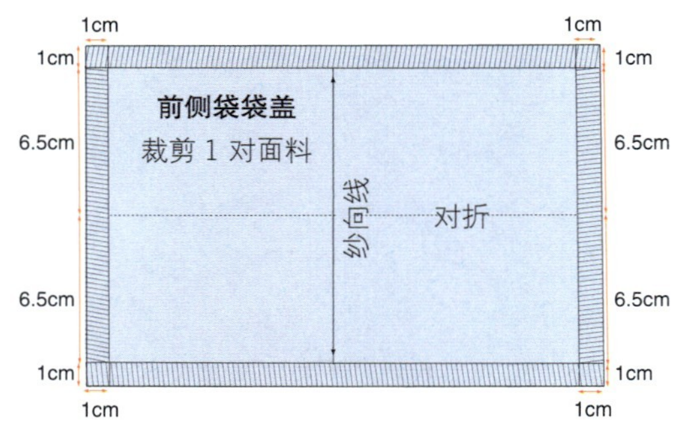

图 6-173

• 测量前侧袋袋布除上边以外一圈的尺寸，用于绘制箱型贴袋侧面的插条，本例为 49.5cm。作一个长 49.5cm、宽 3cm 的长方形，在周围一圈加放 1cm 缝份（图 6-175）。

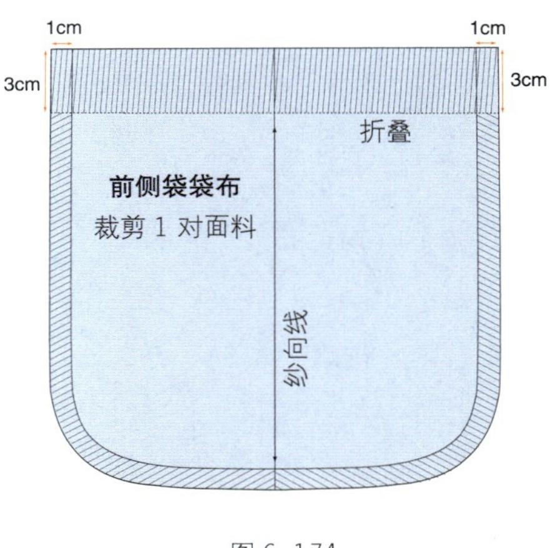

图 6-174

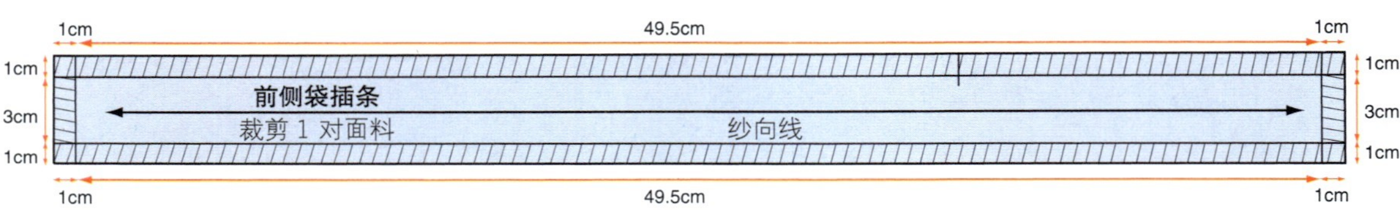

图 6-175

步骤 10

前明门襟样板

• 作一个宽 12cm、长 67.5cm（前中长度）的长方形，作为绘制明门襟的基础。

• 将宽度等分，过中点画出对折线，在周围一圈加放 1cm 缝份（图 6-176）。

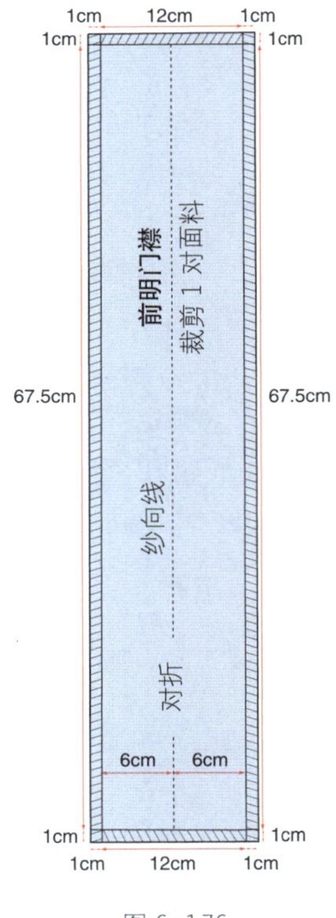

图 6-176

步骤 11

后片侧衩、下摆贴边、腰带位置

• 复制后片纸样，不包括插肩线以上部分，并按照本书第 50 页的方法，对称复制出整个后片纸样。

• 后片底边线两边向下沿长 3cm，作水平线，即为下摆贴边线。

• 从底边线向上 3cm，用点线作底边线的平行线，为下摆贴边的线迹。

• 将底边线和贴边线的两端向外延长 4cm，即为后片侧衩宽度。

• 从底边线向上作垂线，长度 25cm（侧衩长度），过垂线端点再作水平线交于后片侧缝。

• 将侧衩一边沿侧缝线向上延长 2cm，再与侧衩上边另一端相连，形成斜线型开衩的上边。

• 腰带位置：从腰围线沿侧缝线分别向上、下各取 2.5cm，为腰带的宽度。过这两点作腰围线的平行线，形成一个长方形的腰带。

• 腰带襻位置：从腰围线两端向后中线方向分别取 7cm 定点，过此两点以腰围线为对称轴，作宽为 1.5cm、长为 7cm 的长方形，即为腰带襻（图 6-177）。

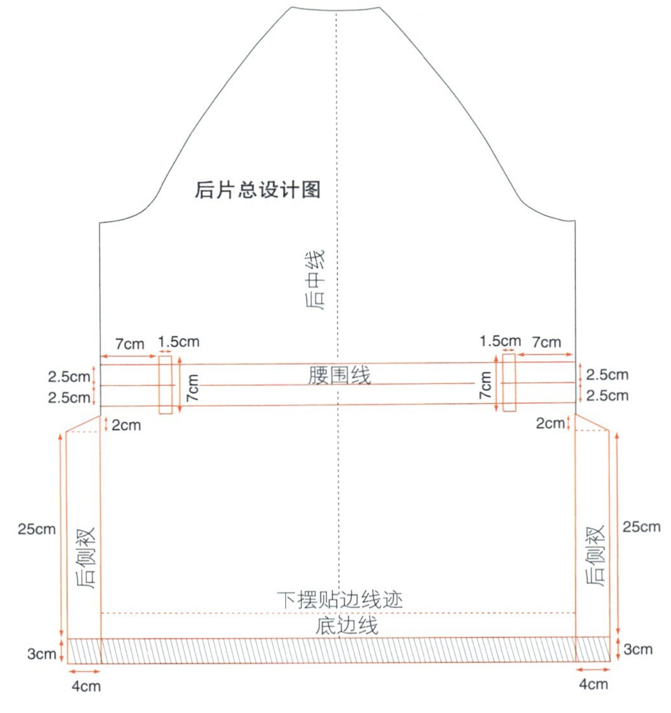

图 6-177

步骤 12

后片样板

• 按照本书第 50 页的方法，复制出后片纸样，不包含后侧衩，后侧衩将作为后片信封式口袋的一部分单独裁剪。在后片上标注出腰带和带襻的位置。

• 信封式后袋位置：从底边线向上 25cm，作一条横贯后片左右侧的水平线，得到一个长 56cm、高 25cm 的长方形，作为后袋（图 6–178）。

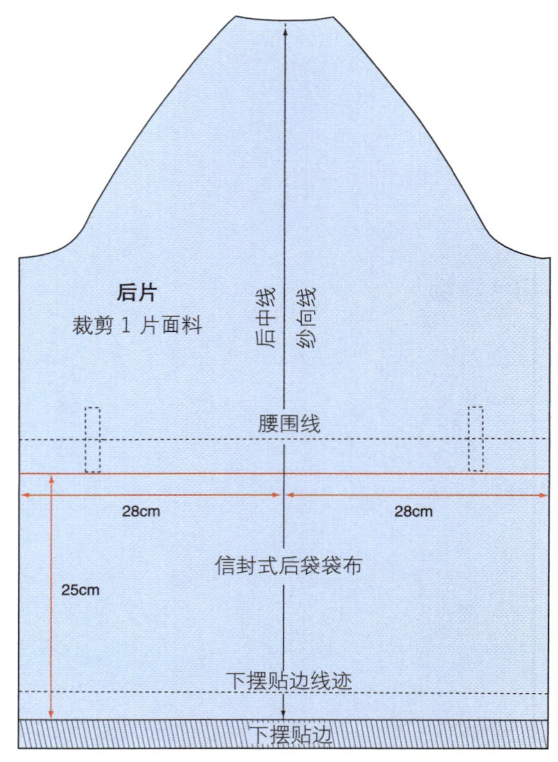

图 6–178

步骤 13

后侧衩样板

• 按照本书第 50 页的方法，复制后侧衩纸样，在周围加放 1cm 缝份（图 6–179）。

图 6–179

步骤 14

腰带样板

• 复制第 4 步的腰带端头和第 11 步的腰带中间部分，得到一个宽 5cm、长 80cm 的腰带，在周围一圈加放 1cm 缝份（图 6–180）。

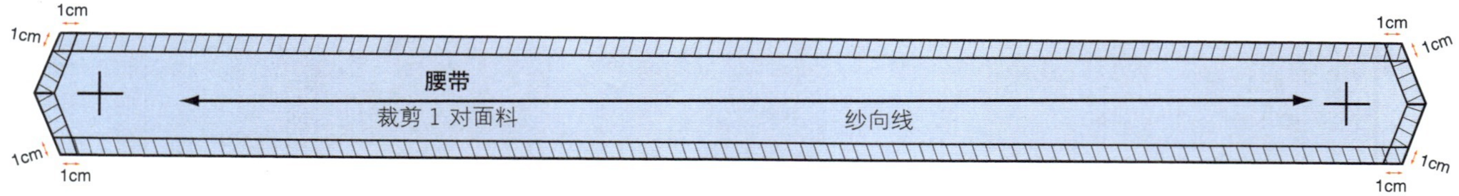

图 6–180

步骤 15

信封式后袋袋布样板

• 按照本书第 50 页的方法，复制第 12 步所绘的信封式后袋纸样，在周围一圈加放 1cm 缝份（图 6-181）。

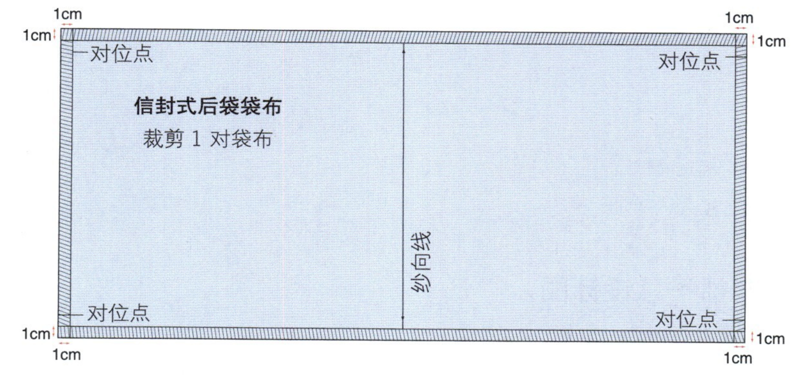

图 6-181

步骤 16

绘制信封式后袋拉链开口的贴边

信封式口袋

本款服装的信封式后袋，在左右两边的侧缝处各有一个开口，均装有拉链，从夹克的任何一边均可伸进口袋，方便使用。拉链位于双层贴边上，双层贴边与后袋布的下片袋布或者里子缝合。

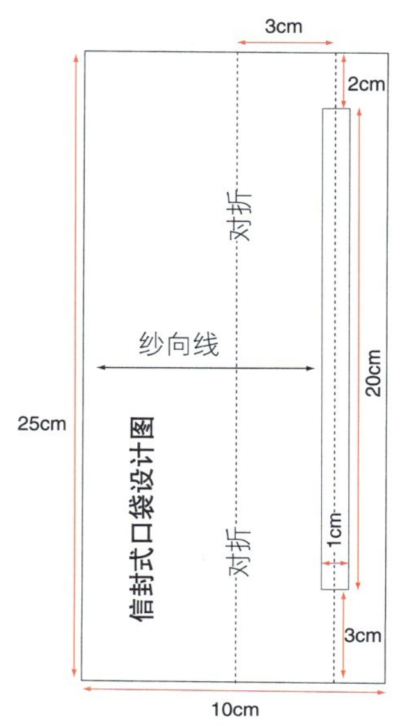

图 6-182

• 画一个宽 10cm、长 25cm 的长方形，作为信封后袋贴边的基础线，将宽度等分，过中点作出中线，标为对折线。

• 从对折线沿上、下边向右分别取 3cm 定点，将两点直线相连。距直线上端 2cm、下端 3cm 即为装拉链的位置。

• 在拉链位置作长 20cm、宽 1cm 的长方形，作为拉链开口（图 6-182）。

步骤 17

信封式后袋上下贴边样板

• 按照本书第 50 页的方法，复制信封式后袋上下贴边纸样，并在周围一圈加放 1cm 缝份（图 6-183、图 6-184）。

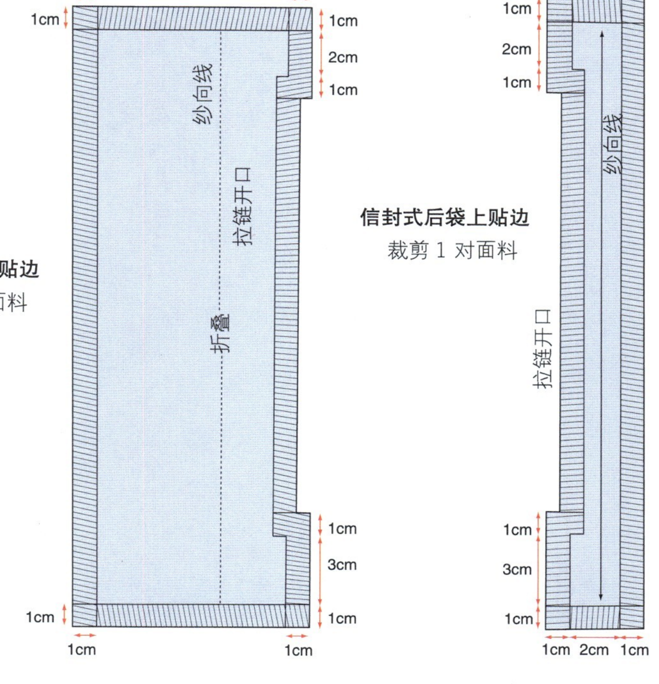

图 6-183　　图 6-184

步骤 18

绘制袖子总设计图

选择一款男装袖子基本原型，或者按本书第 42 页的方法，绘制袖子基本原型。裁一张比所设计夹克的袖子略长的打板纸，按本书第 48 页的说明，将袖子基本原型和所有标志、相关说明等标注在纸样上（图 6-185）。

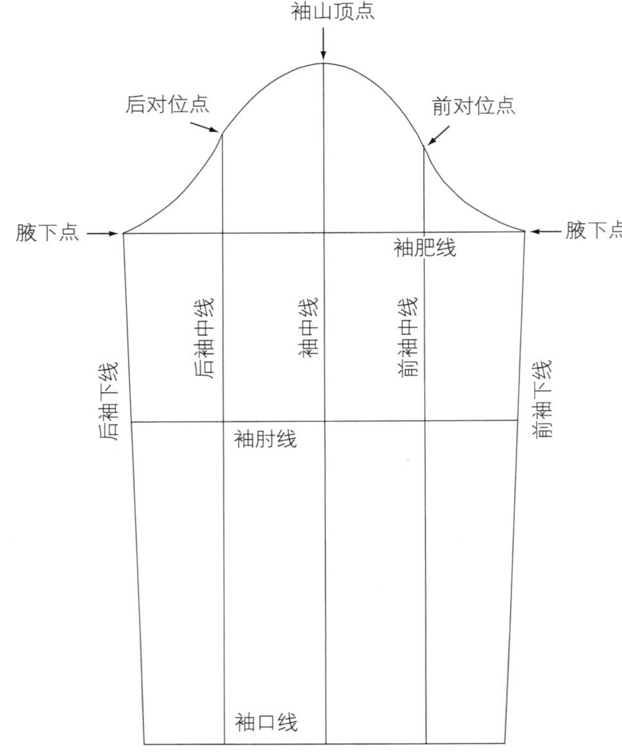

图 6-185

步骤 19

绘制袖子

● 将袖子原型沿袖中线剪开，在中间拉开 1cm 作为松量。

● 将袖山顶点降低 1cm，降低的量等于肩点向外延长的量。

● 将袖肥线向下加深 1.5cm，即袖窿加深量的一半，画出新袖肥线的位置，再将袖肥线两端延长 2.5cm。

● 参照原型袖山弧线，重新画顺新袖山弧线。并且重新标记袖山上的对位点。

● 将袖口线左、右两端向上移 1cm，再水平向内收进 1.5cm，标记这两点为新袖口点。

● 将新袖口点与新袖肥线两端相连，重新画顺前、后袖下线。

● 距新袖口线 3cm 平行画线，即为袖口贴边线。贴边两边线条向外偏出，当其向内翻折后要与前、后袖下缝一致（图 6-186）。

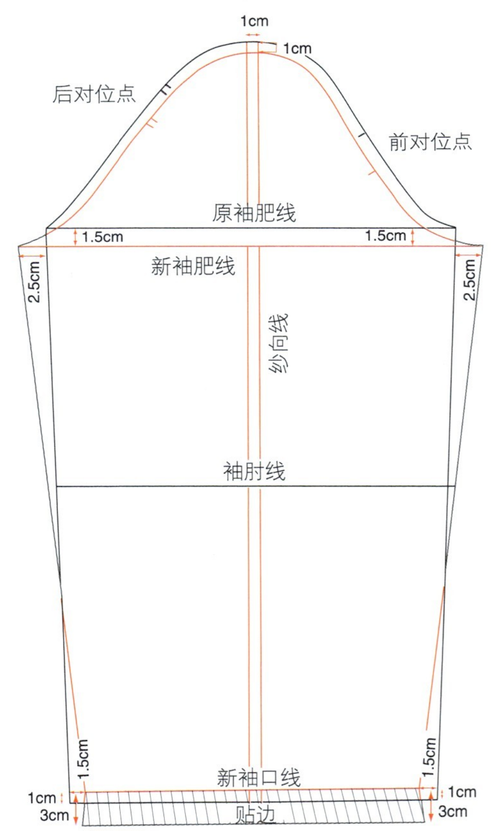

图 6-186

步骤 20

袖肘贴片样板

• 画长 18cm、宽 14cm 的长方形，作长边和宽边的等分线，形成四个 9cm×7cm 的长方形；用弧线尺画出椭圆形袖肘贴片（图 6-187）。

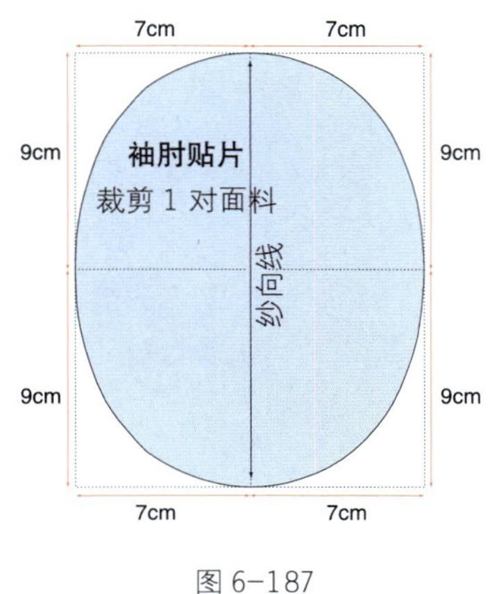

图 6-187

步骤 21

插肩袖结构

• 在绘制插肩袖之前，先确定袖肘贴片位置。将第 19 步的袖子纸样再复制一份。沿袖肘线从袖中线向左取 11cm 定点，该点为贴片的最左端，以肘线为对称轴，将贴片形状复制到袖肘上（图 6-188）。

• 将袖子沿袖中线剪开，形成前、后袖。

• 将第 3 步所绘的后片插肩部分复制下来，肩点对齐放置在后袖袖山上，插肩线的末端搭在袖山上。

• 将第 3 步所绘的前片插肩部分复制下来，肩点对齐放置在前袖袖山上，插肩线的末端搭在袖山上。

• 要确保插肩结构的各线条过度圆顺。因此，将袖山顶点的尖角抹圆顺，再将插肩线与袖山弧线拼接圆顺（图 6-189）。

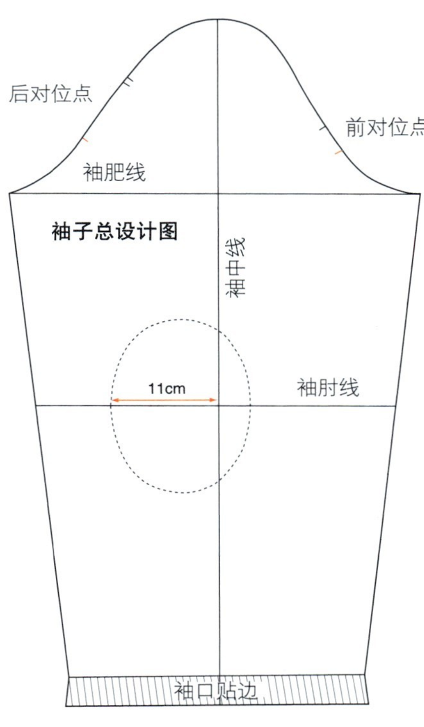

图 6-188

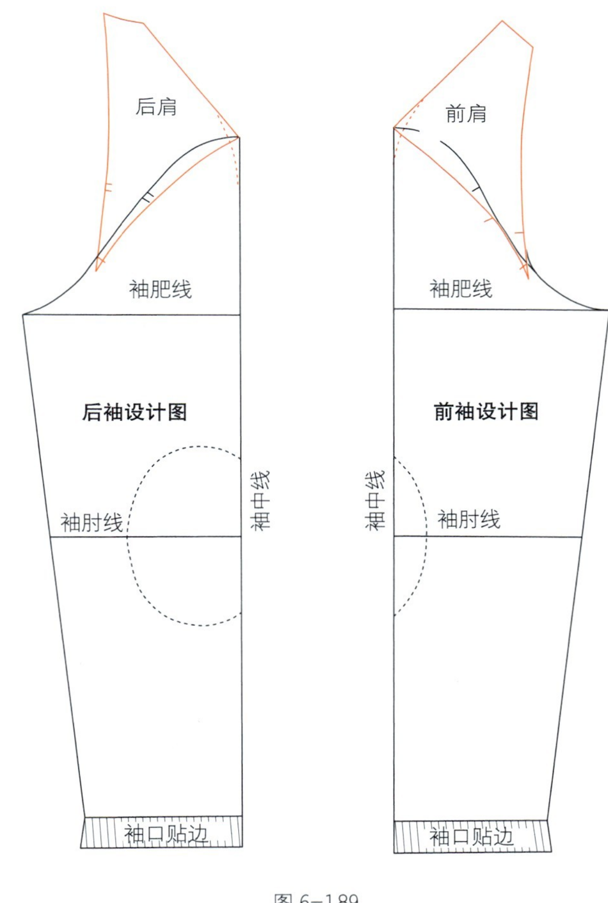

图 6-189

步骤 22

插肩袖样板

• 按照本书第 50 页的方法，复制插肩袖前、后片纸样（图 6-190）。

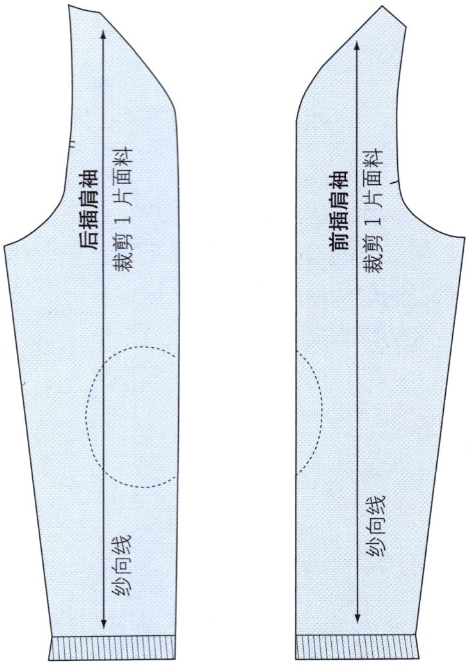

图 6-190

步骤 23

绘制立翻领

• 画一条长 24.5cm 的水平线，左、右两端分别标为点Ⓐ和点Ⓑ，这是装领线。

• 从点Ⓐ向上作垂线，长度 4cm，标为点Ⓖ，再向上延长 8cm，端点标为点Ⓓ，这是领后中线。

• 以上面两条边为基础完成长方形，右上角和右下角分别标为点Ⓔ和点Ⓑ。

• 从点Ⓑ竖直向上 1cm 定点，标为点Ⓕ，从点Ⓑ水平向左 6.5cm 定点，标为点Ⓒ，用直线连接点Ⓒ与点Ⓕ。

• 从点Ⓔ水平向右 1.5cm 定点，该点与点Ⓕ直线相连，再向上延长 1cm，即为翻领领角点。过领角点用弧线画顺翻领外口线。

• 从点Ⓖ向右作水平线，与领子前边相交，将交点向下移 0.5cm，标为点Ⓗ。过点Ⓒ向上作竖直线，与刚作的水平线相交，将交点与点Ⓗ用弧线连顺。

• 从点Ⓐ沿装领线每间隔 4.5cm，向上作垂线与翻领外口线相交，共作三条，为剪切线（图 6-191）。

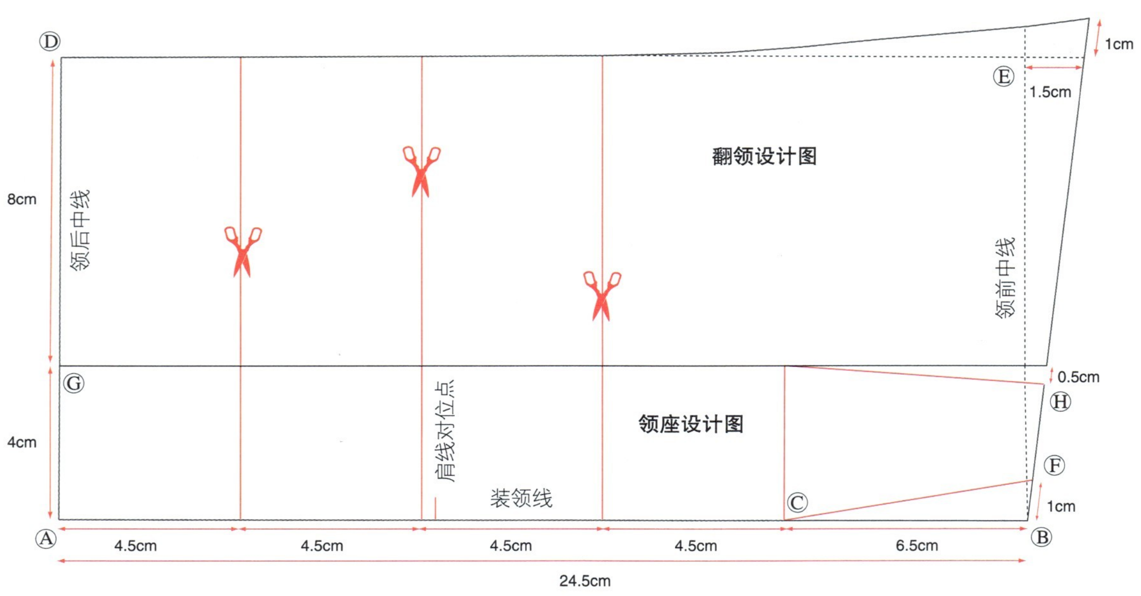

图 6-191

步骤 24

改变领座和翻领的曲度

• 从设计图上将领座纸样复制一份，包括剪切线。

• 再从设计图上将翻领纸样复制一份，包括剪切线。

• 沿剪切线将翻领剪开，在末端留一点不剪断。从领后中开始，在每个剪开线处展开 0.4cm，使翻领向下弯曲。再从领后中平行去除 0.9cm，这是领座折叠之后缩小的量。

• 沿剪切线将领座剪开，在领底处留一点不剪断。在各剪开线处向领后中方向合并 0.3cm，使领座向上弯曲（图 6-192）。

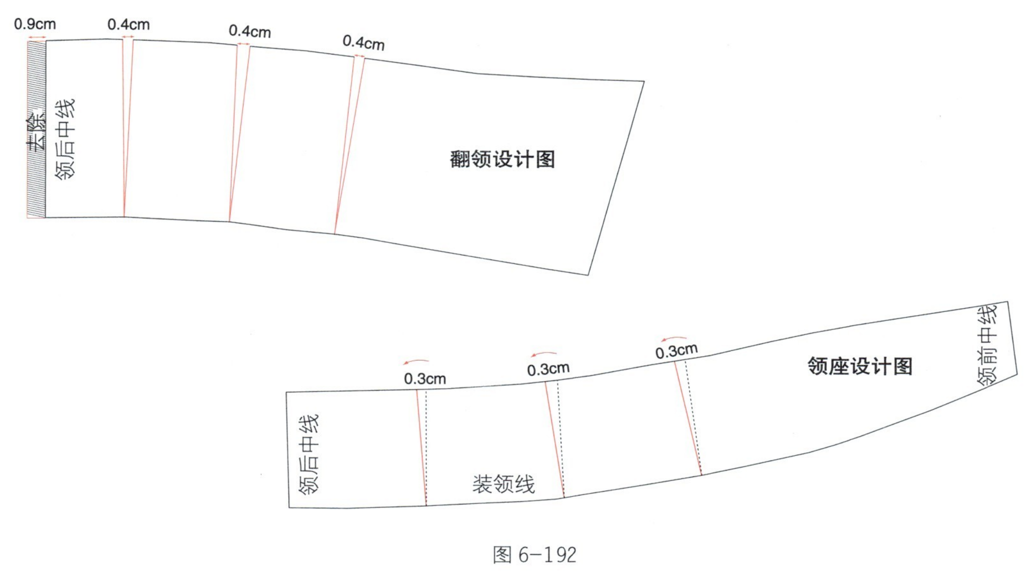

图 6-192

步骤 25

领座和翻领样板

• 将领座纸样复制一份。按照本书第 50 页的方法，对称画出整个领座的纸样。

• 将翻领领面纸样复制一份。按照本书第 50 页的方法，对称画出整个翻领领面纸样（图 6-193）。

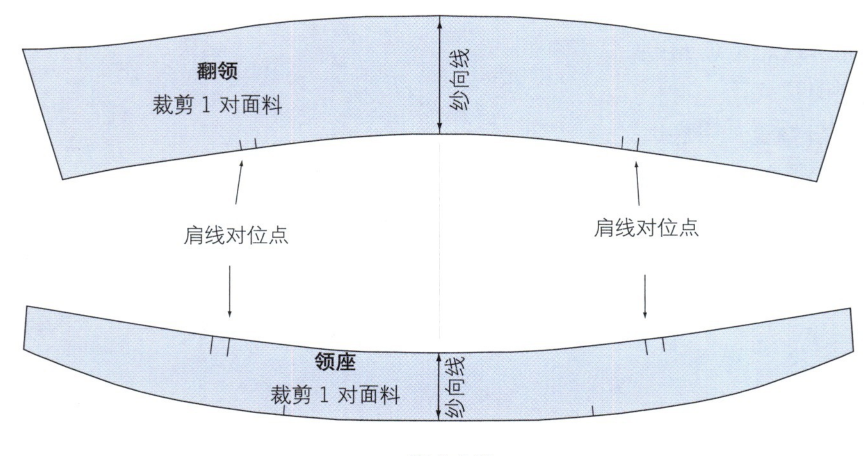

图 6-193

步骤 26

前片里子样板

• 按照本书第 50 页的方法，复制第 6 步的前片纸样，去除侧衩、门襟以及下摆贴边。

• 在里子袖窿处加放松量以便于活动。将腋下点垂直向上 0.5cm，再水平向左 0.5cm，标记为新腋下点。重新画顺插肩线，直到侧颈点。

• 延伸出里子下摆的折叠量：将底边线平行向下移出 1cm，标为对折线，再平行向下移出 1cm，标为新底边线。一共向下延长了 2cm 的折叠量。

• 从新腋下点到原底边线，重新画顺侧缝线（图 6-194）。

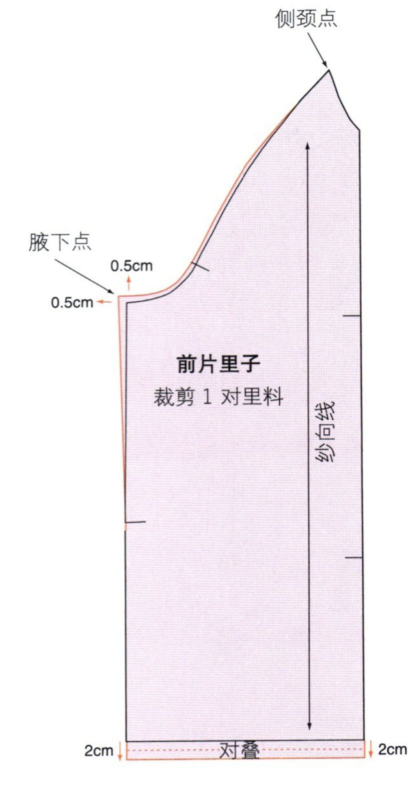

图 6-194

步骤 27

后片里子样板

• 按照本书第 50 页的方法，复制第 12 步的半身后片纸样，在将其对称复制成整个后片纸样之前，要在里子后中线处加上松量，为上臂的活动提供空间。

• 从领后中点水平向左、右取 2cm 定点，与后中线底边端点相连，即为新后中线。这将成为领后中点的褶裥量。

• 对称复制出整个后片纸样，去除侧衩以及侧衩的对称侧部分。

• 将腋下点垂直向上 0.5cm，再水平向外 0.5cm，标记为新腋下点。重新画顺袖窿弧线和插肩线，直到侧颈点。

• 延伸出里子下摆的折叠量：将底边线平行向下移 1cm，标为折叠线。再向下移 1cm，标为新底边线。一共向下延长了 2cm 的折叠量。

• 从新腋下点到侧衩上端，重新画顺侧缝线（图 6-195）。

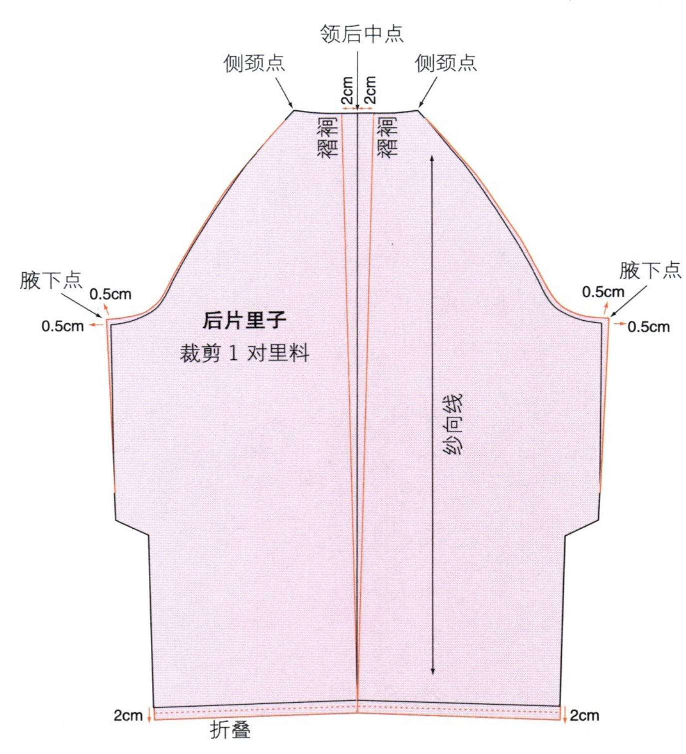

图 6-195

步骤 28

插肩袖里子样板

尺寸相匹配

处理衣身里子时将袖窿调节大了，为与之相匹配，袖里子的袖山弧线也要相应增大，才能与袖窿相匹配。在袖口处，袖里子也要适当增加长度，以提供纵向的活动量，避免胳膊向上活动时里子牵制面料。

• 复制第 21 步的插肩袖纸样，将前、后插肩袖的袖中线合并在一起，袖里子为一整片。

• 前腋下点水平向右 0.5cm，再垂直向上 0.5cm，标记为新腋下点。后腋下点也同样水平向左 0.5cm，垂直向上 0.5cm，标记为新腋下点。重新画顺袖窿弧线及插肩线。

• 从新腋下点到原袖口线，重新画顺前、后袖缝线。

• 将袖口线平行向下偏出 1cm，标为折叠线，再继续向下偏出 1cm，一共向下延长了 2cm 的折叠量（图 6-196）。

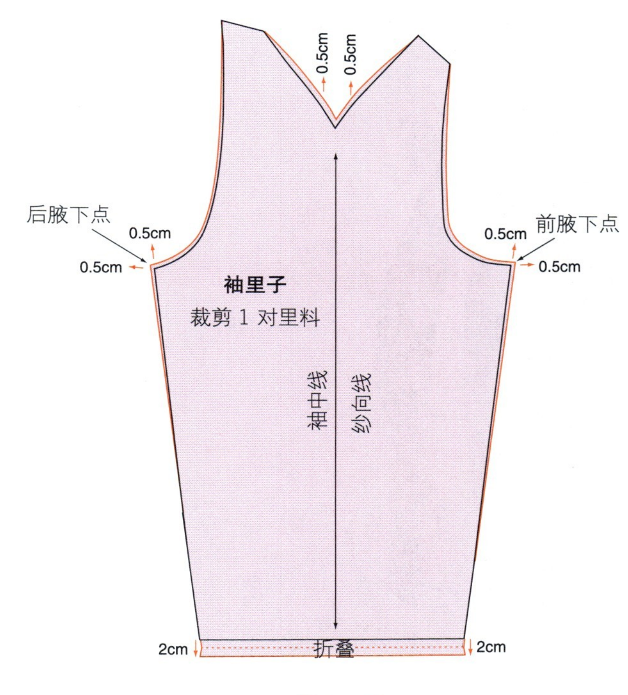

图 6-196

图 6-197

派克风雪大衣纸样

图 6-198

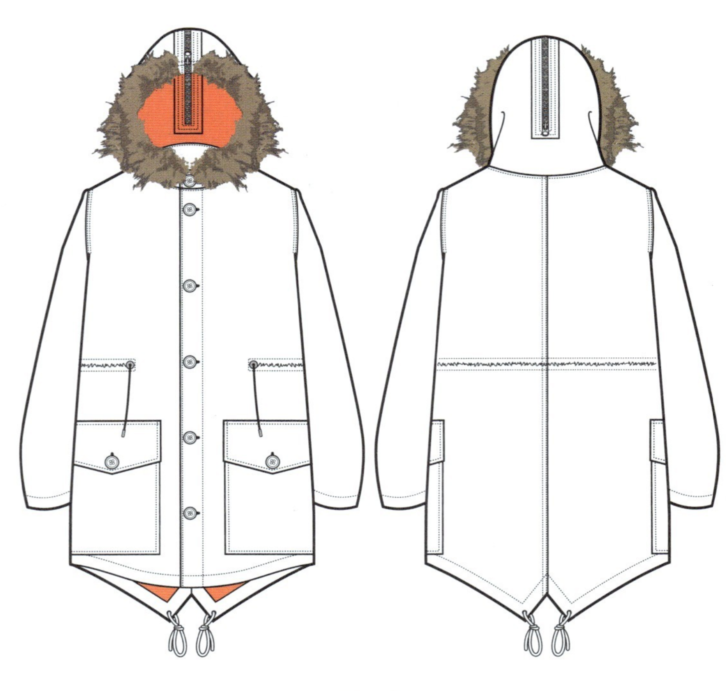

图 6-199

派克风雪大衣（图 6-198、图 6-199）纸样设计要点：

增加衣身松量
增大领口
连身式门襟
鱼尾形后下摆并束带
腰部束带通道
加深袖窿
前侧有袋盖的贴袋
休闲两片袖
装拉链、前边带毛皮镶边的风帽
全衬里

步骤 1

绘制衣身总设计图

先选择一款男装上衣基本原型，或者按本书第 40 页的方法绘制上衣原型。裁一张比所设计大衣的衣长略长的打板纸。按本书第 48 页的说明，将基本原型及所有标志和相关说明复制到打板纸上（图 6-200）。

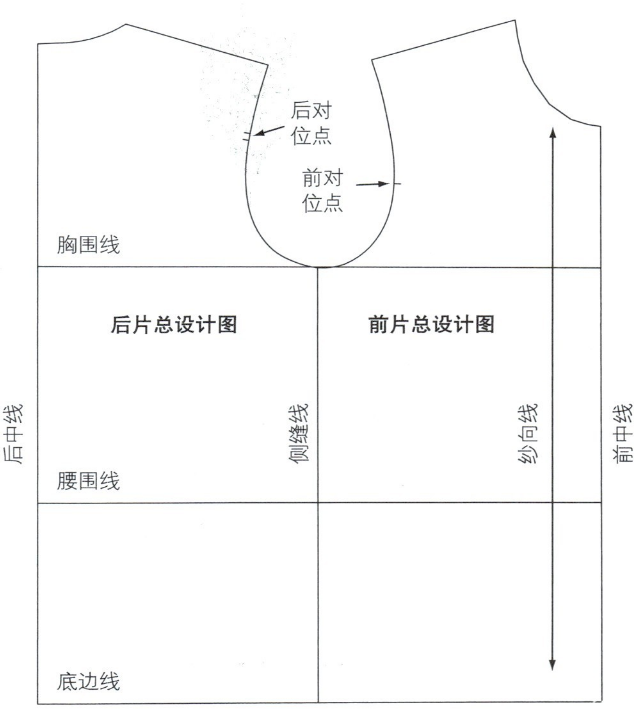

图 6-200

步骤 2

增大领口、落肩，加深袖窿，增加衣长、下摆造型，增加侧缝松量

- 前领口点沿前中线降低 2cm，前侧颈点沿肩线向左取 1cm。同样，后侧颈点向右取 1cm，后领口点沿后中线降低 0.5cm，参照原型领口弧线，重新画顺新前、后领口弧线。
- 将前、后肩点沿肩线向外延长 2cm，作为新肩点。过原肩点向上 0.5cm，用弧线画顺新前、后肩线。
- 衣身前、后侧缝之间加放 4cm 的松量，重新放置前、后衣片，再复制下来。
- 从腋下点沿新侧缝线向下 4cm，参照原型袖窿弧线，过新肩点重新画顺袖窿弧线。袖窿降低后，前、后对位点要重新修正。
- 从降低后的领前中点，沿前中线向下取 82cm 定点，过此点向左作水平线，即为新底边线，将侧缝和后中线延长，与新底边线相交。
- 将前中线向下延长 3cm 定点，过该点作新底边线的平行线。
- 后中鱼尾形下摆造型：将后中线向下延长 15cm，作水平线与侧缝的延长线相交，形成一个长方形。
- 沿长方形的左下角向上 8.5cm 定点，以该点为圆心，以 10cm 为半径画圆，与长方形下边线相交，过交点用圆顺的弧线与新侧缝线末端画顺，继续与前中下落的 3cm 水平线画顺（图 6-201）。

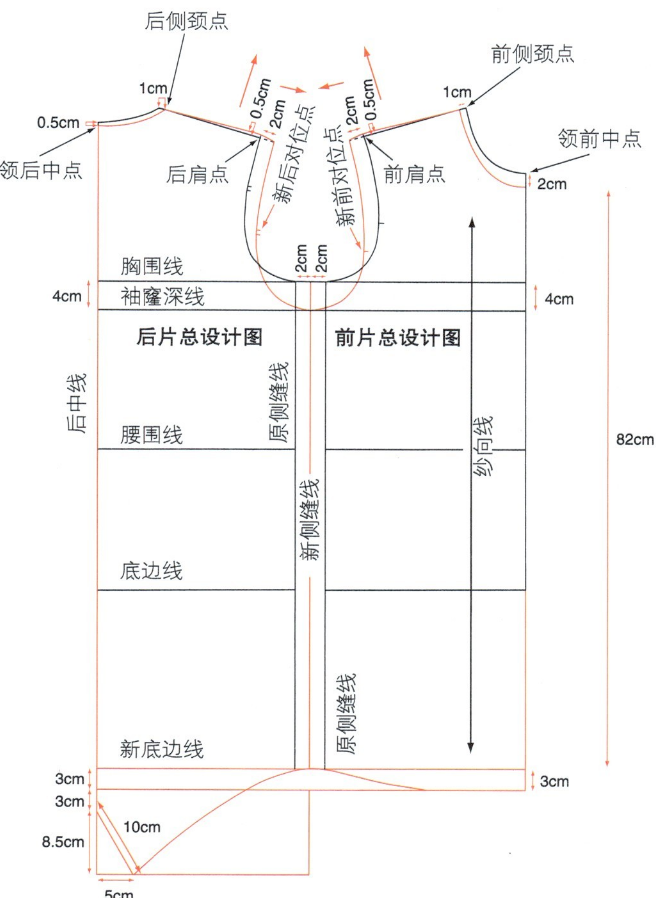

图 6-201

步骤 3

增加前片下摆松量

- 按照本书第 50 页的方法，将前片纸样复制到另一张纸上。
- 在底边线上距前中线 14.5cm 处（1/2 前片衣身）标记一点；在腰围线上距侧缝 14.5cm 处标记一点；将两点用直线相连，向上延长到腰围线以上 10cm 处。
- 从腋下点沿袖窿弧线向上 5cm 定点，过该点与上一步直线的上端点相连，这是切展线。
- 沿切展线从下向上剪开，袖窿底留一点不剪断。
- 保持前中片不动，将前侧片向外展开，使下摆打开 5cm，增大前片衣身摆量。
- 重新画顺底边弧线（图 6-202）。

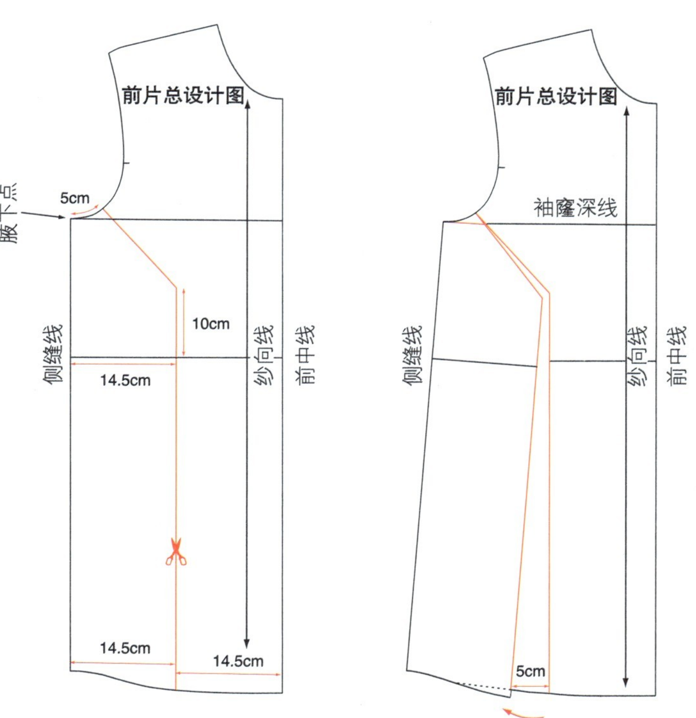

图 6-202

步骤 4

门襟 、门襟贴边、下摆贴边

• 在上一步的基础上绘制门襟。从前领中点分别向左、右两边作水平线，长度 2.25cm，过端点作前中线的平行线，与底边线相交，即为 4.5cm 宽的门襟。

• 距止口线左侧 6cm，作平行于前中线的竖直线，分别与领口线和底边线相交，此为门襟贴边的宽度。

• 从侧缝线下端向上取 4cm，参照原底边线，向右画顺 4cm 宽的下摆贴边，与门襟贴边相交（图 6–203）。

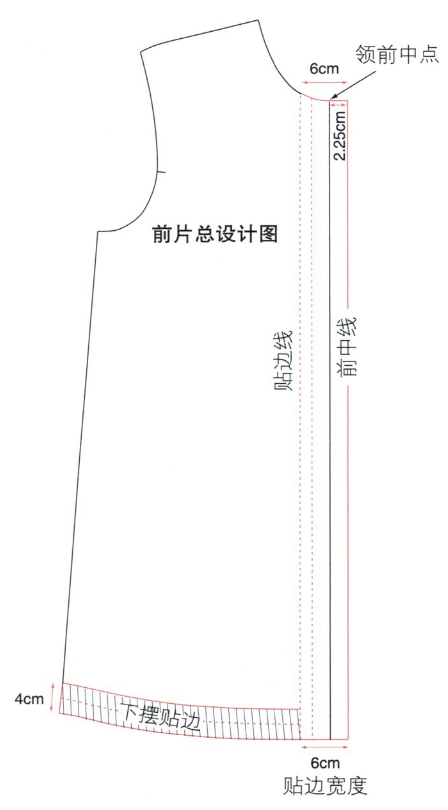

图 6–203

步骤 5

腰部束带通道及贴袋位置

• 从腋下点沿侧缝线向下 19.5cm 定点、再向下 2cm 定点，以这两点为基准，向右作垂直于侧缝的长方形，长方形的长为 15cm、宽为 2cm，此为腰部束带通道。

• 直接在前片设计图上绘制贴袋及袋盖，以便保证各部件的比例平衡。

• 沿侧缝线再向下 9cm，标记一点，这是袋盖上边位置。

• 过该点向右作侧缝线的垂线，长度 22.5cm，再向左延长 3.5cm 定点，过该点向下作垂线，长度 10cm，形成一个长方形，作为绘制袋盖的基础。

• 长方形两侧下端减 2cm 后，与下边中点直线相连，成为信封式袋盖。

• 贴袋的袋口位于袋盖上边线下 1cm 处，从侧缝与袋盖上边交点开始，沿侧缝再向下取 1cm。

• 过该点向前作侧缝线的垂线，长度 22cm，再向左延长 3cm，即为 25cm 的袋口尺寸。

• 过袋口线两端向下作垂线，长度 27cm，用直线将垂线末端相连（图 6–204）。

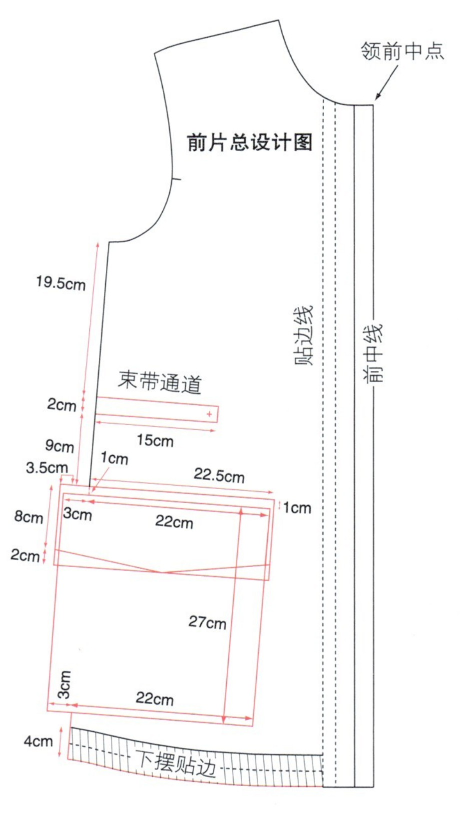

图 6–204

步骤 6

前片样板

• 按照本书第 50 页的方法，复制前片纸样，并标出束带通道、口袋、门襟贴边的位置（图 6-205）。

图 6-205

步骤 7

门襟贴边和下摆贴边样板

• 按照本书第 50 页的方法，复制前片门襟贴边和下摆贴边纸样，在周围一圈加放 1cm 缝份（图 6-206、图 6-207）。

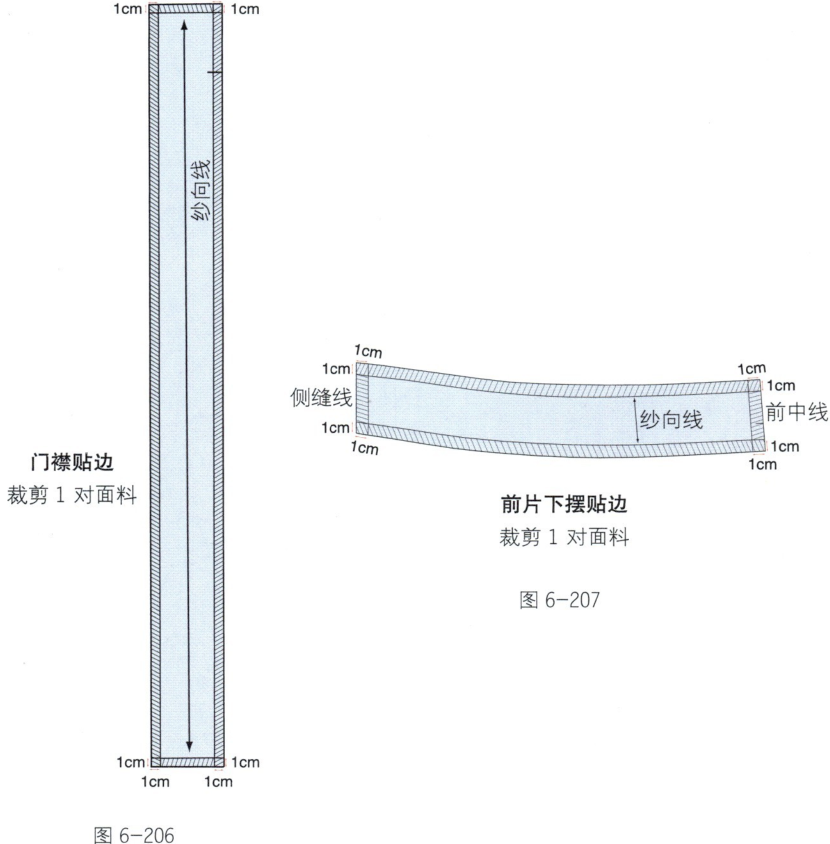

图 6-206

图 6-207

步骤 8

增加后片下摆松量

• 按照本书第 50 页的方法，将后片纸样复制到另一张纸上。

• 在底边线上距后中线 14.5cm 处（1/2 前片衣身）作标记，在腰围线上距侧缝 14.5cm 处作标记，两点直线相连，向上延长到腰围线以上 10cm 处。

• 从腋下点沿袖窿弧线向上 5cm 定点，过该点与上一步直线的端点相连，这是切展线。

• 沿切展线从下向上剪开，袖窿底留一点不剪断。

• 保持后中片不动，将后侧片向外展开，使下摆打开 6cm，增大后片衣身摆量。

• 重新画顺底边弧线（图 6-208）。

步骤 9

腰部束带及下摆贴边

• 在步骤 8 纸样上直接绘制下摆贴边。后中线和侧缝线末端向上 4cm，参照原底边线，画顺宽 4cm 的下摆贴边。

• 从腋下点沿侧缝线向下 19.5cm 取一点，再向下 2cm 取一点，过这两点作后中线的垂线，即为后片腰部束带通道（图 6-209）。

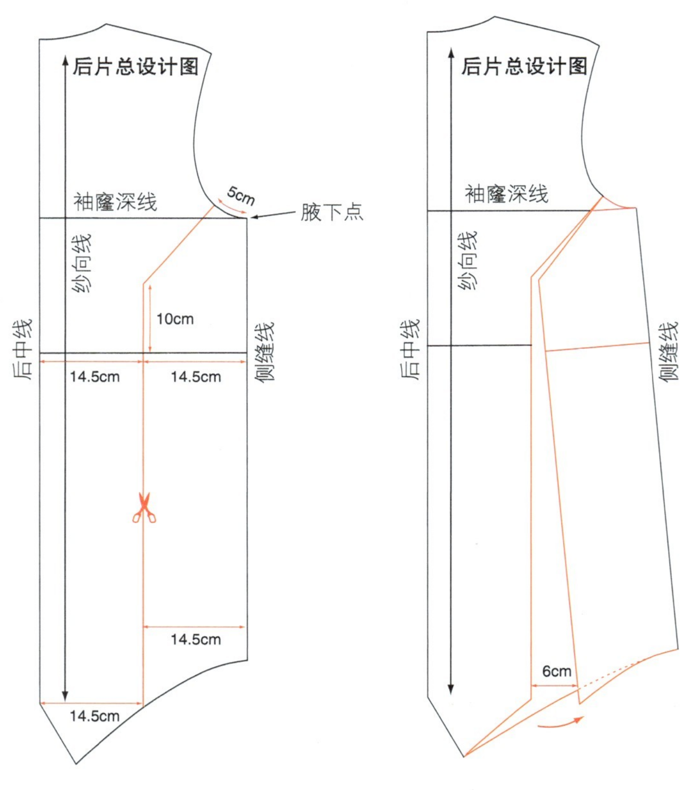

图 6-208

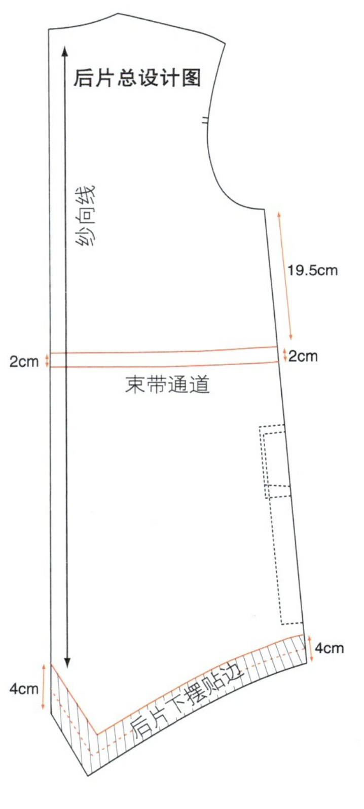

图 6-209

步骤 10

后片样板、下摆贴边和束带通道样板

• 按照本书第 50 页的方法，复制后片纸样，包括束带通道和下摆贴边的位置，并在后片上标出第 5 步侧缝以外的口袋部分（图 6-210）。

• 复制出后片下摆贴边纸样，按照本书第 50 页的方法，对称复制出另一半，在周围一圈加放 1cm 缝份（图 6-211）。

• 将前、后片纸样在侧缝处对齐，复制出腰部束带通道纸样，按照本书第 50 页的方法，对称复制出整条束带，并在周围一圈加放 1cm 缝份（图 6-212）。

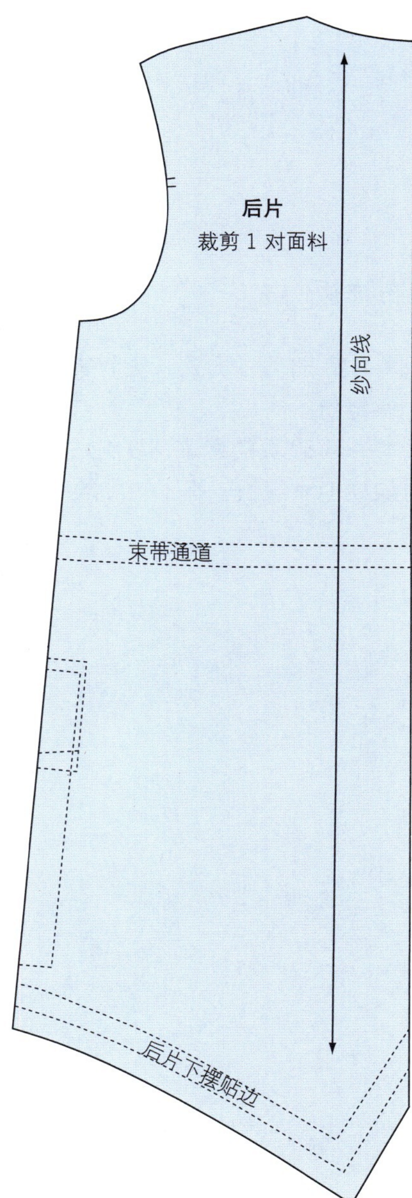

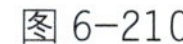

图 6-210

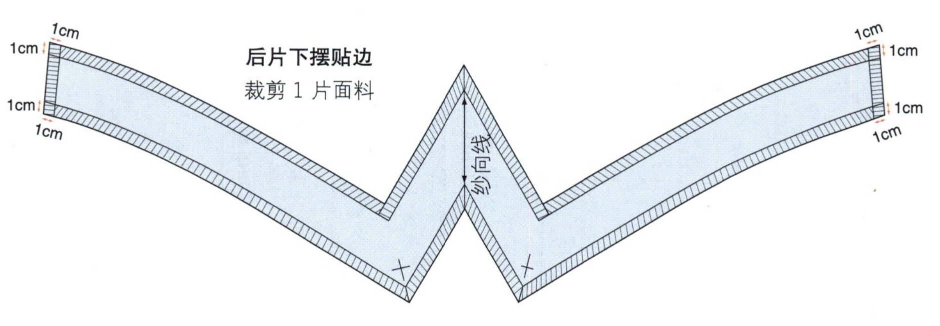

图 6-211

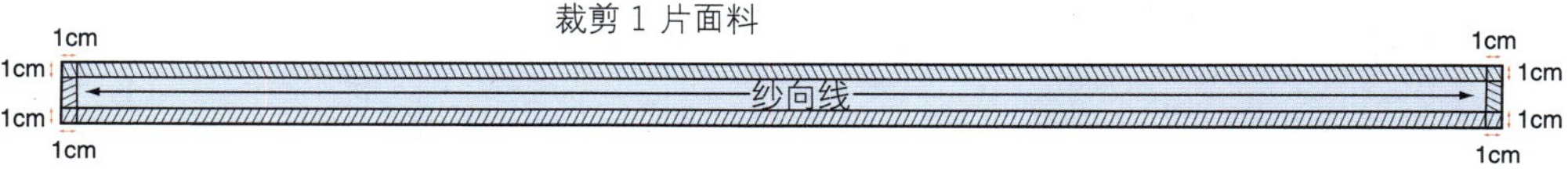

图 6-212

步骤 11

袋盖及袋布样板

● 按照本书第 50 页的方法，复制袋盖纸样，在周围一圈加放 1cm 缝份。

● 按照本书第 50 页的方法，复制贴袋袋布纸样，在侧边和底边加放 1cm 缝份，在上边加放 3cm 的贴边（图 6-213）。

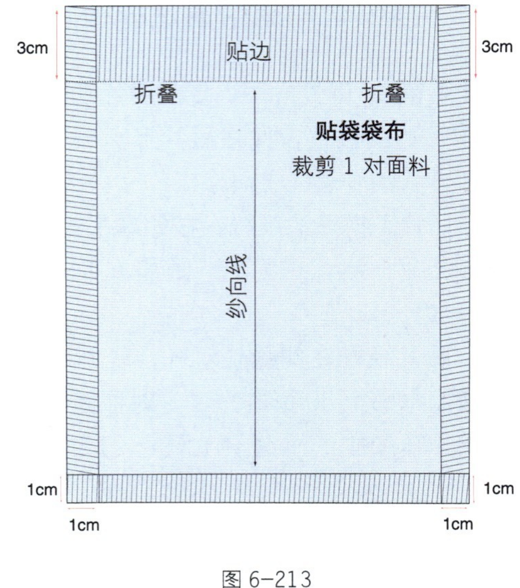

图 6-213

步骤 12

绘制袖子总设计图

选择一款男装袖子基本原型，或者按本书第 42 页的方法，绘制袖子基本原型。裁一张比所设计外套的袖子略长的打板纸。按本书第 48 页的说明，将袖子基本原型以及所有标志和相关说明复制到打板纸上。根据本款服装的设计特点，要对袖子进行相应修改，才能与衣身的落肩结构和加深的袖窿相适应（图 6-214）。

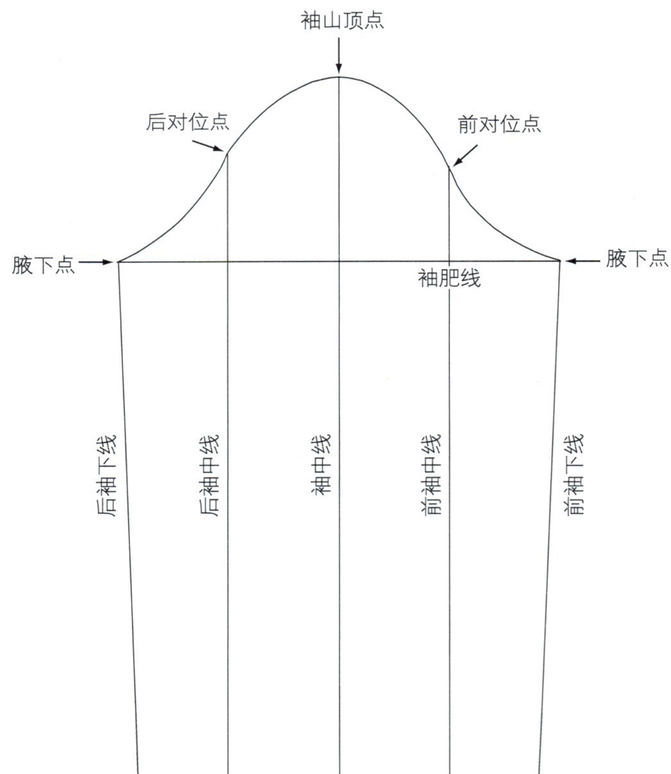

图 6-214

步骤 13

绘制袖子

• 将原型袖沿袖中线剪开，中间加放 2cm 的松量。

• 将袖山顶点降低 2cm，降低的量等于肩点下落的量。

• 将袖肥线降低 2cm，即袖窿加深量的一半。再将袖肥线两端向外延长 2.5cm。

• 参照原型袖山弧线，重新画顺新袖山弧线。重新标记前、后袖山对位点。

• 将新袖肥线端点与袖口相连，重新画顺前、后袖下缝。

• 距袖口线 4cm 作平行线，即为袖口贴边线。贴边两边向外偏出，当其向上翻折时能与前、后袖下缝相一致（图 6-215）。

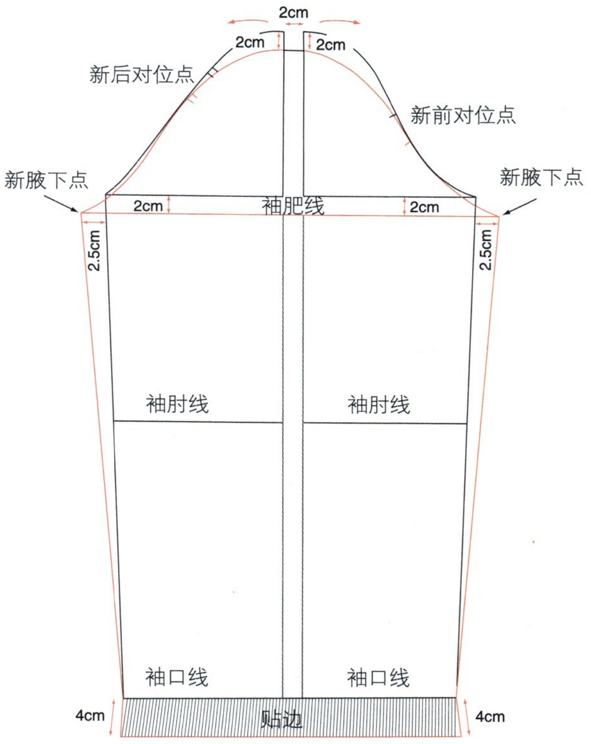

图 6-215

步骤 14

袖子样板

• 按照本书第 50 页的方法，复制袖子纸样（图 6-216）。

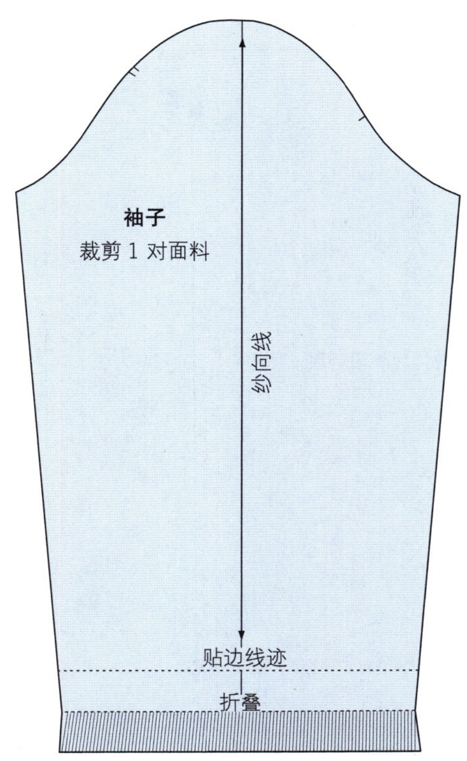

图 6-216

步骤 15

绘制风帽基础线

绘制风帽纸样需要测量以下尺寸

1. 前、后领口弧线长度，从衣身纸样上测量，这里所用尺寸均为 12.5cm。如果风帽纸样设计了中间拼片，要从侧片和前开口中减去中间拼片的尺寸。

2. 颈高，即前、后颈点之间的垂直距离。将前片衣身纸样放在后片上，前、后片胸围线和前、后中线对齐，测量前、后颈点之间的距离，本例所用尺寸是 6.5cm。

3. 头竖直围度。用于设计风帽前开口的尺寸。用皮尺从人体的前颈点开始，沿竖直方向绕头部一圈，再回到前颈点的长度，本例所用尺寸为 80cm。

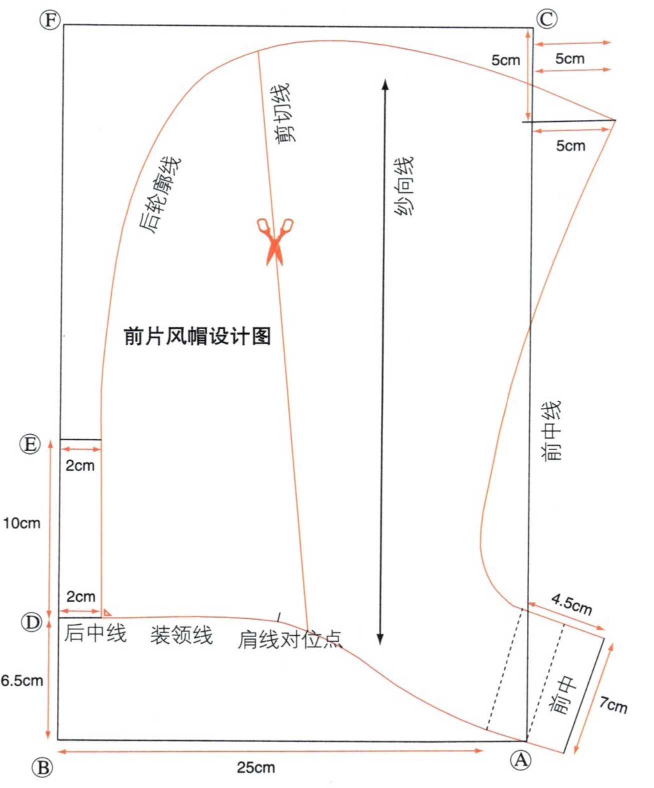

图 6-217

• 在打板纸的右下角作标记点Ⓐ，向左作水平线，长度 25cm（1/2 领围），端点标为点Ⓑ。

• 从点Ⓐ竖直向上作垂直线，长度 40cm（1/2 头竖直围度），端点标为点Ⓒ，水平线和垂直线连成一个长方形，左上角标为点Ⓕ。

• 从左下角点Ⓑ，竖直向上 6.5cm（颈高）取点，标为点Ⓓ，再向右作水平线，长度 2cm，标为后中线。

• 从点Ⓓ，竖直向上 10cm 取点，标为点Ⓔ，再水平向右 2cm 取点，标记该点。

• 用弧线尺从点Ⓐ到领后中线作一条近似人体颈根曲线的帽底装领线，长度为 25cm。从点Ⓐ沿装领线取 12.5cm（前领口弧线长度），作肩线对位点。

• 从点Ⓐ将装领线向右延长 2.25cm（1/2 门襟宽），过端点向上作垂直线，长度 7cm，再过端点向左作垂线，长度 4.5cm，标记垂线端点。

• 从点Ⓒ竖直向下 5cm，向右作水平线，长度 5cm，标记水平线端点，这是前开口的上端。过上、下两标记点，用弧线画顺风帽前开口弧线。

• 过前开口的上端，画出帽子后轮廓线（该轮廓线的造型取决于设计、头的尺寸、开口形式以及功能性），直到过点Ⓔ向右所作 2cm 的水平线的端点。

• 为了增大帽子的容量，从帽顶到肩线对位点偏前一点，作一条剪切线（图 6-217）。

步骤 16

增大风帽容积

• 从风帽上端沿剪切线剪开纸样，底端留一点不剪断。

• 顺时针旋转剪开线右侧，在剪开线处展开 8.5cm，使风帽前面向下垂，重新画顺上端轮廓线。

• 风帽开口线向右 2.5cm，作一条近似平行于前开口的直线，过上端点向风帽顶端作垂线，与风帽顶端轮廓线连顺。直线下端与门襟宽度线连顺，这是风帽前开口的毛皮镶边（图 6-218）。

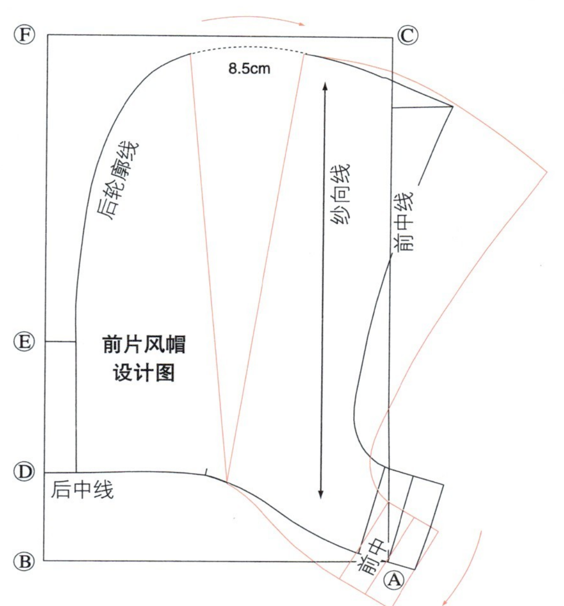

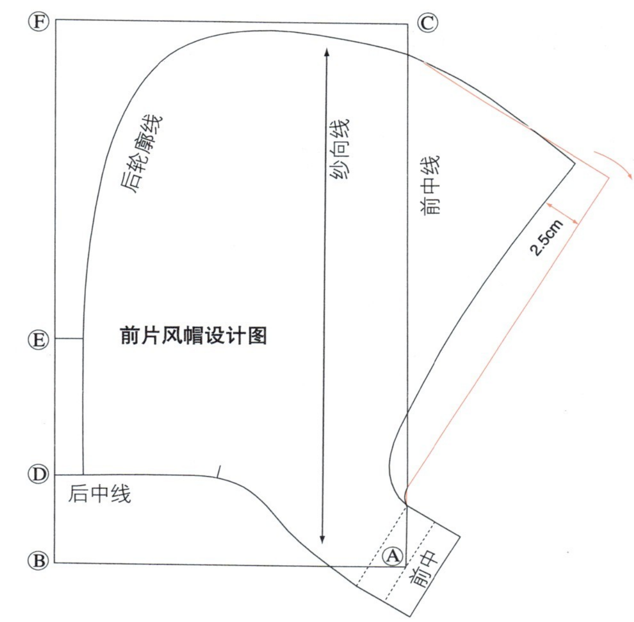

图 6-218

步骤 17

绘制风帽领口贴边、拉链及毛皮镶边

• 复制风帽纸样，按照本书第 50 页的方法，沿后中线对称复制出整个风帽纸样。

• 分别从前中线和后中线向上取 7cm，即为领口贴边宽度，参照装领线画顺贴边线。

• 拉链位置：从前到后将风帽后轮廓线向内偏进 2cm，直到贴边线上 3cm 处。这是拉链位置。

• 毛皮镶边贴在前开口一圈，纸样是单独的。距离前开口左侧 8cm，作前开口线的平行线，得到长方形的毛皮镶边纸样（图 6-219）。

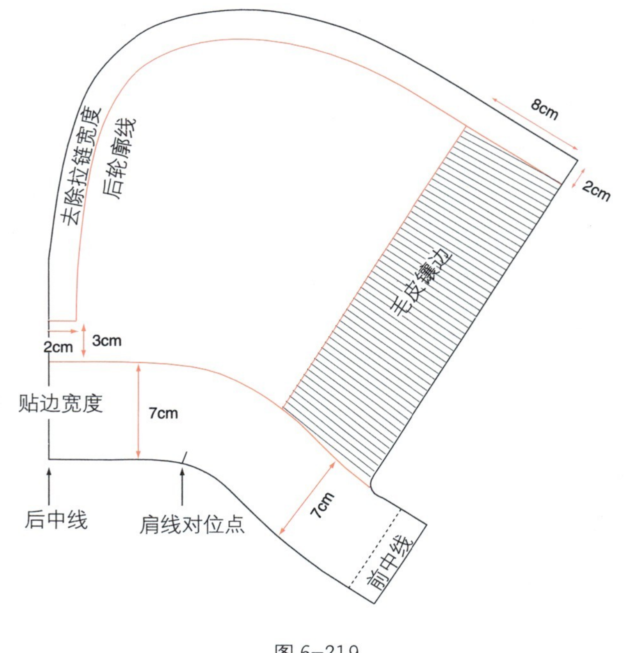

图 6-219

步骤 18

风帽及领口贴边样板

• 按照本书第 50 页的方法，复制风帽最终纸样，并去除拉链宽度部分（图 6-220）。

• 按照本书第 50 页的方法，复制风帽领口贴边纸样，并在周围一圈加放 1cm 缝份（图 6-221）。

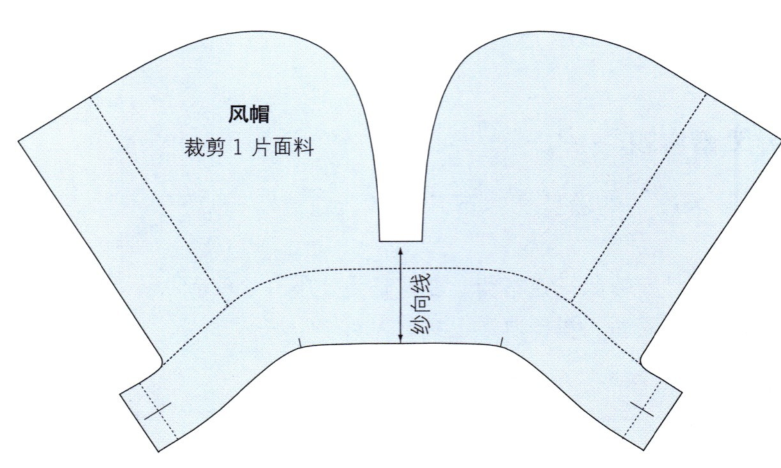

图 6-220

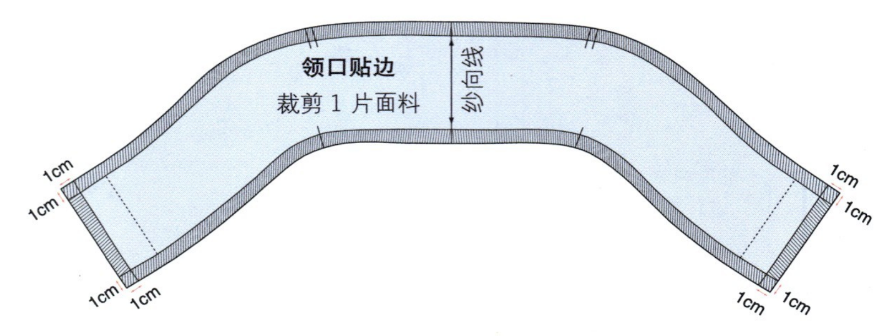

图 6-221

步骤 19

风帽后中片和毛皮镶边样板

• 风帽后中片用于装拉链，画一个长方形，宽为 4cm、长为第 17 步去除拉链之后的风帽后轮廓线的长度，在周围一圈加放 1cm 缝份（图 6-222）。

• 按照本书第 50 页的方法，复制第 17 步风帽毛皮镶边纸样，沿前开口线对称复制，在周围一圈加放 1cm 缝份（图 6-223）。

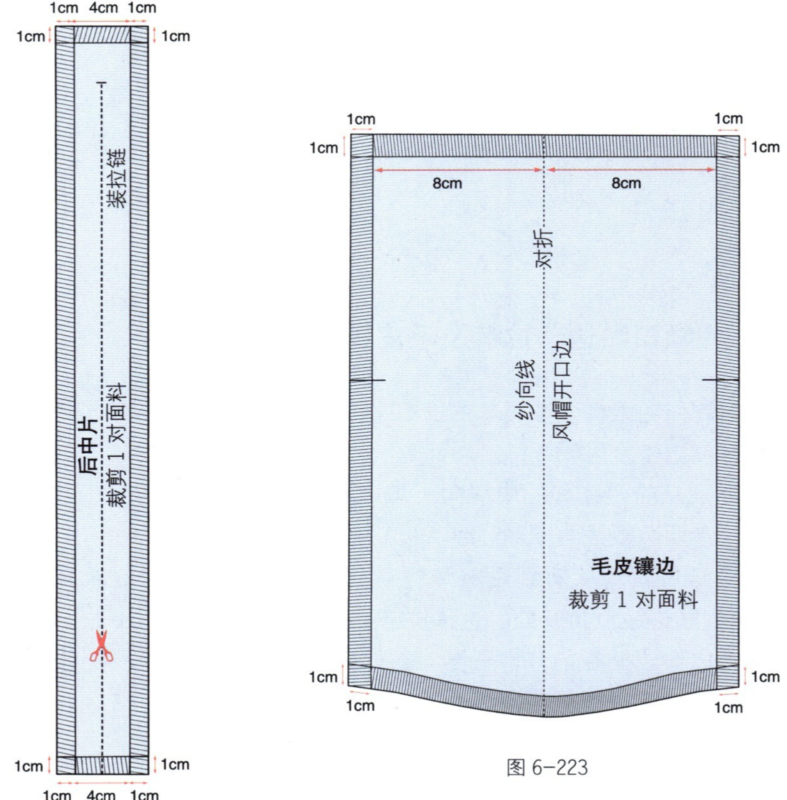

图 6-222

图 6-223

步骤 20

风帽里子样板

• 按照本书第 50 页的方法，复制第 17 步的风帽纸样，去除领口贴边、后中拉链和毛皮镶边部分（图 6-224）。

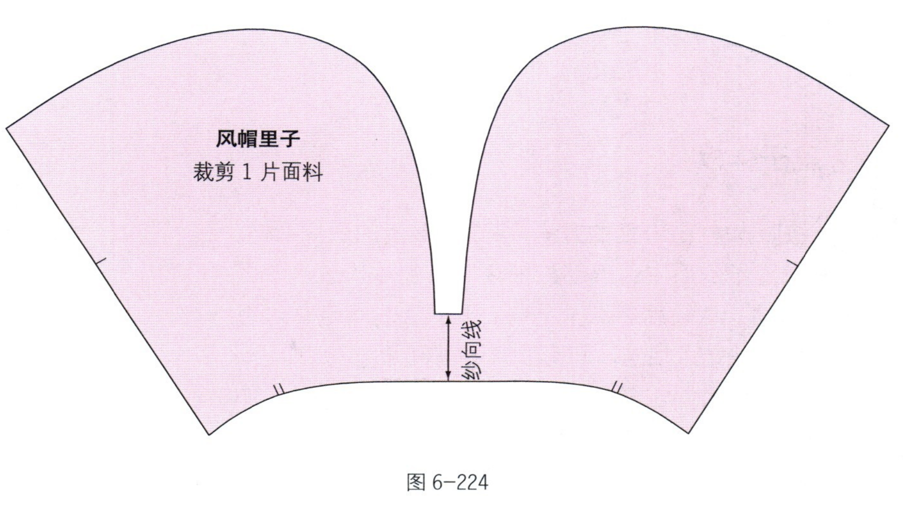

图 6-224

步骤 21

前片里子样板

• 按照本书第 50 页的方法，复制第 6 步的前片纸样，去除前门襟贴边，即为前片里子纸样。

• 给里子的袖窿加放松量，使里子便于活动；将肩点向左延长 0.5cm，再垂直向上 0.5cm，作为新肩点，参照原肩线，重新画出里子肩线。

• 腋下点垂直向上 0.5cm，再水平向左 0.5cm，即为新腋下点。连接新腋下点与新肩点，重新画顺袖窿弧线，使里子袖窿弧线向外偏出 0.5cm。

• 沿腰围线将里子剪开，拉展 2cm 间距，这是里子在腰围处的重叠量。

• 从新腋下点到底边线，重新画顺侧缝线（图 6-225）。

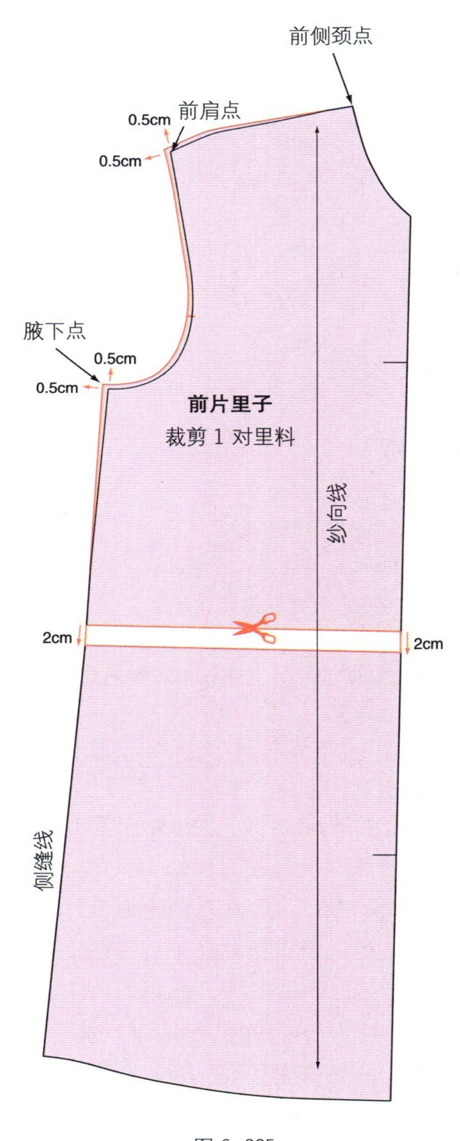

图 6-225

步骤 22

后片里子样板

• 按照本书第 50 页的方法，复制第 9 步的后片纸样。

• 对里子的后中、肩部和袖窿等处加放松量，使里子便于活动；从领后中点水平向右延长 1.5cm 定点，将此点与腰围线端点相连，即为后背的褶裥量。

• 将后肩点向左延长 0.5cm，再垂直向上 0.5cm，作为新肩点，参考原肩线，重新画顺后片里子肩线。

• 将腋下点垂直向上 0.5cm，再水平向左 0.5cm，即为新腋下点。连接新腋下点和新肩点，使里子的袖窿弧线向外偏出 0.5cm。

• 在腰围线上将里子剪开，拉展 2cm 间距，这是里子在腰围处的重叠量。

• 从新腋下点到底边线，重新画顺侧缝线（图 6-226）。

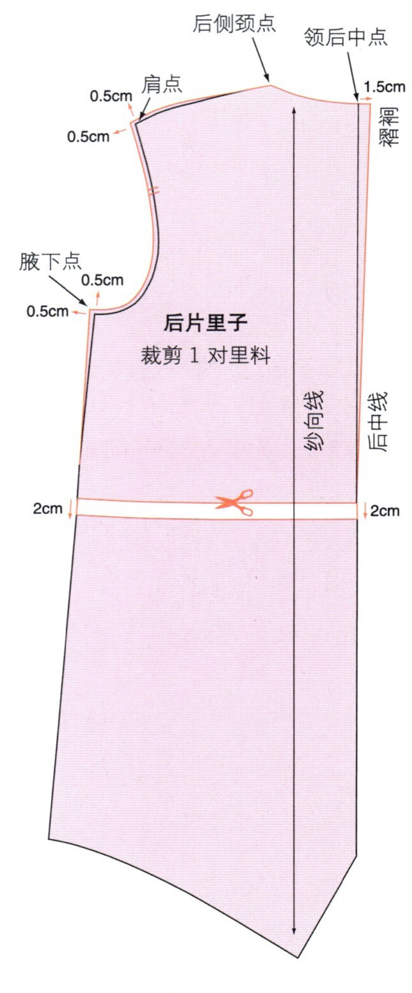

图 6-226

步骤 23

袖里子样板

> **尺寸相匹配**
>
> 处理衣身里子时将袖窿调节大了，为与之相匹配，袖里子的袖山弧线也要相应增大，才能与袖窿相匹配。在袖口处，袖里子也要适当增加长度，以提供纵向的活动量，避免胳膊向上活动时里子牵制面料。

• 按照本书第 50 页的方法，复制第 14 步的袖子纸样。

• 袖山顶点向上延长 0.5cm，标记一点，将前、后腋下点水平向外 0.5cm，再垂直向上 0.5cm，标记为新前、后腋下点，过标记点重新画顺袖山弧线。

• 从新腋下点到袖口线，重新画顺前、后袖缝线。

• 将袖口线平行向下移 2cm，作为里子袖长的增加量，新袖口线两边向外偏出少许，使它在向上翻折后能与前、后袖下缝一致（图 6-227）。

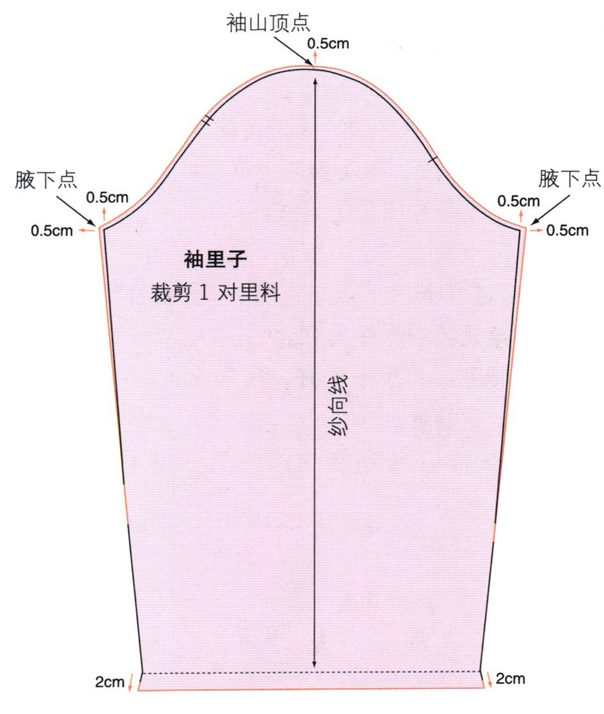

图 6-227

图 6-228

词汇表[1]

标注——标记在纸样上的注释或说明，以表明纸样的纱向、名称、季节、比例、特征及面料等信息。

锥子——带木制或者塑料手柄的金属钉，用于在纸样上或面料上打孔。

后侧颈点——衣身后片纸样肩线与后领口弧线的交点。

后肩点——后肩线与袖窿弧线的交点。

后肩缝——位于后片肩上，过侧颈点与肩点的直线。

后腋下点——袖窿最低点，通常与侧缝线上端相交。

对位记号——见刀眼、打孔。

斜丝——与经纱或纬纱成 45° 的纱向方向。

上臂最大围——上臂水平最大围度。

原型——覆盖人体部位的基本纸样，如衣身原型、袖子原型、裤子原型。

衣身原型——以一定尺寸绘制的覆盖人体躯干部位、不带款式变化的基本纸样。

箱型裥——两边相对折叠而形成的褶裥。

叠门——在服装的前中线用于钉纽扣和锁扣眼的部分。

CAD——计算机辅助设计。

白棉布——未经漂白的原棉织物，用于制作样衣、评价设计。

CAM——计算机辅助制造。

后中线（CB）——将躯干后面平分成左右两半的竖直中线。

后颈点——颈椎与胸椎的交界处，即第七颈椎点。

后裆弧线——裤子从后裆点到腰后中点之间的弧线，将裤子臀部等分成左右两半。

前中线（CF）——将躯干前面平分成左右两半的竖直中线。

前颈点——胸骨上端与左右锁骨相连的关节点。

前裆弧线——裤子从前裆点到腰前中点之间的弧线，将裤子腹部等分成左右两半。

袖中线——从袖山顶点到袖口的竖直线，将袖子分成前后两部分。

胸围线——胸部最大围度处的水平线。

领角点——领子外口线的前端点，形成领子的造型。

领座——与衣身领口线相缝合的长方条，使领子能够立起来。

横裆线——对应于大腿根处的水平线。

裆点——前后裆弧线与下裆缝的交点。

袖山顶点——袖山的最高点，此点与衣身的肩点相接。

袖衩——在袖口处的开衩，便于手能够轻松通过袖口。

省道——指将衣料与体表之间的多余部分折叠并缝去，使服装符合人体的曲线。

省尖——省道端点。

省边——省道两边的缝迹线。

省中线——省道中线。

数字化——将纸质样板的结构线转化成数字或数据存储在电脑中。

打板纸——用于制作样板的专用卡纸或马尼拉纸。

打孔——在纸样上打定位圆孔，以便在面料上确定口袋、纽扣以及设计点的位置。

胸腰差——胸围和腰围的围度差。

松量——在人体净尺寸的基础上服装所加放的量，以便使服装更合体。

肘线——袖子样板上对应于胳膊肘点的水平线。

贴边——在服装的下摆或开口处的折边；也指服装中用于加固和支撑的部位。

试衣模特——模特的体型和规格尺寸能够代表某些目标客户的体型，以该模特为标准来评价服装的合体性。

锥形展开——在纸样上用剪切的方法展开或者合并一定的空间量。

双折线——用虚线表明面料需要折叠的部分。

前袖缝线——袖子前面从上到下的袖缝线。

“6”形弧线尺——尺子的弧线均匀变化，用于模拟人体曲线的平面制图工具。

前领口弧线长——衣身前领开口的弧线长度。

前侧颈点——前片纸样肩线与前领口弧线的交点。

前肩点——前肩线与袖窿弧线的交点。

前肩线——位于前片的肩上，连接侧颈点与肩点的直线。

前腋下点——前袖窿最低点，通常与侧缝上端相交。

宽松度——纸样各部位或各尺寸所加放的量，包括宽度和长度方面。

黏合——将带有黏性的材料黏在面料的反面，起加固和支撑的作用。

抽褶——将布料抽缩打褶，赋予服装功能性和装饰性的效果。

推档——将纸样的规格放大或者缩小，以产生大小不同号型样板的过程。

纱向线——面料上经纱和纬纱的方向。

1/2 后领围——从领后中点到侧颈点的领口弧线长。

1/2 前领围——从领前中点到侧颈点的领口弧线长。

下摆贴边——上衣底边延长后需要

[1] 原版权书以英文首字母排序，本书排序同原版权书。

折叠到反面的部分。

底边线——上衣的底边。

臀围线——过臀突点臀部最大围度处的水平线。

水平纱向线——即纬线的方向，垂直于面料两边布边的直线。

下裆线——裤腿内侧缝。

膝围线——裤子的纸样上对应膝盖位置的水平线。

过面——用面料裁剪，贴在外套的前门襟内侧，与领子一起翻下来形成前领口造型，同时也起固定和支撑的作用。

定制服装——针对某个具体客户的体型，量身定做的服装。

排料图——在网格纸上排好样板以便裁剪面料。

领围线——服装上面围住脖子的开口线。

刀眼——为了对位和缝纫的需求，在纸样的分割线、前后中线、下摆等处所打的剪口。

外侧缝——裤腿外侧的接缝。

对位点（前、后）——绱袖时或者缝合其他部分时，需要按一定位置或方向对位的点。

旋转法——以某个固定点为轴心，旋转纸样。

门襟——在上衣领口附近的开口，或者是从前中领口到下摆底边的开口，用于钉扣、装拉链的部位，以便于穿脱。

褶裥——重复折叠面料，产生一定空间量的设计手法。

绘图仪——用于打印数字化纸样的大型打印机。

PR——一对样板。

插肩袖——从前后腋下点延伸到颈部的袖型。

翻折线——驳头和领子沿此线翻折，直到前中的翻折止点。

RSU——右片朝上。

缝份——在纸样边缘加放出来的用于各裁片之间相互缝合的量。

装袖——袖子与衣身的装袖线在人体的臂根附近的袖型。

侧颈点——肩线与领口线的交点。

肩线刀眼——在领子上打的对位标记，缝合时与肩缝相对位。

肩点——袖山顶点与前后肩线的重合点。

切展法——纸样的制作技术，将纸样剪开加入或者去除一定的量。

侧缝——位于人体体侧的服装缝合线，如大衣侧缝、裤子侧缝。

袖山——袖子上端与衣身袖窿缝合的部位。

设计线——因设计的需要设计在纸样上的分割线。

塑型——去除多余的面料，以便服装能够表现人体的曲线。

样衣——用白坯布制作的样衣，评价服装的合体性和比例的协调性等。

容差——机织面料的伸缩变化量。

锁缝——沿裁片边缘用锁式线迹缝纫，以防面料脱丝。

躯干——人体从肩到裆底之间的部分。

塔克——服装上有规则的装饰褶裥。

两片袖——袖子由大小两片构成，能够表现出人体胳膊自然下垂前倾的形态。大袖在胳膊的外侧，小袖在腋下。这种袖子多用于合体型的西装和外套，为了更好地运动，袖窿深不宜太大。

领里——基于领面复制而来，但尺寸要稍微减小一些，以免领子翻折下来时露出领里。

袖肥线——位于袖山线下面，从前到后横跨袖子宽度的水平线，对应上臂最大围处，是袖子最肥的地方。

腋下点——衣身袖窿的最低点，也就是前后衣身侧缝的上端点。

开衩——在西装、大衣的后中或体侧的下摆处的竖直开缝，便于人体有更大的活动量。

腰头——在裤子腰部缝合的一条长方形的面料，起到支撑和便于穿着的作用。

腰围线——在臀以上和肋骨以下，躯干最细处的水平围度线。

经纱——与织布机边缘平行的纱线方向。

纬纱——与织布机边缘垂直的纱线方向。

腕围——胳膊的最小围度。

育克——在外套或者夹克等服装的前后肩处所作的水平分割线，或者在裤子的腰围和臀围之间所作的水平分割线。

索　引[1]

[1] 原版权书以英文首字母排序，本书排序同原版权书。

延伸阅读资料[1]

Aldrich, Winifred, Metric Pattern Cutting for Menswear, Blackwell, Oxford, (4th edition) 2006
Baudot, François, The Allure of Men, Assouline, New York/Paris, 2002
Blackman, Cally, One Hundred Years of Menswear, Laurence King, London, 2009
Boucher, François, The History of Costume in the West, Thames & Hudson, London, 1996
Chenoune, Farid, A History of Men's Fashion, Flammarion, Paris, 1993
Cicolini, Alice, The New English Dandy, Thames & Hudson, London, 2007
Cooklin, Gerry, Pattern Grading for Men's Clothes: The Technology of Sizing, John Wiley & Sons, 1992
Davies, Hywel, Modern Menswear, Laurence King, London, 2008
Gavenas, Mary Lisa, The Fairchild Encyclopedia of Menswear, Fairchild Publications, Inc, New York, 2008
Gieve, David W., Gieves & Hawkes: 1785–1985 The Story of a Tradition, Gieves & Hawkes, Portsmouth, 1985
Jobling, Paul, Man Appeal: Advertising, Modernism and Menswear, Berg, Oxford/New York, 2005
Knowles, Lori A., The Practical Guide to Patternmaking for Fashion Designers: Menswear, Fairchild Books, New York, 2005
McNeil, Peter and Karaminas, Vicki (editors), The Men's Fashion Reader, Berg, New York, 2009
Peacock, John, Men's Fashion: The Complete Sourcebook, Thames & Hudson, London, 1996
Shoben, Martin and Hallett, Clive, Essential Shirt Work Book, LCFS Fashion Media, 2001
Waugh, Norah, The Cut of Men's Clothes 1600–1900, Faber, London 1964/ Routledge 1987
Whife, A. A. and Brigland, A. S., The Modern Tailor, Outfitter and Clothier, Caxton, London, (4th edition) 1949
Whife, A. A., A First Course in Gentlemen's Garment Cutting, Tailor & Cutter, London, 1952
Whife, A. A., Cutting from Block Patterns: Gentlemen's Jackets, Waistcoats, Trousers, etc., Tailor & Cutter, London, 1960

图片出处

书中每个案例开头给出的款式图都是由汤姆·戴维斯(Thom Davies)设计，结构图和纸样图等技术图由以利沙·卡米雷利(Elisha Camilleri）绘制。案例末尾的样衣图由西蒙·帕斯克（Simon Pask）拍摄（裤子的试装模特为斯图尔特·丹多（Stuart Dando）。

下列个人和机构为本书提供了大量的图片，作者和出版商表示由衷感谢。这里明确列出的主要目的是为了表明，在任何情况下我们都要保护和尊重知识产权，下面所列的出处若有任何错误或遗漏，出版商将会在后续版本中给予订正修改。

2 © Alasdair McLellan, model: Roc Barbot at Models1, with thanks to Margaret Howell
6 Photo by Tim Barber www.woolrichwoolenmills.com www.wplavori.com
9 © WWD/Condé Nast/Corbis
10 l: © WWD/Condé Nast/Corbis; r: © WWD/Condé Nast/Corbis
11 l: © WWD/Condé Nast/Corbis; r: © WWD/Condé Nast/Corbis
12–13 © WWD/Condé Nast/Corbis
15 Engineered Garments SS12/model Jay Alaimo
18–19 Photography by Packshot.com
20 © Helen King/Corbis
21 John Lund/Paula Zacharias/Getty Images
23 © Qilai Shen/In Pictures/Corbis
25 Philip Dowell/Dorling Kindersley/Getty Images
27–29 Photography by Simon Pask, model: Raphael Sander for NEVS
30 Karina Lax
31 © WWD/Condé Nast/Corbis
39 b: © Helen King/Corbis
60 Gary Ombler/Dorling Kindersley/Getty Image
63 © WWD/Condé Nast/Corbis
70 Screen shots created in Gerber's AccuMark Pattern Design System (PDS) software
71 t: Screen shots created in Browzwear 3D Design Software; b: Screen shots taken in [TC]²'s (Textile Clothing Corp)3D body scanning program. Thanks to Dr Simeon Gill
73 © WWD/Condé Nast/Corbis (Issey Miyake Spring 2011)
148 © WWD/Condé Nast/Corbis (Junya Watanabe Man Fall 2012)
204 © Benoit Tessier/Reuters/Corbis (Issey Miyake Men Fall 2012)

这些都是图片出处的作者名和网络地址，保留原著更便于读者阅读查找。

作者致谢

自信具有强大的创造力：我永远要感谢劳伦斯·金（Laurence King）、海伦·埃文斯（Helen Evans）、安妮·汤利（Anne Townley）、彼得·琼斯（Peter Jones）和莉齐·巴兰泰恩（Lizzie Ballantyne），正是由于他们的热情和耐心才使得这本书以现在这样精美面貌呈现给读者。

还要感谢妮可（Nicole）、菲比（Phoebe）和里弗（River），他们在本书创作过程中持续不断地给予了支持和鼓励。

特别感谢以利沙·卡米雷利（Elisha Camilleri）和汤姆·戴维斯（Thom Davies)，他们与我一起分享时尚的热情，并为本书提供了珍贵的技术支持和富有创造性的贡献。

还要感谢我的所有同事和学生，他们的宝贵建议和评论，启发了这本书的写作。还要感恩为本书的研究和写作给予了无私奉献的很多设计师、时装公司和教育单位。

非常感谢西蒙·吉尔（Simeon Gill）博士，他对人体测量的尺寸和步骤给出了专业性的建议。同时感谢所有支持这个项目的曼彻斯特城市大学的工作人员。

献给曾在兰开夏郡棉纺厂工作的家人。

---

[1] 这些都是原著的作者名和书名以及出版社，保留原著更便于读者阅读查找。

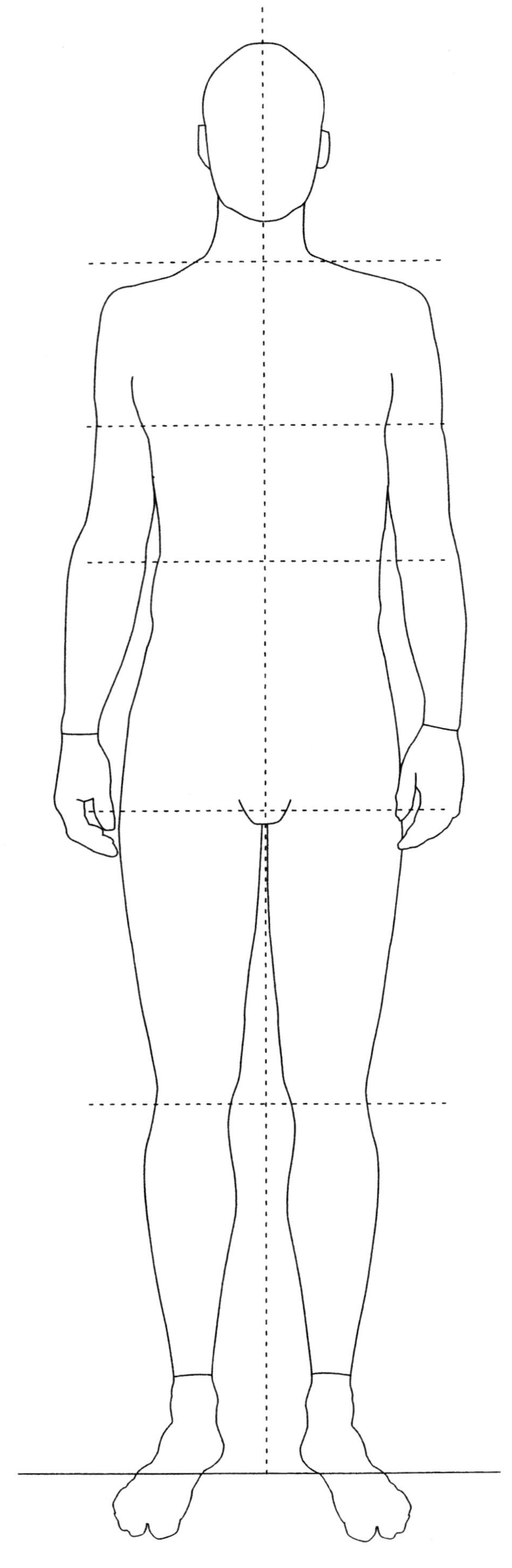

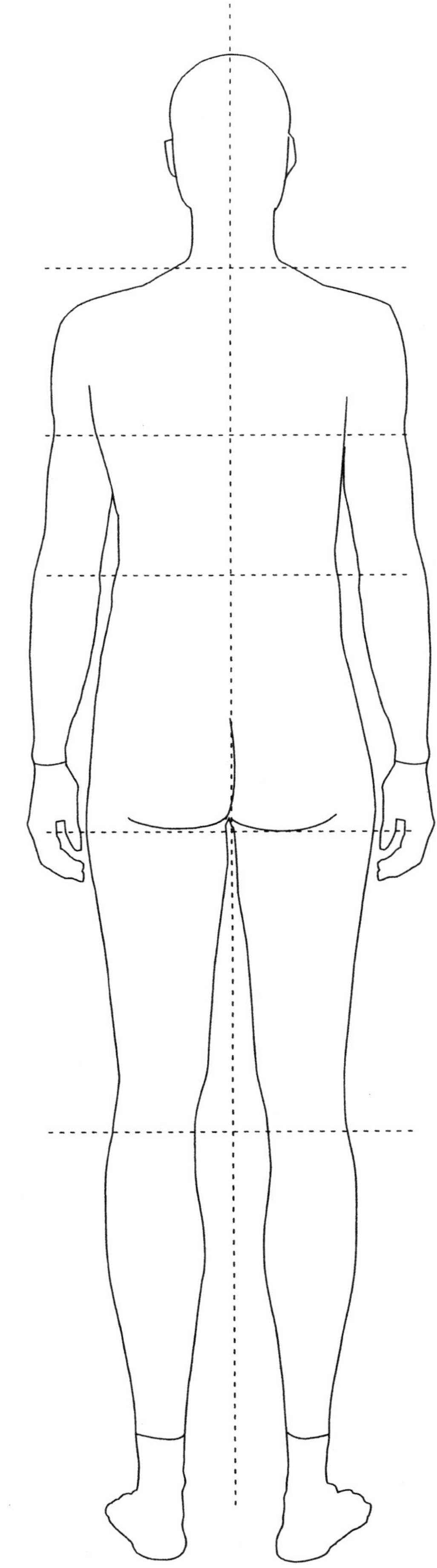

利用这些人体图形进行设计。将其复制下来直接在上面作设计，研究图形上的分割线与服装比例之间的关系。

内 容 提 要

本书从基本技能到高级技巧，涵盖了全面的纸样裁剪知识。书中通过20个完整的男装案例，详细阐述了利用男装原型进行结构设计和纸样裁剪的具体方法。书中案例既有经典款式，也有正流行的时尚款式。

书中的每个案例都逐步讲解制图方法，并配有详细的结构图、裁剪图、款式图和样衣图片。本书还对制图所依据的理论知识给予详细的阐述，使读者能够充满信心地学会制板和裁剪。

原文书名：PATTERN CUTTING FOR MENSWEAR
原作者名：Gareth Kershaw

著作权合同登记号：图字：01-2011-6029

图书在版编目（CIP）数据

英国经典男装样板设计 /（英）葛瑞·克肖著；郭新梅译 . 北京：中国纺织出版社，2017.12
（国际时尚设计丛书 . 服装）
书名原文：PATTERN CUTTING FOR MENSWEAR
ISBN 978-7-5180-3985-2

I.①英… II.①葛… ②郭… III.①男服—服装样板—服装设计—英国 IV.①TS941.631

中国版本图书馆 CIP 数据核字（2017）第 215975 号

策划编辑：宗 静 张晓芳 责任编辑：宗 静 特约编辑：朱 方
责任校对：武凤余 责任设计：何 建 责任印制：何 建

中国纺织出版社出版发行
地址：北京市朝阳区百子湾东里A407号楼 邮政编码：100124
销售电话：010-67004422 传真：010-87155801
http://www.c-textilep.com
E-mail:faxing@c-textilep.com
中国纺织出版社天猫旗舰店
官方微博 http://weibo.com/2119887771
北京佳诚信缘彩印有限公司印刷 各地新华书店经销
2017年12月第1版第1次印刷
开本：889 × 1194 1/16 印张：20.5
字数：482千字 定价：88.00元

凡购本书，如有缺页、倒页、脱页，由本社图书营销中心调换